머 리 말

　본 도서는 일반기계 기사와 건설기계 설비기사 등의 3역학 필기시험과 각종 국가공무원 기계분야의 시험대비 및 개인학습을 위한 도서이다.

　세부내용은 재료역학, 기계열역학 및 기계 유체역학의 3부분이며, 각각의 부분은 시험에 대비하는 본문사항의 요약과 약 950문항의 실전문제로 구성되어 있다.

　각 과목에서는 학습에 필요한 주요 기본공식과 필수적인 Figure 및 수식의 상세한 유도과정을 포함하고 있으며, 공식의 변수들은 도서의 전체과정에서 가능한 일치시켰다.

　특히, 각 과목에서의 학습 Topic별 분류작업을 통하여, 반복적으로 출제되는 기사 빈출문제에 대비할 수 있도록 함으로써 수험생의 개인적인 정리가 가능하도록 구성하였다.

　한편, 구조해석과 외부유동 해석의 예제를 동영상으로 제작하여 공학해석의 실무과정을 참조할 수 있도록 하였으며, 시험에 대비하는 필수적인 요약사항은 동영상 강좌의 후반부분에 첨부하여 개인적인 학습효과를 반복적으로 숙지할 수 있도록 하였다.

　도서의 효과적인 학습방법은 다음과 같다.

　　1 단계 : 학습경험이 부족하거나 잊은 부분의 재학습 본문과정
　　2 단계 : 시험에 대비한 필수요약 사항의 암기과정
　　3 단계 : 응용 및 출제경향의 숙지와 개인적인 시험대비의 정리
　　4 단계 : 실전 기출문제(2014~2020)의 최종점검

　다온 디자인 박상희 대표와 노수황 대표 및 (주)메카피아 임직원들에게 감사의 뜻을 전합니다.

　또한, 수험생 여러분들의 성공과 건투를 기원합니다.

2020년 11월
기계공학박사　이 상 만

CONTENTS

제 1 장 재료역학(Strength of Materials)

- 01 재료역학의 기본사항 (정역학) · · · · · · · · · · · · 002
- 02 재료역학의 기본개념과 정의 (응력과 변형률) · · · · · · 005
- 03 조립재료, 자중, 열 변형, 탄성에너지, 내압용기 · · · · · · 010
- 04 조합응력과 모어의 응력원 · · · · · · · · · · · · · · 014
- 05 평면도형의 성질 · · · · · · · · · · · · · · · · · · 017
- 06 비틀림 · 020
- 07 보(Beam)와 굽힘변형 · · · · · · · · · · · · · · · · 023
- 08 보속의 응력 · 027
- 09 보의 처짐 · 029
- 10 부정정보 · 033
- 11 기둥 · 035

| 재료역학 실전문제 |

- 정역학 · 040
- 응력과 변형률 · 045
- 탄성계수간의 관계식 · · · · · · · · · · · · · · · · · 053
- 응력과 변형률 (응용) · · · · · · · · · · · · · · · · 054
- 평면응력 (모어의 원) · · · · · · · · · · · · · · · · 063
- 평면도형의 성질 · · · · · · · · · · · · · · · · · · · 067
- 비틀림과 동력 · 073
- 탄성변형 에너지 · · · · · · · · · · · · · · · · · · · 080
- 선도해석 (SFD, BMD) · · · · · · · · · · · · · · · · 084
- 보속의 응력해석 · · · · · · · · · · · · · · · · · · · 091
- 정정보 · 102

부정정보 · 111
기둥 · 117
스프링 · 122

제 2 장 열역학(Thermodynamics)

01 열역학의 기본사항 · 126
02 순수물질의 성질 · 131
03 일과 열 · 140
04 열역학의 법칙 · 144
05 각종 사이클 · 149
06 열역학의 적용사례 · 164

| 기계열역학 실전문제 |

열역학 기본개념 · 174
순수물질 · 181
이상기체 , Process 해석 · 185
열과 일 (p-V 선도 및 열전달) · · · · · · · · · · · · · · · · · 200
사이클의 정의, 카르노사이클의 정의 · · · · · · · · · · · · 205
열역학의 법칙 · 207
엔트로피 · 210
이론 Cycle 효율 (C, O, D, S, B, R) · · · · · · · · · · · 220
냉동기 성적계수 (RC COP_R, COP_H) · · · · · · · 229
열역학의 적용사례 · 236

CONTENTS

제 3 장 유체역학(Fluid dynamics)

01 유체의 기본개념 · 244
02 유체정역학 · 249
03 유체역학의 기본 물리법칙 · · · · · · · · · · · · · · · · 257
04 유체운동학 · 267
05 차원해석과 상사법칙 · 269
06 관내유동 · 271
07 개수로 유동 · 277
08 압축성유체 유동 · 281
09 물체 주위의 유동 · 285
10 유체계측 · 287

| 기계 유체역학 실전문제 |

유체역학 기본개념 · 291
유체정역학 (전압력, 부력) · · · · · · · · · · · · · · · · · · 299
유체의 기본 물리법칙 (연속, 베르누이) · · · · · · · · 309
유체작용력, 운동량 (유체기계) · · · · · · · · · · · · · · 313
유체운동학 · 319
유체에너지 · 321
유체동역학 · 322
차원해석과 상사법칙 · 330
관내유동, 손실수두 · 338
개수로, 압축성 유동 · 351
외부유동 (경계층, 항력, 양력) · · · · · · · · · · · · · · · 352
유체계측 · 360

제 1 장

재료역학
(Strength of Materials)

01 재료역학(Strength of Materials)

01 재료역학의 기본사항(정역학)

01 힘과 모멘트

① 힘의 성분
② 힘과 모멘트 평형
③ 자유물체도
④ 마찰력

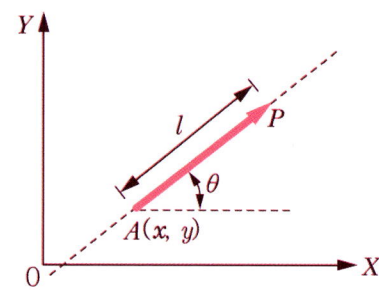

(1) 힘의 3요소

① 크기 (N) : 선분의 길이로 표시 : l
② 방향 ($\tan\theta$) : 선분의 기울기와 화살표로 표시 : θ
③ 작용점 (x, y) : 선분상의 한 점인 좌표로 표시 : A

힘의 작용선 : 작용점을 포함하는 힘의 방향으로의 직선으로 힘이 작용하는 방향
힘의 이동성 : 효과가 동일한 경우, 작용선 위의 임의의 점에 작용점을 옮겨도 됨

(2) 힘의 단위

① 물리학 (절대단위)
  1 Newton : 1kg_m의 물체에 1m/sec^2 의 가속도를 발생하게 하는 힘
  1 dyne : 1g_f의 물체에 1cm/sec^2 의 가속도를 발생하게 하는 힘
② 공학 (중력단위)
  1kg_f : 1kg_m의 물체에 중력가속도(9.80m/sec^2)를 발생하게 하는 힘
   cf. 1N_f : 1N force
     1N_w : 1N weight
  ▶ 지구상에서의 1N의 표현 ⇨ 1N_f의 힘 또는 1N_w의 무게를 간략하게 1N으로 사용한다.
③ 국제단위 (SI 단위) : 힘(N), 질량(kg), 길이(m), 시간(s)을 기본단위로 한다.

(3) 힘의 성분

통상 직교좌표계를 이용하여 $\vec{x}, \vec{y}, \vec{z}$ 로 표현한다.

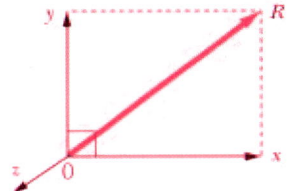

02 모멘트와 우력

① 어떤 점 또는 축을 중심으로 힘이 작용할 때, 회전시키는 크기
② 모멘트=힘×수직거리의 식으로 표현(CW, CCW를 포함하는 수치로 표현)
③ 크기와 방향성이 있는 벡터
④ 우력은 자유벡터 : 크기가 같고 방향이 반대인 평행한 한 쌍의 힘

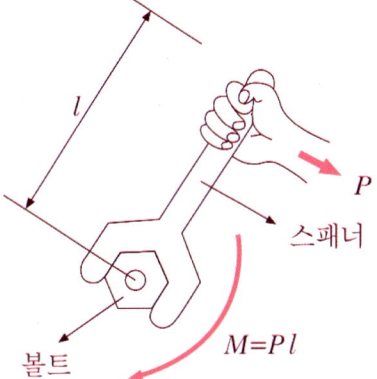

03 힘과 모멘트의 합성과 분해

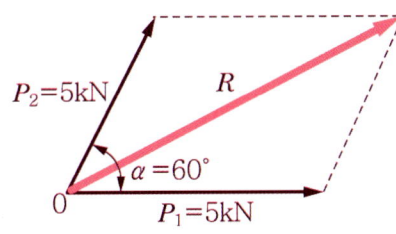 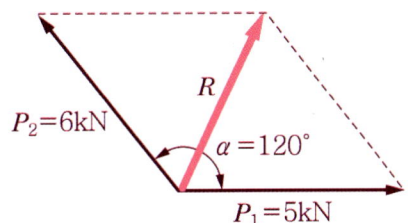

04 바리뇽의 정리

분력 모멘트의 합은 합력의 모멘트와 같다.

05 힘과 모멘트의 평형

① 정적 평형인 경우, 임의 위치에서의 힘과 모멘트는 평형
② 정적 평형인 경우, 임의 부재에서의 힘과 모멘트는 평형
③ 3 부재의 평형은 라미의 정리를 만족해야 함 (단, 작용점이 동일한 경우)

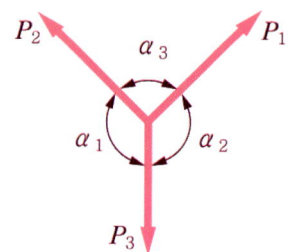

④ 임의 부재에 대한 평형을 모두 도시한 그림을 자유물체도라고 호칭함

▶ 운동하는 부재인 경우. 임의 부재간의 접촉부에는 마찰력이 존재하며 운동과 반대방향으로 표기

02 재료역학의 기본개념과 정의 (응력과 변형률)

01 하중, 외력, 중력, 힘(Load, Weight, External Force) : P, W, F (N)

(1) 하중의 작용속도에 의한 분류

- 정하중(static load) : 하중의 크기와 방향이 시간에 따라 변하지 않고 일정한 하중
- 동하중(dynamic load) : 하중의 크기와 방향이 시간에 따라 변화하는 하중
    ① 교번하중(alternate load) : 하중의 크기와 방향이 주기적으로 변화하는 하중
    ② 반복하중(repeated load) : 동일한 방향으로 반복하여 작용하는 하중
    ③ 충격하중(impulsive load) : 짧은 시간에 순간적으로 작용하는 하중
    ④ 이동하중(travelling load) : 물체 상에서 이동하며 작용하는 하중

(2) 정하중의 종류 (단면과의 관계)

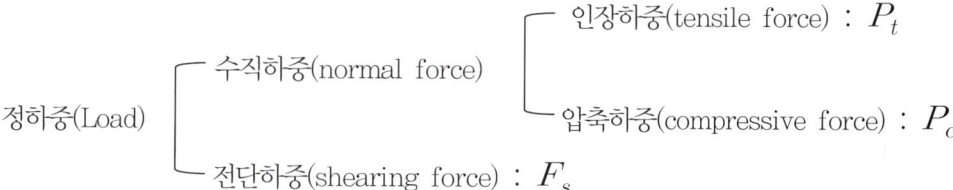

(3) 정하중의 작용효과에 의한 분류 (적용과의 관계)

▶ 재료의 길이가 긴 방향을 세로방향 또는 축방향이라고 정의한다.

① 인장하중 (tensile load)   : 재료의 축 방향으로 늘어나게 하는 하중
② 압축하중 (compressive load)   : 재료의 축 방향으로 줄어들게 하는 하중
③ 전단하중 (shearing load)   : 재료의 단면과 평행하게 작용하는 하중
④ 굽힘하중 (bending load)   : 재료를 굽어지게 구부리는 하중
⑤ 비틀림하중 (twisting load)   : 재료를 비틀어지도록 하는 하중

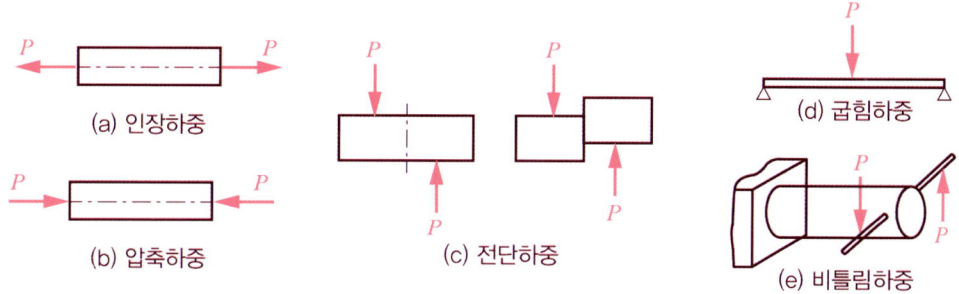

02 응력(Stress) : 단위면적당의 내력 $\sigma = P/A$ (Pa = N/m²)

① 인장응력 = $\dfrac{\text{인장하중}}{\text{인장을 받는 부분의 단면적}}$ ⇨ $\sigma_t = \dfrac{P_t}{A}$

② 압축응력 = $\dfrac{\text{압축하중}}{\text{압축을 받는 부분의 단면적}}$ ⇨ $\sigma_c = \dfrac{P_c}{A}$

③ 전단응력 = $\dfrac{\text{전단하중}}{\text{전단을 받는 부분의 단면적}}$ ⇨ $\tau = \dfrac{P_s}{A}$

03 변형률(Strain) : ϵ (무차원수) $\epsilon = \dfrac{\sigma}{E}$

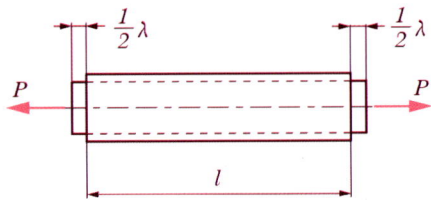

① 세로변형률 = $\dfrac{\text{변형 후의 길이} - \text{원래의 길이}}{\text{원래의 길이}}$ ⇨ $\epsilon = \dfrac{l'-l}{l} = \dfrac{\lambda}{l}$

② 가로변형률 = $\dfrac{\text{변형 후의 길이} - \text{원래의 길이}}{\text{원래의 길이}}$ ⇨ $\epsilon' = \dfrac{d'-d}{d} = \dfrac{\delta}{d}$

③ 전단변형률 = $\dfrac{\text{전단길이}}{\text{두 평면 사이의 길이}}$ ⇨ $\gamma = \dfrac{\lambda_s}{l} = \tan\phi \fallingdotseq \phi\,[rad]$

④ 체적변형률 = $\dfrac{\text{변화 후의 체적} - \text{원래의 체적}}{\text{원래의 체적}}$ ⇨ $\epsilon_v = \dfrac{V'-V}{V} = \dfrac{\triangle V}{V}$

04 훅의 법칙과 탄성계수 : 응력과 재료의 강성 및 변형률 간의 관계 $\sigma = E\epsilon$

▶ 강한 재료는 많이 변형하고 약한 재료는 적게 변형한다는 강성과 변형의 반비례 법칙으로 강한 재료일수록 탄성계수 값이 크다.

① 세로탄성계수(Young's Modalus) $= \dfrac{응력}{변형률}$ ⇨ $E = \dfrac{\sigma}{\epsilon}$, $\lambda = \dfrac{Pl}{AE} = \dfrac{\sigma}{E}l$

② 가로탄성계수(전단탄성계수) $= \dfrac{전단응력}{전단\ 탄성변형률}$ ⇨ $G = \dfrac{\tau}{\gamma}$, $\gamma = \dfrac{P_s}{AG}$,

③ 체적탄성계수 $= \dfrac{응력}{체적변형률}$ ⇨ $K = \dfrac{\sigma_v}{\epsilon_v}$, $\sigma_v = K\epsilon_v$

④ 연강의 세로탄성계수 $E = 2.1 \times 10^6$ [kgf/cm^2] = 205.8 [GPa]

⑤ 강의 가로탄성계수 $G = 0.81 \times 10^6$ [kgf/cm^2] = 79.38 [GPa]

05 푸아송의 비(poisson's ratio) : 가로변형률과 세로변형률의 비 $\nu = \dfrac{\epsilon'}{\epsilon}$

푸아송의 비$\left(\nu = \dfrac{1}{m}\right)$ 및 푸아송의 수$\left(m = \dfrac{1}{\nu}\right)$

$\nu = \dfrac{1}{m} = \dfrac{|\epsilon'|}{\epsilon} = \dfrac{l\delta}{d\lambda}$, 푸아송의 수 $m = \dfrac{1}{\nu} \geq 2$

▶ 푸아송의 비 ν는 1보다 작은 수이므로 그의 역수 m은 1보다 큰 값이 된다.
일반 금속재료에서의 $\nu = 0.3 \sim 0.35$ 정도이다. (단, 고무·코르크 $\nu = 0.5$)

06 탄성계수[E, G, K]간의 관계식 및 푸아송의 수[m]

▶ $mE = 2G(m+1) = 3K(m-2)$, $m = \dfrac{1}{\nu}$

① 가로탄성계수(G) $= \dfrac{E}{2(1+\nu)} = \dfrac{mE}{2(m+1)} = \dfrac{3KE}{9K-3E} = \dfrac{3K(m-2)}{2(m+1)}$

② 체적탄성계수(K) $= \dfrac{E}{3(1-2\nu)} = \dfrac{mE}{3(m-2)} = \dfrac{2G(m+1)}{3(m-2)} = \dfrac{GE}{9G-3E}$

③ 세로탄성계수(E) $= \dfrac{2G(m+1)}{m} = \dfrac{3K(m-2)}{m} = \dfrac{9KG}{G+3K} = 2G(1+\nu)$

④ 푸아송의 수(m) $= \dfrac{2G}{E-2G} = \dfrac{6K}{3K-3E} = \dfrac{6K+2G}{3K-2G} = \dfrac{1}{\nu} \geq 2$

07 허용응력(σ_a)과 안전계수(S) : 변형의 한계 값에 대한 비 $S = \dfrac{\sigma_U}{\sigma_a}, \dfrac{\sigma_Y}{\sigma_a}$

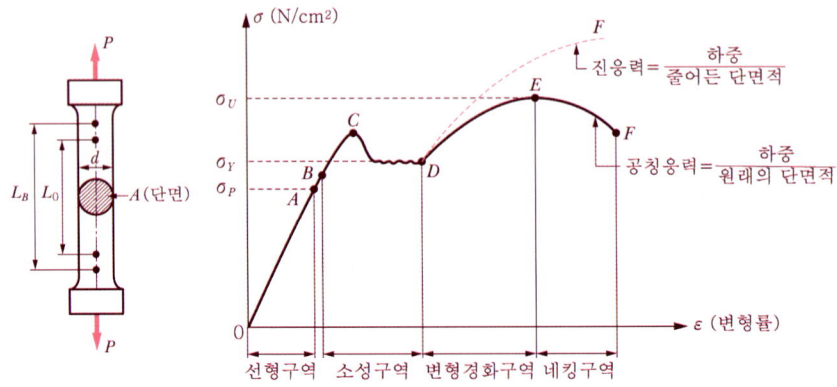

(a)인장 시험편   (b)인장을 받는 구조용 연강재의 응력-변형률 선도

[응력 – 변형률 선도]

▶ 안전성의 지표 값으로 사용되는 안전계수는 그 값이 클수록 안전한 사용이며 작을수록 불안전한 사용인 경우가 되지만, 1.0보다 작아지면 변형의 한계인 경우가 되므로 해당변형이 발생하며, 반대로 과도하게 큰 경우는 과잉설계의 조건이 된다.
첨자 U는 극한강도 또는 인장강도이며 Y는 항복강도이다.

(1) 허용응력(σ_a)

재료에 발생하는 응력을 가능한 탄성한도 이내의 적은 값이 되도록 안전상 허용되는 최대의 사용응력이다.

(2) 안전계수(S) = $\dfrac{극한강도(\sigma_U)}{허용응력(\sigma_a)} = \dfrac{인장강도(\sigma_{\max})}{허용응력(\sigma_a)}$

재료의 허용응력에 대한 파단 또는 극한응력의 비로 정의되는 무차원수이다.
허용응력과 유사한 개념이지만 단위가 없는 숫자의 표현으로 상기의 식으로 계산되므로 수치가 증가할수록 안전하다.

(3) 사용응력(σ_w)

극한강도 > 탄성한도 > 허용응력 ≥ 사용응력

08 응력집중계수(Stress concentration) : 형상에 대한 비 $K = \dfrac{\sigma_{max}}{\sigma_{av}}$

▶ 또 다른 안전성의 지표로 사용되는 응력집중계수는 형상에 따른 계수이지만 집중현상의 응력 최대 값을 전체 단면의 평균응력으로 나누어주는 식이 되므로 안전계수의 반대개념이 되어 불안정한 사용이 되므로 응력집중계수가 클수록 응력이 집중된다는 의미가 된다.

단면의 형상변화가 급격히 발생되는 곳에서 응력이 국부적으로 집중되는 현상을 말한다.

$$\text{응력집중계수(형상계수)} = \frac{\text{최대응력}}{\text{평균응력}} \quad \Rightarrow \quad K = \frac{\sigma_{max}}{\alpha_{av}}$$

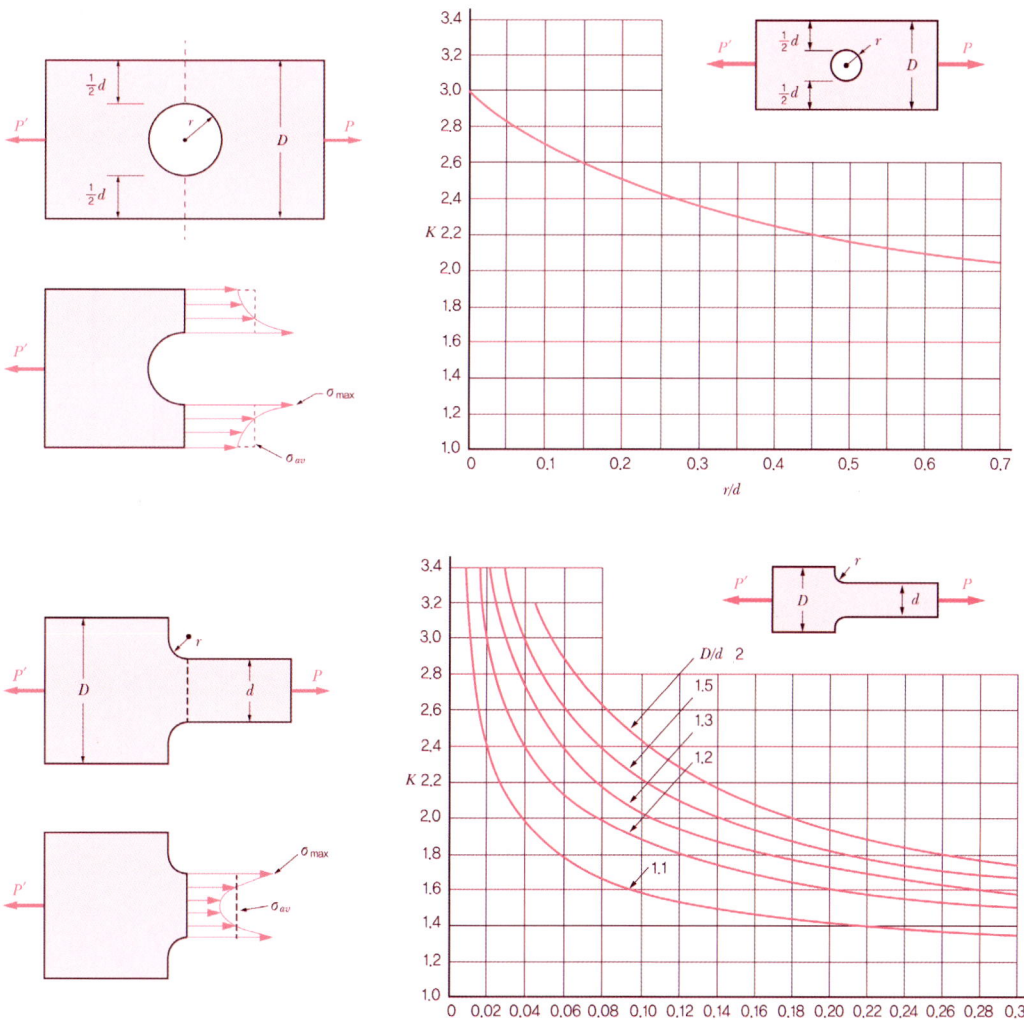

제1장 · 재료역학(Strength of Materials)

03 조립재료, 자중, 열 변형, 탄성에너지, 내압용기

01 직렬조립재료의 응력과 변형률

① 응력(σ)

$$\sigma_1 = \frac{P}{A_1}, \quad \sigma_2 = \frac{P}{A_2}$$

② 수축량(λ)

$$\lambda = \lambda_1 + \lambda_2 = \frac{P l_1}{A_1 E_1} + \frac{P l_2}{A_2 E_2} = P\left(\frac{l_1}{A_1 E_1} + \frac{l_2}{A_2 E_2}\right)$$

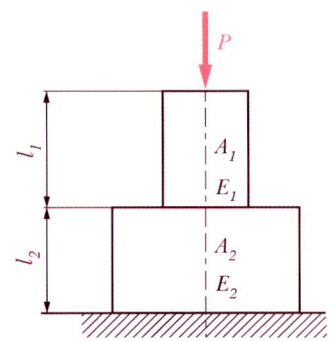

02 병렬조립재료의 응력과 변형률

① 응력(σ)

$$\sigma_1 = \frac{P E_1}{A_1 E_1 + A_2 E_2}, \quad \sigma_2 = \frac{P E_2}{A_1 E_1 + A_2 E_2}$$

② 수축량(λ)

$$\lambda = \lambda_1 = \lambda_2 = \frac{P l}{A_1 E_1 + A_2 E_2}$$

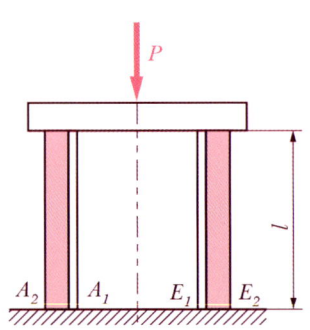

03 자중을 고려한 경우의 응력과 변형률

(1) 균일단면 γ : 재료의 비중량, P : 외력

① 사용응력 $(\sigma_w) = \frac{P}{A} + \gamma l$

② 변형량 $(\lambda) = \int_0^l \frac{\sigma_x}{E} dx = \frac{1}{E} \int_0^l \left(\frac{P}{A} + \gamma x\right) dx$

$$= \frac{P l}{AE} + \frac{\gamma l^2}{2E} = \frac{P l}{AE} + \frac{W l}{2AE} = \frac{l}{AE}\left(P + \frac{W}{2}\right)$$

(2) 균일강도

▶ 자중을 고려하는 모든 임의의 단면에서 $\sigma = const.$를 만족하도록 설계된 경우이다.

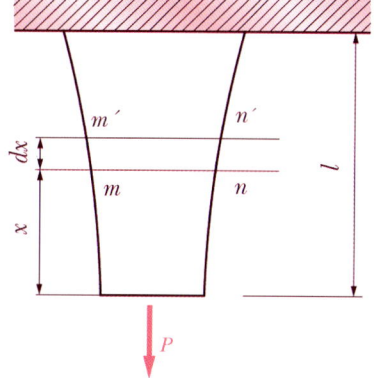

$$(A_l)_{max} = A_0 e^{\frac{\gamma l}{\sigma}}, \quad A_x = A_0 e^{\frac{\gamma x}{\sigma}}$$

전체신장량 $\lambda = \dfrac{\sigma}{E} l$

04 열응력(Thermal stress) : σ_H

(1) 신축에 의한 열응력

① 열변형량 $(\lambda_H) = l' - l = l\alpha(t_2 - t_1) = l\alpha\triangle t$

② 열변형률 $(\epsilon_H) = \dfrac{\lambda}{l} = \alpha(t_2 - t_1)$

③ 열응력 $(\sigma_H) = E\epsilon = E\alpha(t_2 - t_1)$

(2) 가열 끼워맞춤 후프응력(σ_{hoop})

▶ 안지름 d 를 유지하는 얇은 링을 지름이 큰 봉(d')에 가열 끼워맞춤을 하는 경우

$$\sigma_{hoop} = E\epsilon = E\frac{d'-d}{d} \quad \left(\epsilon = \frac{\delta}{d} = \frac{d'-d}{d}\right)$$

05 탄성에너지(U)

① 수직응력에 의한 탄성에너지(U) $= \dfrac{1}{2}P\lambda = \dfrac{1}{2}P\dfrac{Pl}{AE} = \dfrac{P^2 Al}{2A^2 E} = \dfrac{\sigma^2 Al}{2E} = \dfrac{\sigma^2 V}{2E}$

② 최대 탄성에너지(resilience) $u = U/V$ [단위체적(m³)당 탄성에너지] $u = \dfrac{\sigma^2}{2E}$

③ 전단응력에 의한 탄성에너지(U) $= \dfrac{1}{2}P_s\lambda_s = \dfrac{1}{2}P_s\dfrac{P_s l}{AG} = \dfrac{P_s^2 Al}{2A^2 G} = \dfrac{\tau^2 Al}{2G} = \dfrac{\tau^2 V}{2G}$

④ 최대 탄성에너지(resilience) $u_s = U/V$ [단위체적(m³)당 탄성에너지]

$$u_s = \dfrac{\tau^2}{2G} = \dfrac{1}{2}G\gamma^2$$

06 충격응력(Impact stress)

$$\sigma = \frac{W}{A}\left(1 + \sqrt{1 + \frac{2AEh}{Wl}}\right)$$

$$= \frac{W}{A}\left(1 + \sqrt{1 + \frac{2h}{\lambda_0}}\right) = \sigma_0\left(1 + \sqrt{1 + \frac{2h}{\lambda_0}}\right)$$

$$\lambda = \sigma\frac{l}{E} = \frac{\sigma_0 l}{E}\left(1 + \sqrt{1 + \frac{2h}{\lambda_0}}\right)$$

$$= \lambda_0\left(1 + \sqrt{1 + \frac{2h}{\lambda_0}}\right)$$

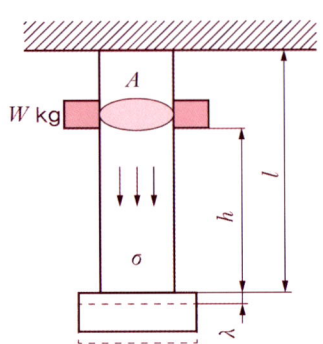

▶ 급가하중인 경우에는 $h = 0$ 이므로 $\sigma = 2\sigma_0$, $\lambda = 2\lambda_0$ 이다.

07 내압용기

(1) 얇은 살의 내압 원통용기 $\left(\frac{t}{d} \leq \frac{1}{10}\right)$

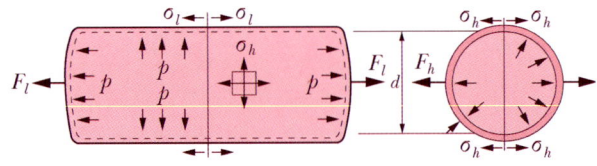

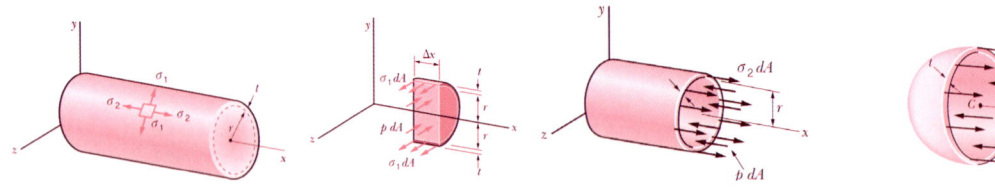
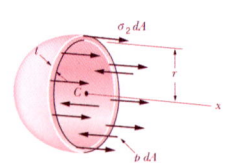

① 원주방향 응력 또는 후프응력 $(\sigma_h) = (\sigma_1) = \dfrac{pd}{2t}$

② 축방향 응력 $(\sigma_축) = (\sigma_2) = \dfrac{pd}{4t}$

③ 원주방향 응력 또는 후프응력은 축방향 응력의 2배이다.
$\sigma_1 = 2(\sigma_2)$

(2) 두꺼운 살의 내압 원통용기 $\left(\dfrac{t}{d} \geq \dfrac{1}{10}\right)$

① 임의의 위치(r)에 대한 후프응력

$$\sigma_h = \dfrac{pr_1^2(r_2^2 + r^2)}{r^2(r_2^2 - r_1^2)}$$

② 임의의 위치(r)에 대한 반경방향 응력

$$\sigma_{반경} = -\dfrac{pr_1^2(r_2^2 - r^2)}{r^2(r_2^2 - r_1^2)}$$

③ 최대 후프응력($r = r_1$), $[\sigma_{h(\max)}] = \dfrac{p(r_2^2 + r_1^2)}{(r_2^2 - r_1^2)}$

④ 최소 후프응력($r = r_2$), $[\sigma_{h(\min)}] = \dfrac{2pr_1^2}{(r_2^2 - r_1^2)}$

⑤ 최대 반경방향 응력($r = r_1$), $[\sigma_{반경(\max)}] = -p$

⑥ 최소 반경방향 응력($r = r_2$), $[\sigma_{반경(\min)}] = 0$

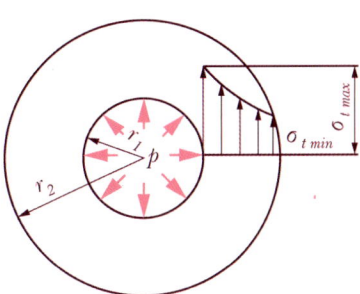

(3) 얇은 회전환

① 원심력(F_c) = $\dfrac{Wv^2}{gr} = \dfrac{\gamma t v^2}{gr} = \dfrac{\gamma t r \omega^2}{g}$

② 후프응력(σ_h) = $\dfrac{pd}{2t} = \dfrac{\gamma v^2}{g} = \dfrac{\gamma}{g}\left(\dfrac{2\pi rN}{60}\right)^2 = \dfrac{\gamma}{g}\left(\dfrac{\pi dN}{60}\right)^2$

③ 회전수(N) = $\dfrac{60\omega}{2\pi} = \dfrac{30}{\pi r}\sqrt{\dfrac{g\sigma_t}{\gamma}}$

04 조합응력과 모어의 응력원

01 경사단면에 대한 응력

① 경사각 θ 에서의 법선응력
$$(\sigma_n) = \frac{P\cos\theta}{A/\cos\theta} = \frac{P}{A}\cos^2\theta = \sigma_x\cos^2\theta$$

② 경사각 θ 에서의 전단응력
$$(\tau) = \frac{P\sin\theta}{A/\cos\theta} = \frac{P}{A}\sin\theta\cos\theta = \frac{1}{2}\sigma_x\sin 2\theta$$

$\theta = 0°$ 일 때 법선응력은 $\sigma_n = \sigma_{n\max} = \sigma_x = \dfrac{P}{A}$ 가 되며 1축하중의 경우가 된다.

$\theta = 45°$ 일 때 법선응력은 $\sigma_n = \dfrac{1}{2}\sigma_x$ 가 되며,

$\tau_{\max} = \sigma_n = \dfrac{1}{2}\sigma_x =$ 모어원의 반지름 (r)

※ 공액응력(Complementary stress)

▶ 공액응력은 θ 대신에 $(90° + \theta)$를 대입하여 구할 수 있으며 $\sigma_n{'}, \tau{'}$ 으로 표기한다.

$\sigma_n{'} = \sigma_x\sin^2\theta$, $\quad \tau{'} = -\dfrac{1}{2}\sigma_x\sin 2\theta = -\tau$

$\sigma_n + \sigma_n{'} = \sigma_x$, $\quad \tau + \tau{'} = 0$

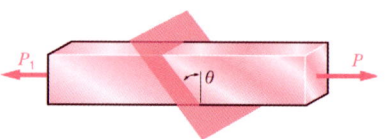

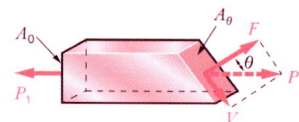

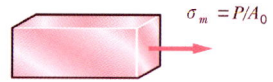
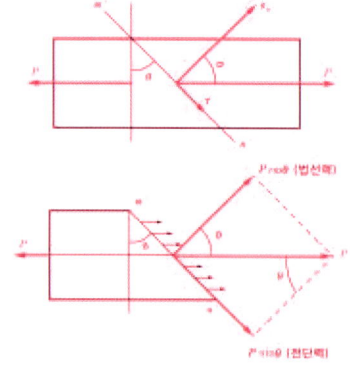
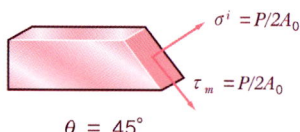

$\theta = 45°$

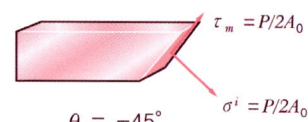

$\theta = -45°$

02 2축 응력에 대한 모어의 응력원

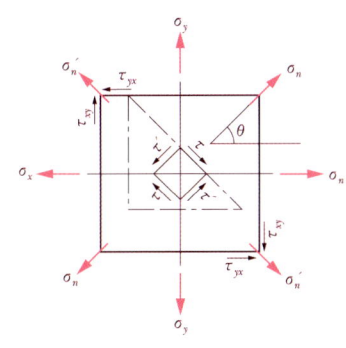 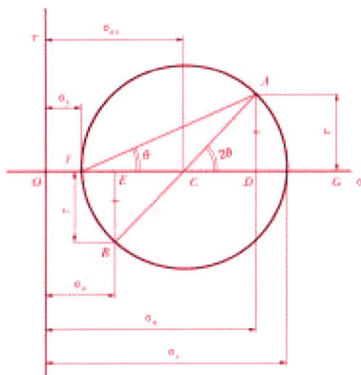

① 평균수직응력 $\sigma_{av} = \frac{1}{2}(\sigma_x + \sigma_y)$

② 경사각 θ 에서의 법선응력 $(\sigma_n) = \overline{OD} = \overline{OC} + \overline{CD}$
$$= \frac{1}{2}(\sigma_x + \sigma_y) + \frac{1}{2}(\sigma_x - \sigma_y)\cos 2\theta$$

③ 경사각 θ 에서의 전단응력 $(\tau) = \overline{CA}\sin 2\theta = \frac{1}{2}(\sigma_x - \sigma_y)\sin 2\theta$

$\theta = 0°$일 때 법선응력은 $\sigma_n = \sigma_{n\max} = \sigma_x = \frac{P}{A}$ 가 되며 2축하중의 경우가 된다.

$\theta = 45°$일 때 법선응력은 $\sigma_n = \frac{1}{2}(\sigma_x + \sigma_y) = \sigma_n{'}$가 되며, $\tau = \tau_{\max} = \frac{1}{2}(\sigma_x - \sigma_y)$

$\sigma_n{'} = \frac{1}{2}(\sigma_x + \sigma_y) - \frac{1}{2}(\sigma_x - \sigma_y)\cos 2\theta$, $\tau' = -\overline{CB}\sin 2\theta = -\frac{1}{2}(\sigma_x - \sigma_y)\sin 2\theta$

$\sigma_n + \sigma_n{'} = \sigma_x + \sigma_y$, $\tau + \tau' = 0$

(1) 주 평면(Principal plane)

$\sigma_{n\max}(\sigma_1 : 최대주응력)$과 $\sigma_{n\min}(\sigma_2 : 최소주응력)$만 존재하고 $\tau = 0$인 평면.

(2) 순수전단(Pure shear)

$\sigma_x = -\sigma_y = \sigma$인 2축 응력인 상태에서 $\theta = 45°$일 경우, $\sigma_n = 0$, $\tau = \sigma$가 되므로 수직응력은 없고 전단응력만 발생하는 상태를 순수전단이라 한다.

03 평면응력에 대한 모어의 응력원

① 경사각 θ 에서의 법선응력 $(\sigma_n) = \sigma_x \cos^2\theta + \sigma_y \sin^2\theta - 2\tau_{xy}\sin 2\theta$
$$= \frac{1}{2}(\sigma_x + \sigma_y) + \frac{1}{2}(\sigma_x - \sigma_y)\cos 2\theta - \tau_{xy}\sin 2\theta$$

② 경사각 θ 에서의 전단응력 $(\tau) = \frac{1}{2}(\sigma_x - \sigma_y)\sin 2\theta + \tau_{xy}\cos 2\theta$

$\theta_{n\max}$ 인 위치 (주 평면위치) $\tan 2\theta = -\dfrac{2\tau_{xy}}{\sigma_x - \sigma_y}$

$\sigma_1 = \dfrac{1}{2}(\sigma_x + \sigma_y) + \dfrac{1}{2}\sqrt{(\sigma_x - \sigma_y)^2 + 4\tau_{xy}^2} = \sigma_{n\max}$

$\sigma_2 = \dfrac{1}{2}(\sigma_x + \sigma_y) - \dfrac{1}{2}\sqrt{(\sigma_x - \sigma_y)^2 + 4\tau_{xy}^2} = \sigma_{n\min}$

$\tau_{\max}$ 인 위치 $\cot 2\theta = \dfrac{2\tau_{xy}}{\sigma_x - \sigma_y}$, $\tau_{\max} = \dfrac{1}{2}\sqrt{(\sigma_x - \sigma_y)^2 + 4\tau_{xy}^2} = \dfrac{1}{2}(\sigma_1 - \sigma_2)$

$\sigma_n{'} = \dfrac{1}{2}(\sigma_x + \sigma_y) - \dfrac{1}{2}(\sigma_x - \sigma_y)\cos 2\theta + \tau_{xy}\sin 2\theta$

$\tau{'} = -\dfrac{1}{2}(\sigma_x - \sigma_y)\sin 2\theta - \tau_{xy}\cos 2\theta = -\tau$

$\sigma_{n\max} + \sigma_{n\min} = \sigma_x + \sigma_y$, $\tau + \tau{'} = 0$

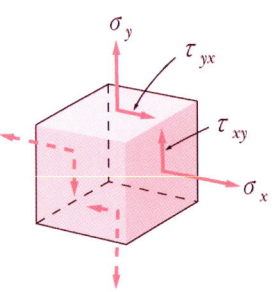
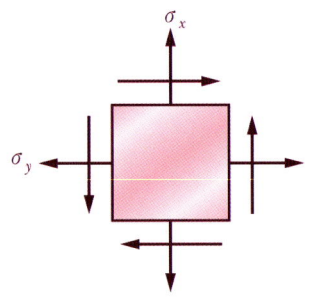
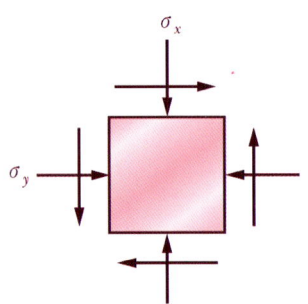
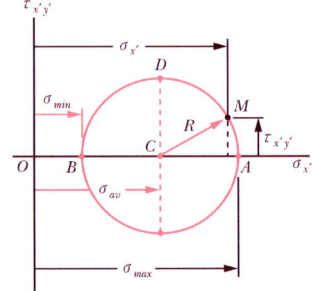

05 평면도형의 성질

01 단면 1차 모멘트와 도심(Geometrical moment)] : G [L³]

▶ 합성단면의 도심 : 단면 1차 모멘트는 합성단면의 도심을 구하기 위하여 필요하다.

$$\overline{x} = \frac{G_y}{A} = \frac{\int_A x\,dA}{\int_A dA} = \frac{\sum A_i \overline{x_i}}{\sum A_i}$$

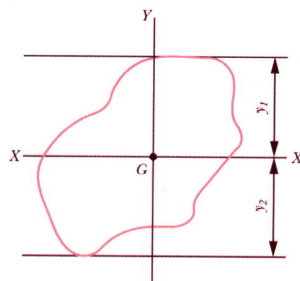

$$= \frac{A_1 x_1 + A_2 x_2 + \dots}{A_1 + A_2 + \dots}$$

G_y : y축에 관한 단면 1차 모멘트, $G_y = \int_A x\,dA = (A_1 + A_2 + \dots)\overline{x}$

$$\overline{y} = \frac{G_x}{A} = \frac{\int_A y\,dA}{\int_A dA} = \frac{\sum A_i \overline{y_i}}{\sum A_i} = \frac{A_1 y_1 + A_2 y_2 + \dots}{A_1 + A_2 + \dots}$$

G_x : x축에 관한 단면 1차 모멘트, $G_x = \int_A y\,dA = (A_1 + A_2 + \dots)\overline{y}$

▶ 도심을 지나는 x, y 축에 대한 단면 1차 모멘트(G_x, G_y) 는 항상 0이다.

02 단면 2차 모멘트(관성 모멘트)와 단면계수 I_x, I_y [L⁴]

▶ 단면 2차 모멘트는 단면계수를 구하기 위하여 필요하다.

$I_x = \int y^2\,dA = A K_x^2$, x축에 관한 단면 2차 모멘트

$I_y = \int x^2\,dA = A K_y^2$, y축에 관한 단면 2차 모멘트

K_x, K_y 는 x, y 축에 대한 회전반경(관성반경)이라 호칭하며,

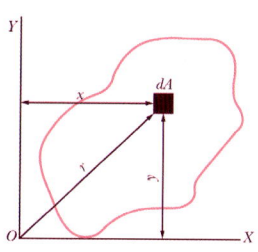

제1장 · 재료역학(Strength of Materials) 17

$$K_x = \sqrt{\frac{I_x}{A}} \ , \ K_y = \sqrt{\frac{I_y}{A}}$$ 의 관계가 성립한다.

03 평행축의 정리 $I_x' = I_G + Al^2$

▶ 평행축의 정리는 평행하게 이동시킨 축에서의 단면 2차 모멘트(관성모멘트)를 구하기 위하여 필요하다.
l 은 물체상에 존재할 수도 있고, 물체밖에 존재할 수도 있다.

$$I_x' = I_G + A\,l^2$$

여기서, $I_G = \int y^2 dA$: 도심을 지나는 단면에 대한 단면 2차 모멘트

$I_x' = \int_A (y+l)^2 dA$: 도심축에서 거리 l 되는 평행 축에 대한 단면 2차 모멘트

04 극 단면 2차 모멘트(극 관성 모멘트) $I_P = I_x + I_y$

▶ 극 단면 2차 모멘트는 중심축이 있는 단면에서의 모멘트를 구하기 위하여 필요하다. 단면 2차 극 관성 모멘트라고도 하며, 다음과 같이 정의한다.

$$I_P = \int r^2 dA = \int (x^2 + y^2)\,dA = I_x + I_y$$

05 단면계수 (Modulus of section) : $Z = \dfrac{I}{y}$ [L^3]

▶ 단면계수는 서로 다른 변형이 있는 경우의 해석에서 필요하다.
단, y 는 물체 내에서 y 축 상의 가장 먼 거리이다.

상부 면에 대한 단면계수 $Z_1 = \dfrac{I_y}{y_1} = \dfrac{I_y}{e_1}$

하부 면에 대한 단면계수 $Z_2 = \dfrac{I_y}{y_2} = \dfrac{I_y}{e_2}$

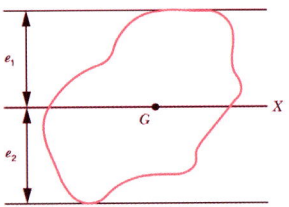

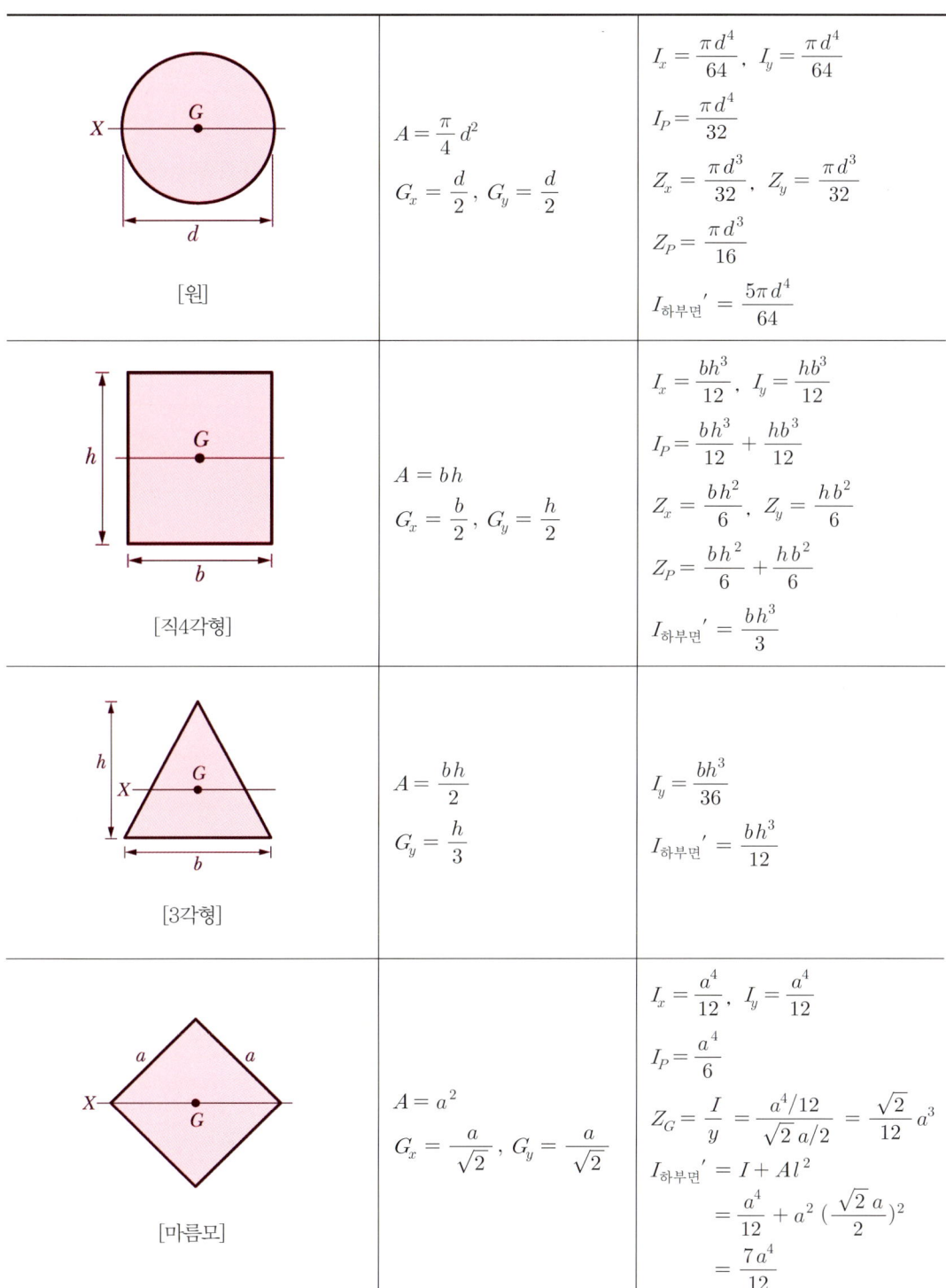

06 단면상승 모멘트와 주축(Product inertia moment & Principal axis)

(1) 단면상승 모멘트(I_{xy})

▶ $I_{xy} = \int xy\, dA$ 로서 정의하며, 대칭축이 있을 때 대칭축에 관한 $I_{xy} = 0$ 으로 되고, $I_{xy} = 0$ 이 되는 축을 주축, 주축에 관한 I_x, I_y를 주 단면 2차 모멘트라고 한다.

변환 축에 대한 단면상승 모멘트 $I_{x'y'}$는

$$I_{x'y'} = \int_A x'y'\, dA$$

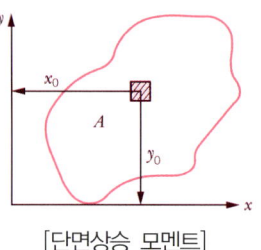

[단면상승 모멘트]

(2) 상승 모멘트에 대한 평행축 정리($I_{x'y'}$)

$$x' = x + a,\ y' = y + b$$
$$I_{x'y'} = \int_A x'y'\, dA = \int_A (x+a)(y+b)\, dA = I_{xy} + Aab$$

06 비틀림(Torsion)

01 원형축의 비틀림

(1) 축의 비틀림

① 전단변형률(γ)

$$\tan\gamma = \frac{r\theta}{l} \fallingdotseq \gamma$$

② 비틀림(전단)응력

$$\tau = G\gamma = G\frac{r\theta}{l}$$

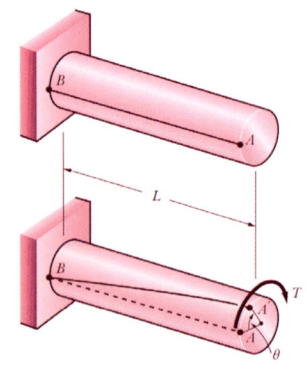
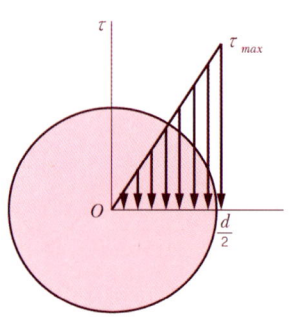

(2) 비틀림 모멘트

$$T = \tau Z_P = \tau \frac{I_P}{y}$$

(3) 원형축의 극단면 계수(Z_p)와 전단응력분포

① 극단면 2차 모멘트 $I_P = \int r^2 dA = \int (x^2 + y^2) dA = I_x + I_y$

② 중실 원형단면 $I_P = 2I_x = 2 \times \dfrac{\pi d^4}{64} = \dfrac{\pi d^4}{32}$

$Z_P = \dfrac{I_P}{y}$ 이므로 중실 원형단면 $Z_P = \dfrac{\pi d^4/32}{d/2} = \dfrac{\pi d^3}{16}$

③ 중공 원형단면 $I_P = \dfrac{\pi}{32}(d_2^4 - d_1^4) = \dfrac{\pi d_2^4}{32}\left[1 - \left(\dfrac{d_1}{d_2}\right)^4\right]$

$$= \dfrac{\pi d_2^4}{32}(1 - x^4)$$

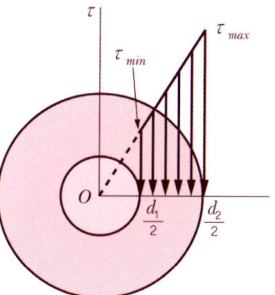

$Z_P = \dfrac{I_P}{y}$ 이므로 중공 원형단면

$Z_P = \dfrac{\pi d^4/32\,(d_2^4 - d_1^4)}{d_2/2} = \dfrac{\pi}{16}\left(\dfrac{d_2^4 - d_1^4}{d_2}\right) = \dfrac{\pi d_2^3}{16}\left[1 - \left(\dfrac{d_1}{d_2}\right)^4\right] = \dfrac{\pi d_2^3}{16}(1 - x^4)$

여기서, x(내외경비) $= \dfrac{d_1}{d_2}$

(4) 축의 강도

① 축의 강도와 축 지름 (중실 원형단면)

$$T = \tau Z_p = \tau \dfrac{\pi d^3}{16} \text{에서}, \quad \tau = \dfrac{16T}{\pi d^3} \quad \therefore \ d = \sqrt[3]{\dfrac{16T}{\pi \tau}}$$

축의 강도와 축 지름 (중공 원형단면)

$$T = \tau Z_P = \tau \dfrac{\pi}{16}\left(\dfrac{d_2^4 - d_1^4}{d_2}\right) \text{에서}, \quad \tau = \dfrac{16Td_2}{\pi(d_2^4 - d_1^4)} = \dfrac{16T}{\pi d_2^3(1 - x^4)}$$

② 전달동력과 축 지름

$$1[kW] = 102[kg_f \cdot m/s] = 1000W[J/s] = 1[kJ/s]$$

$$1[PS] = 75[kg_f \cdot m/s] = 735W = 735[J/s]$$

$$동력(Power) = T \cdot \omega = \frac{2\pi NT}{60} \quad [kg_f \cdot m/s,\ PS,\ Watt(J/s)]$$

$$T = 974\frac{kW}{N} \times 10^{-1}\ [kN \cdot m], \quad d = \sqrt[3]{\frac{16T}{\pi\tau}} = \sqrt[3]{\frac{16 \times 974}{\pi\tau}}$$

③ 비틀림 각

$$\theta = \frac{Tl}{GI_p} = \frac{32Tl}{G\pi d^4}\ [rad] = \frac{180°}{\pi} \times \frac{Tl}{GI_p} = 57.3° \times \frac{Tl}{GI_p}\ [°]$$

바하(Bach)의 축 공식

$$(\theta = 1/4\ [°/m],\ G = 8 \times 10^5\ [kg_f/cm^2] = 78.4\ [GPa])$$

$$d = 12\sqrt[4]{\frac{PS}{N}}\ [cm],\quad d = 13\sqrt[4]{\frac{kW}{N}}\ [cm]$$

02 비틀림에 의한 탄성 변형에너지(U)

$$U = \frac{1}{2}T\theta\ (\theta = \frac{Tl}{GI_p}) = \frac{T^2 l}{2GI_p}\ [kJ]$$

중공 원형단면 축에서 탄성 변형에너지는

$$I_p = \frac{\pi}{32}(d_2^{\ 4} - d_1^{\ 4})$$

$$\therefore U = \frac{T^2 l}{2GI_p} = \frac{T^2 l}{2G\frac{\pi}{32}(d_2^{\ 4} - d_1^{\ 4})} = \frac{16 T^2 l}{G\pi(d_2^{\ 4} - d_1^{\ 4})}\ [kJ]$$

07 보(Beam)와 굽힘변형

▶ 축과 직각방향으로 가해지는 전단력에 의하여 굽힘변형(Deformation)이 발생하는 부재를 보(Beam)라고 호칭하며, 평형을 이루기 위하여 각 지점에서는 반력이 발생한다.

01 보의 종류와 하중

(1) 보의 종류

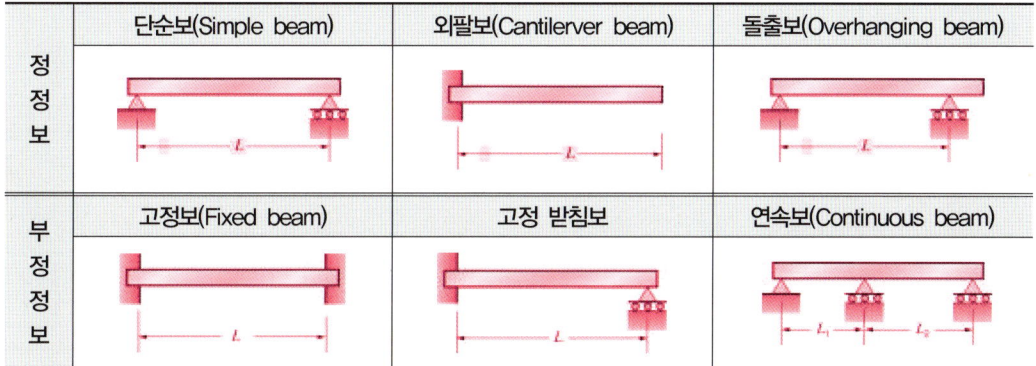

(2) 지점의 종류

회전지점	가동지점	고정지점

제1장 · 재료역학(Strength of Materials)

(3) 보에 작용하는 하중의 종류

집중하중	등분포하중	등변분포하중	이동하중
			하중이 이동하며 작용

(4) 반력(Reaction Force) : R

① 외력의 대수합은 0이다.
② 힘의 모멘트 대수합은 0이다.

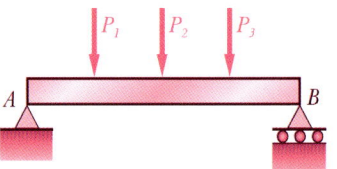

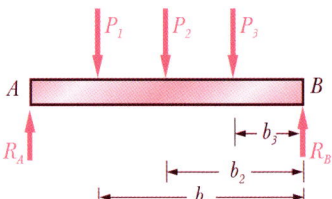

02 보의 전단력과 굽힘 모멘트

① 평형조건

$$\sum F_x = 0, \quad \sum F_y = 0, \quad \sum M_i = 0$$

② 보의 반력

$\sum M_B = 0$ 으로부터

$$R_A l - P_1 b_1 - P_2 b_2 - P_3 b_3 = 0$$

$$R_A = \frac{P_1 b_1 + P_2 b_2 + P_3 b_3}{l}$$

$\sum F_y = 0$ 으로부터 $R_B = P_1 + P_2 + P_3 - R_A$

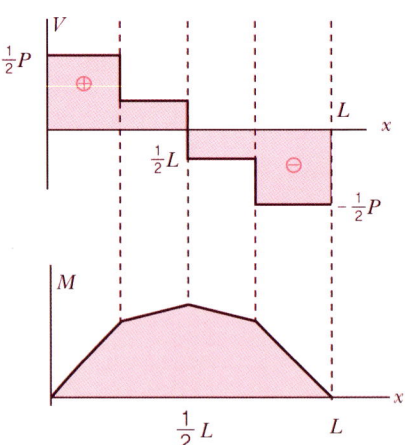

03 보의 전단력선도(SFD)와 굽힘 모멘트선도(BMD)

(1) 단순보

① 중앙에 집중하중(P)이 작용할 때

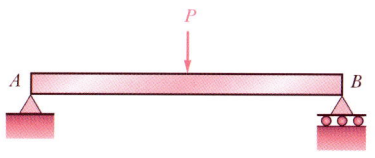

㉠ 반력 : $R_A = \dfrac{P}{2},\ R_B = \dfrac{P}{2}$

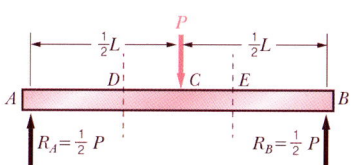

㉡ 전단력 : $F_{\overline{AC}} = \dfrac{P}{2} = R_A$,

$F_{\overline{CB}} = -\dfrac{P}{2} = -R_B$

㉢ 굽힘 모멘트 : $M_x = R_A x = \dfrac{Px}{2}$,

$M_{\max} = \dfrac{P}{2} \cdot \dfrac{l}{2} = \dfrac{Pl}{4}$

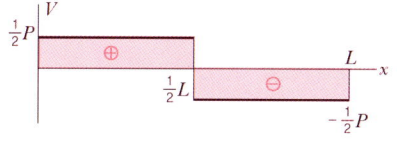

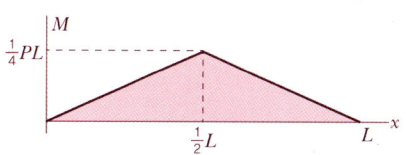

② 등분포하중(w)이 작용할 때

㉠ 반력 : $R_A = \dfrac{wl}{2},\ R_B = \dfrac{wl}{2}$

㉡ 전단력 : $F_x = R_A - wx = \dfrac{wl}{2} - wx = \dfrac{w}{2}(l - 2x)$

㉢ 굽힘 모멘트 :

$M_x = R_A x - wx\dfrac{x}{2} = \dfrac{wl}{2}x - \dfrac{wx^2}{2}$

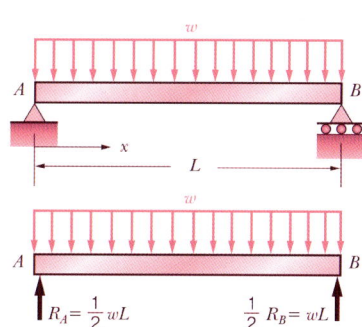

$M_{(\max)\,x = \frac{l}{2}} = \dfrac{w\left(\dfrac{l}{2}\right)}{2}\left(l - \dfrac{l}{2}\right) = \dfrac{wl}{4}\left(\dfrac{l}{2}\right) = \dfrac{wl^2}{8}$

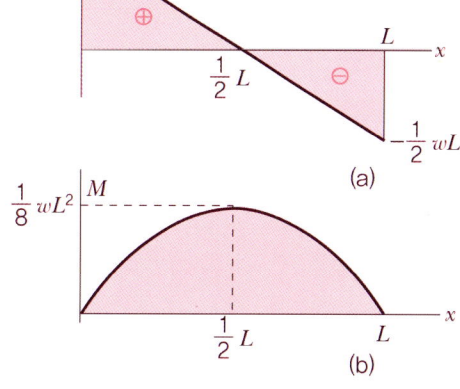

③ 등변분포하중(w_0)이 작용할 때

 ㉠ 반력 : $R_A = \dfrac{w_o l}{6}$, $R_B = \dfrac{w_o l}{3}$

 ㉡ 전단력 : $F_x = R_A - \dfrac{w_o x^2}{2l} = \dfrac{w_o l}{6} - \dfrac{w_o x^2}{2l}$

 ㉢ 굽힘 모멘트 : $M_x = R_A x - \dfrac{w_o x^2}{2l} \cdot \dfrac{x}{3} = \dfrac{w_o l}{6} x - \dfrac{w_o x^3}{6l}$,

       $M_{\max} = \dfrac{w_o l^2}{9\sqrt{3}}$ $at\ x = \dfrac{l}{\sqrt{3}}$

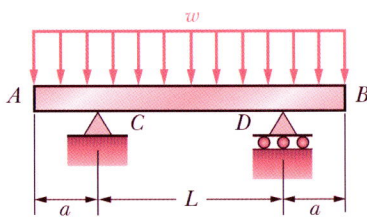

④ 등분포하중(w)이 작용하는 양단돌출보

 ㉠ 반력 : $R_A = R_B = \dfrac{wl}{2} - wa$

 ㉡ 전단력 : $F = \dfrac{wl}{2} = (F_{\max} = R_C = R_D)$

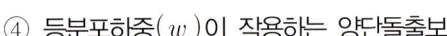

(2) 외팔보

① 집중하중(P)이 작용할 때

 ㉠ 반력 : $R_B = P$

 ㉡ 전단력 : $F_x = -P$

 ㉢ 굽힘 모멘트 : $M_x = -Px$, $M_{\max(x=l)} = -Pl$

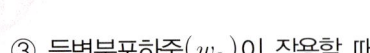

② 등분포하중(w)이 작용할 때

 ㉠ 반력 : $R_A = 0$, $R_B = wl$

 ㉡ 전단력 : $F_x = -wx$, $F_{\max} = -wl$

 ㉢ 굽힘 모멘트 : $M_x = -\dfrac{wx^2}{2}$, $M_{\max} = -\dfrac{wl^2}{2}$

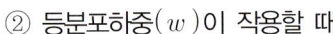

③ 등변분포하중(w_0)이 작용할 때

 ㉠ 반력 : $R_A = 0$, $R_B = \dfrac{w_o l}{2} = F_{\max}$

 ㉡ 전단력 : $F_x = -\dfrac{w_o x^2}{2l}$

 ㉢ 굽힘 모멘트 : $M_x = -\dfrac{w_o x^2}{2} \cdot \dfrac{x}{3} = -\dfrac{w_o x^3}{6}$, $M_{\max} = -\dfrac{w_o l^3}{6}$

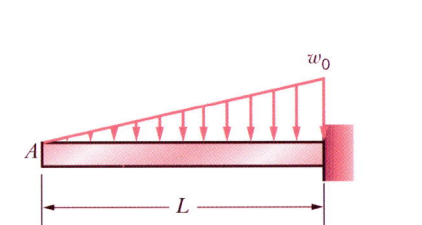
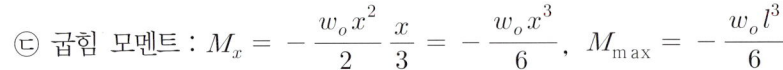

(3) 우력이 작용하는 보

① 좌단에 우력(M_0)이 작용할 때

㉠ 반력 : $R_A = -\dfrac{M_0}{l}$, $R_B = \dfrac{M_0}{l}$

㉡ 굽힘 모멘트 : $M_x = R_A x - M_0 = \dfrac{M_0}{l}x - M_0$

$= M_0(\dfrac{x}{l} - 1)$

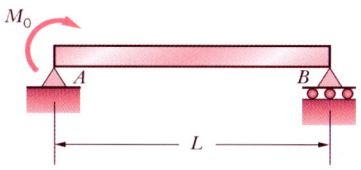

② 임의의 위치에 우력이 작용할 때

㉠ 반력 : $R_A = \dfrac{Pa}{l}$, $R_B = -\dfrac{Pa}{l}$

㉡ 전단력 : $F_x = R_A = \dfrac{Pa}{l}$

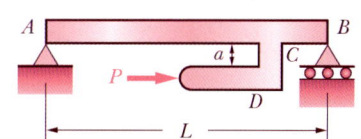

08 보속의 응력

01 보속의 굽힘응력(σ)

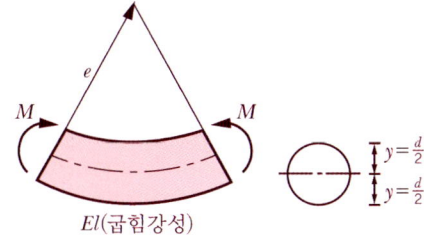

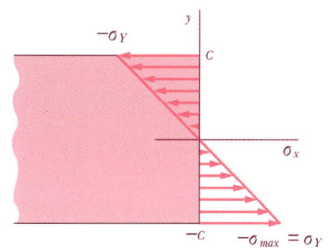

$$dM = y\,dF = \dfrac{Ey^2}{\rho}dA \;\Rightarrow\; M = \dfrac{E}{\rho}\int_0^A y^2\,dA = \dfrac{EI}{\rho} \;\Rightarrow\; \dfrac{1}{\rho} = \dfrac{M}{EI}$$

$$\sigma = E\,e = E\frac{y}{\rho} = \frac{E\,y}{\rho} \quad \Rightarrow \quad \frac{1}{\rho} = \frac{\sigma}{E\,y}$$

$$M = \sigma\frac{I}{y} = \sigma Z$$

$$M_{\max} = \sigma_{\max} Z, \quad \sigma_{\max} = \frac{M_{\max}}{Z}$$

02 보속의 전단응력(τ)

$$\tau = \frac{F G_{\text{상면}}}{b\,I_G} \quad \tau : \text{전단응력},\ F : \text{최대전단력},\ G_{\text{상면}} = \int_A y\,dA = A\,\bar{y} : \text{단면 1차 모멘트}$$

$$b : \text{전단응력 단면의 폭},\ I_G : \text{도형의 도심축에 대한 단면 2차 모멘트}$$

① 사각형 단면에서의 전단응력 $\tau_{\max} = \dfrac{3}{2}\dfrac{F}{A}$

② 원형 단면의 전단응력 $\tau_{\max} = \dfrac{4}{3}\dfrac{F}{A}$

03 상당 비틀림모멘트(T_e)와 상당 굽힘모멘트(M_e)

① 상당 비틀림모멘트 $T_e = \sqrt{M^2 + T^2}$

② 상당 굽힘모멘트 $M_e = \dfrac{1}{2}(M + \sqrt{M^2 + T^2}) = \dfrac{1}{2}(M + T_e)$

③ 축 지름 $T = \tau Z_p = \tau\dfrac{\pi d^3}{16}$

$$d = \sqrt[3]{\frac{16\,T_e}{\pi\,\tau_a}} \fallingdotseq \sqrt[3]{\frac{5.1}{\tau_a}(\sqrt{M^2+T^2})} \fallingdotseq \sqrt[3]{\frac{5.1\,T_e}{\tau_a}}\ [\text{mm}]$$

④ 축 지름 $M = \sigma Z = \tau\dfrac{\pi d^3}{32}$

$$d = \sqrt[3]{\frac{32\,M_e}{\pi\,\sigma_a}} \fallingdotseq \sqrt[3]{\frac{10.2}{\sigma_a}(M + \sqrt{M^2+T^2})} \fallingdotseq \sqrt[3]{\frac{10.2\,M_e}{\sigma_a}}\ [\text{mm}]$$

09 보의 처짐

01 탄성곡선의 미분방정식

(1) 처짐곡선(탄성곡선)의 미분방정식

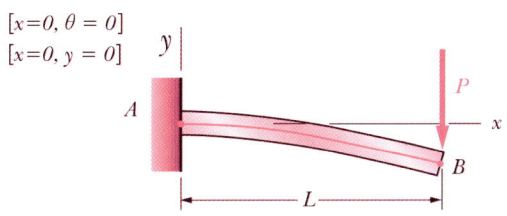
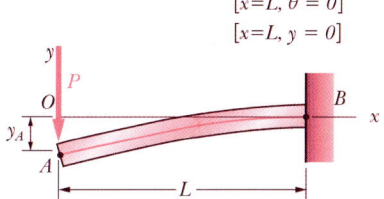

$$\frac{d^2y}{dx^2} = \pm \frac{M(x)}{EI}$$

$$EIy = -\iint M(x)\,dx = \delta \ : \ 처짐량\ [m]$$

$$EI\frac{dy}{dx} = -\int M(x)dx = \theta \ : \ 처짐각\ [rad]$$

$$EI\frac{d^2y}{dx^2} = -\iint w(x)\,dx = -M : 굽힘모멘트\ [kN \cdot m]$$

$$EI\frac{d^3y}{dx^3} = -\frac{dM}{dx} = -F(x) : 전단력\ [kN]$$

$$EI\frac{d^4y}{dx^4} = -\frac{d^2M}{dx^2} = -\frac{dF}{dx} = -w(x) : 등분포하중\ [kN/m]$$

(2) 굽힘에 의한 탄성에너지

$$U = \int_0^\ell \frac{M^2}{2EI} dx$$

[단순보와 외팔보에 대한 처짐각 및 처짐량]

단순보의 하중 상태	처짐각과 처짐량	외팔보의 하중 상태	처짐각과 처짐량
	$\theta_A = -\theta_B = \dfrac{Pl^2}{16EI}$ $\delta_{max} = \dfrac{Pl^3}{48EI}$		$\theta_A = \dfrac{Pl^2}{2EI}$ $\delta_{max} = \dfrac{Pl^3}{3EI}$
	$\theta_A = -\theta_B = \dfrac{wl^3}{24EI}$ $\delta_{max} = \dfrac{5wl^4}{384EI}$		$\theta_A = \theta_{max} = \dfrac{wl^3}{6EI}$ $\delta_{max} = \dfrac{wl^4}{8EI}$
	$\theta_A = \dfrac{Pb}{6EIl}(l^2-b^2)$ $-\theta_B = \dfrac{Pa}{6EIl}(l^2-a^2)$		$\theta_A = \theta_{max} = \dfrac{M_0 l}{EI}$ $\delta_{max} = \dfrac{M_0 l^2}{2EI}$

02 면적 모멘트법

(1) 외팔보

① 집중하중(P)이 작용할 때

㉠ 처짐각 : $\theta = \dfrac{dy}{dx} = -\dfrac{1}{EI}\left[\dfrac{Pl \cdot l}{2} - \dfrac{P(l-x)(l-x)}{2}\right] = \dfrac{Pl^2}{2EI}\left[1 - \dfrac{(l-x)^2}{l^2}\right]$

㉡ 처짐량 : $\delta = -\dfrac{1}{EI}\left[P(l-x)\dfrac{x^2}{2} + \dfrac{Px^2}{2}\dfrac{2x}{3}\right] = \dfrac{P}{EI}\left(\dfrac{lx^2}{2} - \dfrac{x^3}{6}\right) = \dfrac{Px^2}{6EI}(3l-x)$

(2) 외팔보

① 등분포하중(w)이 작용할 때

㉠ 처짐각 : $\theta = \dfrac{M}{EI} = \dfrac{1}{EI}\dfrac{l \cdot wl^2/2}{3} = \dfrac{wl^3}{6EI}$

㉡ 처짐량 : $\delta = \dfrac{M}{EI} = \dfrac{wl^2}{6EI}\dfrac{3l}{4} = \dfrac{wl^4}{8EI}$

(3) 단순보

① 등분포하중(w)이 작용할 때

㉠ 처짐각 : $\theta_A = \theta_B = \dfrac{F_C}{EI} = \dfrac{R}{EI} = \dfrac{wl^3}{24EI}$

㉡ 처짐량 : $\delta = \dfrac{M_C}{EI} = \dfrac{1}{EI}\dfrac{wl^3}{24}\left(\dfrac{l}{2} - \dfrac{3l}{16}\right) = \dfrac{5wl^4}{384EI}$

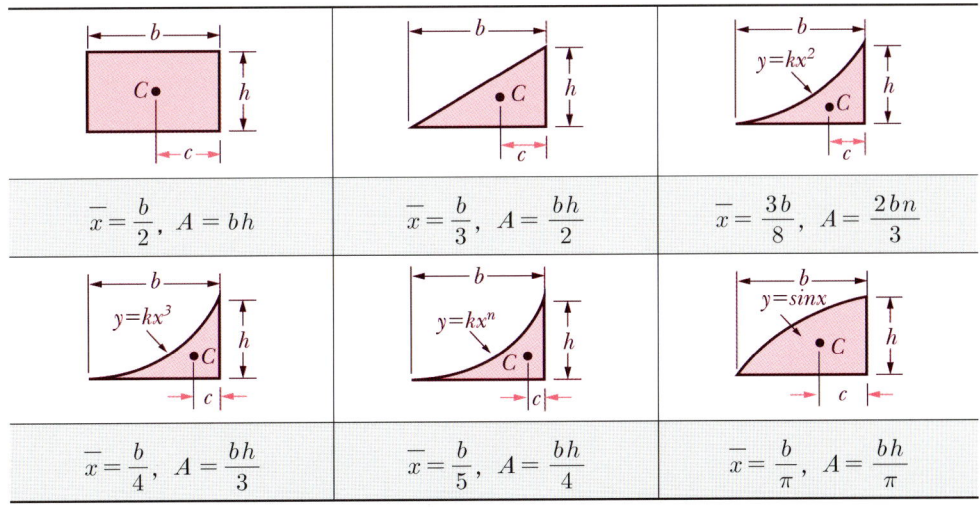

[각종단면에 대한 도심의 위치 및 단면적]

03 중첩법 (Superposition of method)

▶ 다수개의 하중이 작용할 때 전체 처짐은 하중을 하나씩 작용하는 경우의 처짐으로 별도로 계산한 후에, 이것들을 중첩하여 구하게 되는데 주의할 점은 처짐의 방향을 반드시 검토한다.

(1) 등분포하중과 집중하중에 의한 처짐방향이 동일한 외팔보

① 집중하중(P)이 자유단에 작용하는 경우

처짐각 $\theta_1 = \dfrac{Pl^2}{2EI}$, 처짐량 $\delta_1 = \dfrac{Pl^3}{3EI}$

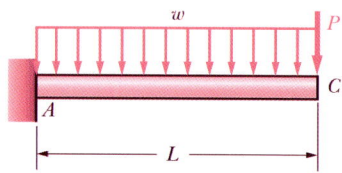

② 등분포하중(w)이 보 전체에 작용할 때

처짐각 $\theta_2 = \dfrac{wl^3}{6EI}$, 처짐량 $\delta_2 = \dfrac{wl^4}{8EI}$

이를 중첩하여 다음과 같은 결과를 얻는다.

$$\theta_{\max} = \theta_1 + \theta_2 = \dfrac{Pl^2}{2EI} \pm \dfrac{wl^3}{6EI} = \dfrac{l^2}{6EI}(3P \pm wl)$$

$$\delta_{\max} = \delta_1 + \delta_2 = \dfrac{Pl^3}{3EI} \pm \dfrac{wl^4}{8EI} = \dfrac{l^3}{24EI}(8P \pm 3wl)$$

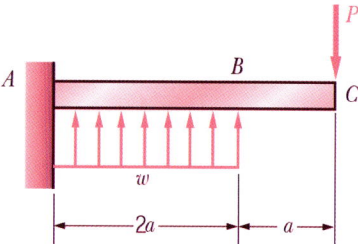

10 부정정보

01 양단고정보(both and fixed beam)

(1) 한 개의 집중하중을 받는 경우

$$R_A = \frac{Pb^2}{l^3}(3a+b), \quad R_B = \frac{Pa^2}{l^3}(3b+a)$$

$$M_A = \frac{Pab^2}{l^2}, \quad M_B = \frac{Pa^2b}{l^2}$$

만약 $a = b = \dfrac{l}{2}$ 이면 $R_A = \dfrac{Pa^3}{l^2} = \dfrac{Pb^3}{l^2} = R_B$

$$M_{\max} = \frac{Pl}{8} \quad \left(a = b = \frac{l}{2}\right)$$

$$\theta_{\max} = \frac{Pl^2}{64EI} \quad \left(x = \frac{l}{4}\right)$$

$$\delta_{\max} = \frac{Pl^3}{192EI} \quad \left(a = b = \frac{l}{2}\right)$$

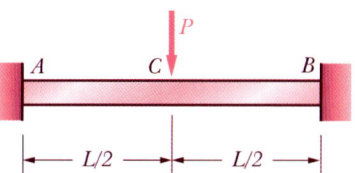

(2) 등분포하중을 받는 경우

$$R_A = R_B = \frac{wl}{2} \quad \left(x = \frac{l}{2}\right)$$

$$M_A = M_B = \frac{wl^2}{12}$$

$$M_{\max} = \frac{wl^2}{24} \quad \left(x = \frac{l}{2}\right)$$

$$\theta_{\max} \fallingdotseq \pm \frac{wl^3}{125EI} \quad \left(x \fallingdotseq \frac{1}{5}l\right)$$

$$\delta_{\max} = \frac{wl^4}{384EI} \quad \left(x \fallingdotseq \frac{l}{2}\right)$$

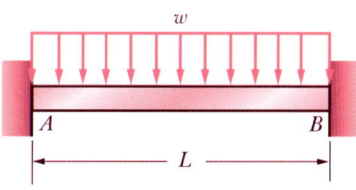

02 일단고정 타단지지보(one end fixed & the other supported beam)

(1) 한 개의 집중하중을 받는 경우

$$R_A = \frac{Pb}{2l^3}(3l^2 - b^2), \ R_B = \frac{Pa^2}{2l^3}(3l - a)$$

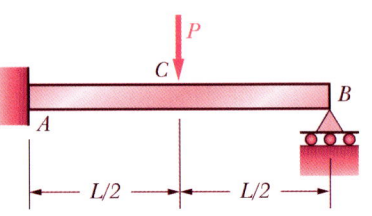

$$\therefore M_A = -\frac{Pb(l^2 - b^2)}{2l^2} = -\frac{Pab(a+2b)}{2l^2}$$

만약 $a = b = \dfrac{l}{2}$ 이면 $R_A = \dfrac{11}{16}P$, $R_B = \dfrac{5}{16}P$

고정단의 반력 모멘트 $M_{\max} = M_A = \dfrac{3Pl}{16}$

하중 점의 굽힘 모멘트 $M_C = \dfrac{5Pl}{32}$

$$\theta_{\max} = \frac{5Pl^2}{32EI}$$

$$\delta_{\max} = \frac{7Pl^3}{768EI}$$

(2) 등분포하중을 받는 경우

$$R_A = \frac{5}{8}wl, \ R_B = \frac{3}{8}wl$$

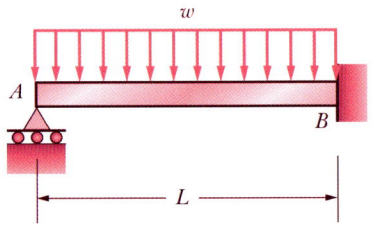

$$M_A = -\frac{wl^2}{8}, \ M_{\max} = \frac{9wl^2}{128}$$

$$\theta_{\max} = \frac{wl^3}{48EI}$$

$$\delta_{\max} = \frac{wl^4}{185EI}$$

03 연속보(continuous beam)

(1) 3 지점의 보

보에 3점 이상에서 지지될 때 이를 연속보라 한다.

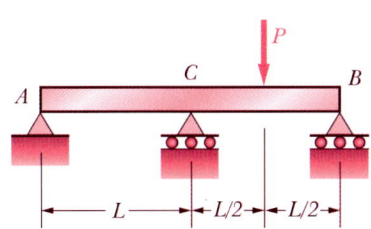

(2) 3 모멘트의 정리 = 클라페롱 정리(Claperyron's theorem)

$$\theta_{B'} = \theta_{B''}$$

$$\theta_{B'} = \frac{M_A l_1}{6EI} + \frac{M_B l_1}{3EI} + \frac{A_1 \overline{a}}{l_2 EI}$$

$$\theta_{B''} = \frac{M_B l_2}{3EI} + \frac{M_C l_2}{6EI} + \frac{A_2 \overline{b_2}}{l_2 EI}$$

$$M_A l_1 + 2M_B(l_1 + l_2) + M_C l_2 = \frac{6A_1 \overline{a_1}}{l_1} - \frac{6A_2 \overline{b_2}}{l_2}$$

11 기둥(Column)

01 편심하중을 받는 짧은 기둥

① 세장비(λ) $= \frac{l}{k}$ 이 30 이하일 때, 단주(짧은 기둥)라 한다.

② 단주가 편심하중을 받을 때 단면에 생기는 수직응력은 압축응력과 굽힘응력의 조합이 된다.

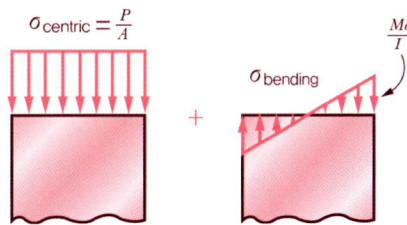

$$\sigma = \sigma_1 + \sigma_2 = \frac{P}{A} \pm \frac{M}{Z} = \frac{P}{A} \pm \frac{Pay}{I} = \frac{P}{A}\left(1 \pm \frac{ay}{K^2}\right)$$

$$\sigma_{max} = \frac{P}{A}\left(1 + \frac{ay}{K^2}\right), \quad \sigma_{min} = \frac{P}{A}\left(1 - \frac{ay}{K^2}\right)$$

③ $\sigma_{\min} = 0$ 으로 하는 편심거리 a를 단면의 핵 반지름이라 하며 원형단면인 경우는 $a = \dfrac{d}{8} = \dfrac{r}{4}$ 이고, 사각형 단면인 경우는 $x = \dfrac{b}{6}$, $y = \dfrac{h}{6}$ 인 마름모이다.

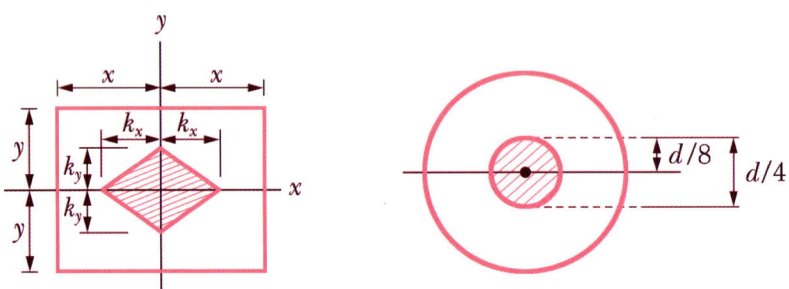

02 장주의 좌굴

압축하중에 의하여 파괴되는 현상을 좌굴(buckling)이라 하며, 이때의 하중을 좌굴하중 또는 임계하중이라 하고, 따라서 좌굴현상이 발생하는 최대의 응력을 좌굴응력 또는 임계응력이라고 호칭한다.

① 세장비 (Slenderness ratio) : λ

$$\lambda = \frac{l}{K}$$

② 오일러 식 (Euler's formula)

$$P_n = n\pi^2 \frac{EI}{l^2} = n\pi^2 \frac{EAK}{l^2} = n\pi^2 \frac{EA}{\lambda^2}, \quad \sigma_n = \frac{P_n}{A} = n\pi^2 \frac{E}{\lambda^2}$$

[단말계수(n)와 좌굴길이(l_k)]

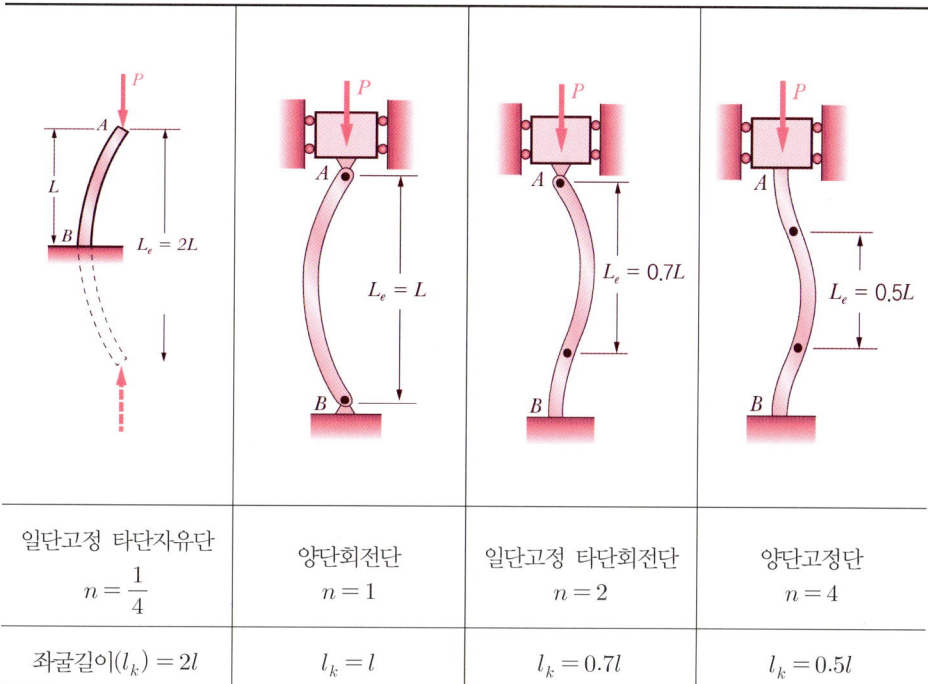

일단고정 타단자유단 $n=\dfrac{1}{4}$	양단회전단 $n=1$	일단고정 타단회전단 $n=2$	양단고정단 $n=4$
좌굴길이(l_k) = $2l$	$l_k = l$	$l_k = 0.7l$	$l_k = 0.5l$

03 장주의 실험식

① 골든 – 랭킨 (Gordon – Rankine) 식

좌굴하중 $P_B = \dfrac{\sigma_c A}{1+\dfrac{a}{n}\left(\dfrac{l}{k}\right)^2} = \dfrac{\sigma_c A}{1+\dfrac{a}{n}(\lambda)^2}$

좌굴응력 $\sigma_B = \dfrac{\sigma_c}{1+\dfrac{a}{n}\left(\dfrac{l}{k}\right)^2} = \dfrac{\sigma_c}{1+\dfrac{a}{n}(\lambda)^2}$

[랭킨식의 정수표]

정수 \ 재료	주철	연강	경강	목재
σ_c [MPa]	548.8	333.2	480.2	49
a	1/1,600	1/7,500	1/5,000	1/750
세장비(l/k)의 범위	$<80\sqrt{n}$	$<110\sqrt{n}$	$<85\sqrt{n}$	$<60\sqrt{n}$

세장비가 표의 값 범위 내에 있으면 랭킨의 식을 적용하고 범위를 벗어나면 오일러의 식을 적용한다.

② 존슨 (Johnson) 식

$$\sigma_B = \frac{P_B}{A} = \sigma_c - \frac{\sigma_c^2}{4n\pi^2 E}\left(\frac{l}{k}\right)^2$$

③ 테트마이어 (Tetmajer) 식

$$\sigma_B = \frac{P_B}{A} = \sigma_b\left[1 - a\left(\frac{l}{k}\right) + b\left(\frac{l}{k}\right)^2\right]$$

04 편심하중을 받는 장주의 시컨트 식 (Secant formula)

$$\sigma_{\max} = \frac{P}{A}\left[1 + \frac{ae}{k_G^2}\sec\left(\frac{nl}{2k_G}\sqrt{\frac{P}{AE}}\right)\right]$$

여기서, a : 편심거리

k_G : 단면의 최소 회전반지름 $\left(k_G = \sqrt{\dfrac{I_{\min}}{A}}\right)$

n : 단말계수

e : 단면의 중립축에서 최외각까지의 거리

재료역학
실전문제

재료역학

정역학

001 지름이 동일한 봉에 아래 그림과 같이 하중이 작용할 때 단면에 발생하는 축 하중 선도는 아래 그림과 같다. 단면 C 에 작용하는 하중(F)는 얼마인가?

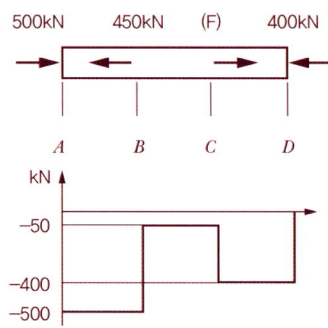

① 150
② 250
③ 350
④ 450

[풀이]

$\sum F_x = 0 \Rightarrow 500 + F_c = 450 + 400$
$\Rightarrow F_c = 350\,kN$

002 그림에서 784.8 N과 평형을 유지하기 위한 힘 F_1과 F_2는?

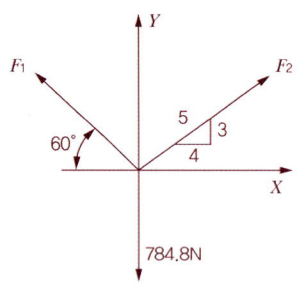

① $F_1 = 395.2N$, $F_2 = 632.4N$
② $F_1 = 790.4N$, $F_2 = 632.4N$
③ $F_1 = 790.4N$, $F_2 = 395.2N$
④ $F_1 = 632.4N$, $F_2 = 395.2N$

[풀이]

$\sum F_x = 0 \Rightarrow F_1 \cos 60° = F_2 \dfrac{4}{5} \Rightarrow F_1 = 1.6 F_2$

$\sum F_y = 0 \Rightarrow F_1 \sin 60° + F_2 \dfrac{3}{5} = 784.8$

$\Rightarrow F_1 = 632.4\,N,\ F_2 = 395.2\,N$

003 그림과 같은 막대가 있다. 길이는 4 m이고 힘은 지면에 평행하게 200 N만큼 주었을 때 O점에 작용하는 힘과 모멘트는?

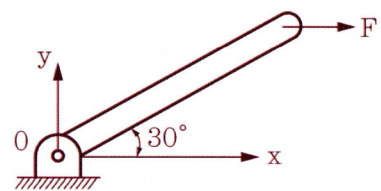

① $F_{ox} = 0$, $F_{oy} = 200\,N$, $M_z = 2000\,N \cdot m$
② $F_{ox} = 200\,N$, $F_{oy} = 0$, $M_z = 400\,N \cdot m$
③ $F_{ox} = 200\,N$, $F_{oy} = 200$, $M_z = 200\,N \cdot m$
④ $F_{ox} = 0\,N$, $F_{oy} = 0\,N$, $M_z = 400\,N \cdot m$

[풀이]

$\vec{F} = 200\,\vec{i}$ 이므로
$F_{ox} = 200\,N,\ F_{oy} = 0\,N$
$M_z = F \times 수직거리 = 200 \times 4 \sin 30°$
$\qquad = 400\,N \cdot m$

004 그림과 같은 구조물에서 점 A에 하중 P = 50 kN이 작용하고 A점에서 오른편으로 F = 10 kN이 작용할 때 평형위치의 변위 x 는 몇 cm인가? (단, 스프링탄성계수(k) = 5 kN/cm이다.)

정답 001. ③ 002. ④ 003. ② 004. ③

실전문제

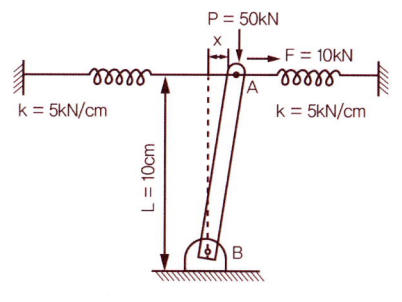

① 1 　　　　　② 1.5
③ 2 　　　　　④ 3

풀이

힘 P 에 의한 x 방향 성분력은
$M_B = 0$ 으로부터
$P_x \times 10 = 50 \times x \Rightarrow P_x = 5x \ kN$

전체 작용력이 스프링의 변형과 같으므로
$P_x + F = 2kx \Rightarrow 5x + 10 = 2 \times 5 \times x$
$\therefore x = 2 \ cm$

005 무게가 각각 300 N, 100 N인 물체 A, B가 경사면 위에 놓여있다. 물체 B와 경사면는 마찰이 없다고 할 때 미끄러지지 않을 물체 A와 경사면과의 최소 마찰계수는 얼마인가?

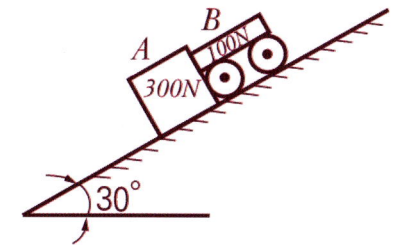

① 0.19 　　　　② 0.58
③ 0.77 　　　　④ 0.94

풀이

경사면에 대한 FBD와 문제 조건으로부터
$\sum F_x = 0$:
$\mu \times 300 \cos 30° = 300 \sin 30° + 100 \sin 30°$
$\therefore \mu = 0.77$

006 그림에서 블록 A를 이동시키는 데 필요한 힘 P는 몇 N 이상인가? (단, 블록과 접촉면과의 마찰계수 $\mu = 0.4$이다.)

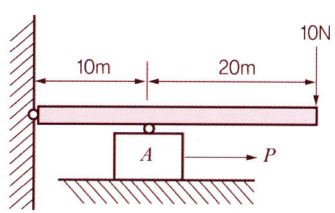

① 4 　　　　② 8
③ 10 　　　　④ 12

풀이

$M_{고정단} = 0$ 으로부터
$10 \times 30 = R_A \times 10 \Rightarrow R_A = 30 \ N$

A점 접촉부분에서의 마찰력은
$F_f = \mu N = 0.4 \times 30 = 12 \ N \leftarrow$

∴ A점 접촉부분에서의 마찰력보다 크도록
　 P 값을 설정하면 이동시킬 수 있다.
　　즉, $P = 12 \ N \rightarrow$

007 그림과 같은 구조물에서 AB 부재에 미치는 힘은 몇 kN인가?

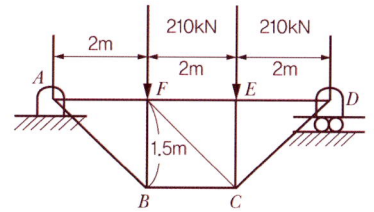

① 450 　　　　② 350
③ 250 　　　　④ 150

풀이

B점에 대한 $\sum F_y = 0$
$\Rightarrow F_{BA} \dfrac{1.5}{\sqrt{2^2 + 1.5^2}} = 210$
$\Rightarrow F_{BA} = \dfrac{2.5}{1.5} \times 210 = 350 \ kN$

008 그림과 같은 벨트 구조물에서 하중 W가 작용할 때 P값은? (단, 벨트는 하중 W의 위치를 기준으로 좌우대칭이며 0° < a < 180° 이다.)

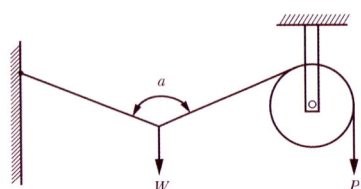

① $P = \dfrac{2W}{\cos \dfrac{\alpha}{2}}$ ② $P = \dfrac{W}{\cos \dfrac{\alpha}{2}}$

③ $P = \dfrac{W}{2\cos \alpha}$ ④ $P = \dfrac{W}{2\cos \dfrac{\alpha}{2}}$

[풀이]

$\sum F_y = 0 \Rightarrow W - 2P\cos \dfrac{\alpha}{2} = 0$

$\Rightarrow P = \dfrac{W}{2\cos \dfrac{\alpha}{2}}$

009 반원 부재에 그림과 같이 0.5R지점에 하중 P가 작용할 때 지지점 B에서의 반력은?

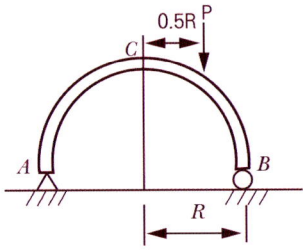

① $\dfrac{P}{4}$ ② $\dfrac{P}{2}$

③ $\dfrac{3P}{4}$ ④ P

[풀이]

$\sum M_A = 0$

$\Rightarrow P \times \dfrac{3R}{2} - R_B \times 2R = 0$

$\Rightarrow R_B = \dfrac{P \times \dfrac{3R}{2}}{2R} = \dfrac{3P}{4}$

010 그림과 같이 하중 P가 작용할 때 스프링의 변위 δ는? (단, 스프링 상수는 k 이다.)

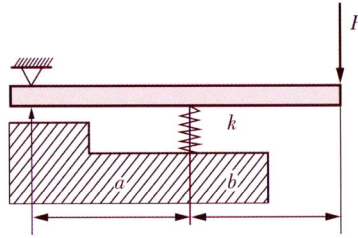

① $\delta = \dfrac{(a+b)}{bk} P$

② $\delta = \dfrac{(a+b)}{ak} P$

③ $\delta = \dfrac{ak}{(a+b)} P$

④ $\delta = \dfrac{bk}{(a+b)} P$

[풀이]
- 차원해석
- 변형 = 스프링복원력 $\Rightarrow \sum M = 0$
  $\Rightarrow P(a+b) = k\delta \cdot a \Rightarrow \delta = \dfrac{(a+b)}{ak} P$

011 그림과 같이 강선이 천정에 매달려 100 kN의 무게를 지탱하고 있을 때, AC 강선이 받고 있는 힘은 약 몇 kN인가?

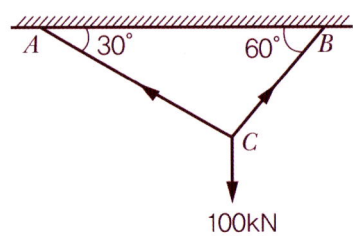

① 30   ② 40   ③ 50   ④ 60

정답 008. ④ 009. ③ 010. ② 011. ③

풀이

$$\frac{T_{AC}}{\sin 150°} = 100$$

$\Rightarrow T_{AC} = 100 \sin 150° = 50$

012 그림과 같은 구조물에 1000 N의 물체가 매달려 있을 때 두 개의 강선 AB와 AC에 작용하는 힘의 크기는 약 몇 N인가?

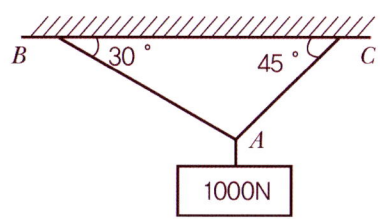

① AB = 732, AC = 897
② AB = 707, AC = 500
③ AB = 500, AC = 707
④ AB = 897, AC = 732

풀이

Lami 의 정리

$$\frac{\sin 105°}{1000} = \frac{\sin 135°}{F_{AB}} = \frac{\sin 120°}{F_{AC}}$$

$\Rightarrow F_{AB} = 732, \ F_{AC} = 897$

013 그림과 같은 트러스 구조물의 AC, BC부재가 핀 C 에서 수직하중 P = 1000 N의 하중을 받고 있을 때 AC부재의 인장력은 약 몇 N인가?

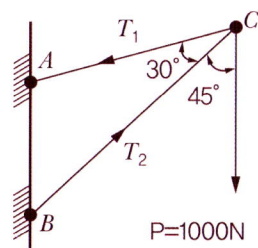

① 141   ② 707

③ 1414   ④ 1732

풀이

Lami의 정리는 응용사항이 더 중요

$$\frac{\sin \alpha}{T_1} = \frac{\sin \beta}{T_2} = \frac{\sin \gamma}{F}$$

$\Rightarrow \dfrac{\sin 45°}{T_1} = \dfrac{\sin 285°}{T_2} = \dfrac{\sin 30°}{1000}$

$\Rightarrow T_1 = 1414.2 \ N$

014 그림과 같은 트러스에서 부재 AB가 받고 있는 힘의 크기는 약 몇 N 정도인가?

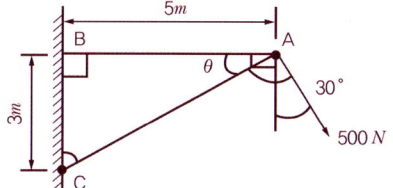

① 781   ② 894
③ 972   ④ 1081

풀이

$Tan \ \theta = \dfrac{3}{5} \Rightarrow \theta = Tan^{-1} \dfrac{3}{5}$

라미의 정리를 활용하면

$$\frac{\sin 30.96°}{500} = \frac{\sin(120 - 30.96)°}{F_{AB}}$$

$\therefore F_{AB} = 971.8 \ N$

015 그림과 같은 정삼각형 트러스의 B점에 수직으로, C점에 수평으로 하중이 작용하고 있을 때, 부재 AB에 작용하는 하중은?

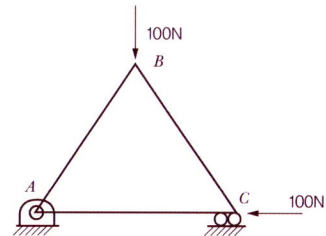

정답 012. ① 013. ③ 014. ③ 015. ①

① $\dfrac{100}{\sqrt{3}} N$ ② $\dfrac{100}{3} N$

③ $100\sqrt{3} N$ ④ $50 N$

풀이

A 절점에 대한 자유물체도(FBD)를 이용하면 Lami의 정리를 적용할 수 있다.

$$\dfrac{\sin 90°}{F_{AB}} = \dfrac{\sin 120°}{R_A}$$

$$F_{AB} = R_A \times \dfrac{\sin 90°}{\sin 120°} = 50 \times \dfrac{1}{(\sqrt{3}/2)}$$

$$= \dfrac{100}{\sqrt{3}} N$$

016 무게가 100 N의 강철 구가 그림과 같이 매끄러운 경사면과 유연한 케이블에 의해 매달려 있다. 케이블에 작용하는 응력은 몇 MPa인지 구하시오. (단, 케이블의 단면적은 2 cm² 이다.)

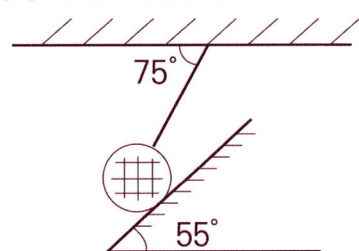

① 0.436 ② 5.12
③ 4.36   ④ 51.2

풀이

강철 구의 무게중심에서 수직선과 수평선을 그려보면 강철 구의 무게중심에서 공점력이 형성되며 장력, 구의 무게 및 수직반력의 3 힘 성분이 평형을 이루고 있으므로 라미의 정리를 활용할 수 있다.

$$\dfrac{\sin \alpha}{F} = \dfrac{\sin \beta}{F} = \dfrac{\sin \gamma}{F}$$

$$\Rightarrow \dfrac{\sin 70°}{100} = \dfrac{\sin 125°}{T} = \dfrac{\sin 165°}{N}$$

∴ 케이블장력

$$T = 100 \times \dfrac{\sin 125°}{\sin 70°} = 87.15 N$$

$$\sigma = \dfrac{T}{A} = \dfrac{87.17}{2 \times 10^{-4}} \times 10^{-6}$$

$$= 0.436 \, MPa$$

017 강체로 된 봉 CD가 그림과 같이 같은 단면적과 재료가 같은 케이블 ①, ②와 C점에서 힌지로 지지되어 있다. 힘 P에 의해 케이블 ①에 발생하는 응력(σ)은 어떻게 표현되는가? (단, A는 케이블의 단면적이며 자중은 무시하고, a는 각 지점간의 거리이고 케이블 ①, ②의 길이 ℓ 은 같다.)

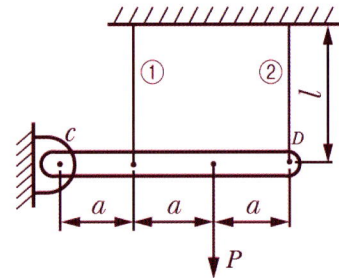

① $\dfrac{2P}{3A}$ ② $\dfrac{P}{3A}$

③ $\dfrac{4P}{5A}$ ④ $\dfrac{P}{5A}$

풀이

①, ② 케이블 반력을 각각 R_1, R_2 라면

$\sum M_C = 0$ 이므로

$R_1 \times a + R_2 \times 3a = P \times 2a$

$\Rightarrow R_1 + 3R_2 = 2P$ ……… ①

①, ② 케이블 변형량을 각각 λ_1, λ_2 라 하면 선형적인 변형이 되므로

$a : \lambda_1 = 3a : \lambda_2$

$\Rightarrow a : \dfrac{R_1 l}{AE} = 3a : \dfrac{R_2 l}{AE}$

$\Rightarrow R_2 = 3R_1$ ……… ②

②를 ①에 대입하고 정리하여

$2P = 10R_1 \Rightarrow P = 5R_1$

∴ $\sigma_1 = \dfrac{R_1}{A} = \dfrac{P}{5A}$

응력과 변형률

018 탄성(elasticity)에 대한 설명으로 옳은 것은?

① 물체의 변형율을 표시하는 것
② 물체에 작용하는 외력의 크기
③ 물체에 영구변형을 일어나게 하는 성질
④ 물체에 가해진 외력이 제거되는 동시에 원형으로 되돌아가려는 성질

[풀이]
⇨ 탄성변형 하중은 영구변형이 발생하지 않는 하중이며, 영구변형이 발생하기 시작하는 항복하중과 대비된다.

019 힘에 의한 재료의 변형이 그 힘의 제거(除去)와 동시에 원형(原形)으로 복귀하는 재료의 성질은?

① 소성(plasticity)
② 탄성(elasticity)
③ 연성(ductility)
④ 취성(brittleness)

[풀이]
탄성변형은 영구 소성변형이 발생하지 않는 변형(원형 유지)
CF. 영구 소성변형이 발생하기 시작하는 하중은 항복하중이라 함
　소성 : 영구변형
　연성 : 유연성, 일반적으로 탄성영역이 크면, 연성이 우수함
　취성 : 깨지기 쉬운 성질 ⇔ 인성

020 강재의 인장시험 후 얻어진 응력 - 변형률 선도로부터 구할 수 없는 것은?

① 안전계수　② 탄성계수
③ 인장강도　④ 비례한도

[풀이]
안전계수는 선도에서 구한 한계조건에 대한 2차적인 비교 값

021 단면의 형상이 일정한 재료에 노치(notch)부분을 만들어 인장할 때 응력의 분포상태는?

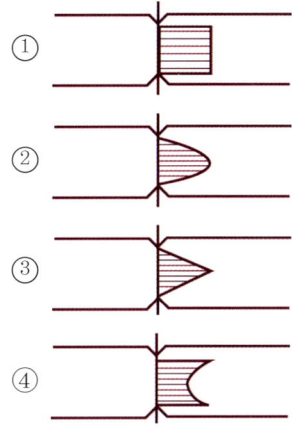

[풀이]
④

022 공칭응력(nominal stress : σ_n)과 진응력(true stress : σ_t) 사이의 관계식으로 옳은 것은? (단, ϵ_n은 공칭변형률(nominal strain), ϵ_t는 진변형률(true strain)이다.)

① $\sigma_t = \sigma_n(1+\epsilon_t)$
② $\sigma_t = \sigma_n(1+\epsilon_n)$
③ $\sigma_t = \ln(1+\sigma_n)$
④ $\sigma_t = \ln(\sigma_n+\epsilon_t)$

[풀이]
진응력은 공칭응력보다 공칭변형을 고려한 만큼 크다.

023 진변형률(ϵ_T)과 진응력(σ_T)을 공칭응력(σ_n)과 공칭변형률(ϵ_n)로 나타낼 때 옳은 것은?

재료역학

① $\sigma_T = \ln(1+\sigma_n)$, $\epsilon_T = \ln(1+\epsilon_n)$
② $\sigma_T = \ln(1+\sigma_n)$, $\epsilon_T = \ln(\frac{\sigma_T}{\sigma_n})$
③ $\sigma_T = \sigma_n(1+\epsilon_n)$, $\epsilon_T = \ln(1+\epsilon)$
④ $\sigma_T = \ln(1+\epsilon_n)$, $\epsilon_T = \epsilon_n(1+\sigma_n)$

풀이

공칭응력과 공칭변형율은
변형전의 단면적을 적용하여

$$\sigma_n = \frac{P}{A_0}, \quad \epsilon_n = \frac{\lambda}{l_0} = \frac{l-l_0}{l_0}$$

진응력과 진변형율은 변형단면적을 적용하여

$$\sigma_T = \frac{P}{A}, \quad \epsilon_T \text{ 라 하면}$$

표점거리간의 체적은 동일하므로 진응력은

$$\sigma_T = \frac{P}{A} = \frac{P}{A_0} \times \frac{A_0}{A} = \frac{P}{A_0} \times \frac{l}{l_0}$$
$$= \frac{P}{A_0} \times \frac{l-l_0+l_0}{l_0} = \sigma_n(1+\epsilon_n)$$

진변형율은

$$\epsilon_T = \int_{l_0}^{l} \frac{dl}{l} = [\ln l]_{l_0}^{l} = \ln l - \ln l_0 = \ln \frac{l}{l_0}$$
$$= \ln \frac{l-l_0+l_0}{l_0} = \ln(1+\epsilon_n)$$

024 다음 금속재료의 거동에 대한 일반적인 설명으로 틀린 것은 어느 것인가?

① 재료에 가해지는 응력이 일정하더라도 오랜시간이 경과하면 변형률이 증가할 수 있다.
② 재료의 거동이 탄성한도로 국한된다고 하더라도 반복하중이 작용하면 재료의 강도가 저하될 수 있다.
③ 일반적으로 크리프는 고온보다 저온 상태에서 더 잘 발생한다.
④ 응력-변형률 곡선에서 하중을 가할때와 제거할 때의 경로가 다르게 되는 현상을 히스테리시스라 한다.

풀이

크리프(Creep)는 고온의 분위기에서 변형이 점차 증가하여 응력이 증가하는 현상을 말하며, Ti 등을 첨가하여 고온강도를 증가시키는 방법 등을 적용하여 방지시킨다.

025 단면적이 $2\ cm^2$이고 길이가 4 m인 환봉에 10 kN의 축 방향 하중을 가하였다. 이 때 환봉에 발생한 응력은 무엇인가?

① $5000\ N/m^2$ ② $2500\ N/m^2$
③ $5 \times 10^7\ N/m^2$ ④ $5 \times 10^5\ N/m^2$

풀이

$$\sigma = \frac{P}{A} = \frac{10 \times 3^3}{2 \times 10^{-4}} = 5 \times 10^7\ N/m^2$$

026 선형 탄성재질의 정사각형 단면 봉에 500 kN의 압축력이 작용할 때 80 MPa의 압축응력이 생기도록 하려면 한 변의 길이를 몇 cm로 해야 하는지 구하시오.

① 5.9 ② 3.9
③ 7.9 ④ 9.9

풀이

$$\sigma_c = \frac{P_c}{A} = \frac{P_c}{a^2}$$
$$\therefore a = \sqrt{\frac{P_c}{\sigma_c}} = \sqrt{\frac{500 \times 10^3}{80 \times 10^6}} \times 10^2$$
$$\fallingdotseq 7.9\ cm$$

027 바깥지름 50 cm, 안지름 40 cm의 중공원통에 500 kN의 압축하중이 작용했을 때 발생하는 압축응력은 약 몇 MPa인가?

① 5.6 ② 7.1
③ 8.4 ④ 10.8

풀이

$$\sigma_c = \frac{P_c}{A} = \frac{P_c}{\frac{\pi}{4}(d_2^2 - d_1^2)}$$

$$= \frac{500 \times 10^3}{\frac{\pi}{4}(0.5^2 - 0.4^2)} \times 10^{-6}$$

$$= 7.07 \, MPa$$

028 지름 10 mm인 환봉에 1 kN의 전단력이 작용할 때 이 환봉에 걸리는 전단응력은 약 몇 MPa인가?

① 6.36   ② 12.73
③ 24.56 ④ 32.22

풀이

$$\tau = \frac{F}{A} = \frac{P_s}{A} = \frac{P_s}{\frac{\pi d^2}{4}}$$

$$= \frac{4 \times 1 \times 10^3}{\pi \times 0.01^2} \times 10^{-6} = 12.73 \, MPa$$

029 두께 1.0 mm의 강판에 한 변의 길이가 25 mm인 정사각형 구멍을 펀칭하려고 한다. 이 강판의 전단 파괴응력이 250 MPa일 때 필요한 압축력은 몇 kN인가?

① 6.25   ② 12.5
③ 25.0   ④ 156.2

풀이

$$\tau = \frac{F_c}{A} = 250 \, MPa$$

$$\Rightarrow F_c = \tau A$$

$$= 250 \times 10^6 \times 0.025 \times 0.01 \times 4 \times 10^{-3}$$

$$= 25 \, kN$$

030 최대사용강도 400 MPa의 연강보에 30 kN의 축방향의 인장하중이 가해질 경우 강 봉의 최소 지름은 몇 cm까지 가능한가? (단, 안전율은 5이다.)

① 2.69   ② 2.99
③ 2.19   ④ 3.02

풀이

$$\sigma_a = 80 \, MPa$$

$$\sigma_a = \frac{P}{A} \Rightarrow 80 \times 10^6 = \frac{30 \times 10^3}{\pi/4 \times d^2}$$

$$\Rightarrow d = \sqrt{\frac{4 \times 30 \times 10^3}{\pi \times 80 \times 10^6}} \times 100 = 2.19 \, cm$$

031 길이 3 m이고, 지름이 16 mm인 원형단면 봉에 30 kN의 축 하중을 작용시켰을 때 탄성신장량 2.2 mm가 생겼다. 이 재료의 탄성계수는 약 몇 GPa인가?

① 203   ② 20.3
③ 136   ④ 13.7

풀이

$$\sigma = E\epsilon$$

$$\Rightarrow E = \frac{\sigma}{\epsilon} = \frac{\frac{P}{A}}{\frac{\lambda}{l}} = \frac{Pl}{A\lambda} = \frac{4Pl}{\pi d^2 \lambda}$$

$$= \frac{4 \times 30 \times 10^3 \times 3}{\pi (0.016)^2 \times 0.0022} \times 10^{-9}$$

$$\fallingdotseq 203.5 \, GPa$$

032 지름이 25 mm이고 길이가 6 m인 강봉의 양쪽 단에 100 kN의 인장력이 작용하여 6 mm가 늘어났다. 이때의 응력과 변형률은? (단, 재료는 선형 탄성거동을 한다.)

① 203.7MPa, 0.01
② 203.7kPa, 0.01
③ 203.7MPa, 0.001
④ 203.7kPa, 0.001

정답 028. ② 029. ③ 030. ③ 031. ① 032. ③

재료역학

> **풀이**
>
> $\sigma = \dfrac{P}{A} = \dfrac{P}{\dfrac{\pi}{4}d^2} = \dfrac{100 \times 10^3}{\dfrac{\pi}{4} \times 0.025^2} \times 10^{-6}$
>
> $\qquad = 203.72 \, MPa$
>
> $\epsilon = \dfrac{\lambda}{l} = \dfrac{0.006}{6} = 0.001$

033 다음과 같이 3개의 링크를 핀을 이용하여 연결하였다. 2000 N의 하중 P가 작용할 경우 판에 작용되는 전단응력은 약 몇 MPa인가? (단, 핀의 직경은 1 cm이다.)

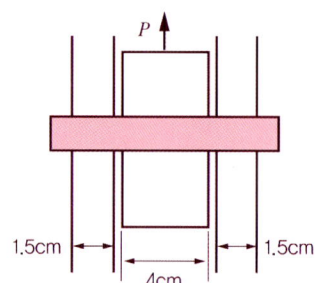

① 12.73 ② 13.24
③ 15.63 ④ 16.56

> **풀이**
>
> 전단면이 2개이므로
>
> $\tau = \dfrac{F}{2A} = \dfrac{2000}{2 \times \pi/4 \times 0.01^2} \times 10^{-6} ≒ 12.74$

034 볼트에 7200 N의 인장하중을 작용시키면 머리부에 생기는 전단응력은 몇 MPa인가?

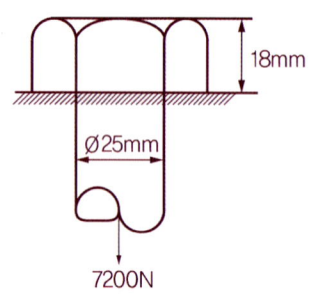

① 2.55   ② 3.1
③ 5.1   ④ 6.25

> **풀이**
>
> $\tau = \dfrac{F}{A} = \dfrac{F}{\pi d h}$
>
> $\qquad = \dfrac{7200}{\pi \times 0.025 \times 0.0018} \times 10^{-6}$
>
> $\qquad ≒ 5.1 \, MPa$

035 두께 10 mm의 강판에 지름 23 mm의 구멍을 만드는데 필요한 하중은 약 몇 kN인가? (단, 강판의 전단응력 τ = 750 MPa이다.)

① 243   ② 352
③ 473   ④ 542

> **풀이**
>
> $\tau = \dfrac{F}{A} = \dfrac{P_s}{A} = \dfrac{P_s}{\pi d t}$
>
> $\Rightarrow P_s = \pi d t \, \tau$
>
> $\qquad = \pi \times 0.023 \times 0.01 \times 750 \times 10^6 \times 10^{-3}$
>
> $\qquad ≒ 542 \, kN$

036 전단 탄성계수가 80 GPa인 강봉(steel bar)에 전단응력이 1 kPa로 발생했다면 이 부재에 발생한 전단변형률은?

① 12.5 x 10^{-3} ② 12.5 x 10^{-6}
③ 12.5 x 10^{-9} ④ 12.5 x 10^{-12}

> **풀이**
>
> $\tau = G\gamma$
>
> $\Rightarrow \gamma = \dfrac{\tau}{G} = \dfrac{10^3}{80 \times 10^9} = 12.5 \times 10^{-9}$

037 그림과 같이 순수전단을 받는 요소에서 발생하는 전단응력 $\tau = 70 \, MPa$, 재료의 세로탄성계수는 200 GPa, 포아송의 비는 0.25일 때 전단변형률은 약 몇 rad인가?

정답 033. ① 034. ③ 035. ④ 036. ③ 037. ①

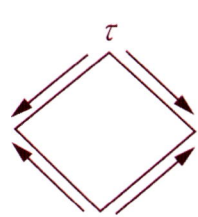

① 8.75×10^{-4} ② 8.75×10^{-3}
③ 4.38×10^{-4} ④ 4.38×10^{-3}

풀이

순수전단이란 수직응력은 없으며 전단응력만 발생하는 단면

$\tau = G\gamma$, $\mu = \dfrac{\epsilon'}{\epsilon}$ ⇒ $\gamma = \dfrac{\tau}{G}$

⇒ $\gamma = 0.25 \times \dfrac{70}{20,000}$

$= 8.75 \times 10^{-4} \, rad$

038 길이가 2 m인 환봉에 인장하중을 가하여 변화된 길이가 0.14 cm일 때 변형률은?

① 70×10^{-6} ② 700×10^{-6}
③ 70×10^{-3} ④ 700×10^{-3}

풀이

$\epsilon = \dfrac{\lambda}{l} = \dfrac{1.4}{2000} = 700 \times 10^{-6}$

039 지름 20 mm, 길이 1000 mm의 연강 봉이 50 kN의 인장하중을 받을 때 발생하는 신장량은 약 몇 mm인가? (단, 탄성계수 E = 210 GPa이다.)

① 7.58 ② 0.758
③ 0.0758 ④ 0.00758

풀이

$\lambda = \dfrac{Pl}{AE} = \dfrac{50 \times 10^3 \times 1000}{\pi/4 \times 0.02^2 \times 210 \times 10^9}$

$= 0.758 mm$

040 길이가 15 m, 봉의 지름 10 mm인 강봉에 P = 8 kN을 적용시킬 때 이 봉의 길이방향 변형량은 약 몇 cm인가? (단, 이 재료의 세로탄성계수는 210 GPa이다.)

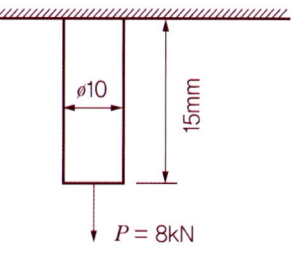

① 0.52 ② 0.64
③ 0.73 ④ 0.85

풀이

$\lambda = \dfrac{Pl}{AE} = \dfrac{8 \times 10^3 \times 1500}{\pi/4 \times 1^2 \times 210} = 0.727 cm$

041 그림과 같은 정사각형 판이 변형되어, 네 변이 직선을 유지한 채 A, B점이 모두 수평방향 우측으로 1 mm만큼 이동되었다. D점에서의 전단변형률 γ_{xy}는?

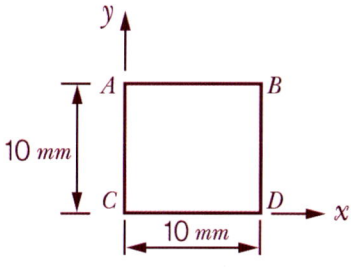

① 0.01 ② 0.05
③ 0.1 ④ 0.15

풀이

전단변형률

$\gamma = \dfrac{\lambda_s}{l} = \dfrac{1}{10} = 0.1$

재료역학

042 지름 2 cm, 길이 20 cm인 연강 봉이 인장하중을 받을 때 길이는 0.016 cm만큼 늘어나고 지름은 0.0004 cm만큼 줄었다. 이 연강봉의 포아송 비는?

① 0.25　　② 0.3
③ 0.33　　④ 4

풀이

$$\nu = \left|\frac{\epsilon'}{\epsilon}\right| = \left|\frac{\frac{\delta}{d}}{\frac{\lambda}{l}}\right| = \left|\frac{l\delta}{d\lambda}\right|$$

$$= \left|\frac{20 \times (-0.0004)}{2 \times 0.016}\right| = 0.25$$

043 5 cm × 4 cm 블록이 x 축을 따라 0.05 cm만큼 인장되었다. y 방향으로 수축되는 변형률(ϵ_y)은? (단, 포아송 비(ν)는 0.3이다.)

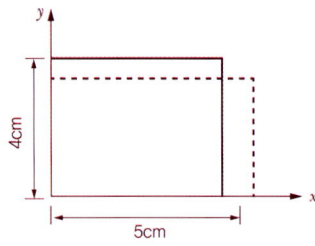

① 0.00015　　② 0.0015
③ 0.003　　　④ 0.03

풀이

$$\nu = \frac{\epsilon'}{\epsilon} = \frac{\epsilon_y}{\epsilon_x}$$

$$\Rightarrow \epsilon_y = \nu\epsilon_x = \nu\frac{\lambda}{l} = 0.3 \frac{0.05}{5} = 0.003$$

044 포아송의 비 0.3, 길이 3 m인 원형단면의 막대에 축방향의 하중이 가해진다. 이 막대의 표면에 원주방향으로 부착된 스트레인 게이지가 -1.5×10^{-4}의 변형률을 나타낼 때, 이 막대의 길이변화로 옳은 것은?

① 0.135 mm 압축
② 0.135 mm 인장
③ 1.5 mm 압축
④ 1.5 mm 인장

풀이

원주방향으로 줄어들고 축 방향으로는 늘어난다.

$$\nu = \left|\frac{\epsilon'}{\epsilon}\right|$$

$$\Rightarrow \epsilon = \frac{|\epsilon'|}{\nu} = \frac{|-1.5 \times 10^{-4}|}{0.3} = 0.0005$$

$$\epsilon = \frac{\lambda}{l} \Rightarrow \lambda = l\epsilon = 3000 \times 0.0005$$

$$= 1.5\,mm\,(인장)$$

045 지름 30 mm의 환봉 시험편에서 표점거리를 10 mm로 하고 스트레인 게이지를 부착하여 신장을 측정한 결과 인장하중 25 kN에서 신장 0.0418 mm가 측정되었다. 이때의 지름은 29.97 mm이었다. 이 재료의 포아송 비(ν)는?

① 0.239　　② 0.287
③ 0.0239　④ 0.0287

풀이

$$\epsilon = \frac{\lambda}{l},\ \epsilon' = \frac{\delta}{d}$$

$$\nu = \left|\frac{\epsilon'}{\epsilon}\right| = \left|\frac{\delta/d}{\lambda/l}\right| = \left|\frac{(29.97-30)/30}{0.0418/10}\right|$$

$$= 0.239$$

046 지름이 d인 연강환봉에 인장하중 P가 주어졌다면 지름 감소량(δ)은?

① $\delta = \dfrac{P\nu}{\pi Ed}$　　② $\delta = \dfrac{P\nu}{2\pi Ed}$

③ $\delta = \dfrac{Pnu}{4\pi Ed}$　　④ $\delta = \dfrac{4P\nu}{\pi Ed}$

풀이

$$\epsilon = \frac{\lambda}{l},\ \epsilon' = \frac{\delta}{d},\ \sigma = \frac{P}{A} = E\epsilon$$

$$\nu = \frac{\epsilon'}{\epsilon} \Rightarrow \epsilon' = \nu\epsilon = \nu\frac{\sigma}{E} = \nu\frac{P}{AE}$$

$$\therefore \delta = \nu\frac{Pd}{AE} = \nu\frac{Pd}{\frac{\pi d^2}{4}E} = \frac{4P\nu}{\pi Ed}$$

047 직경이 2 cm인 원통형 막대에 2 kN의 인장하중이 작용하여 균일하게 신장되었을 때, 변형 후 직경의 감소량은 약 몇 mm인가?(단, 탄성계수 30 GPa이고, 포아송 비는 0.3이다.)

① 0.0128　② 0.00128
③ 0.064　④ 0.0064

풀이

$$\sigma = \frac{P}{A} = E\epsilon \Rightarrow \frac{2000}{\pi/4 \times 0.02^2} = 30 \times 10^9 \epsilon$$
$$\Rightarrow \epsilon = 0.000212$$
$$\nu = -0.3 = \frac{\epsilon'}{\epsilon} \Rightarrow \epsilon' = -0.000064$$
$$\therefore \delta = d\epsilon' = -20 \times 0.000064$$
$$= -0.00128 mm$$

048 다음 막대의 z 방향으로 80 kN의 인장력이 작용할 때 x 방향의 변형량은 몇 μm인가? (단, 탄성계수 E = 200 GPa, 포아송 비 ν = 0.32, 막대크기 x = 100 mm, y = 50 mm, z = 1.5 m이다.)

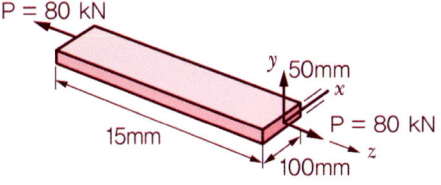

① 2.56　② 25.6
③ −2.56　④ 25.6

풀이

$$\frac{P_z}{A_{xy}} = \frac{80 \times 10^3}{0.05 \times 0.1} = \sigma_z = E\epsilon_z = 200 \times 10^9 \epsilon_z$$
$$\Rightarrow \epsilon_z = 0.00008$$

$$\nu = -0.32 = \frac{\epsilon_x'}{\epsilon_z} \Rightarrow \epsilon_x' = -0.32\epsilon_z$$
$$\lambda_x = 100 \times 1000 \times (-0.32\epsilon_z)$$
$$= 100 \times 1000 \times (-0.32 \times 0.00008)$$
$$= -2.56 \mu m$$

049 원형 봉에 축 방향 인장하중 P = 88 kN이 작용할 때, 직경의 감소량은 약 몇 mm인가? (단, 봉은 길이 L = 2 m, 직경 d = 40 mm, 세로탄성계수는 70 GPa, 포아송비 μ = 0.3이다.)

① 0.006　② 0.012
③ 0.018　④ 0.036

풀이

$$\sigma = \frac{P}{A} = E\epsilon \Rightarrow \frac{88 \times 10^3}{\pi/4 \times 0.04^2} = 70 \times 10^9 \epsilon$$
$$\Rightarrow \epsilon = 0.001$$
$$\nu = \mu = 0.3 = \frac{\epsilon'}{\epsilon} \Rightarrow \epsilon' = 0.0003$$
$$\therefore \delta = d\epsilon' = 40 \times 0.0003$$
$$= 0.012\ mm$$

050 어떤 직육면체에서 x 방향으로 40 MPa의 압축응력이 작용하고 y 방향과 z 방향으로 각각 10 MPa씩 압축응력이 작용한다. 이 재료의 세로탄성계수는 100 GPa, 푸아송 비는 0.25, x 방향 길이는 200 mm일 때 x 방향 길이의 변화량은?

① −0.07 mm　② 0.07 mm
③ −0.085 mm　④ 0.085 mm

풀이

- x, y, z방향 모두 압축하중
- σ_x에 의한 변형량은

$$\sigma_x = E\epsilon = E\frac{-\lambda_x}{l_x} \Rightarrow \lambda_x = -\frac{\sigma_x l_x}{E} \quad \cdots\cdots ①$$

- σ_y와 σ_z에 의한 λ_x의 변형량은

$$\lambda_x = -2\frac{\sigma l_x}{mE} \quad (\sigma = \sigma_y = \sigma_z) \quad \cdots\cdots ②$$

- ①과 ②를 합하면

정답 047. ② 048. ③ 049. ② 050. ①

재료역학

$$\lambda_x = -\frac{\sigma_x l_x}{E} - 2\frac{\sigma l_x}{mE} = -\frac{l_x}{E}(\sigma_x - 2\nu\sigma)$$

$$= -\frac{200}{100000}(40 - 2 \times 0.25 \times 10)$$

$$= -0.07 mm$$

051 그림과 같이 서로 다른 2개의 봉에 의하여 AB봉이 수평으로 있다. AB봉을 수평으로 유지하기 위한 하중 P의 작용점의 위치 x의 값은? (단, A단에 연결된 봉의 세로탄성계수는 210 GPa, 길이는 3 m, 단면적은 2 cm²이고, B단에 연결된 봉의 세로탄성계수는 70 GPa, 길이는 1.5 m, 단면적은 4 cm²이며, 봉의 자중은 무시한다.)

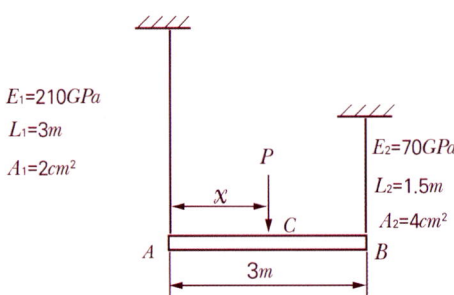

① 144.6 cm ② 171.4 cm
③ 191.5 cm ④ 213.2 cm

풀이
2개의 봉은 병렬연결이므로
$\lambda_1 = \lambda_2 = \lambda$ 이며
각 봉의 하중은
$P_1 = \frac{A_1 E_1 \lambda}{l_1}$, $P_2 = \frac{A_2 E_2 \lambda}{l_2}$ ……①
문제의 수평조건에서
$P_1 x = P_2(3-x) \Rightarrow (P_1 + P_2)x = 3P_2$
① 식을 적용하면
$\left(\frac{A_1 E_1}{l_1} + \frac{A_2 E_2}{l_2}\right)x\lambda = 3\frac{A_2 E_2}{l_2}\lambda$
$\Rightarrow \left(\frac{2 \times 210}{3} + \frac{4 \times 70}{1.5}\right)x = \frac{3 \times 4 \times 70}{1.5}$
$\therefore x = 1.714\ m = 171.4\ cm$

052 길이 L인 봉 AB가 그 양단에 고정된 두 개의 연직강선에 의하여 그림과 같이 수평으로 매달려 있다. 봉 AB의 자중은 무시하고, 봉이 수평을 유지하기 위한 연직하중 P의 작용점까지의 거리 x는? (단, 강선들은 단면적은 같지만 A단의 강선은 탄성계수 E_1, 길이 l_1이고, B단의 강선은 탄성계수 E_2, 길이 l_2이다.)

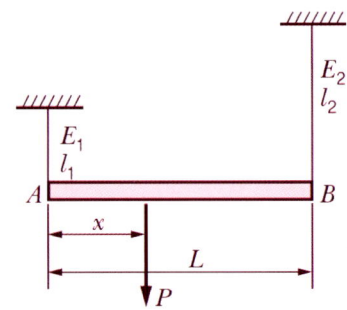

① $x = \dfrac{E_1 l_2 L}{E_1 l_2 + E_2 l_1}$

② $x = \dfrac{2E_1 l_2 L}{E_1 l_2 + E_2 l_1}$

③ $x = \dfrac{2E_2 l_1 L}{E_1 l_2 + E_2 l_1}$

④ $x = \dfrac{E_2 l_1 L}{E_1 l_2 + E_2 l_1}$

풀이
- $\sum M_A = 0 \Rightarrow P_2 L = Px \Rightarrow x = \dfrac{P_2}{P}L$
  $\Rightarrow x = \dfrac{P_2}{P_1 + P_2}L$ ……①
- 문제의 의미에서 $\lambda = \lambda_1 = \lambda_2$
  $\sigma_1 = \dfrac{P_1}{A} = E_1 \epsilon_1 = E_1 \dfrac{\lambda}{l_1}$
  $\Rightarrow P_1 = E_1 \dfrac{A\lambda}{l_1}$
  $\sigma_2 = \dfrac{P_2}{A} = E_2 \epsilon_2 = E_2 \dfrac{\lambda}{l_2}$
  $\Rightarrow P_2 = E_2 \dfrac{A\lambda}{l_2}$

- ①식에 대입하면
$$x = \frac{P_2}{P_1+P_2}L = \frac{E_2/l_2}{E_1/l_1+E_2/l_2}L = \frac{E_2 l_1 L}{E_1 l_2 + E_2 l_1}$$

053 그림과 같이 두 가지 재료로 된 봉이 하중 P를 받으면서 강체로 된 보를 수평으로 유지시키고 있다. 강봉에 작용하는 응력이 150 MPa일 때 Al 봉에 작용하는 응력은 몇 MPa인가? (단, 강과 Al의 탄성계수의 비는 Es / Ea = 3이다.)

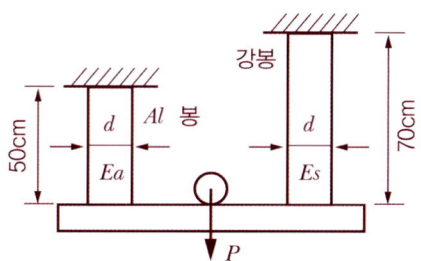

① 70 ② 270
③ 555 ④ 875

풀이
$$\lambda_{Al} = \frac{P_{Al}\, l_{Al}}{A E_{Al}} = \left(\frac{P_{Al}\times 0.5}{\pi d^2/4 \times 1}\right) = \frac{P_s \times 0.7}{\pi d^2/4 \times 3}$$
$$= \frac{P_s\, l_s}{A E_s} = \lambda_s$$
$$\Rightarrow P_{Al} = \frac{0.7}{1.5}P_s$$
$$\sigma_s = \frac{P_s}{A} = 150\, MPa$$
$$\therefore \sigma_{Al} = \frac{P_{Al}}{A} = 70\, MPa$$

054 축 방향 단면적 A인 임의의 재료를 인장하여 균일한 인장응력이 작용하고 있다. 인장방향 변형률이 ϵ, 포아송의 비를 ν 라 하면 단면적의 변화량은 약 얼마인지 구하시오.

① $3\nu\epsilon A$ ② $4\nu\epsilon A$
③ $\nu\epsilon A$ ④ $2\nu\epsilon A$

풀이
④ $\triangle A = 2\nu\epsilon A\ [cm^2]$

055 직경 20 mm인 구리합금 봉에 30 kN의 축 방향 인장하중이 작용할 때 체적변형률은 대략 얼마인가? (단, 탄성계수 E = 100 GPa, 포와송 비 $\mu = 0.3$)

① 0.38 ② 0.038
③ 0.0038 ④ 0.00038

풀이
조건으로부터
$$A = \frac{\pi}{4}\times 0.02^2\, m^2,\ \ P = 30\times 10^3\, N$$
$$\sigma_x = E\epsilon_x = \frac{P}{A} \Rightarrow \epsilon_x = 0.000955$$
$$\Rightarrow \epsilon_v = \epsilon_x + \epsilon_y + \epsilon_z = \epsilon_x(1-2\mu)$$
$$= 0.000955(1-2\times 0.3) = 0.00038$$

056 직육면체가 일반적인 3축 응력 σ_x, σ_y, σ_z를 받고 있을 때 체적변형률 ϵ_v는 대략 어떻게 표현되는가?

① $\epsilon_v \simeq \frac{1}{3}(\epsilon_x + \epsilon_y + \epsilon_z)$
② $\epsilon_v \simeq \epsilon_x + \epsilon_y + \epsilon_z$
③ $\epsilon_v \simeq \epsilon_x\epsilon_y + \epsilon_y\epsilon_z + \epsilon_z\epsilon_x$
④ $\epsilon_v \simeq \frac{1}{3}(\epsilon_x\epsilon_y + \epsilon_y\epsilon_z + \epsilon_z\epsilon_x)$

풀이
$\epsilon_v = \epsilon_x + \epsilon_y + \epsilon_z$

탄성계수간의 관계식

057 재료시험에서 연강재료의 세로탄성계수가 210

GPa로 나타났을 때 포아송 비(ν)가 0.303이면 이 재료의 전단탄성계수 G는 몇 GPa인가?

① 8.05　　② 10.51
③ 35.21　　④ 80.58

풀이

$mE = 2G(m+1)$, $m = \dfrac{1}{\nu}$

$\Rightarrow G = \dfrac{mE}{2(m+1)} = \dfrac{E}{2(1+\nu)}$

$= \dfrac{210}{2(1+0.303)} = 80.58\,GPa$

058 탄성계수(영계수) E, 전단탄성계수 G, 체적 탄성계수 K 사이에 성립되는 관계식은?

① $E = \dfrac{9KG}{2K+G}$

② $E = \dfrac{3K-2G}{6K+2G}$

③ $K = \dfrac{EG}{3(3G-E)}$

④ $K = \dfrac{9EG}{3E+G}$

풀이

$mE = 2G(m+1) = 3K(m-2)$, $m = 1/\nu$

1항과 2항 수식에서　$m = \dfrac{2G}{E-2G}$　……❶

1항과 3항 수식에서　$E = 3K\left(1-\dfrac{2}{m}\right)$ …②

①식을 ②식에 대입하고 정리하면

$K = \dfrac{EG}{3(3G-E)}$

059 포아송(Poisson)비가 0.3인 재료에서 탄성계수(E)와 전단탄성계수(G)의 비(E/G)는?

① 0.15　　② 1.5
③ 2.6　　　④ 3.2

풀이

$mE = 2G(m+1)$, $m = \dfrac{1}{\nu}$

$\Rightarrow \dfrac{E}{\nu} = 2G\left(\dfrac{1}{\nu}+1\right)$

$\Rightarrow \dfrac{E}{0.3} = 2G\left(\dfrac{1}{0.3}+1\right)$

$\therefore \dfrac{E}{G} = 2\times 0.3\left(\dfrac{1}{0.3}+1\right) = 2.6$

060 지름 50 mm의 알루미늄 봉에 100 kN의 인장하중이 작용할 때 300 mm의 표점거리에서 0.219 mm의 신장이 측정되고, 지름은 0.01215 mm만큼 감소되었다. 이 재료의 전단탄성계수 G는 약 몇 GPa인가? (단, 알루미늄 재료는 탄성거동 범위 내에 있다.)

① 21.2　　② 26.2
③ 31.2　　④ 36.2

풀이

$P = 100\times 10^{-3}\,N$,　$\ell = 0.3\,m$,

$\lambda = 0.219\times 10^{-3}\,m$,　$d = 0.05\,m$,

$\delta = -0.01215\times 10^{-3}\,m$

$\nu = \dfrac{\epsilon'}{\epsilon} = \dfrac{\delta/d}{\lambda/\ell} = \dfrac{0.01215/0.05}{0.219\times 10^{-3}/0.3}$

$\fallingdotseq 0.33$,　$m = 3$

$\sigma = \dfrac{P}{A} = E\epsilon$

$\Rightarrow E = \dfrac{P}{A}\dfrac{\ell}{\lambda} = \dfrac{100\times 10^3}{\pi/4\times 0.05^2}\dfrac{0.3}{0.219\times 10^{-3}}$

$= 69.8\,GPa$

$mE = 2G(m+1) \Rightarrow G = 26.2\,GPa$

응력과 변형률(응용)

061 최대사용강도 ($\sigma_{\max}$) = 240 MPa, 내경 1.5 m, 두께 3 mm의 강재 원통형 용기가 견딜 수

정답　058. ③　059. ③　060. ②　061. ②

있는 최대압력은 몇 kPa인가? (단, 안전계수는 20이다.)

① 240 ② 480
③ 960 ④ 1920

풀이

$S = 2 = \dfrac{\sigma_{max}}{\sigma_a} \Rightarrow \sigma_a = 120 MPa$

$\sigma_a = \dfrac{pd}{2t} \Rightarrow 120 \times 10^6 = \dfrac{p \times 1.5}{2 \times 0.003}$

$\Rightarrow p = \dfrac{120 \times 10^6 \times 2 \times 0.003}{1.5 \times 10^3} = 480 kPa$

062 두께 10 mm인 강판으로 직경 2.5 m의 원통형 압력용기를 제작하였다. 최대 내부압력이 1200 kPa일 때 축방향 응력은 몇 MPa인가?

① 75 ② 100
③ 125 ④ 150

풀이

$\sigma_{축} = \dfrac{pd}{4t} = \dfrac{1.2 \times 2.5}{4 \times 0.01} = 75 MPa$

063 두께 8 mm의 강판으로 만든 안지름 40 cm의 얇은 원통에 1 MPa의 내압이 작용할 때 강판에 발생하는 후프응력(원주응력)은 몇 MPa인가?

① 25 ② 37.5
③ 12.5 ④ 50

풀이

$\sigma_{hoop} = \dfrac{pd}{2t} = \dfrac{1 \times 0.4}{2 \times 0.008} = 25 MPa$

064 두께 10 mm의 강판을 사용하여 직경 2.5 m의 원통형 압력용기를 제작하였다. 용기에 작용하는 최대 내부압력이 1200 kPa일 때 원주응력(후프응력)은 몇 MPa 인가?

① 50 ② 100
③ 150 ④ 200

풀이

$\sigma_{hoop} = \dfrac{pd}{2t} = \dfrac{1.2 \times 2.5}{2 \times 0.01} = 150 MPa$

065 안지름 80 cm의 얇은원통에 내압 1 MPa이 작용할 때 안전상 원통의 최소두께는 몇 mm인가? (단, 재료의 허용응력은 80 MPa이다.)

① 1.5 ② 5.0
③ 8 ④ 10

풀이

$\sigma_{hoop} = \dfrac{pd}{2t}$

$t = \dfrac{pd}{2\sigma_{hoop}} = \dfrac{1 \times 800}{2 \times 80} = 5 mm$

066 끝이 닫혀있는 얇은 벽의 둥근 원통형 압력용기에 내압 p 가 작용한다. 용기의 벽의 안쪽표면 응력상태에서 일어나는 절대 최대전단응력을 구하면? (단, 탱크의 반경 = r, 벽두께 = t 이다.)

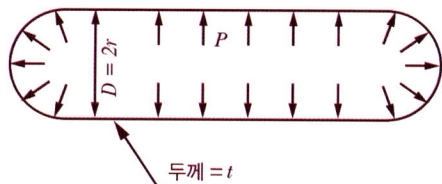

① $\dfrac{pr}{2t} - \dfrac{p}{2}$ ② $\dfrac{pr}{4t} - \dfrac{p}{2}$
③ $\dfrac{pr}{4t} + \dfrac{p}{2}$ ④ $\dfrac{pr}{2t} + \dfrac{p}{2}$

풀이

$\sigma_{hoop} = \dfrac{pd}{2t} = \dfrac{p \times 2r}{2t} = \dfrac{pr}{t}$

$\sigma_{축} = \dfrac{pd}{4t} = \dfrac{p \times 2r}{4t} = \dfrac{pr}{2t}$

정답 062. ① 063. ① 064. ③ 065. ② 066. ④

재료역학

최대 전단응력은 직교좌표 각각의 축(3가지)에 대하여 $45°$이며, z 방향으로 내압 p를 설정하면 3축 응력인 경우가 되므로

$(\tau_{max})_x = \dfrac{\sigma_{hoop}+p}{2} = \dfrac{pr}{2t} + \dfrac{p}{2}$

$(\tau_{max})_y = \dfrac{\sigma_{축}+p}{2} = \dfrac{pr}{4t} + \dfrac{p}{2}$

$(\tau_{max})_z = \dfrac{\sigma_{hoop}+\sigma_{축}}{2} = \dfrac{pr}{4t}$ 이고

이 중에서 절대 최대전단응력은 $\dfrac{pr}{2t} + \dfrac{p}{2}$ 이다.

067 지름이 1.2 m, 두께가 10 mm인 구형 압력용기가 있다. 용기재질의 허용인장응력이 42 MPa일 때 안전하게 사용할 수 있는 최대 내압은 약 몇 MPa인가?

① 1.1 ② 1.4
③ 1.7 ④ 2.1

풀이

구형 압력용기의 응력은 $\sigma = \dfrac{pd}{4t}$

$\Rightarrow p = \dfrac{4\sigma t}{d} = \dfrac{4 \times 42 \times 10}{1200} = 1.4\,MPa$

068 두께가 1 cm, 지름 25 cm의 원통형 보일러에 내압이 작용하고 있을 때, 면내 최대 전단응력이 -62.5 MPa이었다면 내압 P는 몇 MPa인가?

① 5   ② 10
③ 15 ④ 20

풀이

2축 응력의 문제이므로

$\sigma_{hoop} = \dfrac{pd}{2t} = \dfrac{p \times 0.25}{2 \times 0.01} = 12.5p$

$\sigma_{축} = \dfrac{pd}{4t} = \dfrac{p \times 0.25}{4 \times 0.01} = 6.25p$

$\tau_{max} = \tau_{45}$
$= (-\sigma_{hoop} + \sigma_{축})\cos 45 \sin 45 = -62.5$
$\Rightarrow (-12.5p + 6.25p) \times 0.5 = -62.5$
$\therefore p = 20\,MPa$

069 원통형 압력용기에 내압 P가 작용할 때, 원통부에 발생하는 축 방향의 변형률 ϵ_x 및 원주방향 변형률 ϵ_y는? (단, 강판의 두께 t는 원통의 지름 D에 비하여 충분히 작고, 강판재료의 탄성계수 및 포아송 비는 각각 E, ν이다.)

① $\epsilon_x = \dfrac{PD}{4tE}(1-2\nu),\ \epsilon_y = \dfrac{PD}{4tE}(1-\nu)$

② $\epsilon_x = \dfrac{PD}{4tE}(1-2\nu),\ \epsilon_y = \dfrac{PD}{4tE}(2-\nu)$

③ $\epsilon_x = \dfrac{PD}{4tE}(2-\nu),\ \epsilon_y = \dfrac{PD}{4tE}(1-\nu)$

④ $\epsilon_x = \dfrac{PD}{4tE}(1-\nu),\ \epsilon_y = \dfrac{PD}{4tE}(2-\nu)$

풀이

$\epsilon_x = \dfrac{\sigma_x}{E} - \dfrac{\sigma_y}{mE} = \dfrac{\sigma_x}{E} - \dfrac{\nu\sigma_y}{E}$

$= \dfrac{PD}{4tE} - \dfrac{\nu PD}{2tE} = \dfrac{PD}{4tE}(1-2\nu)$

$\epsilon_y = \dfrac{\sigma_y}{E} - \dfrac{\sigma_x}{mE} = \dfrac{\sigma_y}{E} - \dfrac{\nu\sigma_x}{E} = \dfrac{PD}{4tE}(2-\nu)$

또는

축 방향을 x, 원주방향을 y라 하면

$\sigma_{축} = \dfrac{pd}{4t} \Rightarrow \sigma_x = \dfrac{PD}{4t}$

$\sigma_{hoop} = \dfrac{pd}{2t} \Rightarrow \sigma_y = \dfrac{PD}{2t}$

$\epsilon_x = \dfrac{\sigma_x}{E} - \dfrac{\nu}{E}(\sigma_y + \sigma_z) = \dfrac{\frac{PD}{4t}}{E} - \dfrac{\nu}{E}\left(\dfrac{PD}{2t} + 0\right)$

$\therefore \epsilon_x = \dfrac{PD}{4tE}(1-2\nu)$

$\epsilon_y = \dfrac{\sigma_y}{E} - \dfrac{\nu}{E}(\sigma_x + \sigma_z) = \dfrac{\frac{PD}{2t}}{E} - \dfrac{\nu}{E}\left(\dfrac{PD}{4t} + 0\right)$

$\therefore \epsilon_y = \dfrac{PD}{4tE}(2-\nu)$

070 안지름 1 m, 두께 5 mm의 구형 압력용기에 길이 15 mm 스트레인게이지를 그림과 같이 부착하고, 압력을 가하였더니 게이지의 길이가 0.009 mm만큼 증가했을 때, 내압 p의 값은? (단, E

정답 067. ② 068. ④ 069. ② 070. ①

= 200 GPa, ν = 0.3)

① 3.43MPa ② 6.43MPa
③ 13.4MPa ④ 16.4MPa

풀이

그림의 좌우방향을 x 축, 전후방향을 y 축으로 하는 2축으로 가정.

$\nu = \left|\dfrac{\epsilon'}{\epsilon}\right| \Rightarrow \epsilon' = \epsilon_y = \nu\epsilon_x$

2축의 성분응력은 $\sigma_x = \sigma_y = \sigma$

$\sigma_y = E\epsilon_y$

$\Rightarrow \epsilon_y = \dfrac{\sigma_y}{E} = \dfrac{\sigma}{E}(1-\nu) = \dfrac{\lambda}{l}$ ……①

원주방향에서 $\sigma \times \pi d t = p \times \dfrac{\pi}{4} d^2$ 이므로

$\sigma = \dfrac{pd}{4t}$

① 식에 적용하여

$\dfrac{pd}{4tE}(1-\nu) = \dfrac{\lambda}{l}$

$\Rightarrow p = \dfrac{4tE\lambda}{ld(1-\nu)}$

$= \dfrac{4\times 5 \times 200\times 10^9 \times 0.009}{15\times 1000 \times (1-0.3)} \times 10^{-6}$

$= 3.43\ MPa$

071 그림과 같은 하중을 받고 있는 수직 봉의 자중을 고려한 총 신장량은? (단, 하중 = P, 막대단면적 = A, 비중량 = γ, 탄성계수 = E이다.)

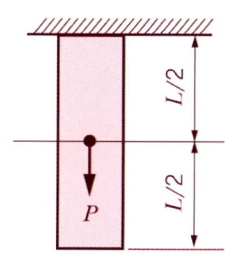

① $\dfrac{L}{E}\left(\gamma L + \dfrac{P}{A}\right)$

② $\dfrac{L}{2E}\left(\gamma L + \dfrac{P}{A}\right)$

③ $\dfrac{L^2}{2E}\left(\gamma L + \dfrac{P}{A}\right)$

④ $\dfrac{L^2}{E}\left(\gamma L + \dfrac{P}{A}\right)$

풀이

하중의 작용위치가 L/2이므로 하중 P에 의한 변형은 상단 L/2에만 관련되어 신장하며, 자중 γx 에 의한 변형은 전체길이 L에 작용함

072 그림과 같은 원형 단면 봉에 하중 P 가 작용할 때 이 봉의 신장량은? (단, 봉의 단면적은 A, 길이는 L, 세로탄성계수는 E이고, 자중 W를 고려해야 한다.)

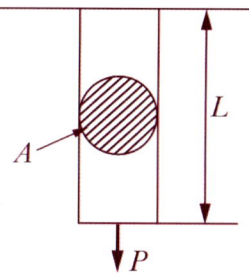

① $\dfrac{PL}{AE} + \dfrac{WL}{2AE}$ ② $\dfrac{2PL}{AE} + \dfrac{2WL}{AE}$

③ $\dfrac{PL}{2AE} + \dfrac{WL}{AE}$ ④ $\dfrac{PL}{AE} + \dfrac{WL}{AE}$

풀이

$\sigma_{자중} = \dfrac{P}{A} + \gamma l$

$\Rightarrow \lambda = \dfrac{Pl}{AE} + \dfrac{\gamma l^2}{2E} = \dfrac{Pl}{AE} + \dfrac{Wl}{2AE}$

073 그림에서 윗면의 지름이 d, ℓ 인 원추형의 상단을 고정할 때 이 재료에 발생하는 신장량 δ 의 값은?

재료역학

(단, 단위 체적당의 중량을 γ, 탄성계수를 E라 함.)

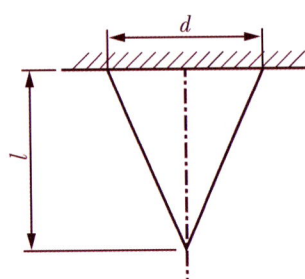

① $\delta = \gamma \ell^2 / 2E$ ② $\delta = \gamma \ell^2 / 3E$
③ $\delta = \gamma \ell^2 / 6E$ ④ $\delta = \gamma \ell^2 / 8E$

풀이

자중만을 고려 시

원추봉의 신장량은 균일단면봉의 $\dfrac{1}{3}$ 이다.

$\therefore \delta = \dfrac{\gamma \ell^2}{2E} \times \dfrac{1}{3} = \dfrac{\gamma \ell^2}{6E}$

074 그림과 같이 벽돌을 쌓아 올릴 때 최하단 벽돌의 안전계수를 20으로 하면 벽돌의 높이 h를 얼마만큼 높이 쌓을 수 있는가? (단, 벽돌의 비중량은 16 kN/m^3 파괴압축응력을 11 MPa로 한다.)

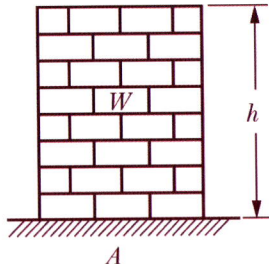

① 34.3m ② 25.5m
③ 45.0m ④ 23.8m

풀이

$S = \dfrac{\sigma_U}{\sigma_a} \Rightarrow 20 = \dfrac{11\,MPa}{\sigma_a}$

$\Rightarrow \sigma_a = 0.55\,MPa$

$W = \gamma V = \gamma A h = 16 \times 10^{-3} A h$

$\sigma_a = \dfrac{W_{자중}}{A} = \dfrac{16 \times 10^{-3} A h}{A} = 0.55$

$\Rightarrow h = 34.3m$

075 직경 20 mm인 와이어 로프에 매달린 1000 N의 중량물(W)이 낙하하고 있을 때, A점에서 갑자기 정지시키면 와이어 로프에 생기는 최대응력은 약 몇 GPa인가? (단, 와이어 로프의 탄성계수 E = 20 GPa 이다.)

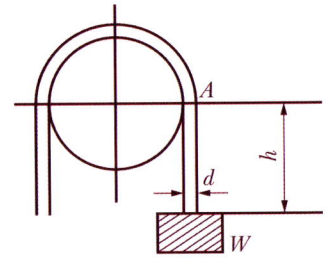

① 0.93 ② 1.13
③ 0.36 ④ 1.93

풀이

갑자기 정지시키므로 충격응력을 적용하면

$\sigma = \dfrac{W}{A}\left(1 + \sqrt{1 + \dfrac{2h}{\lambda_0}}\right) = \dfrac{W}{A}\left(1 + \sqrt{1 + \dfrac{2AE}{W}}\right)$

$= \dfrac{1000}{\pi/4 \times 0.02^2}\left(1 + \sqrt{1 + \dfrac{2 \times \pi/4 \times 0.02^2 \times 20 \times 10^9}{1000}}\right)$

$\times 10^{-9} = 0.36\,GPa$

076 열응력에 대한 다음 설명 중 틀린 것은?

① 재료의 선팽창 계수와 관계있다.
② 세로 탄성계수와 관계있다.
③ 재료의 비중과 관계있다.
④ 온도차와 관계있다.

풀이

$\sigma_H = E\epsilon = E\alpha(t_2 - t_1)$

정답 074. ① 075. ③ 076. ③

077 길이가 L이고 직경이 d인 강봉을 벽 사이에 고정하고 온도를 $\triangle T$만큼 상승시켰다. 이 때 벽에 작용하는 힘은 어떻게 표현되나? (단, 강봉의 탄성계수는 E이고, 선팽창계수는 α이다.)

① $\dfrac{\pi E\alpha \triangle T d^2 L}{16}$

② $\dfrac{\pi E\alpha \triangle T d^2}{2}$

③ $\dfrac{\pi E\alpha \triangle T d^2 L}{8}$

④ $\dfrac{\pi E\alpha \triangle T d^2}{4}$

풀이

$\sigma_H = \dfrac{P}{A} = E\alpha \triangle T$

$\Rightarrow P = E\alpha \triangle T \cdot A = \dfrac{\pi E\alpha \triangle T d^2}{4}$

078 그림과 같이 강 봉에서 A, B가 고정되어 있고 25℃에서 내부응력은 0인 상태이다. 온도가 −40℃로 내려갔을 때 AC 부분에서 발생하는 응력은 약 몇 MPa인가? (단, 그림에서 A_1은 AC 부분에서의 단면적이고 A_2는 BC 부분에서의 단면적이다. 그리고 강 봉의 탄성계수는 200 GPa이고, 열팽창계수는 12×10^{-6}/℃이다.)

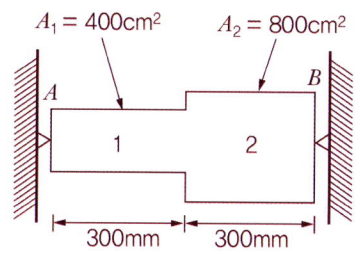

① 416 ② 350
③ 208 ④ 154

풀이

$\sigma_H = E\epsilon = E\alpha(t_2 - t_1)$

$\Rightarrow \sigma_H = \dfrac{E\alpha(t_2-t_1)(L_1+L_2)}{L_1 + \left(\dfrac{A_1}{A_2}\right)L_2}$

$= \dfrac{200 \times 10^9 \times 65 \times 12 \times 10^{-6}(0.6)}{0.3 + 0.3 \times \left(\dfrac{0.4 \times 10^{-3}}{0.8 \times 10^{-3}}\right)}$

$= 208,000,000 Pa = 208 MPa$

079 봉의 온도가 25℃일 때 양쪽의 강성지점들에 끼워 맞추어져 있다. 봉의 온도가 100℃일 때 AC부분의 응력은 몇 MPa인가? (단, 봉 재료의 E = 200 GPa, $\alpha = 12 \times 10^{-6}$/℃, $L_1 = L_2$ = 0.5 m, $A_1 = 1000\ mm^2$, A_2 = 500 mm^2)

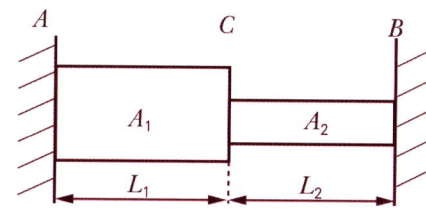

① 120 ② 150
③ 220 ④ 250

풀이

$\sigma_1 = \dfrac{E\alpha(L_1+L_2) \times (t_2-t_1)}{L_1 + \left(\dfrac{A_1}{A_2}\right)L_2}$

$= \dfrac{200 \times 10^9 \times 12 \times 10^{-6} \times (0.5+0.5) \times (100-25)}{0.5 + \left(\dfrac{1000 \times 10^{-6}}{500 \times 10^{-6}}\right) \times 0.5}$

$= 120\ MPa$

080 한 변의 길이가 10 mm인 정사각형 단면의 막대가 있다. 온도를 60℃ 상승시켜서 길이가 늘어나지 않게 하기 위해 8 kN의 힘이 필요할 때 막대의 선팽창계수(a)는 약 몇 ℃$^{-1}$인가? (단, 탄성계수 E = 200 GPa이다.)

정답 077. ④ 078. ③ 079. ① 080. ④

재료역학

① $\dfrac{5}{3} \times 10^{-6}$ ② $\dfrac{10}{3} \times 10^{-6}$

③ $\dfrac{15}{3} \times 10^{-6}$ ④ $\dfrac{20}{3} \times 10^{-6}$

풀이

$\lambda_H = \lambda_{하중}$

$\Rightarrow \lambda_H = l\alpha\Delta t = 0.01 \times \alpha \times 60$

$\lambda_{하중} = \dfrac{Pl}{AE} = \dfrac{8 \times 10^3 \times 0.01}{0.01^2 \times 200 \times 10^9}$

$\alpha = \dfrac{8 \times 10^3 \times 0.01}{0.01^2 \times 200 \times 10^9 \times 0.01 \times 60} \fallingdotseq \dfrac{20}{3} \times 10^6$

081 단면적이 7 cm²이고, 길이가 10 m인 환봉의 온도를 10℃ 올렸더니 길이가 1 mm 증가했다. 이 환봉의 열팽창계수는?

① 10^{-2}/℃ ② 10^{-3}/℃
③ 10^{-4}/℃ ④ 10^{-5}/℃

풀이

$\lambda_H = l\alpha\Delta T$

$\Rightarrow \alpha = \dfrac{\lambda_H}{l\Delta T} = \dfrac{0.001}{10 \times 10} = 10^{-5}$/℃

082 그림과 같이 초기온도 20℃, 초기길이 19.95 cm, 지름 5 cm인 봉을 간격이 20 cm인 두 벽면 사이에 넣고 봉의 온도를 220℃로 가열했을 때 봉에 발생되는 응력은 몇 MPa인가? (단, 탄성계수 E = 210 GPa이고, 균일단면을 갖는 봉의 선팽창계수 = 1.2×10^{-5}/℃ 이다.)

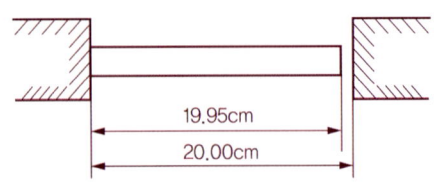

① 0 ② 25.2
③ 257 ④ 504

풀이

$\lambda_H = l\alpha\Delta T$
$= 19.95 \times 10^{-2} \times 1.2 \times 10^{-5} \times 200$
$= 0.00048m \cong 0.48mm$

083 강재나사 봉을 기온이 27℃일 때에 24 MPa의 인장응력을 발생시켜 놓고 양단을 고정하였다. 기온이 7℃로 되었을 때의 응력은 약 몇 MPa인가? (단, 탄성계수 E = 210 GPa, 선팽창계수 $\alpha = 11.3 \times 10^{-6}$/℃ 이다.)

① 47.46 ② 23.46
③ 71.46 ④ 65.46

풀이

전체응력

$\sigma_t = \sigma + \sigma_H = \sigma + E\alpha\Delta T$
$= 24 + 210 \times 10^3 \times 11.3 \times 10^{-6} \times (27-7)$
$= 71.46\ MPa$

084 그림과 같이 길이가 동일한 2개의 기둥상단에 중심 압축하중 2500 N이 작용할 경우 전체 수축량은 약 몇 mm인가? (단, 단면적 A_1 = 1000 mm², A_2 = 2000 mm², 길이 L = 300 mm, 재료의 탄성계수 E = 90G Pa이다.)

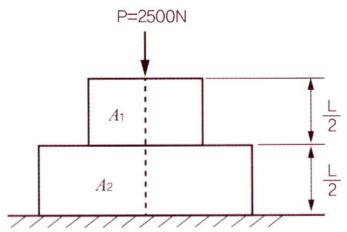

① 0.625 ② 0.0625
③ 0.00625 ④ 0.000625

풀이

$\lambda = \lambda_1 + \lambda_2 = \dfrac{Pl}{A_1 E} + \dfrac{Pl}{A_2 E}$

정답 081. ④ 082. ① 083. ③ 084. ③

$$= \frac{2500 \times 0.15}{1000 \times 10^6 \times 90 \times 10^9}$$
$$+ \frac{2500 \times 0.15}{2000 \times 10^6 \times 90 \times 10^9}$$
$$= 0.00625 mm$$

085 직경 10 cm, 길이 3 m인 양단이 고정된 2개의 원형기둥에 가해줄 수 있는 최대하중은? (단, $E = 200000\ MPa$, $\sigma_r = 280\ MPa$)

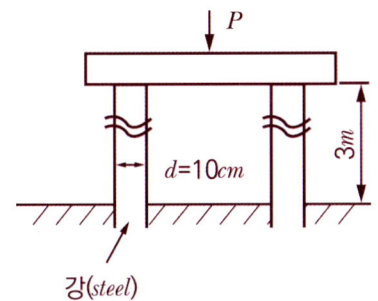

① 2800 kN ② 4400 kN
③ 7800 kN ④ 8770 kN

풀이

$$\sigma = \frac{\frac{P}{2}}{A} = \frac{P}{2A}$$
$$\Rightarrow P = 2\sigma A$$
$$= 2 \times 280 \times 10^6 \times \frac{\pi \times 0.1^2}{4} \times 10^{-3}$$
$$= 4400\ kN$$

086 그림과 같이 지름 d 인 강철봉이 안지름 d, 바깥지름 D인 동관에 끼워져서 두 강체평판 사이에서 압축되고 있다. 강철봉 및 동관에 생기는 응력을 각각 σ_s, σ_c라고 하면 응력비(σ_s/σ_c)의 값은? (단, 강철(E_s) 및 동(E_c)의 탄성계수는 각각 $E_s = 200\ GPa$, $E_c = 120\ GPa$이다.)

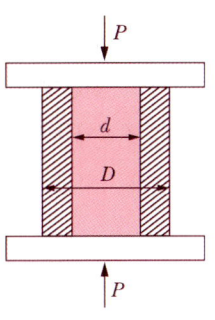

① $\frac{3}{5}$ ② $\frac{4}{5}$
③ $\frac{5}{4}$ ④ $\frac{5}{3}$

풀이

$\sigma = E\epsilon$ 에서 ϵ 이 같으므로
$$\frac{\sigma_s}{\sigma_c} = \frac{E_s}{E_c} = \frac{200}{120} = \frac{5}{3}$$
즉, 병렬연결에서는 강한 재료가 하중을 더 크게 부담한다.

087 그림과 같이 지름과 재질이 다른 3개의 원통을 끼워 조합된 구조물을 만들어 강판 사이에 P 의 압축하중을 작용시키면 ①번 림의 재료에 발생되는 응력 σ_1은?

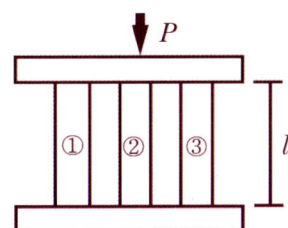

① $\sigma_1 = \dfrac{PA_1}{A_1E_1 + A_2E_2 + A_3E_3}$

② $\sigma_1 = \dfrac{Pl}{A_1E_1 + A_2E_2 + A_3E_3}$

③ $\sigma_1 = \dfrac{PE_1}{A_1E_1 + A_2E_2 + A_3E_3}$

④ $\sigma_1 = \dfrac{PE_2}{A_1E_1 + A_2E_2 + A_3E_3}$

정답 085. ② 086. ④ 087. ③

재료역학

> **풀이**
> 병렬조합인 경우에는 강한재료가 더 부담한다.
> ③ $\sigma_1 = \dfrac{PE_1}{A_1E_1 + A_2E_2 + A_3E_3}$

087 그림과 같이 축 방향으로 인장하중을 받고 있는 원형단면 봉에서 θ의 각도를 가진 경사단면에 전단응력(τ)과 수직응력(σ)이 작용하고 있다. 이 때 전단응력 (τ)과 수직응력(σ)이 작용하고 있다. 이 때 전단응력 τ가 수직응력의 σ의 $\dfrac{1}{2}$이 되는 경사단면의 경사각(θ)은?

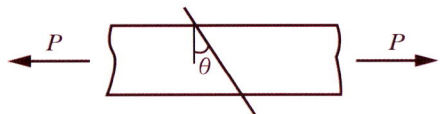

① $\theta = \tan^{-1}\left(\dfrac{1}{2}\right)$
② $\theta = \tan^{-1}(1)$
③ $\theta = \tan^{-1}(2)$
④ $\theta = \tan^{-1}(4)$

> **풀이**
> $\sigma_x = \dfrac{P}{A}$: 경사면 1축 응력이므로
> 경사면에 대하여 $\tan\theta = \dfrac{\tau_n}{\sigma_n} = \dfrac{1}{2}$
> $\Rightarrow \theta = Tan^{-1}\left(\dfrac{1}{2}\right)$

089 다음 정사각형 단면(40 mm × 40 mm)을 가진 외팔보가 있다. $a-a$ 면에서의 수직응력(σ_n)과 전단응력(τ_s)은 각각 몇 kPa인가?

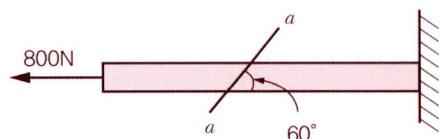

① $\sigma_n = 693$, $\tau_s = 400$
② $\sigma_n = 400$, $\tau_s = 693$
③ $\sigma_n = 375$, $\tau_s = 217$
④ $\sigma_n = 217$, $\tau_s = 375$

> **풀이**
> 응력 = $\dfrac{\text{단위면적당 내력}}{\text{단면적}}$ ⇒ (공액응력)
> $\sigma_n = \sigma_x \cos(90° + \theta) = \dfrac{P}{A_x}\cos(90° + \theta)$
> $= \dfrac{800}{0.04 \times 0.04}\cos(150°) \times 10^{-3}$
> $= 373 kPa$
>
> $\tau_s = \dfrac{1}{2}\sigma_x \sin 2(90° + \theta)$
> $= \dfrac{1}{2} \times \dfrac{800}{0.04 \times 0.04}\sin(150°) \times 10^{-3}$
> $= -217 kPa$

090 단면적이 4 cm² 인 강봉에 그림과 같이 하중을 작용할 때 이 봉은 약 몇 cm 늘어나는지 구하시오. (단, 탄성계수 E = 210 GPa이다.)

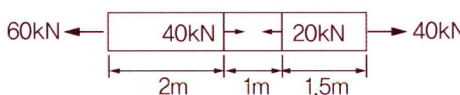

① 0.0028 ② 0.24
③ 0.80 ④ 0.015

> **풀이**
> 좌측으로부터 ℓ_1, ℓ_2, ℓ_3 라 하면
> $\lambda_{\text{인장}} = \dfrac{P_1\ell_1 + P_2(\ell_2 + \ell_3)}{AE}$
> $= \dfrac{60 \times 10^3 \times 2 + 40 \times 10^3 \times 2.5}{4 \times 10^{-4} \times 210 \times 10^9}$
> $= 0.002619 m = 0.2619 cm$
>
> $\lambda_{\text{압축}} = -\dfrac{Q\ell_2}{AE} = -\dfrac{20 \times 10^3 \times 1}{4 \times 10^{-4} \times 210 \times 10^9}$

정답 087. ① 089. ③ 090. ②

$$= -0.000238m = -0.0238cm$$
$$\therefore \lambda = \lambda_{인장} - \lambda_{압축} = 0.2381cm$$

091 길이가 $\ell + 2a$ 인 균일 단면봉의 양단에 인장력 P가 작용하고, 양 단에서의 거리가 a인 단면에 Q의 축 하중이 가하여 인장될 때 봉에 일어나는 변형량은 약 몇 cm인가? (단, ℓ = 60 cm, a = 30 cm, P = 10 kN, Q = 5 kN, 단면적 A = 4cm², 탄성계수는 210 GPa이다.)

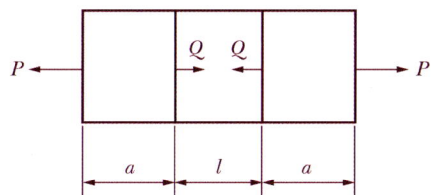

① 0.0107 ② 0.0207
③ 0.0307 ④ 0.0407

풀이

$$\lambda_{인장} = \frac{P(\ell+2a)}{AE} = \frac{10\times 10^3 \times (0.6+0.6)}{4\times 10^{-4} \times 210 \times 10^9}$$
$$= 0.000142m = 0.0142cm$$
$$\lambda_{압축} = \frac{Q\ell}{AE} = \frac{5\times 10^3 \times 0.6}{4\times 10^{-4} \times 210 \times 10^9}$$
$$= 0.0000357m = 0.00357cm$$
$$\therefore \lambda = \lambda_{인장} - \lambda_{압축} = 0.0107cm$$

평면응력(모어의 원)

092 2축 응력에 대한 모어(Mohr)원의 설명으로 틀린 것은?

① 원의 중심은 원점의 상하 어디라도 놓일 수 있다.
② 원의 중심은 원점좌우의 응력 축 상에 어디라도 놓일 수 있다.
③ 이 원에서 임의의 경사면상의 응력에 관한 가능한 모든 지식을 얻을 수 있다.
④ 공액응력 σ_n 과 $\sigma_n{'}$의 합은 주어진 두 응력의 합 $\sigma_x + \sigma_y$와 같다.

풀이
① 2축 응력의 중심은 원점좌우의 응력 축상에 존재한다.

093 평균응력 상태에 있는 어떤 재료가 2축 방향에 응력 $\sigma_x > \sigma_y > 0$가 작용하고 있을 때 임의의 경사단면에 발생하는 법선응력 σ_n은 무엇인가?

① $\sigma_x \cos 2\theta + \sigma_y \sin 2\theta$
② $\sigma_x \sin 2\theta + \sigma_y \cos 2\theta$
③ $\sigma_x \cos \theta + \sigma_y \sin \theta$
④ $\sigma_x \cos^2 \theta + \sigma_y \sin^2 \theta$

풀이
$\sigma_n = \sigma_x \cos^2\theta + \sigma_y \sin^2\theta$
($\sigma_n = \sigma_0 \cos^2\theta$, $\tau = \sigma_0 \sin\theta \cos\theta$)

094 2축 응력상태의 재료 내에서 서로 직각방향으로 400 MPa의 인장응력과 300 MPa의 압축응력이 작용할 때 재료 내에 생기는 최대 수직응력은 몇 MPa인가?

① 500 ② 300
③ 400 ④ 350

풀이
최대 수직응력은 $\theta = 0°$ 일 때 발생하므로
$$\sigma_n = \frac{1}{2}(\sigma_x + \sigma_y) + \frac{1}{2}(\sigma_x - \sigma_y)\cos 2\theta$$
$$= \frac{1}{2}(400-300) + \frac{1}{2}(400+300) = 400\,MPa$$

095 평면응력 상태에서 σ_x = 300 MPa, σ_y = −

재료역학

900 MPa, τ_{xy} = 450 MPa일 때 최대주응력은 σ_1은 몇 MPa 인가?

① 300 ② 750
③ 450 ④ 1150

풀이

$\sigma_{max} = \dfrac{1}{2}(\sigma_x + \sigma_y) + \dfrac{1}{2}\sqrt{(\sigma_x - \sigma_y)^2 + 4\tau_{xy}^2}$
$= \dfrac{1}{2}(300 - 900) + \dfrac{1}{2}\sqrt{(300 + 900)^2 + 4 \times 450^2}$
$= 450\ MPa$

096 평면응력 상태의 한 요소에 σ_x = 100 MPa, σ_y = −50 MPa, τ_{xy} = 0을 받는 평판에서 평면 내에서 발생하는 최대 전단응력은 몇 MPa 인가?

① 75 ② 50
③ 25 ④ 0

풀이

$\tau_{max} = \dfrac{1}{2}\sqrt{(\sigma_x - \sigma_y)^2 + 4\tau_{xy}^2}$
$= \dfrac{1}{2}\sqrt{[100 - (-50)]^2}$
$= 75\ MPa$

097 다음과 같은 평면응력 상태에서 최대 전단응력은 약 몇 MPa인가?

- x 방향 인장응력 : 175 MPa
- y 방향 인장응력 : 35 MPa
- xy 방향 전단응력 : 60 MPa

① 38 ② 53
③ 92 ④ 108

풀이

$\tau_{max} = \dfrac{1}{2}\sqrt{(\sigma_x - \sigma_y)^2 + 4\tau_{xy}^2}$
$= \dfrac{1}{2}\sqrt{(175 - 35)^2 + 4 \times 60^2}$
$= 92\ MPa$

098 σ_x = 400 MPa, σ_y = 300 MPa, τ_{xy} = 200 MPa가 작용하는 재료 내에 발생하는 최대주응력의 크기는?

① 206 MPa ② 556 MPa
③ 350 MPa ④ 753 MPa

풀이

$\sigma_{max} = \dfrac{1}{2}(\sigma_x + \sigma_y) + \dfrac{1}{2}\sqrt{(\sigma_x - \sigma_y)^2 + 4\tau_{xy}^2}$
$= \dfrac{1}{2}(400 + 300) + \dfrac{1}{2}\sqrt{(400 - 300)^2 + 4 \times 200^2}$
$= 556.16\ MPa$

099 σ_x = 700 MPa, σ_y = −300 MPa가 작용하는 평면응력 상태에서 최대 수직응력(σ_{max})과 최대 전단응력(τ_{max})은 각각 몇 MPa인가?

① σ_{max} = 700, τ_{max} = 300
② σ_{max} = 600, τ_{max} = 400
③ σ_{max} = 500, τ_{max} = 700
④ σ_{max} = 700, τ_{max} = 500

풀이

$\sigma_{max} = \dfrac{1}{2}(\sigma_x + \sigma_y) + \dfrac{1}{2}\sqrt{(\sigma_x - \sigma_y)^2 + 4\tau_{xy}^2}$
$= \dfrac{1}{2}(700 - 300) + \dfrac{1}{2}\sqrt{(700 + 300)^2} = 700$

$\tau_{max} = \dfrac{1}{2}\sqrt{(\sigma_x - \sigma_y)^2 + 4\tau_{xy}^2}$
$= \dfrac{1}{2}\sqrt{(700 + 300)^2} = 500$

100 그림과 같은 평면응력 상태에서 최대 주응력은 약 몇 MPa인가? (단, σ_x = 500 MPa, σ_y = −300 MPa, τ_{xy} = −300 MPa이다.)

정답 096. ① 097. ③ 098. ② 099. ④ 100. ②

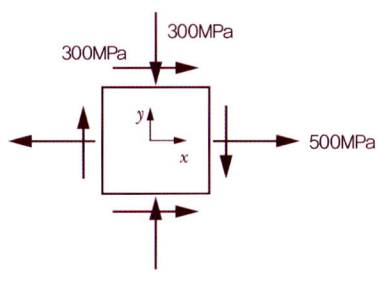

① 500　　② 600
③ 700　　④ 800

풀이

$\sigma_{\max} = \frac{1}{2}(\sigma_x + \sigma_y) + \frac{1}{2}\sqrt{(\sigma_x - \sigma_y)^2 + 4\tau_{xy}^2}$

$\Rightarrow \sigma_{\max} = \frac{1}{2} \times (500 - 300)$
$+ \frac{1}{2} \times \sqrt{(500 + 300)^2 + 4 \times (-300)^2}$
$= 600\ MPa$

101 $\sigma_x = \sigma_y = 0$, $\tau_{xy} = 0.1\ GPa$일 때 두 주응력의 크기 σ_1, σ_2는?

① $\sigma_1 = 0.25$ GPa, $\sigma_2 = 0.1$ GPa
② $\sigma_1 = 0.2$ GPa, $\sigma_2 = 0.05$ GPa
③ $\sigma_1 = 0.1$ GPa, $\sigma_2 = -0.1$ GPa
④ $\sigma_1 = 0.075$ GPa, $\sigma_2 = -0.05$ GPa

풀이

$\sigma_1 = \frac{\sigma_x + \sigma_y}{2} + \sqrt{\left(\frac{\sigma_x - \sigma_y}{2}\right)^2 + \tau_{xy}^2} = 0.1\ GPa$

$\sigma_2 = \frac{\sigma_x + \sigma_y}{2} - \sqrt{\left(\frac{\sigma_x - \sigma_y}{2}\right)^2 + \tau_{xy}^2}$
$= -0.1\ GPa$

102 평면 응력상태에서 σ_x와 σ_y만이 작용하는 2축 응력에서 모어원의 반지름이 되는 것은? (단, $\sigma_x > \sigma_y$이다.)

① $(\sigma_x + \sigma_y)$　　② $(\sigma_x - \sigma_y)$
③ $\frac{1}{2}(\sigma_x + \sigma_y)$　　④ $\frac{1}{2}(\sigma_x - \sigma_y)$

풀이

$\tau_{\max} = \frac{1}{2}(\sigma_x - \sigma_y)$: 모어원의 반지름

103 그림과 같이 스트레인 로제트(strain rosette)를 45°로 배열한 경우 각 스트레인 게이지에 나타나는 스트레인 량을 이용하여 구해지는 전단변형률 γ_{xy}는?

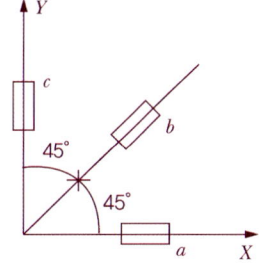

① $\sqrt{2}\epsilon_b - \epsilon_a - \epsilon_c$
② $2\epsilon_b - \epsilon_a - \epsilon_c$
③ $\sqrt{3}\epsilon_b - \epsilon_a - \epsilon_c$
④ $3\epsilon_b - \epsilon_a - \epsilon_c$

풀이

문제의 의미에서 $\epsilon_x = \epsilon_a$, $\epsilon_y = \epsilon_c$, $\theta = 45°$

$\sigma_n = \frac{1}{2}(\sigma_x + \sigma_y) + \frac{1}{2}(\sigma_x - \sigma_y)\cos 2\theta + \frac{\gamma_{xy}}{2}\sin 2\theta$

$\Rightarrow \epsilon_n = \frac{1}{2}(\epsilon_x + \epsilon_y) + \frac{1}{2}(\epsilon_x - \epsilon_y)\cos 2\theta$
$+ \frac{\gamma_{xy}}{2}\sin 2\theta$

$\Rightarrow \epsilon_b = \frac{1}{2}(\epsilon_a + \epsilon_c) + \frac{1}{2}(\epsilon_a - \epsilon_c)\cos 90 + \frac{\gamma_{xy}}{2}\sin 90$

$\Rightarrow \epsilon_b = \frac{1}{2}(\epsilon_a + \epsilon_c) + \frac{\gamma_{xy}}{2}$

$\therefore \gamma_{xy} = 2\epsilon_b - \epsilon_a - \epsilon_c$

104 다음과 같은 평면응력 상태에서 X축으로부터 반

시계방향으로 30° 회전 된 X 축 상의 수직응력($\sigma_{x'}$)은 약 몇 MPa인가?

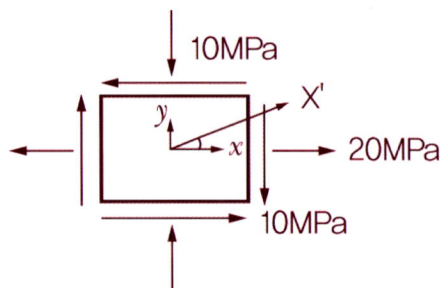

① $\sigma_{x'} = 3.84$ ② $\sigma_{x'} = -3.84$
③ $\sigma_{x'} = 17.99$ ④ $\sigma_{x'} = -17.99$

풀이

그림의 조건으로부터 $\sigma_x = 20\,MPa$,
$\sigma_y = -10\,MPa$, $\tau_{xy} = 10\,MPa$, $\theta = 30°$

$\sigma_{x'} = \frac{1}{2}(\sigma_x + \sigma_y) + \frac{1}{2}(\sigma_x - \sigma_y)\cos 2\theta - \tau_{xy}\sin 2\theta$

$= \frac{1}{2}(20 - 10) + \frac{1}{2}(20 + 10)\cos 60° - 10\sin 60°$

$= 3.84\,MPa$

105 그림과 같은 두 평면응력 상태의 합에서 최대전단응력은?

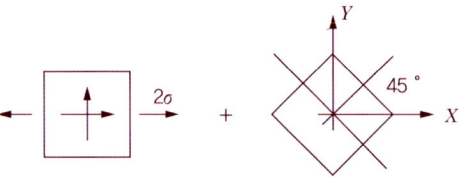

① $\frac{\sqrt{3}}{2}\sigma_o$ ② $\frac{\sqrt{6}}{2}\sigma_o$
③ $\frac{\sqrt{13}}{2}\sigma_o$ ④ $\frac{\sqrt{16}}{2}\sigma_o$

풀이

우선, 2번째 평면응력의 각 성분요소를 구한다.

$\sigma_x = \frac{1}{2}(\sigma_{x'} + \sigma_{y'}) + \frac{1}{2}(\sigma_{x'} - \sigma_{y'})\cos 2\theta + \tau_{xy'}\sin 2\theta$

$\Rightarrow \sigma_x = \frac{1}{2}(-3\sigma_0 + 0)$
$+ \frac{1}{2}(-3\sigma_0 - 0)\cos 2\times 45°$
$+ 0\times \sin 2\times 45° = -\frac{3}{2}\sigma_0$

$\sigma_y = \frac{1}{2}(\sigma_{x'} + \sigma_{y'}) - \frac{1}{2}(\sigma_{x'} - \sigma_{y'})\cos 2\theta$
$- \tau_{xy'}\sin 2\theta$

$\Rightarrow \sigma_y = \frac{1}{2}(-3\sigma_0 + 0)$
$- \frac{1}{2}(-3\sigma_0 - 0)\cos 2\times 45°$
$- 0\times \sin 2\times 45° = -\frac{3}{2}\sigma_0$

$\tau_{xy} = -\frac{1}{2}(\sigma_{x'} - \sigma_{y'})\sin 2\theta + \tau_{xy'}\cos 2\theta$

$\Rightarrow \tau_{xy} = -\frac{1}{2}(-3\sigma_0 - 0)\sin 2\times 45°$
$+ 0\cos 2\times 45°$
$= \frac{3}{2}\sigma_0$

1번째 평면응력의 각 성분요소와 합하면

$\sigma_x = 2\sigma_0 - \frac{3}{2}\sigma_0 = \frac{1}{2}\sigma_0$

$\sigma_y = 0 - \frac{3}{2}\sigma_0 = -\frac{3}{2}\sigma_0$

$\tau_{xy} = 0 + \frac{3}{2}\sigma_0 = \frac{3}{2}\sigma_0$

∴ 최대 전단응력은

$\tau_{\max} = \frac{1}{2}\sqrt{(\sigma_x - \sigma_y)^2 + 4\tau_{xy}^2}$

$= \frac{1}{2}\sqrt{\left(\frac{1}{2}\sigma_0 - \left(-\frac{3}{2}\sigma_0\right)\right)^2 + 4\times\left(\frac{3}{2}\sigma_0\right)^2}$

$= \frac{\sqrt{13}}{2}\sigma_o$

106 평면응력 상태에서 $\epsilon_x = -150\times 10^{-6}$, $\epsilon_y = -280\times 10^{-6}$, $\gamma_{xy} = 850\times 10^{-6}$ 일 때, 최대주변형률(ϵ_1)과 최소주변형률(ϵ_2)은 각각 약 얼마인가?

① $\epsilon_1 = 215\times 10^{-6}$,
$\epsilon_2 = -645\times 10^{-6}$

② $\epsilon_1 = 645 \times 10^{-6}$,
$\epsilon_2 = 215 \times 10^{-6}$

③ $\epsilon_1 = 315 \times 10^{-6}$,
$\epsilon_2 = -645 \times 10^{-6}$

④ $\epsilon_1 = -545 \times 10^{-6}$,
$\epsilon_2 = 315 \times 10^{-6}$

풀이

$$\epsilon_{av} = \frac{1}{2}(\epsilon_x + \epsilon_y) = \frac{1}{2}[-150 + (-280)] \times 10^{-6}$$
$$\therefore \epsilon_{av} = -215 \times 10^{-6}$$
$$\epsilon_y - \epsilon_{av} = (280 - 215) \times 10^{-6} = 65 \times 10^{-6}$$
$$\gamma_{xy}/2 = 850/2 \times 10^{-6} = 425 \times 10^{-6} \text{ 이므로}$$

Mohr 응력원
$$r = \sqrt{65^2 + 425^2} \times 10^{-6} = 429.94 \times 10^{-6}$$
$$\therefore \epsilon_2 = \epsilon_{min} = \epsilon_{av} - r$$
$$= (-215 - 429.94) \times 10^{-6}$$
$$= -644.94 \times 10^{-6}$$
$$\epsilon_1 = \epsilon_{max} = \epsilon_{av} + r$$
$$= (-215 + 429.94) \times 10^{-6}$$
$$= 214.94 \times 10^{-6}$$

107 주철제 환봉이 축 방향 압축응력 40 MPa과 모든 반경방향으로 압축응력 10 MPa를 받는다. 탄성계수 E = 100 GPa, 포아송비 ν = 0.25, 환봉의 직경 d = 120 mm, 길이 L = 200 mm일 때, 실린더 체적의 변화량 △V는 몇 mm³인가?

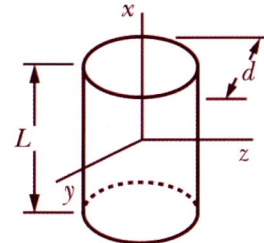

① -121
② -254
③ -428
④ -679

풀이

축방향이 x 방향이고 반경방향은 y와 z방향이며, 축 방향으로 압축응력을 받고 동시에 반경방향으로도 압축응력을 받는다.

$$\epsilon_x = \frac{\sigma_x}{E} - \nu\left(\frac{\sigma_y}{E} + \frac{\sigma_z}{E}\right)$$
$$= \frac{1}{E}[\sigma_x - \nu(\sigma_y + \sigma_z)]$$
$$= \frac{10^6}{100 \times 10^9}[-14 - 0.25(-10 - 10)] = -0.00035$$

$$\epsilon_y = \frac{\sigma_y}{E} - \nu\left(\frac{\sigma_x}{E} + \frac{\sigma_z}{E}\right)$$
$$= \frac{1}{E}[\sigma_y - \nu(\sigma_x + \sigma_z)]$$
$$= \frac{10^6}{100 \times 10^9}[-10 - 0.25(-40 - 10)]$$
$$= 0.000025$$

$$\epsilon_z = \frac{\sigma_z}{E} - \nu\left(\frac{\sigma_x}{E} + \frac{\sigma_y}{E}\right)$$
$$= \frac{1}{E}[\sigma_z - \nu(\sigma_x + \sigma_y)]$$
$$= \frac{10^6}{100 \times 10^9}[-10 - 0.25(-40 - 10)]$$
$$= 0.000025$$

$$\epsilon_v = \epsilon_x + \epsilon_y + \epsilon_z$$
$$\therefore \Delta V = \epsilon_v V$$
$$= (-0.00035 + 0.000025 + 0.000025) \times \frac{\pi}{4} \times 120^2 \times 200$$
$$= -678.6 \, mm^3$$

평면도형의 성질

108 다음 단면에서 도심의 y축 좌표는 얼마인가?

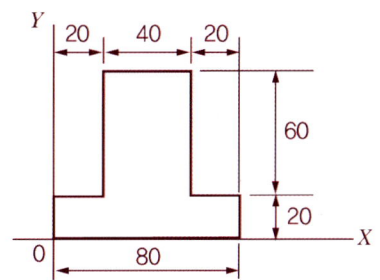

① 30   ② 34
③ 40   ④ 44

풀이

$$\bar{y} = \frac{G_x}{A} = \frac{\int_A y\,dA}{\int_A dA} = \frac{A_1 y_1 + A_2 y_2}{A_1 + A_2}$$

$$= \frac{(80 \times 20 \times 10) + (40 \times 60 \times 50)}{(80 \times 20) + (40 \times 60)} = 34$$

109 지름 80 mm의 원형단면의 중립축에 대한 관성모멘트는 약 몇 mm⁴인가?

① 0.5×10^6 ② 1×10^6
③ 2×10^6 ④ 4×10^6

풀이

$$I_{원} = \frac{\pi d^4}{64} = \frac{\pi \times 80^4}{64} = 2 \times 10^6\,mm^4$$

110 높이 h, 폭 b인 직사각형 단면을 가진 보 A와 높이 b, 폭 h인 직사각형 단면을 가진 보 B의 단면 2차 모멘트의 비는? (단, h = 1.5b)

① 1.5 : 1   ② 2.25 : 1
③ 3.375 : 1   ④ 5.06 : 1

풀이

$$I_{사} = \frac{bh^3}{12} : I_{사}' = \frac{hb^3}{12}$$

$$\Rightarrow \frac{b \times (1.5b)^3}{12} : \frac{(1.5b) \times b^3}{12}$$

$$= \frac{1.5^3 b^4}{12} : \frac{1.5 b^4}{12} = 2.25 : 1$$

111 바깥지름 $d_2 = 30\,cm$, 안지름 $d_1 = 20\,cm$의 속이 빈 원형단면의 단면 2차모멘트는?

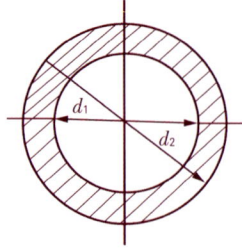

① $27850\,cm^4$ ② $29800\,cm^4$
③ $30120\,cm^4$ ④ $31906\,cm^4$

풀이

$$I = \frac{\pi d_2^4}{64}(1 - x^4)$$

$$= \frac{\pi \times 30^4}{64} \times \left[1 - \left(\frac{20}{30}\right)^4\right] = 31907\,mm^4$$

112 그림과 같은 단면에서 가로방향 중립축에 대한 단면 2차모멘트는?

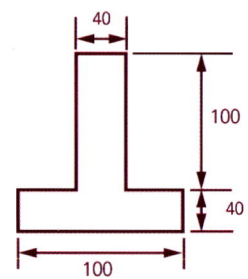

① $10.67 \times 10^6\,mm^4$
② $13.67 \times 10^6\,mm^4$
③ $20.67 \times 10^6\,mm^4$
④ $23.67 \times 10^6\,mm^4$

풀이

도심의 y 좌표값은

$$\bar{y} = \frac{G_x}{A} = \frac{\int_A y\,dA}{\int_A dA}$$

$$= \frac{100 \times 40 \times 20 + 40 \times 100 \times 90}{100 \times 40 + 40 \times 100}$$

$$= 55\,mm$$

$$I_{\lambda_1} = \frac{bh^3}{12} + Al^2$$
$$= \frac{100 \times 40^3}{12} + 100 \times 40 \times 35^2$$
$$= 54333333 \ mm^4$$
$$I_{\lambda_2} = \frac{40 \times 100^3}{12} + 40 \times 100 \times 35^2$$
$$= 8233333 \ mm^4$$
$$\therefore I_{전체} = I_{\lambda_1} + I_{\lambda_2} = 13.67 \times 10^6 \ mm^4$$

① 535 ② 635
③ 735 ④ 835

풀이
좌측으로부터
$$I = I_1 + I_2 + I_3$$
$$= \frac{1.3 \times 15^3}{12} + \frac{22.4 \times 1.3^3}{12} + \frac{1.3 \times 15^3}{12}$$
$$= 735.35 \ cm^4$$

113 그림과 같은 단면의 x-x 축에 대한 단면 2차모멘트는?

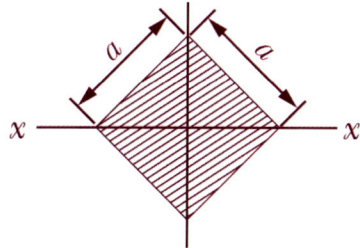

① $\dfrac{a^4}{8}$ ② $\dfrac{a^4}{24}$ ③ $\dfrac{a^4}{32}$ ④ $\dfrac{a^4}{12}$

풀이
정사각형(마름모) 도심축에 대한 단면 2차모멘트
$$I_{xx} = \frac{bh^3}{12} = \frac{a^4}{12}$$

115 그림과 같이 원형단면의 원주에 접하는 x-x 축에 관한 단면 2차모멘트는?

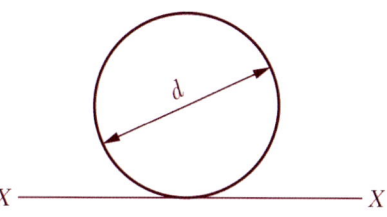

① $\dfrac{\pi d^4}{32}$ ② $\dfrac{\pi d^4}{64}$
③ $\dfrac{3\pi d^4}{64}$ ④ $\dfrac{5\pi d^4}{64}$

풀이
$$I' = I_G + Al^2$$
$$= \frac{\pi d^4}{64} + \frac{\pi d^2}{4} \times \left(\frac{d}{2}\right)^2 = \frac{5\pi d^4}{64}$$

114 그림과 같은 단면에서 대칭축 n-n 에 대한 단면 2차모멘트는 약 몇 cm^4 인가?

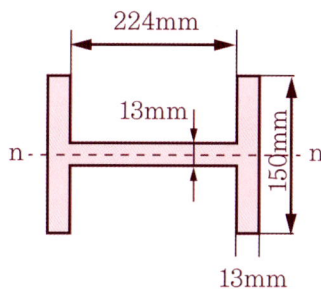

116 다음과 같은 단면에 대한 2차모멘트 I_Z는?

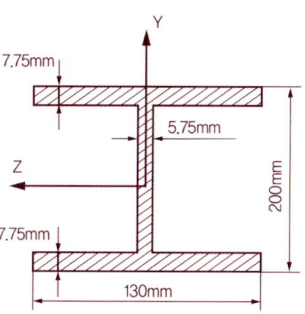

① $18.6 \times 10^6 \ mm^4$ ② $21.6 \times 10^6 \ mm^4$

정답 113. ④ 114. ③ 115. ④ 116. ②

③ $24.6 \times 10^6 \, mm^4$ ④ $27.6 \times 10^6 \, mm^4$

풀이

상측으로부터 평행축의 정리

$I' = I_G + Al^2$

$\Rightarrow I' = I'_1 + I_2 + I'_3$

$= \left(\dfrac{130 \times 7.75^3}{12} + 130 \times 7.75 \times 96.125^2 \right)$

$+ \dfrac{5.75 \times 184.5^3}{12}$

$+ \left(\dfrac{130 \times 7.75^3}{12} + 130 \times 7.75 \times 96.125^2 \right)$

$\fallingdotseq 21.6 \times 10^6 \, mm^4$

또는,

$I_Z = \dfrac{BH^3}{12} - 2 \left(\dfrac{bh^3}{12} \right)$

$= \dfrac{130 \times 200^3}{12} - 2 \left(\dfrac{62.125 \times 184.5^3}{12} \right)$

$\fallingdotseq 21.6 \times 10^6 \, mm^4$

117 다음 단면의 도심 축(X–X)에 대한 관성모멘트는 약 몇 m^4 인가?

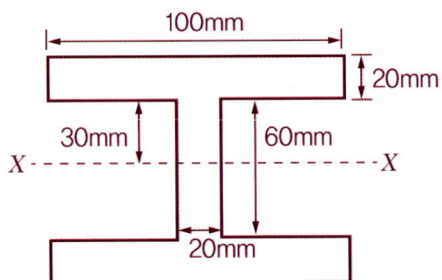

① 3.627×10^{-6} ② 4.267×10^{-7}
③ 4.933×10^{-7} ④ 6.893×10^{-6}

풀이

$I' = I_G + Al^2$

$\Rightarrow I' = I'_1 + I_2 + I'_3$

$= \left(\dfrac{0.1 \times 0.02^3}{12} + 0.1 \times 0.02 \times 0.04^2 \right)$

$+ \dfrac{0.02 \times 0.06^3}{12}$

$+ \left(\dfrac{0.1 \times 0.02^3}{12} + 0.1 \times 0.02 \times 0.04^2 \right)$

$\fallingdotseq 6.893 \times 10^{-6} \, m^4$

118 그림의 H형 단면의 도심축인 Z축에 관한 회전반경(radius of gyration)은 얼마인가?

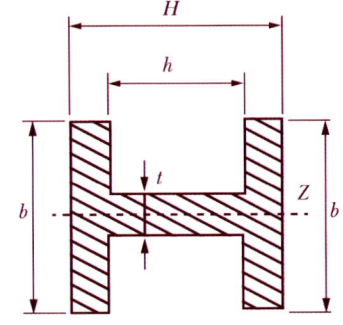

① $K_z = \sqrt{\dfrac{Hb^3 - (b-t)^3 b}{12(bH - bh + th)}}$

② $K_z = \sqrt{\dfrac{12Hb^3 + (b-t)^3 b}{(bH + bh + th)}}$

③ $K_z = \sqrt{\dfrac{ht^3 + Hb^3 - hb^3}{12(bH - bh + th)}}$

④ $K_z = \sqrt{\dfrac{12Hb^3 + (b+t)^3 b}{(bH + bh - th)}}$

풀이

좌측으로부터

$A_1 = \dfrac{H-h}{2} \times b, \quad A_2 = h \times t,$

$A_3 = \dfrac{H-h}{2} \times b$

$I = I_1 + I_2 + I_3$

$= \dfrac{\dfrac{(H-h)}{2} \times b^3}{12} + \dfrac{ht^3}{12} + \dfrac{\dfrac{(H-h)}{2} \times b^3}{12}$

$= \dfrac{(H-h) \times b^3}{12} + \dfrac{ht^3}{12}$

$K_Z = \sqrt{\dfrac{I_Z}{A}}$

$$= \sqrt{\frac{\frac{(H-h)b^3}{12} + \frac{ht^3}{12}}{\frac{(H-h)b}{2} + ht + \frac{(H-h)b}{2}}}$$

$$= \sqrt{\frac{\frac{(H-h)b^3 + ht^3}{12}}{b(H-h) + th}}$$

$$= \sqrt{\frac{ht^3 + Hb^3 - hb^3}{12(bH - bh + th)}}$$

119 바깥지름 30 cm, 안지름 10 cm인 중공 원형단면의 단면계수는 약 몇 cm^3인가?

① 2618　　② 3927
③ 6584　　④ 1309

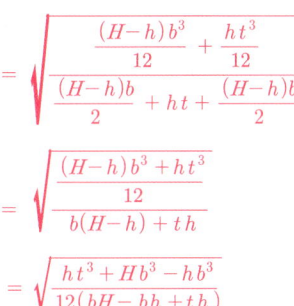

풀이

$$Z = \frac{I}{y} = \frac{\frac{\pi}{64}(30^4 - 10^4)}{\frac{30}{2}} ≒ 2617\,cm^3$$

120 그림과 같이 한변의 길이가 d 인 정사각형 단면의 Z–Z 축에 관한 단면계수는?

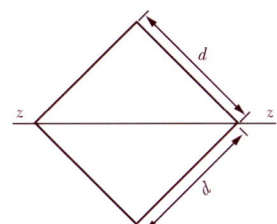

① $\frac{\sqrt{2}}{6}d^3$　　② $\frac{\sqrt{2}}{12}d^3$

③ $\frac{d^3}{24}$　　④ $\frac{\sqrt{2}}{24}d^3$

풀이

$I_마 = \frac{a^4}{12} = \frac{d^4}{12}$, $Z = \frac{I}{y} = \frac{d^4/12}{d/\sqrt{2}} = \frac{\sqrt{2}\,d^3}{12}$

121 보에서 원형과 정사각형의 단면적이 같을 때, 단면계수의 비는 약 얼마인가? (단, 여기에서 Z_1은 원형단면의 단면계수, Z_2는 정사각형 단면의 단면계수이다.)

① 0.531　　② 0.846
③ 1.258　　④ 1.182

풀이

문제의 의미에서

$$\frac{\pi d^2}{4} = a^2 \Rightarrow a = \frac{\sqrt{\pi}\,d}{2}$$

$$\frac{Z_1}{Z_2} = \frac{\frac{\pi d^3}{32}}{\frac{bh^2}{6}} = \frac{\frac{\pi d^3}{32}}{\frac{a \times a^2}{6}} = \frac{\frac{\pi d^3}{32}}{\frac{a}{6} \times a^2}$$

$$= \frac{\frac{\pi d^3}{32}}{\frac{a}{6} \times \frac{\pi d^2}{4}} = \frac{3d}{4a} = \frac{3}{2\sqrt{\pi}}$$

$$= 0.846$$

122 보에 작용하는 수직전단력을 V, 단면 2차모멘트 I, 단면 1차모멘트 Q, 단면 폭을 b라고 할 때 단면에 작용하는 전단응력(τ)의 크기는? (단, 단면은 직사각형이다.)

① $\tau = \frac{VQ}{Ib}$　　② $\tau = \frac{IV}{Qb}$

③ $\tau = \frac{QI}{Vb}$　　④ $\tau = \frac{Qb}{IV}$

풀이

① $\tau = \frac{VG}{bI}$

(G 중립축 하단면의 단면 1차모멘트)

$\Rightarrow \tau = \frac{VQ}{Ib}$

123 그림과 같은 T형 단면을 갖는 돌출보의 끝에 집중하중 P = 4.5 kN이 작용한다. 단면 A–A에서의

재료역학

최대 전단응력은 약 몇 kPa인가? (단, 보의 단면 2차모멘트는 5313 cm⁴이고, 밑면에서 도심까지의 거리는 125 mm이다.)

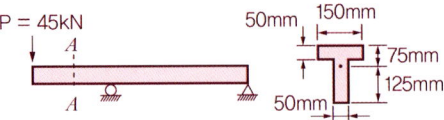

① 421 ② 521
③ 662 ④ 721

풀이

$$\tau = \frac{FG_{상면}}{bI_G} \Rightarrow \tau_{AA} = \frac{PG_{하면}}{I_G b}$$

도심아래 단면의 1차모멘트

$$G_{하면} = A\bar{y} = 0.05 \times 0.125 \times \frac{0.125}{2}$$
$$= 0.00039 \text{ m}^3$$

$$\therefore \tau_{AA} = \frac{4.5 \times 0.00039}{5.313 \times 10^{-8} \times 0.05} = 660.64 \text{ kPa}$$

124 지름 d 인 원형단면으로부터 절취하여 단면 2차모멘트가 가장 크도록 사각형 단면[폭(b) × 높이(h)]을 만들 때 단면 2차모멘트를 사각형 폭(b)에 관한 식으로 옳게 나타낸 것은?

① $\frac{\sqrt{3}}{4}b^4$ ② $\frac{\sqrt{3}}{4}b^3$
③ $\frac{4}{\sqrt{3}}b^3$ ④ $\frac{4}{\sqrt{3}}b^4$

풀이

$b \times \sqrt{3}\, b$ 인 경우가 되므로

$$I = \frac{bh^3}{12} = \frac{b(\sqrt{3}b)^3}{12} = \frac{3\sqrt{3}b^4}{12}$$
$$= \frac{\sqrt{3}}{4}b^4$$

125 다음 그림과 같은 사각단면의 상승모멘트(Product of inertia) I_{xy}는 얼마인가?

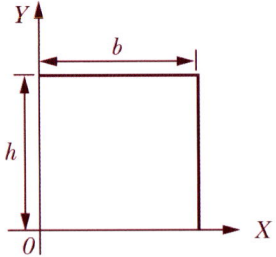

① $\frac{b^2h^2}{4}$ ② $\frac{b^2h^2}{3}$
③ $\frac{b^2h^3}{4}$ ④ $\frac{bh^3}{3}$

풀이

$$I_{xy} = \int xy\, dA = A\bar{x}\bar{y} = bh\frac{b}{2}\frac{h}{2} = \frac{b^2h^2}{4}$$

126 직사각형[$b \times h$] 단면을 가진 보의 곡률$\left(\frac{1}{\rho}\right)$에 관한 설명으로 옳은 것은?

① 폭(b)의 2승에 반비례한다.
② 폭(b)의 3승에 반비례한다.
③ 높이(h)의 2승에 반비례한다.
④ 높이(h)의 3승에 반비례한다.

풀이

$$\frac{1}{\rho} = \frac{M}{EI} = \frac{M}{E \times \frac{bh^3}{12}}$$

127 T형 단면을 갖는 외팔보에 5 kN·m의 굽힘모멘트가 작용하고 있다. 이 보의 탄성선에 대한 곡률 반지름은 몇 m인가? (단, 탄성계수 $E = 150\ GPa$, 중립축에 대한 2차모멘트 $I = 868 \times 10^{-9}\ m^4$이다.)

정답 124. ① 125. ① 126. ④ 127. ①

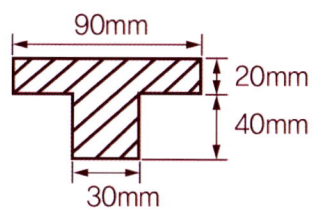

① 26.04 ② 36.04
③ 46.04 ④ 56.04

풀이

$$\frac{1}{\rho} = \frac{M}{EI} \Rightarrow \rho = \frac{EI}{M}$$

$$= \frac{150 \times 10^9 \times 868 \times 10^{-9}}{5 \times 10^3} = 26.04 \, m$$

128 안지름이 80 mm, 바깥지름이 90 mm이고 길이가 3 m인 좌굴하중을 받는 파이프 압축부재의 세장비는 얼마 정도인가?

① 100 ② 103
③ 110 ④ 113

풀이

$$A = \frac{\pi}{4}(d_2^2 - d_1^2) = \frac{\pi}{4}(90^2 - 80^2)$$
$$= 1335.2 \, mm^2$$

$$I = \frac{\pi}{64}(d_2^4 - d_1^4) = \frac{\pi}{64}(90^4 - 80^4)$$
$$= 1210004 \, mm^4$$

회전반경 $K = \sqrt{\frac{I}{A}} = 30.1 \, mm$

∴ 세장비 $\lambda = \frac{l}{K} = \frac{3000}{30.1} = 99.7$

비틀림과 동력

129 J를 극단면 2차모멘트, G를 전단탄성계수, ℓ 을 축의 길이, T를 비틀림 모멘트라 할 때 비틀림 각을 나타내는 식은?

① $\dfrac{\ell}{GT}$ ② $\dfrac{TJ}{G\ell}$
③ $\dfrac{J\ell}{GT}$ ④ $\dfrac{T\ell}{GJ}$

풀이

$$\theta = \frac{Tl}{GI_P} \Rightarrow \theta = \frac{Tl}{GJ}$$

130 비틀림 모멘트를 T, 극관성 모멘트를 I_P, 축의 길이를 L, 전단 탄성계수를 G라고 할 때, 단위 길이 당 비틀림 각은?

① $\dfrac{TG}{I_P}$ ② $\dfrac{T}{GI_P}$
③ $\dfrac{L^2}{I_P}$ ④ $\dfrac{T}{I_P}$

풀이

$$\theta = \frac{Tl}{GI_P} \Rightarrow \text{단위 길이 당 } \theta = \frac{T}{GI_P}$$

131 지름이 d이고 길이가 L인 환축에 비틀림 모멘트가 작용하여 비틀림 각 ϕ가 발생하였다. 이때 환축의 최대전단응력 τ은 얼마인가? (단, G는 전단 탄성계수)

① $\dfrac{Gd}{L\phi}$ ② $\dfrac{Gd}{2L\phi}$
③ $\dfrac{Gd\phi}{L}$ ④ $\dfrac{Gd\phi}{2L}$

풀이

$$\phi = \frac{TL}{GI_P} = \frac{\tau Z_p L}{G\frac{d}{2}Z_p} \Rightarrow \therefore \tau = \frac{Gd\phi}{2L}$$

132 원형막대의 비틀림을 이용한 토션바(torsion bar) 스프링에서 길이와 지름을 모두 10%씩 증가시킨다면 토션바의 비틀림 스프링 상수

정답 128. ① 129. ④ 130. ② 131. ④ 132. ③

$\left(\dfrac{비틀림\ 토크}{비틀림\ 각도}\right)$는 몇 배로 되겠는가?

① 1.1^{-2} 배 ② 1.1^{2} 배
③ 1.1^{3} 배 ④ 1.1^{4} 배

풀이

$$\theta = \dfrac{Tl}{GI_P}$$

$$\Rightarrow \dfrac{T}{\theta} = \dfrac{GI_P}{l} \propto \dfrac{d^4}{l}$$

$$\therefore \dfrac{1.1\,d^4}{1.1\,l} = 1.1^3$$

133 양단이 고정된 직경 30 mm, 길이가 10 m인 중실축에서 그림과 같이 비틀림 모멘트 1.5 kN·m가 작용할 때 모멘트 작용점에서의 비틀림 각은 약 몇 rad인가? (단, 봉재의 전단탄성계수 G = 100 GPa이다.)

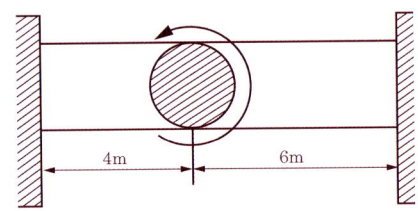

① 0.45 ② 0.56
③ 0.63 ④ 0.77

풀이

좌측(4m)의 비틀림 각(θ_1), 비틀림모멘트(T_1)
우측(6m)의 비틀림 각(θ_2), 비틀림모멘트(T_2)

$$\theta_1 = \theta_2 \Rightarrow \dfrac{T_1 l_1}{GI_P} = \dfrac{T_2 l_2}{GI_P}$$

$$\Rightarrow T_1 = \dfrac{3}{2} T_2$$

1.5 kN·m 가 작용하는 단면의 비틀림 모멘트 M_0

$M_0 = T_1 + T_2$

$\Rightarrow M_0 = \dfrac{5}{2} T_2$

$\Rightarrow T_2 = \dfrac{2}{5} \times 1.5 \times 10^3 = 600\ N\cdot m$

$$\therefore \theta_2 = \dfrac{T_2 l_2}{GI_P} = \dfrac{600 \times 6}{100 \times 10^9} \times \dfrac{32}{\pi \times 0.03^4}$$
$$= 0.453\ rad$$

134 길이가 3.14 m인 원형단면의 축 지름이 40 mm일 때 이 축이 비틀림 모멘트 100 N·m를 받는다면 비틀림 각은? (단, 전단 탄성계수는 80 GPa이다.)

① 0.156° ② 0.251°
③ 0.895° ④ 0.625°

풀이

$$\theta° = \dfrac{Tl}{GI_P} \times \dfrac{180}{\pi}\ [°]$$

$$= \dfrac{180}{\pi} \times \dfrac{100 \times 3.14 \times 32}{80 \times 10^9 \times \pi \times 0.04^4} = 0.895°$$

135 지름이 50 mm이고 길이가 200 mm인 시편으로 비틀림 실험하여 얻은 결과, 토크 30.6 N·m에서 전 비틀림 각이 7°로 기록되었다. 이 재료의 전단 탄성계수 G는 약 몇 MPa인가?

① 81.6 ② 40.6
③ 66.6 ④ 97.6

풀이

$$\theta° = \dfrac{Tl}{GI_P} \times \dfrac{180}{\pi}\ [°]$$

$$\Rightarrow G = \dfrac{TL}{d^4 \times \theta°} \times \dfrac{180}{\pi}$$

$$= \dfrac{30.6 \times 10^3 \times 200}{50^4 \times 7°} \times \dfrac{180}{\pi}$$
$$= 81.69\ MPa$$

136 길이가 L이고 지름이 d_0인 원통형의 나사를 끼워 넣을 때 나사의 단위길이 당 t_0의 토크가 필요하다. 나사재질의 전단 탄성계수가 G일 때 나사 끝단간의 비틀림 회전량(rad)은 얼마인가?

① $\dfrac{16 t_o L^2}{\pi d_o^4 G}$ ② $\dfrac{32 t_o L^2}{\pi d_o^4 G}$

③ $\dfrac{t_o L^2}{16 \pi d_o^4 G}$ ④ $\dfrac{t_o L^2}{32 \pi d_o^4 G}$

풀이

한 쪽 끝단의 비틀림 각은

$$\theta = \dfrac{Tl}{GI_P} = \dfrac{32 t_o L}{\pi d_o^4 G}$$

∴ 양쪽 끝단간의 회전량은 (× L/2)

$$\Rightarrow \theta = \dfrac{16 t_o L^2}{\pi d_o^4 G}$$

137 양단이 고정된 축을 그림과 같이 $m - n$ 단면에서 T 만큼 비틀면 고정 단 AB에서 생기는 저항 비틀림 모멘트의 비 T_A / T_B는?

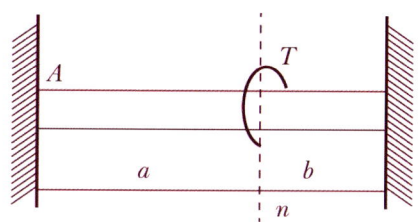

① $\dfrac{b^2}{a^2}$ ② $\dfrac{b}{a}$

③ $\dfrac{a}{b}$ ④ $\dfrac{a^2}{b^2}$

풀이

$\theta = \dfrac{Tl}{GI_P} \Rightarrow T = \dfrac{\theta GI_P}{l}$

$\Rightarrow T \propto \dfrac{1}{l} \Rightarrow \dfrac{T_A}{T_B} \propto \dfrac{l_B}{l_A} = \dfrac{b}{a}$

138 동일재료로 만든 길이 L, 지름 D인 축 A와 길이 2L, 지름 2D인 축 B를 동일각도만큼 비트는 데 필요한 비틀림 모멘트의 비 T_A / T_B의 값은 얼마인가?

① $\dfrac{1}{4}$ ② $\dfrac{1}{8}$

③ $\dfrac{1}{16}$ ④ $\dfrac{1}{32}$

풀이

$\theta = \dfrac{Tl}{GI_P} \Rightarrow \theta_A = \dfrac{T_A L}{GI_P} = \dfrac{32 T_A L}{G \pi D^4}$

$\Rightarrow T_A = \dfrac{\theta_A G \pi D^4}{32 L}$

$\Rightarrow \theta_B = \dfrac{T_B L}{GI_P} = \dfrac{32 T_B (2L)}{G \pi (2D)^4}$

$\Rightarrow T_B = \dfrac{8 \theta_B G \pi D^4}{32 L}$

문제의 조건에서 $\theta_A = \theta_B$ 이므로 $\dfrac{T_A}{T_B} = \dfrac{1}{8}$

139 그림과 같은 계단단면의 중실원형축의 양단을 고정하고 계단 단면부에 비틀림 모멘트 T가 작용할 경우 지름 D_1과 D_2의 축에 작용하는 비틀림 모멘트의 비 T_1 / T_2은? (단, $D_1 = 8$ cm, $D_2 = 4$ cm, $\ell_1 = 40$ cm, $\ell_2 = 10$ cm 이다.)

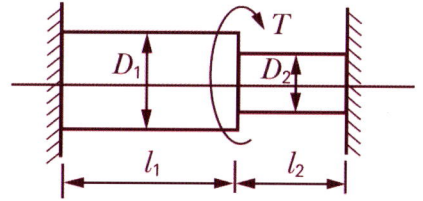

① 2 ② 4 ③ 8 ④ 16

풀이

좌·우단의 비틀림 각은 같으므로

$\theta_{좌측단} = \theta_{우측단} \Rightarrow \dfrac{T_1 l_1}{GI_{P_1}} = \dfrac{T_2 l_2}{GI_{P_2}}$

∴ $\dfrac{T_1}{T_2} = \dfrac{GI_{P_1} l_2}{GI_{P_2} l_1} = \dfrac{D_1^4 l_2}{D_2^4 l_1}$

$= \dfrac{8^4 \times 10}{4^4 \times 40} = 4$

정답 137. ② 138. ② 139. ②

재료역학

140 다음 그림과 같은 구조물에서 비틀림 각 θ는 약 몇 rad인가? (단, 봉의 전단탄성계수 G = 120 GPa이다.)

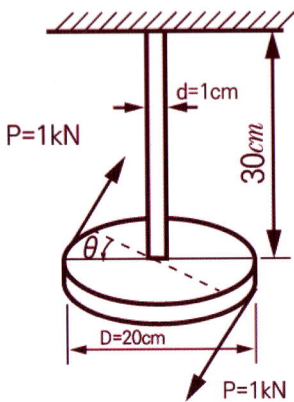

① 0.12 ② 0.5
③ 0.05 ④ 0.032

풀이

$$\theta = \frac{Tl}{GI_P} = \frac{32Tl}{G\pi d^4}$$

$$= \frac{32 \times (1 \times 10^3 \times 0.2) \times 0.3}{120 \times 10^9 \times \pi \times 0.01^4} \approx 0.51$$

141 지름 35 cm의 차축이 0.2°만큼 비틀렸다. 이때 최대 전단응력이 49 MPa이고, 재료의 전단 탄성 계수가 80 GPa이라고 하면 이 차축의 길이는 약 몇 m인가?

① 2.0 ② 2.5
③ 1.5 ④ 1.0

풀이

$$\theta = \frac{180}{\pi} \frac{Tl}{GI_P}, \quad T = \tau Z_P$$

$$\Rightarrow \theta = \frac{180}{\pi} \frac{\tau Z_P l}{GI_P}$$

$$\Rightarrow l = \frac{\theta \pi GI_P}{180 \tau Z_P} \approx 0.99\,m$$

142 지름 7 mm, 길이 250 mm인 연강 시험편으로 비틀림 시험을 하여 얻은 결과, 토크 4.08 N·m에서 비틀림 각이 8°로 기록되었다. 이 재료의 전단탄성계수는 약 몇 GPa인지 구하시오.

① 31 ② 41
③ 53 ④ 64

풀이

$$\theta° = \frac{Tl}{GI_P} \times \frac{180}{\pi} \,[°]$$

$$\Rightarrow G = \frac{Tl}{I_P \theta°} \times \frac{180}{\pi}$$

$$= \frac{4.08 \times 0.25}{\frac{\pi \times 0.007^4}{32} \times 8} \times \frac{180}{\pi} \times 10^{-9}$$

$$\approx 31\,GPa$$

143 강재 중공축이 25 kN·m의 토크를 전달한다. 중공축의 길이가 3 m이고, 허용전단응력이 90 MPa이며, 축의 비틀림 각이 2.5°를 넘지 않아야 할 때 축의 최소외경과 내경을 구하면 각각 약 몇 mm인지 구하시오. (단, 전단탄성계수는 85 GPa이다.)

① 133, 112 ② 136, 114
③ 140, 132 ④ 146, 124

풀이

$$\theta° = \frac{Tl}{GI_P} \times \frac{180}{\pi} \,[°]$$

$$\theta° = \frac{(\tau_a Z_P)l}{GyZ_p} \times \frac{180}{\pi} = \frac{2\tau_a l}{Gd_2} \times \frac{180}{\pi}$$

외경 $d_2 = \dfrac{2 \times 90 \times 10^6 \times 3 \times 10^3}{85 \times 10^9 \times 2.5} \times \dfrac{180}{\pi} \times 10^3$

$\approx 146\,mm$

$$\theta° = \frac{Tl}{GI_P} \times \frac{180}{\pi}$$

$$= \frac{Tl}{G\frac{\pi d_2^4}{32}(1-x^4)} \times \frac{180}{\pi} \quad \cdots\cdots$$

정답 140. ② 141. ④ 142. ① 143. ④

실전문제

$x = 0.86$ x : 내외경비
∴ 내경 $d_1 = x d_2 = 0.86 \times 146 ≒ 126\ mm$

144 직경 d, 길이 ℓ 인 봉의 양단을 고정하고 단면 m − n의 위치에 비틀림 모멘트 T를 작용시킬 때 봉의 A부분에 작용하는 비틀림 모멘트는?

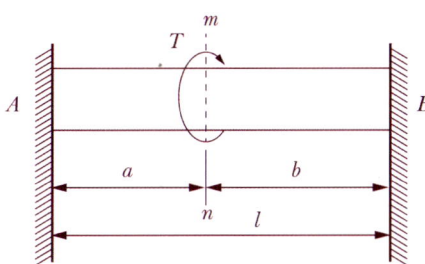

① $T_A = \dfrac{a}{\ell + a} T$

② $T_A = \dfrac{a}{a + b} T$

③ $T_A = \dfrac{b}{a + b} T$

④ $T_A = \dfrac{a}{\ell + b} T$

풀이

$T = T_A + T_B$ ·········①

T_A 에 의한 비틀림 각은 $\theta_A = \dfrac{T_A \times a}{GI_{P_A}}$

T_B 에 의한 비틀림 각은 $\theta_B = \dfrac{T_B \times b}{GI_{P_B}}$

θ_A 와 θ_B 는 서로 같고, G는 동일하며, 단면의 변화가 없으므로 I_{P_A} 와 I_{P_B} 도 같다.

∴ $\theta_A = \theta_B$ ⇒ $T_A \times a = T_B \times b$

⇒ $T_B = \dfrac{a}{b} T_A$ ⇒ ①식에 대입하여

⇒ $T = T_A + \dfrac{a}{b} T_A$

⇒ $T_A = \dfrac{b}{a+b} T$

145 회전수 120 rpm과 35 kW를 전달할 수 있는 원형단면 축의 길이가 2 m이고, 지름이 6 cm일 때 축단의 비틀림 각도는 약 몇 rad인가? (단, 이 재료의 가로 탄성계수는 83 GPa이다.)

① 0.019 ② 0.036
③ 0.053 ④ 0.078

풀이

$T = 974 \dfrac{H_{kW}}{N} = 974 \dfrac{35}{120}$

$= 284\ kN \cdot cm = 2840\ N \cdot m$

$\theta = \dfrac{Tl}{GI_P} = \dfrac{2840 \times 2 \times 32}{83 \times 10^9 \times \pi \times 0.06^4}$

$≒ 0.054\ rad$

146 400 rpm으로 회전하는 바깥지름 60 mm, 안지름 40 mm인 중공 단면축의 허용 비틀림 각도가 1°일 때 이 축이 전달할 수 있는 동력의 크기는 약 몇 kW인가? (단, 전단탄성계수 G = 80 GPa, 축길이 L = 3 m이다.)

① 15 ② 20
③ 25 ④ 30

풀이

$T = 974 \dfrac{H_{kW}}{N}$ ⇒ $H_{kW} = \dfrac{NT}{974}$ ·········❶

$\theta = \dfrac{180}{\pi} \dfrac{Tl}{GI_P}$, $T = \dfrac{\pi}{180} \dfrac{\theta GI_P}{l}$

$= \dfrac{\pi}{180} \times \dfrac{1 \times 80 \times 10^9 \times \pi(0.06^4 - 0.04^4)}{3 \times 32}$

$= 474.7\ N \cdot m$

$T = 474.7\ N \cdot m ≒ 47.5\ kN \cdot cm$

❶식에 대입하여

$H_{kW} = \dfrac{400 \times 47.5}{974} ≒ 20\ kW$

147 지름 d인 강봉의 지름을 2배로 했을 때 비틀림 강도는 몇 배가 되는지 구하시오.

① 2배 ② 16배
③ 8배 ④ 4배

정답 144. ③ 145. ③ 146. ② 147. ③

재료역학

풀이

$T = \tau Z_P = \tau \dfrac{\pi d^3}{16}$ ⇒ $T \propto d^3$ 이므로

$\therefore \dfrac{T_2}{T_1} = \left(\dfrac{2d}{d}\right)^3 = 8$ 배

148 바깥지름 50 cm, 안지름 30 cm의 속이 빈 축은 동일한 단면적을 가지며 같은재질의 원형 축에 비하여 약 몇 배의 비틀림 모멘트에 견딜 수 있는가? (단, 중공축과 중실축의 전단응력은 같다.)

① 1.1배　　② 1.2배
③ 1.4배　　④ 1.7배

풀이

단면적이 동일한 중실축의 직경은

$\dfrac{\pi}{4}(50^2 - 30^2) = \dfrac{\pi}{4}d^2$ ⇒ $d = 40\,cm$

$T = \tau Z_P$ 이므로

$\dfrac{T_{중공축}}{T_{중실축}} = \dfrac{\tau_{중공축}}{\tau_{중실축}} \dfrac{Z_{P중공축}}{Z_{P중실축}}$

$= \dfrac{\pi(d_1^4 - d_2^4)/(d_1/2)}{\pi d^4/(d/2)}$

$= \dfrac{\pi \times (50^4 - 30^4)/(50/2)}{\pi \times 40^4/(40/2)}$

$= 1.7$ 배

149 원형 축(바깥지름 d)을 재질이 같은 속이 빈 원형 축(바깥지름 d, 안지름 d/2)으로 교체하였을 경우 받을 수 있는 비틀림 모멘트는 몇 % 감소하는가?

① 6.25　　② 8.25
③ 25.6　　④ 52.6

풀이

$T = \tau Z_P$

⇒ $T_1 = \tau \dfrac{\pi d^4}{\frac{32}{d/2}} = \tau \dfrac{\pi d^3}{16}$

$T_2 = \tau \dfrac{\pi[d^4 - (d/2)^4]}{\frac{32}{d/2}}$

$= \tau \dfrac{\pi d^3}{16}\left(1 - \left(\dfrac{1}{2}\right)^4\right)$

$= 0.9375\,\tau \dfrac{\pi d^3}{16}$

$\therefore T_2$ 는 $(1 - 0.9375) \times 100 = 6.25\,\%$ 감소

150 지름 10 mm이고, 길이가 3 m인 원형 축이 716 rpm으로 회전하고 있다. 이 축의 허용 전단응력이 160 MPa인 경우 전달할 수 있는 최대동력은 약 몇 kW인가?

① 2.36　　② 3.15
③ 6.28　　④ 9.42

풀이

$T = 974\dfrac{H_{kW}}{N}\,[kN\cdot cm]$, $T = \tau Z_P$

$H_{kW} = \dfrac{\tau \pi d^3 N}{16 \times 974 \times 10^6}$

$= \dfrac{160 \times 10^6 \times \pi \times 0.01^3 \times 716}{16 \times 974} \times 10^{-1}$

$\fallingdotseq 2.31\,kW$

151 지름 4 cm, 길이 3 m인 선형 탄성 원형 축이 800 rpm으로 3.6 kW를 전달할 때 비틀림 각은 약 몇 도(°)인가? (단, 전단 탄성계수는 84 GPa 이다.)

① 0.0085°　　② 0.35°
③ 0.48°　　④ 5.08°

풀이

$T = 974\dfrac{H_{kW}}{N}$

$= 974 \times \dfrac{3.6}{800} \times 10 = 43.8\,N\cdot m$

$\theta° = \dfrac{180}{\pi} \times \dfrac{Tl}{GI_P}$

$$= \frac{180}{\pi} \times \frac{43.8 \times 3}{84 \times 10^9 \times \frac{\pi \times 0.04^4}{32}} \fallingdotseq 0.357°$$

152 지름 3 cm인 강축이 26.5 rev/s의 각속도로 26.5 kW의 동력을 전달하고 있다. 이 축에 발생하는 최대 전단응력은 약 몇 MPa인가?

① 30 ② 40
③ 50 ④ 60

풀이

$$T = 974 \frac{H_{kW}}{N} = 974 \times \frac{26.5}{26.5 \times 60}$$
$$= 16.23 \, N \cdot m$$
$$T = \tau Z_P$$
$$\Rightarrow \tau = \frac{T}{Z_P} = \frac{16.23 \times 32 \times 0.15}{\pi \times 0.03^4} \times 10^{-6}$$
$$= 30 \, MPa$$

153 그림과 같이 단순화한 길이 1 m의 차축 중심에 집중하중 100 kN이 작용하고, 100 rpm으로 400 kW의 동력을 전달할 때 필요한 차축의 지름은 최소 몇 cm인가? (단, 축의 허용 굽힘응력은 85 MPa로 한다.)

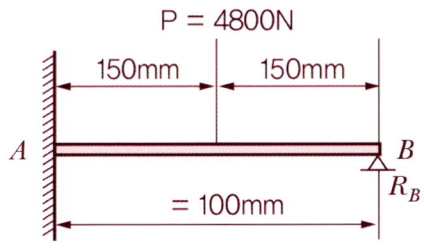

① 4.1 ② 8.1
③ 12.3 ④ 16.3

풀이
굽힘과 비틀림을 동시에 받으므로 상당모멘트로부터 계산한다.

$$M_{max} = \frac{Pl}{4} = \frac{100 \times 10^3 \times 1}{4} = 25 \, kN \cdot m$$

$$T = 974 \frac{H_{kW}}{N} \, kN \cdot cm$$
$$= 974 \times \frac{400}{\frac{2\pi \times 100}{60}} \times 10^{-2} = 38.2 \, kNm$$

상당모멘트는

$$M_{eq} = \frac{1}{2}(M + \sqrt{M^2 + T^2}) = 35.33 \, kNm$$

$$M = M_{eq} = \sigma_a Z = \sigma_a \frac{\pi d^3}{32}$$

$$\Rightarrow d = \sqrt[3]{\frac{32 M_{eq}}{\pi \sigma_a}} = \sqrt[3]{\frac{32 \times 35.33}{\pi \times 85 \times 10^3}}$$
$$= 0.1618 \, m \fallingdotseq 16.2 \, cm$$

154 지름 50 mm인 중실 축 ABC가 A에서 모터에 의해 구동된다. 모터는 600 rpm으로 50 kW의 동력을 전달한다. 기계를 구동하기 위해서 기어 B는 35 kW, 기어 C는 15 kW를 필요로 한다. 축 ABC에 발생하는 최대 전단응력은 몇 MPa인가?

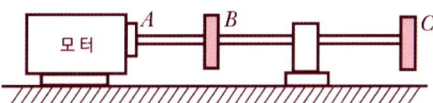

① 9.73 ② 22.7
③ 32.4 ④ 64.8

풀이

$$T = \tau Z_P \Rightarrow T_{max} = \tau_{max} Z_P$$
$$\Rightarrow \tau_{max} = \frac{T_{max}}{Z_P}$$
$$T = 974 \frac{H_{kW}}{N} = 974 \times \frac{50}{600} = 81.17$$
$$\therefore \tau_{max} = \frac{81.17 \times 16}{\pi \times 0.05^3} \times 10^{-6} \times 10$$
$$\fallingdotseq 33 \, MPa$$

155 바깥지름이 46 mm인 속이 빈 축이 120 kW의 동력을 전달하는데 이때의 각속도는 40 rev/s이다. 이 축의 허용 비틀림 응력이 80 MPa일 때,

정답 152. ① 153. ④ 154. ③ 155. ②

재료역학

안지름은 약 몇 mm 이하이어야 하는가?

① 29.8　　② 41.8
③ 36.8　　④ 48.8

풀이

$T = \tau Z_P = 974 \dfrac{H_{kW}}{N}$

$\Rightarrow \tau \dfrac{I_P}{y} = 974 \dfrac{H_{kW}}{N}$

$I_P = \dfrac{\pi}{32}(0.046^4 - x^4),\ y = \dfrac{0.046}{2}$

, $N = 2400\,rpm,\ \tau_a = 80 \times 10^6$

, 동력 $= 120\,kW$

$x = \sqrt[4]{0.046^4 - \dfrac{974 \times 120 \times 10 \times 32 \times 0.046}{80 \times 10^6 \times 2400 \times 2\pi}} \times 1000$

$≒ 41.8\,mm$

---

156 그림과 같은 치차 전동장치에서 A 치차로부터 D 치차로 동력을 전달한다. B와 C 치차의 피치원의 직경의 비가 $\dfrac{D_B}{D_C} = \dfrac{1}{9}$ 일 때, 두 축의 최대 전단응력들이 같아지게 되는 직경의 비 $\dfrac{d_2}{d_1}$ 은 얼마인가?

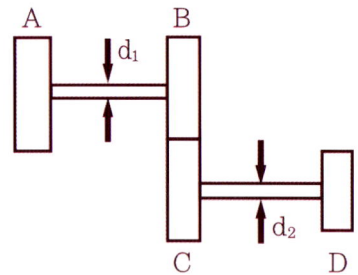

① $\left(\dfrac{1}{9}\right)^{\frac{1}{3}}$　　② $\dfrac{1}{9}$

③ $9^{\frac{1}{3}}$　　④ $9^{\frac{2}{3}}$

풀이

원동치차의 회전수와 직경 : $N_B,\ D_B$
종동치차의 회전수와 직경 : $N_C,\ D_C$

속도비 $i = \dfrac{\text{종동}\,rpm}{\text{원동}\,rpm} = \dfrac{N_C}{N_B} = \dfrac{D_B}{D_C} = \dfrac{1}{9}$

$T = \tau Z_P \Rightarrow \tau = \dfrac{T}{Z_P}$, $T = 974 \dfrac{H_{kW}}{N}$

2 축의 전단응력이 같으려면
$(H_{kW})_1 = (H_{kW})_2 = H_{kW}$

$\dfrac{H_1}{\omega_1 Z_{P_1}} = \dfrac{H_2}{\omega_2 Z_{P_2}} \Rightarrow \omega_1 Z_{P_1} = \omega_2 Z_{P_2}$

$\Rightarrow \dfrac{2\pi \times N_B}{60} \times \dfrac{\pi d_1^3}{16} = \dfrac{2\pi \times N_C}{60} \times \dfrac{\pi d_2^3}{16}$

$\Rightarrow \dfrac{2\pi \times 9N_C}{60} \times \dfrac{\pi d_1^3}{16} = \dfrac{2\pi \times N_C}{60} \times \dfrac{\pi d_2^3}{16}$

$\therefore \left(\dfrac{d_2}{d_1}\right)^3 = 9 \Rightarrow \dfrac{d_2}{d_1} = 9^{\frac{1}{3}}$

탄성변형 에너지

157 그림과 같은 트러스가 점 B에서 그림과 같은 방향으로 5 kN의 힘을 받을 때 트러스에 저장되는 탄성에너지는 몇 kJ 인가? (단, 트러스의 단면적은 1.2 cm², 탄성계수는 $10^6\,Pa$이다.)

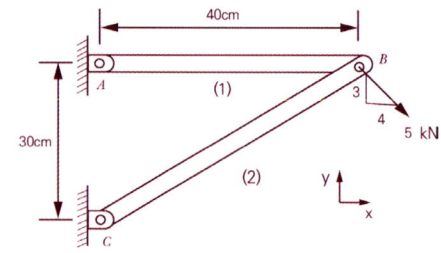

① 52.1　　② 106.7
③ 159.0　　④ 267.7

풀이

AC 와 평행하도록 B점을 지나는 연직선을 도시하고, $5\,kN$과의 교각을 θ 라 하면

$\theta = \text{Tan}^{-1}\dfrac{4}{3} = 53.13°$

$\beta = \text{Tan}^{-1}\dfrac{30}{40} = 36.87°$

$\alpha = 90° + \theta - \beta$

$$= 90° + 53.13° - 36.87° = 106.26°$$
$$\gamma = 360° - \alpha - \beta$$
$$= 360° - 106.26° - 36.87° = 216.87°$$

공점력 계에 대한 평형문제이므로 라미의 정리를 적용하여

$$\frac{\sin \alpha}{F_{AB}} = \frac{\sin \beta}{F} = \frac{\sin \gamma}{F_{BC}}$$

$$\frac{\sin 106.26°}{F_{AB}} = \frac{\sin 36.87°}{5} = \frac{\sin 216.87°}{F_{BC}}$$

$$F_{AB} = 5 \times \frac{\sin 106.26°}{\sin 36.87°} = 8\,kN$$

$$F_{BC} = 5 \times \frac{\sin 216.87°}{\sin 36.87°} = -5\,kN$$

$$\therefore \text{탄성 E} : U = \frac{1}{2}P\lambda = \frac{P^2 l}{2AE}$$

$$= \frac{P_{AB}{}^2 l_{AB}}{2AE} + \frac{P_{BC}{}^2 l_{BC}}{2AE}$$

$$= \frac{8^2 \times 0.4 + (-5)^2 \times 0.5}{2 \times 1.2 \times 10^{-4} \times 10^6} \times 10^{-3}$$

$$= 158.75\,kJ$$

158 그림의 구조물이 수직하중 2P를 받을 때 구조물 속에 저장되는 탄성변형 에너지는? (단, 단면적 A, 탄성계수 E는 모두 같다.)

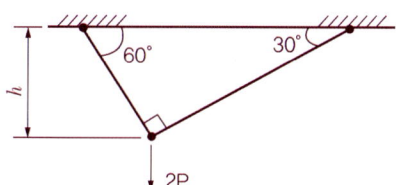

① $\dfrac{P^2 h}{4AE}(1+\sqrt{3})$

② $\dfrac{P^2 h}{2AE}(1+\sqrt{3})$

③ $\dfrac{P^2 h}{AE}(1+\sqrt{3})$

④ $\dfrac{2P^2 h}{AE}(1+\sqrt{3})$

풀이
하중(2P)방향의 탄성변형량
= 각 부재 변형량의 합

$$U = \frac{1}{2}P\lambda$$

$$= \frac{1}{2}(2P)\frac{(2P)h}{AE}\left(\frac{1}{2} + \frac{\sqrt{3}}{2}\right)$$

$$= \frac{P^2 h}{AE}(1+\sqrt{3})$$

159 단면적이 30 cm², 길이가 30 cm인 강봉이 축방향으로 압축력 P = 21 kN을 받고 있을 때, 그 봉속에 저장되는 변형 에너지의 값은 약 몇 N·m인가? (단, 강봉의 세로탄성계수는 210 GPa이다.)

① 0.085 ② 0.105
③ 0.135 ④ 0.195

풀이
$$U = \frac{1}{2}P\lambda = \frac{P^2 l}{2AE}$$

$$= \frac{(21 \times 10^3)^2 \times 0.3}{2 \times 30 \times 10^{-4} \times 210 \times 10^9}$$

$$= 0.105\,N \cdot m$$

160 외팔보의 자유단에 하중 P가 작용할 때, 이 보의 굽힘에 의한 탄성 변형에너지를 구하면? (단, 보의 굽힘강성 EI는 일정하다.)

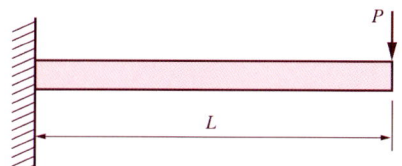

① $\dfrac{PL^3}{6EI}$ ② $\dfrac{PL^3}{3EI}$

③ $\dfrac{P^2 L^3}{6EI}$ ④ $\dfrac{P^2 L^3}{3EI}$

재료역학

풀이

$$U = \frac{1}{2}P\lambda$$

$$\Rightarrow U = \frac{1}{2}P\delta = \frac{P}{2}\left(\frac{PL^3}{3EI}\right) = \frac{P^2L^3}{6EI}$$

161 그림과 같이 A, B의 원형 단면봉은 길이가 같고, 지름이 다르며, 양단에서 같은 압축하중 P를 받고 있다. 응력은 각 단면에서 균일하게 분포된다고 할 때 저장되는 탄성 변형에너지의 비 $\dfrac{U_B}{U_A}$ 는 얼마가 되겠는가?

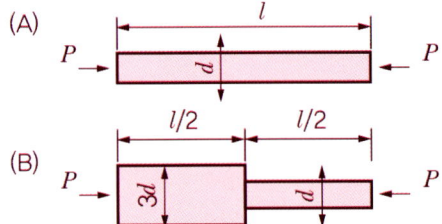

① $\dfrac{1}{3}$ ② $\dfrac{5}{9}$

③ 2 ④ $\dfrac{9}{5}$

풀이

$$U_A = \frac{1}{2}P\lambda_1$$
$$= \frac{1}{2}P\frac{Pl}{AE} = \frac{1}{2}P\frac{Pl}{\frac{\pi d^2}{4}E} = \frac{4P^2l}{2\pi d^2 E}$$

$$U_B = \frac{1}{2}P\lambda_2 = \frac{1}{2}P\lambda_2 + \frac{1}{2}P\lambda_3$$
$$= \frac{1}{2}P\frac{P\frac{l}{2}}{\frac{\pi(3d)^2}{4}E} + \frac{1}{2}P\frac{P\frac{l}{2}}{\frac{\pi d^2}{4}E}$$
$$= \frac{4P^2l}{36\pi d^2 E} + \frac{4P^2l}{4\pi d^2 E} = \frac{40P^2l}{36\pi d^2 E}$$

$$\therefore \frac{U_B}{U_A} = \frac{5}{9}$$

162 동일한 길이와 재질로 만들어진 두 개의 원형단면 축이 있다. 각각의 지름이 d_1, d_2 일 때 각 축에 저장되는 변형에너지 u_1, u_2 의 비는? (단, 두 축은 모두 비틀림 모멘트 T를 받고 있다.)

① $\dfrac{u_1}{u_2} = \left(\dfrac{d_2}{d_1}\right)^4$ ② $\dfrac{u_2}{u_1} = \left(\dfrac{d_2}{d_1}\right)^3$

③ $\dfrac{u_1}{u_2} = \left(\dfrac{d_2}{d_1}\right)^3$ ④ $\dfrac{u_2}{u_1} = \left(\dfrac{d_2}{d_1}\right)^4$

풀이

$$U_1 = \frac{1}{2}T\theta_1 = \frac{1}{2}T\frac{Tl}{GI_{p1}} = \frac{T^2l}{2GI_{p1}} = \frac{32T^2l}{2G\pi d_1^4}$$

$$U_2 = \frac{1}{2}T\theta_2 = \frac{1}{2}T\frac{Tl}{GI_{p2}} = \frac{T^2l}{2GI_{p2}} = \frac{32T^2l}{2G\pi d_2^4}$$

$$\therefore \frac{U_1}{U_2} = \frac{u_1}{u_2} = \left(\frac{d_2}{d_1}\right)^4$$

163 다음 그림 중 봉속에 저장된 탄성에너지가 가장 큰 것은? (단, $E = 2E_1$ 이다.)

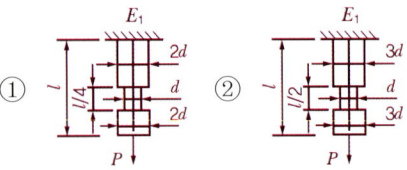

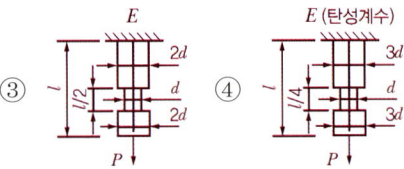

풀이

탄성에너지 $U = \dfrac{1}{2}P\lambda = \dfrac{P^2l}{2AE}$ 이고,

모든 문제에서 봉의 단면적이 2개씩이며,
$E = 2E_1$ 이므로

정답 161. ② 162. ① 163. ②

① $U = \dfrac{P^2\left(\frac{3}{4}l\right)}{2\times\frac{\pi}{4}(2d)^2\times\frac{E}{2}} + \dfrac{P^2\left(\frac{l}{4}\right)}{2\times\frac{\pi}{4}d^2\times\frac{E}{2}}$

$= \dfrac{7}{4}\dfrac{P^2l}{\pi d^2 E}$

② $U = \dfrac{P^2\left(\frac{l}{2}\right)}{2\times\frac{\pi}{4}(3d)^2\times\frac{E}{2}} + \dfrac{P^2\left(\frac{l}{2}\right)}{2\times\frac{\pi}{4}d^2\times\frac{E}{2}}$

$= \dfrac{11}{2}\dfrac{P^2l}{\pi d^2 E}$

③ $U = \dfrac{P^2\left(\frac{l}{2}\right)}{2\times\frac{\pi}{4}(2d)^2 E} + \dfrac{P^2\left(\frac{l}{2}\right)}{2\times\frac{\pi}{4}d^2 E}$

$= \dfrac{5}{4}\dfrac{P^2l}{\pi d^2 E}$

④ $U = \dfrac{P^2\left(\frac{3}{4}l\right)}{2\times\frac{\pi}{4}(3d)^2 E} + \dfrac{P^2\left(\frac{l}{4}\right)}{2\times\frac{\pi}{4}d^2 E}$

$= \dfrac{2}{3}\dfrac{P^2l}{\pi d^2 E}$

∴ 탄성에너지가 가장 큰 것은 ②

164 길이가 l 이고 원형단면의 직경이 d 인 외팔보의 자유단에 하중 P가 가해진다면, 이 외팔보의 전체 탄성에너지는? (단, 재료의 탄성계수는 E이다.)

① $U = \dfrac{3P^2l^3}{64\pi Ed^4}$ ② $U = \dfrac{62P^2l^3}{9\pi Ed^4}$

③ $U = \dfrac{32P^2l^3}{3\pi Ed^4}$ ④ $U = \dfrac{64P^2l^3}{3\pi Ed^4}$

풀이

$U = \dfrac{1}{2}P\lambda$

$\Rightarrow U = \dfrac{1}{2}P\delta = \dfrac{1}{2}P\times\dfrac{Pl^3}{3EI}$

$= \dfrac{P^2l^3}{6EI} = \dfrac{P^2l^3}{6E}\times\dfrac{64}{\pi d^4} = \dfrac{32P^2l^3}{3\pi Ed^4}$

165 단면적이 A, 탄성계수가 E, 길이가 L인 막대에 길이방향의 인장하중을 가하여 그 길이가 δ만큼 늘어났다면, 이 때 저장된 탄성변형 에너지는?

① $\dfrac{AE\delta^2}{L}$ ② $\dfrac{AE\delta^2}{2L}$

③ $\dfrac{EL^3\delta^2}{A}$ ④ $\dfrac{EL^3\delta^2}{2A}$

풀이

늘어난 량 $\delta = \dfrac{PL}{AE} \Rightarrow P = \dfrac{AE\delta}{L}$

탄성변형 에너지 $U = \dfrac{P}{2}\delta = \dfrac{AE\delta^2}{2L}$

166 길이가 L인 균일단면 막대기에 굽힘 모멘트 M이 그림과 같이 작용하고 있을 때, 막대에 저장된 탄성변형 에너지는? (단, 막대기의 굽힘강성 EI 는 일정하고, 단면적은 A 이다.)

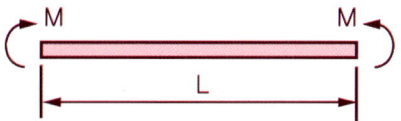

① $\dfrac{M^2L}{2AE^2}$ ② $\dfrac{L^3}{4EI}$

③ $\dfrac{M^2L}{2AE}$ ④ $\dfrac{M^2L}{2EI}$

풀이

굽힘 탄성에너지

$U = \displaystyle\int_0^L \dfrac{M^2}{2EI}dx = \left(\dfrac{M^2}{2EI}x\right)_0^L = \dfrac{M^2L}{2EI}$

$U = \dfrac{1}{2}P\lambda = \dfrac{1}{2}M\theta$

$= \dfrac{1}{2}M\times\dfrac{ML}{EI} = \dfrac{M^2L}{2EI}$

167 세로탄성계수가 210 GPa인 재료에 200 MPa의 인장응력을 가했을 때 재료내부에 저장되는 단위

정답 164. ③ 165. ② 166. ④ 167. ②

재료역학

체적 당 탄성변형 에너지는 약 몇 $N \cdot m/m^3$ 인가?

① 95.238 ② 95,238
③ 18.538 ④ 185.38

풀이

$$u = \frac{\sigma^2}{2E} = \frac{1}{2} \times \frac{(200 \times 10^6)^2}{2 \times 210 \times 10^9}$$
$$= 95,238 \ N \cdot m/m^3$$

168 원형 단면축이 비틀림을 받을 때, 그 속에 저장되는 탄성 변형에너지 U는 얼마인가? (단, T : 토크, L : 길이, G : 가로 탄성계수, I_P : 극관성 모멘트, I : 관성모멘트, E : 세로탄성계수)

① $U = \dfrac{T^2 L}{2GI}$ ② $U = \dfrac{T^2 L}{2EI}$

③ $U = \dfrac{T^2 L}{2EI_P}$ ④ $U = \dfrac{T^2 L}{2GI_P}$

풀이

$$U = \frac{1}{2} T\theta = \frac{1}{2} T \frac{Tl}{GI_P} = \frac{T^2 l}{2GI_P}$$

169 길이가 L 이며, 관성모멘트가 I_p 이고, 전단탄성계수가 G인 부재에 토크 T가 작용될 때 이 부재에 저장된 변형에너지는?

① $\dfrac{TL}{GI_p}$ ② $\dfrac{T^2 L}{2GI_p}$

③ $\dfrac{T^2 L}{GI_p}$ ④ $\dfrac{TL}{2GI_p}$

풀이

$$U = \frac{1}{2} T\theta = \frac{1}{2} T \frac{TL}{GI_p} = \frac{T^2 L}{2GI_p}$$

170 재료가 전단변형을 일으켰을 때, 이 재료의 단위 체적 당 저장된 탄성에너지는? (단 τ는 전단응력, G는 전단 탄성계수이다.)

① $\dfrac{\tau^2}{2G}$ ② $\dfrac{\tau}{2G}$

③ $\dfrac{\tau^4}{2G}$ ④ $\dfrac{\tau^2}{4G}$

풀이

$$\gamma = \frac{\lambda_s}{l}, \quad \tau = G\gamma \ \text{이므로}$$

$$\frac{U}{V} = \frac{1}{2V} P\lambda_s = \frac{1}{2V} \tau A \lambda_s$$

$$= \frac{1}{2Al} G\gamma A \gamma l = \frac{1}{2} G\gamma^2$$

$$\therefore \frac{U}{V} = \frac{\tau^2}{2G}$$

선도해석(SFD, BMD)

171 그림과 같은 외팔보에 대한 전단력 선도로 옳은 것은? (단, 아랫방향을 양(+)으로 본다.)

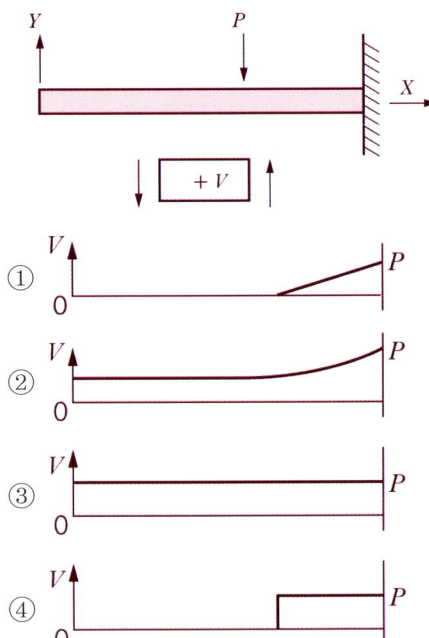

정답 168. ④ 169. ② 170. ① 171. ④

풀이
외팔보의 최대 SF는 고정단에서 발생하며, P가 작용하는 위치까지는 0 이다.

172 균일 분포하중(q)을 받는 보가 그림과 같이 지지되어 있을 때, 전단력 선도는? (단, A지점은 핀, B지점은 롤러로 지지되어 있다.)

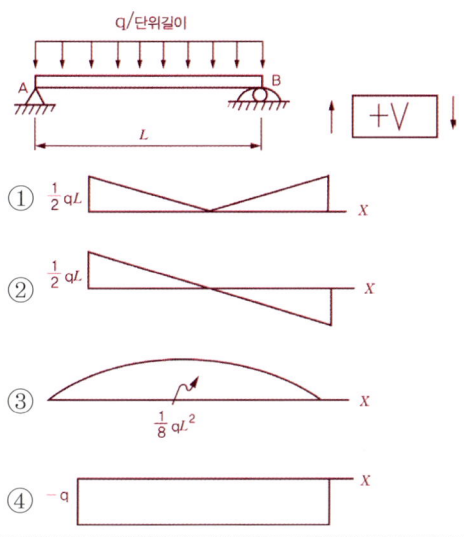

풀이
② 등분포하중이므로 SFD는 1차함수이며 좌우대칭이 아니어야 한다.

173 아래 그림과 같은 보에 대한 굽힘모멘트 선도로 옳은 것은?

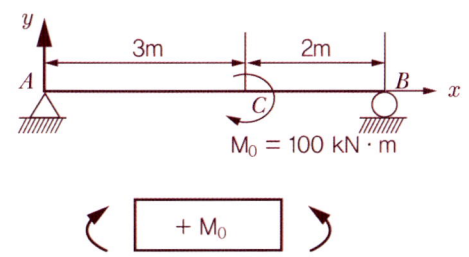

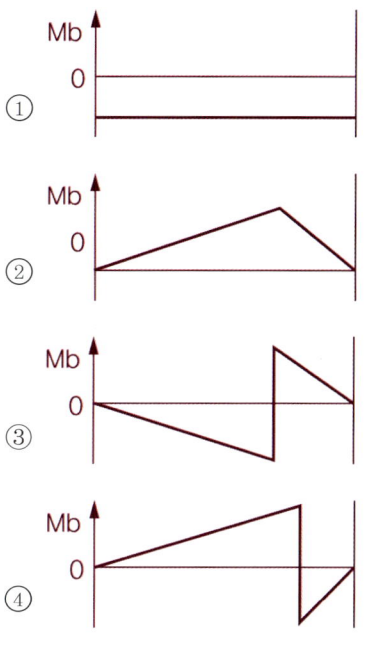

풀이
③ SFD는 (−)의 상수 값인 기울기이며 3m인 위치에서 모멘트 변화가 발생하는 BMD 선도이다.

174 왼쪽이 고정단인 길이 ℓ 의 외팔보가 w 의 균일 분포하중을 받을 때, 굽힘모멘트 선도(BMD)의 모양은?

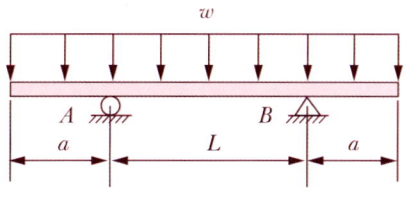

정답 172. ② 173. ③ 174. ③

풀이
③

175 그림과 같이 균일분포 하중 w를 받는 보에서 굽힘모멘트 선도는?

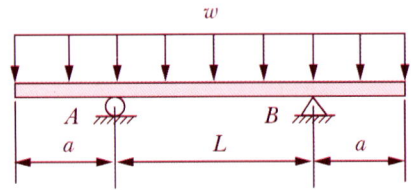

① 　②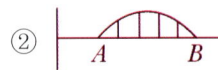

③ 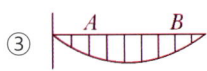　④

풀이
④

176 그림과 같은 선형탄성 균일단면 외팔보의 굽힘모멘트 선도로 가장 적당한 것은?

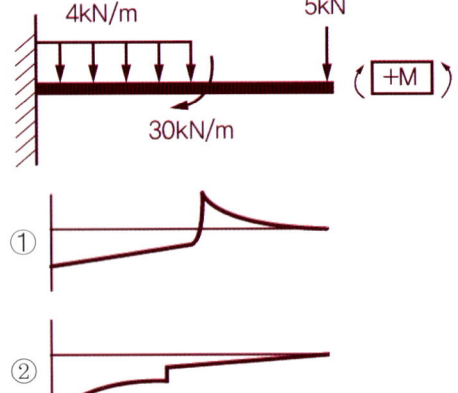

풀이
외팔보 최대 SF와 최대 BM은 고정단에서 발생

177 그림과 같은 단순지지보에서 반력 R_A는 몇 kN인가?

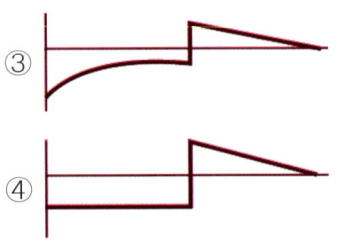

① 8　② 8.4
③ 10　④ 10.4

풀이
$\sum M_B = 0 \Rightarrow R_A \times 10 = 10 \times 10 + 4$
$\Rightarrow R_A = \dfrac{104}{10} = 10.4 \, kN$

178 그림과 같은 보에 C에서 D까지 균일분포하중 w가 작용하고 있을 때, A점에서의 반력 R_A 및 B점에서의 반력 R_B는?

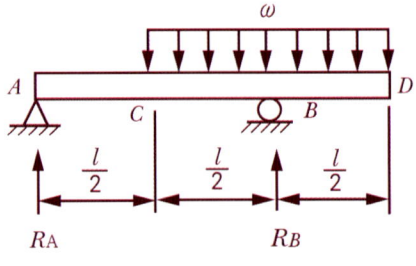

① $R_A = \dfrac{w\ell}{2}$, $R_B = \dfrac{w\ell}{2}$

정답 175. ④ 176. ② 177. ④ 178. ③

② $R_A = \dfrac{w\ell}{4}$, $R_B = \dfrac{3w\ell}{4}$

③ $R_A = 0$, $R_B = w\ell$

④ $R_A = -\dfrac{w\ell}{4}$, $R_B = \dfrac{5w\ell}{4}$

풀이
③ $R_A = 0$, $R_B = w\ell$

179 그림과 같은 보가 분포하중과 집중하중을 받고 있다. 지점 B에서의 반력의 크기를 구하면 몇 kN인가?

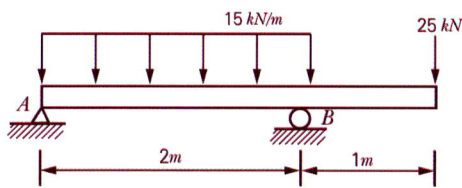

① 28.5   ② 40.0
③ 52.5   ④ 55.0

풀이
$\sum M_A = 0$
$\Rightarrow 25 \times 3 - R_B \times 2 + (15 \times 2) \times 1 = 0$
$R_B = \dfrac{25 \times 3 + (15 \times 2) \times 1}{2} = 52.2\ kN$

180 그림과 같이 등분포하중이 작용하는 보에서 최대 전단력의 크기는 몇 kN인가?

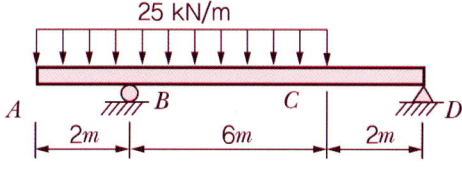

① 50   ② 100
③ 150   ④ 200

풀이
$\sum M_D = 0 \Rightarrow R_B \times 8 = 25 \times 8 \times 6$

$\Rightarrow R_B = 150$
$SF_B = 150 - 2 \times 25 = 100\ kN$

181 그림과 같이 하중을 받는 보에서 전단력의 최대 값은 약 몇 kN인가?

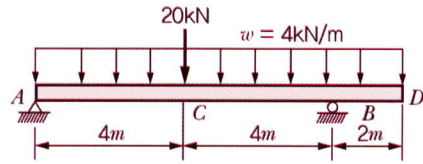

① 11kN   ② 25kN
③ 27kN   ④ 35kN

풀이
$\sum M_A = 0$
$\Rightarrow R_B \times 8 = 40 \times 5 + 20 \times 4$
$\Rightarrow R_B = 35, R_A = 25$
$SF_A = 25$, $SF_B = R_A - 20 - 32$
$\quad = 25 - 52 = -27\ kN = SF_{\max}$

182 그림과 같은 단순보에서 전단력이 0 이 되는 위치는 A지점에서 몇 m 거리에 있는가?

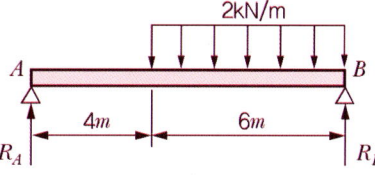

① 4.8   ② 5.8
③ 6.8   ④ 7.8

풀이
$\sum M_B = 0 \Rightarrow R_A \times 10 = 12 \times 3$
$\Rightarrow R_A = \dfrac{36}{10} = \dfrac{18}{5} \Rightarrow \dfrac{18}{5} = 2x$
$\Rightarrow x = \dfrac{9}{5}$
∴ A 지점으로부터의 거리는 $4 + \dfrac{9}{5} = 5.8\ m$

정답 179. ③ 180. ② 181. ③ 182. ②

재료역학

183 그림과 같은 분포하중을 받는 단순보의 m – n 단면에 생기는 전단력의 크기는 얼마인가?

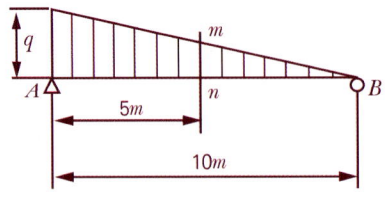

① 300N　② 250N
③ 167N　④ 125N

풀이

$\sum M_B = 0$

$\Rightarrow R_A \times 10 - \left(\dfrac{300 \times 10}{2}\right) \times \left(\dfrac{2}{3} \times 10\right) = 0$

$\Rightarrow R_A = 1000\,N$

$\therefore |V_{m-n}|$
$= \left| R_A - \left[(150 \times 5) + \dfrac{(150 \times 5)}{2}\right] \right|$
$= |-125\,N| = 125\,N$

184 그림과 같은 형태로 분포하중을 받고 있는 단순지지보가 있다. 지지점 A에서의 반력 R_A 는 얼마인가? (단, 분포하중 $w(x) = w_o \sin\dfrac{\pi x}{L}$)

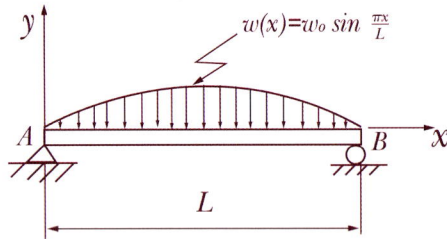

① $\dfrac{2w_oL}{\pi}$　② $\dfrac{w_oL}{\pi}$

③ $\dfrac{w_oL}{2\pi}$　④ $\dfrac{w_oL}{2}$

풀이
총 하중

$W = \int_0^L w(x)\,dx = \int_0^L w_0 \sin\dfrac{\pi x}{L}$

$= -w_0 \cdot \dfrac{L}{\pi}\left[\cos\dfrac{\pi x}{L}\right]_0^L$

$= -w_0 \cdot \dfrac{L}{\pi}(\cos\pi - \cos 0)$

$= -w_0 \cdot \dfrac{L}{\pi}(-1-1) = \dfrac{2w_0 L}{\pi}$

$\therefore R_A = R_B = \dfrac{w_o L}{\pi}$

185 그림과 같은 보에서 발생하는 최대 굽힘모멘트는?

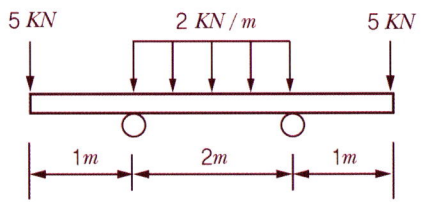

① $2\,kN \cdot m$　② $5\,kN \cdot m$
③ $7\,kN \cdot m$　④ $10\,kN \cdot m$

풀이
$M_{x=1} = |-5 \times 1| = 5\,kN \cdot m$
$M_{x=3} = |(-5 \times 2) + 7 \times 1 + (-2 \times 1 \times 0.5)|$
$\qquad = 4\,kN \cdot m$
$\therefore M_{\max} = 5\,kN \cdot m$

186 아래와 같은 보에서 C점(A에서 4 m 떨어진 점)에서의 굽힘모멘트 값은?

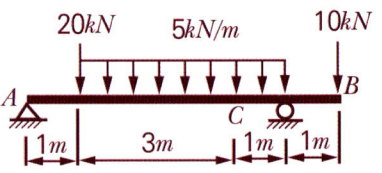

① $5.5\,kN \cdot m$　② $13\,kN \cdot m$
③ $11\,kN \cdot m$　④ $22\,kN \cdot m$

풀이
우측 지지점에 대한 $\sum M = 0$

정답　183. ④　184. ②　185. ②　186. ①

⇨ $R_A \times 5 - 20 \times 4 + (5 \times 4) \times 2 + 10 \times 1 = 0$
   $R_A = 22\ kN$
∴ $M_c = 22 \times 4 - 20 \times 3 - (3 \times 5) \times 1.5$
       $= 5.5\ kN$

187 그림과 같이 단순보의 지점 B에 M_0의 모멘트가 작용할 때 최대 굽힘모멘트가 발생되는 A단에서부터의 거리 x 는?

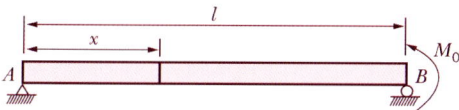

① $x = \dfrac{\ell}{5}$ ② $x = \ell$

③ $x = \dfrac{\ell}{2}$ ④ $x = \dfrac{3}{4}\ell$

풀이
SFD와 BMD 선도해석으로부터 최대 굽힘 모멘트가 발생되는 위치는

$x = l$ 인 위치이며 $M_{max} = \dfrac{M_0}{l}$ 이다.

188 다음 그림과 같은 외팔보에 하중 P_1, P_2가 작용될 때 최대 굽힘모멘트의 크기는?

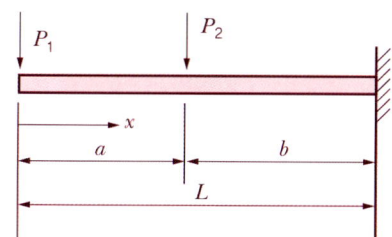

① $P_1 \cdot a + P_2 \cdot b$
② $P_1 \cdot b + P_2 \cdot a$
③ $(P_1 + P_2) \cdot L$
④ $P_1 \cdot L + P_2 \cdot b$

풀이
$M_{max} = M_{고정단}$ ⇨ $M_{max} = P_1 L + P_2 b$

189 그림과 같은 외팔보가 하중을 받고 있다. 고정단에 발생하는 최대 굽힘모멘트는 몇 N·m 인가?

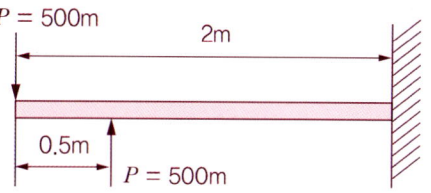

① 250   ② 500
③ 750   ④ 1000

풀이
$M_{max} = M_{고정단} = 500 \times 2 - 500 \times 1.5$
        $= 250\ N \cdot m$

190 그림과 같은 보에서 균일 분포하중(w)과 집중하중(P)이 동시에 작용할 때 굽힘모멘트의 최대 값은 무엇인가?

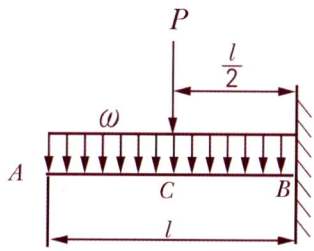

① $\ell(P - w\ell)$ ② $\dfrac{\ell}{2}(P - w\ell)$

③ $\ell(P + w\ell)$ ④ $\dfrac{\ell}{2}(P + w\ell)$

풀이
$M_{max} = M_{고정단} = \dfrac{Pl}{2} + \dfrac{wl^2}{2} = \dfrac{l}{2}(P + wl)$

191 그림과 같이 분포하중이 작용할 때 최대 굽힘모멘트가 일어나는 곳은 보의 좌측으로부터 얼마나 떨어진 곳에 위치하는가?

정답 187. ② 188. ④ 189. ① 190. ④ 191. ②

재료역학

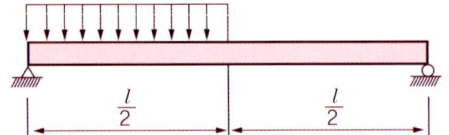

① $\dfrac{1}{4}l$ ② $\dfrac{3}{8}l$

③ $\dfrac{5}{12}l$ ④ $\dfrac{7}{16}l$

풀이

$\sum M_B = 0 \Rightarrow R_A \times l = \dfrac{wl}{2} \times \dfrac{3l}{4}$

$\Rightarrow R_A = \dfrac{3wl}{8}$

$\sum F_y = 0 \Rightarrow \dfrac{3wl}{8} = wx \quad \therefore x = \dfrac{3l}{8}$

192 그림과 같은 단순보의 중앙점(C)에서 굽힘모멘트는?

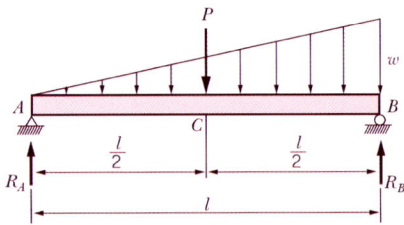

① $\dfrac{Pl}{2} + \dfrac{wl^2}{8}$ ② $\dfrac{Pl}{4} + \dfrac{wl^2}{16}$

③ $\dfrac{Pl}{2} + \dfrac{wl^2}{48}$ ④ $\dfrac{Pl}{4} + \dfrac{5}{48}wl^2$

풀이

$R_A = \dfrac{wl}{6} + \dfrac{P}{2}$

$\Rightarrow M_{\frac{l}{2}} = R_A \times \dfrac{l}{2} - \dfrac{1}{2} \times \dfrac{l}{2} \times \dfrac{w}{2} \times \left(\dfrac{l}{2} \times \dfrac{1}{3}\right)$

$= \left(\dfrac{wl}{6} + \dfrac{P}{2}\right) \times \dfrac{l}{2} - \dfrac{wl^2}{48} = \dfrac{Pl}{4} + \dfrac{wl^2}{16}$

193 그림에서 C점에서 작용하는 굽힘모멘트는 몇 N·m인가?

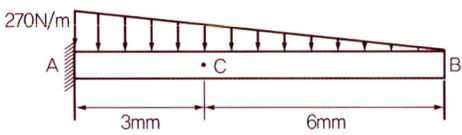

① 270 ② 810
③ 540 ④ 1080

풀이

A 점의 반력과 반모멘트는

$R_A = \dfrac{270 \times 9}{2} = 1215 \, N$

$M_A = \dfrac{270 \times 9 \times 3}{2} = 3645 \, N \cdot m$

그러나, C점($l = 3\,m$) 위치에서의 굽힘모멘트는 B점으로부터 구하는 것이 더 용이하다.
먼저, C점에서의 변 분포하중을 구하면
비례식 $270 : 9 = x : 6$ 으로부터
$x = 180 \, N/m$ 이므로

$M_C = \dfrac{180 \times 6}{2} \times 2 = 1080 \, N \cdot m$

194 길이가 ℓ 인 외팔보에서 그림과 같이 삼각형 분포하중을 받고 있을 때 최대 전단력과 최대 굽힘모멘트는?

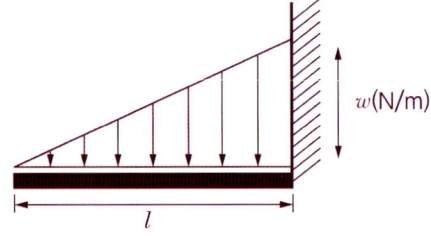

① $\dfrac{w\ell}{2}, \dfrac{w\ell^2}{6}$ ② $w\ell, \dfrac{w\ell^2}{3}$

③ $\dfrac{w\ell}{2}, \dfrac{w\ell^2}{3}$ ④ $\dfrac{w\ell^2}{2}, \dfrac{w\ell}{6}$

풀이

외팔보 최대 SF와 최대 BM은 고정단에서 발생

$F_{\max} = \dfrac{w_0 l}{2} = \dfrac{wl}{2}$

$M_{\max} = \dfrac{w_0 l}{2} \times \dfrac{l}{3} = \dfrac{wl}{2} \times \dfrac{l}{3} = \dfrac{wl^2}{6}$

정답 192. ② 193. ④ 194. ①

195 그림과 같은 외팔보에서 고정부에서의 굽힘모멘트를 구하면 약 몇 kN·m인가?

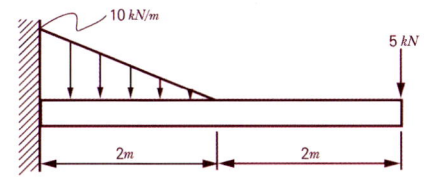

① 26.7 (반시계방향)
② 26.7 (시계방향)
③ 46.7 (반시계방향)
④ 46.7 (시계방향)

풀이

$$M_{max} = 5 \times 4 + \left(\frac{10 \times 2}{2} \times \frac{2}{3} \right)$$
$$\fallingdotseq 26.7 \ kN \cdot m \quad \text{반시계방향}$$

보속의 응력해석

196 다음 중 수직응력(normal stress)을 발생시키지 않는 것은?

① 인장력 ② 압축력
③ 비틀림 모멘트 ④ 굽힘 모멘트

풀이

단면과의 관계에서 수직하게 작용하는 외력을 수직력, 평행하게 작용하는 외력을 전단력이라하며, 발생하는 대응력도 수직응력, 전단응력이라 호칭함.
수직력의 대표적인 외력의 종류에는 인장력과 압축력이 있으며, 굽힘모멘트는 보속의 응력과 관계하여 수직응력이 발생함

197 그림과 같은 반지름 a인 원형 단면축에 비틀림 모멘트 T가 작용한다. 단면의 임의의 위치 r (0 < r < a)에서 발생하는 전단응력은 얼마인가? (단, $I_o = I_x + I_y$이고, I는 단면 2차모멘트이다.)

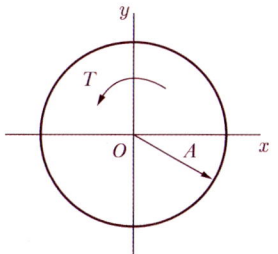

① 0 ② $\frac{T}{I_o} r$
③ $\frac{T}{I_x} r$ ④ $\frac{T}{I_y} r$

풀이

$$T = \tau Z_P = \tau \frac{I_O}{a} \Rightarrow \tau = \frac{T}{I_O} r$$

198 비틀림 모멘트 T를 받고 있는 직경이 d인 원형 축의 최대전단응력은?

① $\tau = \frac{8T}{\pi d^3}$ ② $\tau = \frac{16T}{\pi d^3}$
③ $\tau = \frac{32T}{\pi d^3}$ ④ $\tau = \frac{64T}{\pi d^3}$

풀이

$$T = \tau Z_P \Rightarrow \tau = \frac{T}{Z_P} = \frac{16T}{\pi d^3}$$

199 직경이 d이고 길이가 L인 균일한 단면을 가진 직선축이 전체길이에 걸쳐 토크 t_0가 작용할 때, 최대 전단응력은?

① $\frac{2t_0 L}{\pi d^3}$ ② $\frac{4t_0 L}{\pi d^3}$
③ $\frac{16t_0 L}{\pi d^3}$ ④ $\frac{32t_0 L}{\pi d^3}$

풀이

$$T = \tau Z_P = \tau \frac{\pi d^3}{16}, \quad T = t_0 L$$

정답 195. ① 196. ③ 197. ② 198. ② 199. ③

재료역학

$$\Rightarrow \tau = \frac{16 t_0 L}{\pi d^3}$$

200 중공원형 축에 비틀림 모멘트 T = 100 N·m 가 작용할 때, 안지름이 20 mm, 바깥지름이 25 mm라면 최대 전단응력은 약 몇 MPa인가?

① 42.2 ② 55.2
③ 77.2 ④ 91.2

풀이

$T = \tau Z_P$

$\Rightarrow \tau = \dfrac{T}{Z_P} = \dfrac{Ty}{I_P}$

$= \dfrac{100 \times 0.025 \times 32}{\pi(0.025^4 - 0.02^4)} \times 10^{-6}$

$\fallingdotseq 55.2\, MPa$

201 지름 d인 원형단면 보에 가해지는 전단력을 V라 할 때 단면의 중립축에서 일어나는 최대 전단응력은?

① $\dfrac{3}{2}\dfrac{V}{\pi d^2}$ ② $\dfrac{4}{3}\dfrac{V}{\pi d^2}$
③ $\dfrac{5}{3}\dfrac{V}{\pi d^2}$ ④ $\dfrac{16}{3}\dfrac{V}{\pi d^2}$

풀이

$\tau_{max} = \dfrac{4}{3}\dfrac{F}{A} = \dfrac{4}{3}\dfrac{4V}{\pi d^2} = \dfrac{16}{3}\dfrac{V}{\pi d^2}$

202 반지름 r 인 원형단면의 단순보에 전단력 F 가 가해졌다면, 이 때 단순보에 발생하는 최대 전단응력은?

① $\dfrac{2F}{3\pi r^2}$ ② $\dfrac{3F}{2\pi r^2}$
③ $\dfrac{4F}{3\pi r^2}$ ④ $\dfrac{5F}{3\pi r^2}$

풀이

$\tau_{max} = \dfrac{4}{3}\dfrac{F}{A} = \dfrac{4F}{3\pi r^2}$

203 전단력 10 kN이 작용하는 지름 10 cm인 원형단면의 보에서 그 중립축 위에 발생하는 최대 전단응력은 약 몇 MPa인가?

① 1.3 ② 1.7
③ 130 ④ 170

풀이

$\tau_{max} = \dfrac{4}{3}\dfrac{F}{A} = \dfrac{16}{3}\dfrac{F}{\pi d^2}$

$= \dfrac{16}{3} \times \dfrac{10 \times 10^3}{\pi \times 0.1^2} = 1.7\, MPa$

204 동일한 전단력이 작용할 때 원형단면 보의 지름을 d 에서 $3d$ 로 하면 최대 전단응력의 크기는? (단, τ_{max} 는 지름이 d 일 때의 최대전단응력이다.)

① $9\tau_{max}$ ② $3\tau_{max}$
③ $\dfrac{1}{3}\tau_{max}$ ④ $\dfrac{1}{9}\tau_{max}$

풀이

$\tau_{max} = \dfrac{4}{3}\dfrac{F}{A} = \dfrac{4}{3}\dfrac{4F}{\pi d^2} \propto \dfrac{1}{d^2}$

$\rightarrow \dfrac{1}{(3d)^2} = \dfrac{1}{9d^2}$

$\therefore \tau_{max} = \dfrac{1}{9}\tau_{max}$

205 그림과 같이 길이 $\ell = 4\,m$ 의 단순보에 균일분포하중 w 가 작용하고 있으며 보의 최대 굽힘응력 $\sigma_{max} = 85\, N/cm^2$ 일 때 최대 전단응력은 약 몇 kPa인가? (단, 보의 단면적은 지름이 11 cm인 원형단면이다.)

정답 200. ② 201. ④ 202. ③ 203. ② 204. ④ 205. ②

풀이

$$T = \tau Z_P = \tau \frac{\pi d^3}{16} \Rightarrow T \propto d^3 \quad \therefore 8배$$

213 지름이 60 mm인 연강축이 있다. 이 축의 허용전단응력은 40 MPa이며 단위길이 1 m 당 허용회전각도는 1.5°이다. 연강의 전단탄성수를 80 GPa이라 할 때 이 축의 최대 허용토크는 약 몇 N·m인가?

① 696　② 1696
③ 2664　④ 3664

풀이

$T = \tau Z_P$

$\Rightarrow T_a = \tau_a Z_P = 40 \times 10^6 \times \pi \times \frac{0.06^3}{16}$

$\fallingdotseq 1696 \, N \cdot m$

214 그림과 같이 비틀림 하중을 받고 있는 중공축의 a-a 단면에서 비틀림 모멘트에 의한 최대 전단응력은? (단, 축의 외경은 10 cm, 내경은 6 cm이다.)

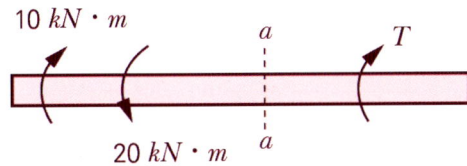

① 25.5 MPa　② 36.5 MPa
③ 47.5 MPa　④ 58.5 MPa

풀이

$\tau_{max} = \dfrac{T}{Z_p} = \dfrac{16\,T}{\pi d_2^3 (1-x^4)}$

$= \dfrac{16 \times (20-10) \times 10^3}{\pi \times 0.1^3 \times \left[1 - \left(\dfrac{6}{10}\right)^4\right]} \times 10^{-6}$

$= 58.51 \, MPa$

215 그림과 같이 단붙이 원형 축(Stepped Circular Shaft)의 풀리에 토크가 작용하여 평형상태에 있다. 이 축에 발생하는 최대 전단응력은 몇 MPa인가?

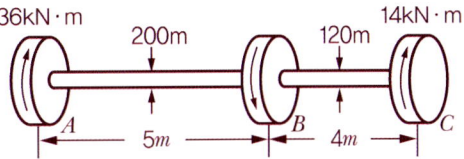

① 18.2　② 22.9
③ 41.3　④ 147.4

풀이

$T = \tau Z_P \Rightarrow T_{max} = \tau_{max} Z_P$

$\Rightarrow \tau_{max} = \dfrac{T_{max}}{Z_P}$

축 AB

$\tau_{max} = 26 \times 10^3 \times \dfrac{16}{\pi \times 0.2^3} \times 10^{-6}$

$\fallingdotseq 16.6 \, MPa$

축 BC

$\tau_{max} = 14 \times 10^3 \times \dfrac{16}{\pi \times 0.12^3} \times 10^{-6}$

$\fallingdotseq 41.3 \, MPa$

216 강재 중공축이 25 kN·m의 토크를 전달한다. 중공축의 길이가 3 m이고, 이 때 축에 발생하는 최대전단응력이 90 MPa이며, 축에 발생된 비틀림 각이 2.5°라고 할 때 축의 외경과 내경을 구하면 각각 약 몇 mm인가? (단, 축 재료의 전단탄성계수는 85 GPa이다.)

① 146, 124　② 136, 114
③ 140, 132　④ 133, 112

풀이

$T = \tau Z_P$

$\Rightarrow Z_P = \dfrac{T}{\tau} = \dfrac{25 \times 10^3}{90 \times 10^6}$

$= 277.78 \times 10^{-6} \, m^3$

정답 213. ② 214. ④ 215. ③ 216. ①

재료역학

$$\theta° = \frac{180}{\pi} \times \frac{Tl}{GI_P} = \frac{180}{\pi} \times \frac{Tl}{G\frac{d_1}{2}Z_P}$$

⇒ $2.5 = \frac{180}{\pi} \times \frac{25 \times 10^3 \times 3}{85 \times 10^9 \times \frac{d_1}{2} \times 277.78 \times 10^{-6}}$

∴ 외경 $d_1 ≒ 0.1456\,m = 145.6\,mm$

$$Z_P = \frac{I_P}{y} = \frac{\frac{\pi(0.1456^4 - d_2^4)}{32}}{\frac{0.1456}{2}} = 277.78 \times 10^{-6}$$

∴ 내경 $d_2 ≒ 0.1249\,m = 124.9\,mm$

217 지름 4 cm의 원형 알루미늄 봉을 비틀림 재료시험기에 걸어 표면의 45° 나선에 부착한 스트레인 게이지로 변형도를 측정하였더니 토크 120 N·m일 때 변형률 $\epsilon = 150 \times 10^{-6}$을 얻었다. 이 재료의 전단탄성계수는?

① 31.8 GPa ② 38.4 GPa
③ 43.1 GPa ④ 51.2 GPa

풀이

$T = \tau Z_P = \tau \frac{\pi d^3}{16}$

⇒ $\tau = \frac{16T}{\pi d^3} = \frac{16 \times 120}{\pi \times 0.04^3} \times 10^{-6}$

≒ $9.55\,MPa = 9.55 \times 10^{-3}\,GPa$

$\tau = G\gamma_{max} = G(2\epsilon)$

⇒ $G = \frac{\tau}{2\epsilon} = \frac{9.55 \times 10^{-3}}{2(150 \times 10^{-6})}$

≒ $31.8\,GPa$

218 바깥지름이 46 mm인 중공축이 120 kW의 동력을 전달하는데 이때의 각속도는 40 rev/s이다. 이 축의 허용 비틀림응력이 $\tau_a = 80\,MPa$일 때, 최대 안지름은 약 몇 mm인가?

① 35.9 ② 41.9
③ 45.9 ④ 51.9

풀이

$T = \tau Z_P = 974 \frac{H_{kW}}{N}$

⇒ $\tau \frac{I_P}{y} = 974 \frac{H_{kW}}{N}$

$I_P = \frac{\pi}{32}(0.046^4 - x^4),\ y = \frac{0.046}{2},$

$N = 2400\,rpm,\ \tau_a = 80 \times 10^6,$

동력 = $120\,kW$

$x = \sqrt[4]{0.046^4 - \frac{974 \times 120 \times 10 \times 32 \times 0.046}{80 \times 10^6 \times 2400 \times 2\pi}} \times 1000$

≒ $41.8\,mm$

219 단면 2차모멘트가 251 cm⁴인 I 형강 보가 있다. 이 단면의 높이가 20 cm라면, 굽힘모멘트 M = 2510 N·m을 받을 때 최대 굽힘응력은 몇 MPa인가?

① 100 ② 50
③ 20   ④ 5

풀이

$M_{max} = \sigma_{max} Z$

⇒ $\sigma_{max} = \frac{M_{max}}{Z} = \frac{M_{max}\,y}{I}$

$= \frac{2510 \times 0.1}{251 \times 10^{-8}} \times 10^{-6} = 100\,MPa$

220 그림과 같이 원형단면을 갖는 외팔보에 발생하는 최대굽힘응력 σ_b는?

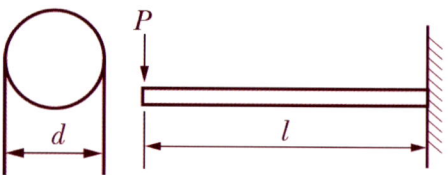

정답 217. ① 218. ② 219. ① 220. ①

실전문제

① $\dfrac{32P\ell}{\pi d^3}$ ② $\dfrac{32P\ell}{\pi d^4}$

③ $\dfrac{6P\ell}{\pi d^2}$ ④ $\dfrac{\pi d}{6P\ell}$

[풀이]

$M_{\max} = \sigma_{\max} Z$

$\Rightarrow \sigma_b = \dfrac{M_{\max}}{Z} = \dfrac{Pl}{\dfrac{\pi d^3}{32}} = \dfrac{32Pl}{\pi d^3}$

221 최대 굽힘모멘트 8 kN · m를 받는 원형단면의 굽힘응력을 60 MPa로 하려면 지름을 약 몇 cm로 해야 하는가?

① 1.11   ② 11.1
③ 3.01   ④ 30.1

[풀이]

$M = \sigma Z \Rightarrow M_{\max} = \sigma_{\max} Z$

$\Rightarrow 8 \times 10^3 = 60 \times 10^6 \times \dfrac{\pi d^3}{32}$

$\therefore d = \sqrt[3]{\dfrac{32 \times 8 \times 10^3}{\pi \times 60 \times 10^6}} \times 10^2 = 11.1\ cm$

222 최대 굽힘모멘트 M = 8 kN · m를 받는 단면의 굽힘응력을 60 MPa로 하려면 정사각 단면에서 한 변의 길이는 약 몇 cm인가?

① 8.2   ② 9.3
③ 10.1 ④ 12.0

[풀이]

$M_{\max} = 8 \times 10^3\ N \cdot m$

$\sigma_a = 60\ MPa = 60 \times 10^6\ N/m^2$

$M_{\max} = \sigma_{\max} Z \Rightarrow 8000 = 60 \times \dfrac{a^3}{6}$

$\Rightarrow a = \sqrt[3]{\dfrac{6 \times 8000}{60 \times 10^6}} \times 10^2 ≒ 9.28\ cm$

223 단면의 치수가 b × h = 6 cm × 3 cm인 강철보가 그림과 같이 하중을 받고 있다. 보에 작용하는 최대 굽힘응력은 약 몇 N/cm^2인가?

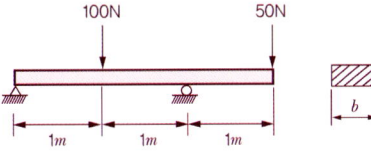

① 278   ② 556
③ 1111 ④ 2222

[풀이]

$M_{\max} = \sigma_{\max} Z$

$\Rightarrow \sigma_{\max} = \dfrac{M_{\max}}{Z},\ Z = \dfrac{bh^2}{6}$

$M_{\max} = M_{2m} = R_A \times 2 - 100 \times 1$
$= 25 \times 2 - 100 \times 1 = 50\ N \cdot m$
$= 5000\ N \cdot cm$

$\sigma_{\max} = \dfrac{6 \times 5000}{6 \times 3^2} = 556\ N/cm^2$

224 직사각형 단면(폭 x 높이 = 12 cm x 5 cm)이고, 길이 1 m인 외팔보가 있다. 이 보의 허용굽힘응력이 500 MPa이라면 높이와 폭의 치수를 서로 바꾸면 받을 수 있는 하중의 크기는 어떻게 변화하는가?

① 1.2배 증가   ② 2.4배 증가
③ 1.2배 감소   ④ 변화없다.

[풀이]

$M_a = \sigma_a Z = \sigma_a \times \dfrac{bh^2}{6}\ \therefore P \propto bh^2$

$\Rightarrow 0.12 \times 0.05^2 x = 0.05 \times 1.12^2$

$x = 2.4$ 배 증가

225 폭 b = 60 mm, 길이 L = 340 mm의 균일강도 외팔보의 자유단에 집중하중 P = 3 kN이 작용한다. 허용 굽힘응력을 65 MPa이라 하면 자유단에

정답 221. ② 222. ② 223. ② 224. ② 225. ②

서 250 mm되는 지점의 두께 h는 약 몇 mm인가? (단, 보의 단면은 두께는 변하지만 일정한 폭 b를 갖는 직사각형이다.)

① 24 ② 34
③ 44 ④ 54

풀이

$M_{0.25} = \sigma Z$

$\Rightarrow 3000 \times 0.25 = 65 \times 10^6 \times \dfrac{0.06 \times h^2}{6}$

$\therefore h = 0.03397 m \fallingdotseq 34 mm$

226 그림과 같이 사각형 단면을 가진 단순보에서 최대굽힘응력은 약 몇 MPa인가? (단, 보의 굽힘강성 EI는 일정하다.)

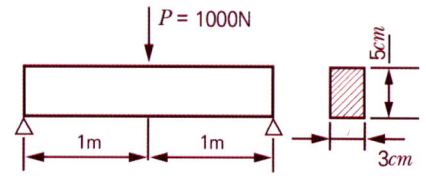

① 80 ② 74.5
③ 60 ④ 40

풀이

$M_{max} = \sigma_{max} Z$

$\Rightarrow \sigma_{max} = \dfrac{M_{max}}{Z} = \dfrac{M_{max}}{\dfrac{bh^2}{6}}$

$= \dfrac{3Pl}{2bh^2} = \dfrac{3 \times 1000 \times 2}{2 \times 0.03 \times 0.05^2} \times 10^{-6}$

$= 40 \, MPa$

227 그림과 같이 길이 ℓ 인 단순 지지된 보 위를 하중 W가 이동하고 있다. 최대 굽힘응력은?

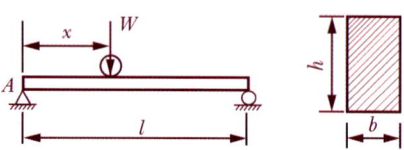

① $\dfrac{Wl}{bh^2}$ ② $\dfrac{9Wl}{4bh^3}$

③ $\dfrac{Wl}{2bh^2}$ ④ $\dfrac{3Wl}{2bh^2}$

풀이

$M_{max} = \dfrac{Wl}{4}$

$M_{max} = \sigma_{max} Z \Rightarrow \dfrac{Wl}{4} = \sigma_{max} \dfrac{bh^2}{6}$

$\therefore$ 최대 굽힘응력 $\sigma_{max} = \dfrac{6Wl}{4bh^2} = \dfrac{3Wl}{2bh^2}$

228 그림과 같은 직사각형 단면의 단순보 AB에 하중이 작용할 때, A 단에서 20 cm 떨어진 곳의 굽힘응력은 몇 MPa인가? (단, 보의 폭은 6 cm이고, 높이는 12 cm이다.)

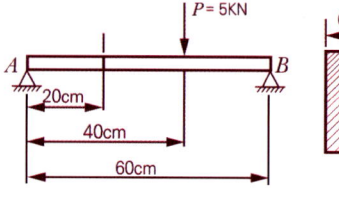

① 2.3 ② 1.9
③ 3.7 ④ 2.9

풀이

$\sum M_B = 0$ 으로부터

$5 \times 1000 \times 20 = R_A \times 60$

$\Rightarrow R_A = 1666.7 \, N$

$M = \sigma Z \Rightarrow M_{0.2} = \sigma_{0.2} Z$

$\therefore \sigma_{0.2} = \dfrac{M_{0.2}}{Z} = \dfrac{M_{0.2}}{\dfrac{bh^2}{6}}$

$= \dfrac{1666.7 \times 0.2 \times 6}{0.06 \times 0.12^2} \times 10^{-6}$

$= 2.31 \, MPa$

229 $b \times h = 20 \, cm \times 40 \, cm$의 외팔보가 두 가지 하중을 받고 있을 때 분포하중 w를 얼마로 하면 안전하게 지지할 수 있는가? (단, 허용굽힘

정답 226. ④ 227. ④ 228. ① 229. ①

응력 $\sigma_a = 10\ MPa$이다.)

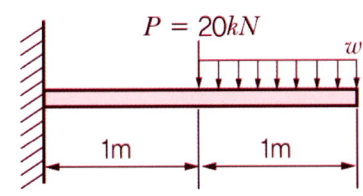

① 22 kN/m ② 35 kN/m
③ 53 kN/m ④ 55 kN/m

풀이

$$M_{\max} = M_{고정} = \sigma_a Z = \sigma_a \frac{bh^2}{6}$$

$$\Rightarrow w \times 1.5 + 20 \times 1 = 10 \times 10^6 \times \frac{0.2 \times 0.4^2}{6}$$

$$\therefore w = 22.22\ kN/m$$

230 균일 분포하중 $w = 200\ N/m$가 작용하는 단순지지보의 최대 굽힘응력은 몇 MPa인가? (단, 보의 길이는 2 m이고, 폭× 높이 = 3 cm× 4 cm인 사각형 단면이다.)

① 12.5 ② 25.0
③ 14.6 ④ 17.0

풀이

$$M_{\max} = \sigma_{\max} Z \text{ 에서}$$

$$\Rightarrow M_{\max} = \frac{wl^2}{8} \text{ 이므로}$$

$$\sigma_{\max} = \frac{M_{\max}}{Z} = \frac{wl^2}{\frac{bh^2}{6}}$$

$$= \frac{200 \times 2^2}{\frac{0.03 \times 0.04^2}{6}} \times 10^{-3}$$

$$= 12.5\ MPa$$

231 길이가 6 m인 단순지지보에 등분포하중 q가 작용할 때 단면에 발생하는 최대 굽힘응력이 337.5 MPa이라면 등분포하중 q는 약 몇 kN/m인가? (단, 보의 단면은 폭× 높이 = 40 mm × 100 mm이다.)

① 4 ② 5
③ 6 ④ 7

풀이

$$M_{\max} = \sigma_{\max} Z$$

$$\Rightarrow \frac{q \times 6^2}{8} = 337.5 \times 10^6 \times \frac{0.04 \times 0.1^2}{6}$$

$$\therefore q = 337.5 \times 10^6 \times \frac{0.04 \times 0.1^2}{6} \times \frac{8}{6^2} \times 10^3$$

$$= 5\ kN/m$$

232 지름 100 mm의 양단지지보의 중앙에 2 kN의 집중하중이 작용할 때 보속의 최대 굽힘응력이 16 MPa일 경우 보의 길이는 약 몇 m 인가?

① 1.51 ② 3.14
③ 4.22 ④ 5.86

풀이

$$M_{\max} = \frac{Pl}{4} = \frac{2000 \times l}{4} = 500\ l$$

$$M_{\max} = \sigma_{\max} Z$$

$$\Rightarrow 500\ l = 16 \times 10^6 \times \frac{\pi \times 0.1^4}{64 \times 0.05}$$

$$\therefore l = 3.14\ m$$

233 그림과 같은 단면을 가진 A, B, C의 보가 있다. 이 보들이 동일한 굽힘모멘트를 받을 때 최대 굽힘응력의 비로 옳은 것은 어느 것인가?

"A"	"B"
가로 10cm	가로 20cm
세로 10cm	세로 10cm

"C"
가로 10cm
세로 20cm

정답 230. ① 231. ② 232. ② 233. ③

① A : B : C = 9 : 3 : 1
② A : B : C = 16 : 4 : 1
③ A : B : C = 4 : 2 : 1
④ A : B : C = 3 : 2 : 1

풀이

$M = \sigma Z \Rightarrow \sigma = \dfrac{M}{Z} \Rightarrow \sigma \propto \dfrac{1}{Z}$

$Z_A = \dfrac{bh^2}{6} = \dfrac{a^3}{6} = \dfrac{10^3}{6} = 166.67 \; cm^3$

$Z_B = \dfrac{bh^2}{6} = \dfrac{20 \times 10^2}{6} = 333.33 \; cm^3$

$Z_C = \dfrac{bh^2}{6} = \dfrac{10 \times 20^2}{6} = 666.67 \; cm^3$

$\sigma_A : \sigma_B : \sigma_C = 1 : \dfrac{1}{2} : \dfrac{1}{4} = 4 : 2 : 1$

234 그림과 같은 외팔보가 있다. 보의 굽힘에 대한 허용응력을 80 MPa로 하고, 자유단 B로부터 보의 중앙점 C사이에 등분포하중 w를 작용시킬 때, w의 허용 최대값은 몇 kN/m인가? (단, 외팔보의 폭 × 높이는 5 cm × 9 cm이다.)

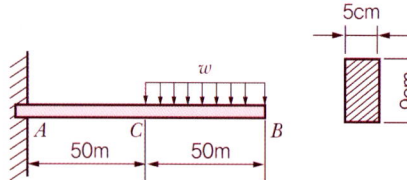

① 12.4 ② 13.4
③ 14.4 ④ 15.4

풀이

$\sigma_a = 80 \times 10^6 \; N/m^2$

$M_{max} = M_{고정단} = 0.5w \times 0.75 = 0.375w$

$Z = \dfrac{bh^2}{6} = \dfrac{0.05 \times 0.09^2}{6} = 0.0000675 \; m^3$

$M_a = \sigma_a Z$

$\Rightarrow 0.375w = 80 \times 10^6 \times 0.0000675$

$\therefore w = \dfrac{80 \times 10^6 \times 0.0000675}{0.375} \times 10^{-3}$

$\fallingdotseq 14.4 \; kN/m$

235 그림과 같이 지름 50 mm의 연강봉 일단의 벽을 고정하고, 자유단에는 50 cm 길이의 레버 끝에 600 N의 하중을 작용시킬 때 연강봉에 발생하는 최대주응력과 최대전단응력은 각각 몇 MPa인가?

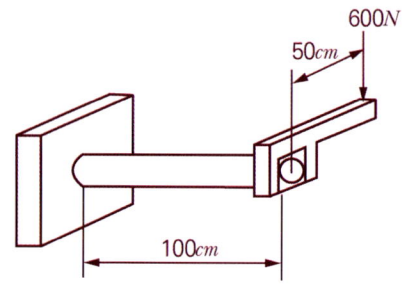

① 최대주응력 : 51.8
  최대전단응력 : 27.3
② 최대주응력 : 27.3
  최대전단응력 : 51.8
③ 최대주응력 : 41.8
  최대전단응력 : 27.3
④ 최대주응력 : 27.3
  최대전단응력 : 41.8

풀이

$T = Pl_1 = 600 \times 0.5 = 300 \; N \cdot m$

$M = Pl_2 = 600 \times 1 = 600 \; N \cdot m$

$\Rightarrow T_{eq.} = \sqrt{M^2 + T^2} = 670.82 \; N \cdot m$

$\Rightarrow M_{eq.} = \dfrac{1}{2}(M + T_{eq.})$

$\qquad = \dfrac{1}{2}(600 + 670.82)$

$\qquad = 635.4 \; N \cdot m$

$\sigma_{max} = \dfrac{M_{eq.}}{Z} = \dfrac{32 M_{eq.}}{\pi d^3}$

$\qquad = \dfrac{32 \times 635.4}{\pi \times 0.05^3} \times 10^{-6} = 51.8 \; MPa$

$\tau_{max} = \dfrac{T_{eq.}}{Z_p} = \dfrac{16 T_{eq.}}{\pi d^3}$

$\qquad = \dfrac{16 \times 670.82}{\pi \times 0.05^3} \times 10^{-6} = 27.3 \; MPa$

236 그림과 같은 직사각형 단면의 보에 P = 4 kN의 하중이 10° 경사진 방향으로 작용한다. A점에서의 길이방향의 수직응력을 구하면 약 몇 MPa인가?

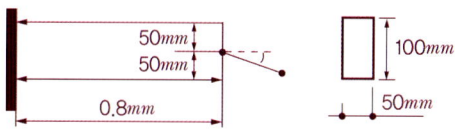

① 3.89 ② 5.67
③ 0.79 ④ 7.46

풀이
힘 P 의 세로방향 성분력은
$P\cos 10° = 4 \times 10^3 \times \cos 10° = 3939.2\ N$
가로(단면)방향 성분력은
$P\sin 10° = 4 \times 10^3 \times \sin 10° = 694.6\ N$

세로방향 성분력에 의한 응력은
$\sigma_1 = \dfrac{P_1}{A} = \dfrac{3939.2}{0.05 \times 0.1} \times 10^{-6} = 0.788\ MPa$

가로(단면)방향 성분력에 의한 응력은
$\sigma_2 = \sigma_b = \dfrac{M}{Z} = \dfrac{P_2 \times 0.8}{\dfrac{bh^2}{6}}$

$= \dfrac{694.6 \times 0.8 \times 6}{0.05 \times 0.1^2} \times 10^{-6} = 6.668\ MPa$

∴ A점의 세로방향 전체응력 $\sigma = \sigma_1 + \sigma_2$
$= 6.668 + 0.788 ≒ 7.46\ MPa$

237 그림과 같은 직사각형 단면을 갖는 단순지지보에 3 kN/m의 균일 분포하중과 축 방향으로 50 kN의 인장력이 작용할 때 단면에 발생하는 최대 인장응력은 약 몇 MPa인가?

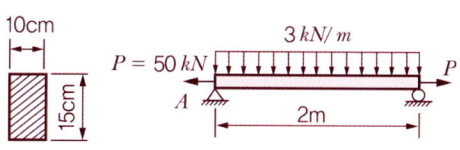

① 0.67 ② 3.33
③ 4   ④ 7.33

풀이
축방향 하중에 의한 인장응력
$\sigma_1 = \dfrac{P}{A} = \dfrac{50 \times 10^3}{0.1 \times 0.15} \times 10^{-3} = 3.33\ MPa$

최대 굽힘모멘트에 의한 중앙부에서의 응력
$M_{중앙} = 3000 \times 1 - 3000 \times 0.5 = 1500\ N\cdot m$
$M_{중앙} = \sigma_b Z$
$\Rightarrow \sigma_b = \dfrac{M_{중앙}}{Z} = \dfrac{M_{중앙}}{\dfrac{bh^2}{6}}$

$= \dfrac{1500}{\dfrac{0.1 \times 0.15^2}{6}} \times 10^{-3} = 4\ MPa$

∴ $\sigma_{\max} = \sigma_1 + \sigma_b = 3.33 + 4 = 7.33\ MPa$

238 원형단면의 단순보가 그림과 같이 등분포하중 50 N/m을 받고 허용굽힘응력이 400 MPa일 때 단면의 지름은 최소 약 몇 mm가 되어야 하는가?

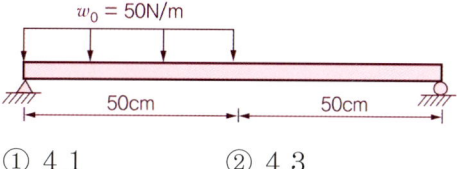

① 4.1 ② 4.3
③ 4.5 ④ 4.7

풀이
$M_a = \sigma_a Z = 400 \times 10^6 \times \dfrac{\pi d^3}{32}$

$\sum M_B = 0$
$\Rightarrow R_A \times 1 = 50 \times 0.5 \times 0.75 = 18.75$
$\Rightarrow R_A = 18.75\ N$

전단력이 0이 되는 위치는
$18.75 = 50x \Rightarrow x = 0.375$

$M_{0.375} = 18.75 \times 0.375 - 50 \times 0.375 \times \dfrac{0.375}{2}$
$≒ 3.51\ N\cdot m$

∴ $d = \sqrt[3]{\dfrac{3.51 \times 32}{400 \times 10^6 \times \pi}} \times 10^3 ≒ 4.47\ mm$

정정보

239 다음 그림과 같이 C점에 집중하중 P가 작용하고 있는 외팔보의 자유단에서 경사각 θ를 구하는 식은? (단, 보의 굽힘강성 EI는 일정하고, 자중은 무시한다.)

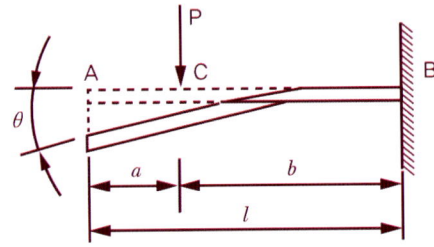

① $\theta = \dfrac{P\ell^2}{2EI}$ ② $\theta = \dfrac{3P\ell^2}{2EI}$

③ $\theta = \dfrac{Pa^2}{2EI}$ ④ $\theta = \dfrac{Pb^2}{2EI}$

풀이

$\theta_{max} = \dfrac{Pl^2}{2EI} \Rightarrow \theta = \dfrac{Pb^2}{2EI}$

240 길이 1m인 외팔보가 아래 그림처럼 q = 5 kN/m의 균일 분포하중과 P = 1 kN의 집중하중을 받고 있을 때 B점에서의 회전각은 얼마인가? (단, 보의 굽힘강성은 EI이다.)

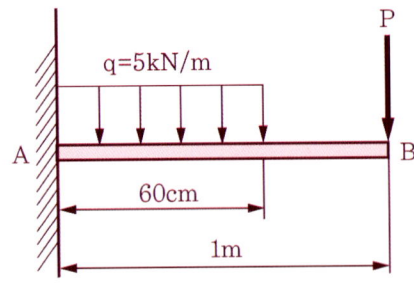

① $\dfrac{120}{EI}$ ② $\dfrac{260}{EI}$

③ $\dfrac{486}{EI}$ ④ $\dfrac{680}{EI}$

풀이
중첩법을 적용하면

$\theta_{max} = \dfrac{wl'^3}{6EI} + \dfrac{Pl^2}{2EI}$

$\Rightarrow \theta_{max} = \dfrac{5 \times 0.6^3}{6EI} + \dfrac{1 \times 1^2}{2EI} = \dfrac{680}{EI}$

241 길이가 L인 외팔보의 자유단에 집중하중 P가 작용할 때 최대 처짐량은? (단, E : 탄성계수, I : 단면 2차모멘트이다.)

① $\dfrac{PL^3}{8EI}$ ② $\dfrac{PL^3}{4EI}$

③ $\dfrac{PL^3}{3EI}$ ④ $\dfrac{PL^3}{2EI}$

풀이

$\delta_{max} = \dfrac{Pl^3}{3EI}$

242 보의 자중을 무시할 때 그림과 같이 자유단 C에 집중하중 2P가 작용할 때 B점에서 처짐곡선의 기울기은? (단, 세로탄성계수 E, 단면 2차모멘트를 I 라고 한다.)

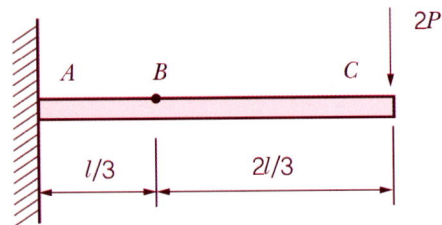

① $\dfrac{5}{9}\dfrac{Pl^2}{EI}$ ② $\dfrac{5}{18}\dfrac{Pl^2}{EI}$

③ $\dfrac{5}{27}\dfrac{Pl^2}{EI}$ ④ $\dfrac{5}{36}\dfrac{Pl^2}{EI}$

풀이
처짐각에 대한 탄성곡선 방정식 (정해)

$\theta_{max} = \dfrac{Pl^3}{2EI}$

정답 239. ④ 240. ④ 241. ③ 242. ①

$$\Rightarrow \theta_x = -\frac{(2P)x^2}{2EI} + \frac{(2P)l^2}{2EI}$$

$$\Rightarrow \theta_{x=\frac{2}{3}l} = -\frac{(2P)\times\left(\frac{2}{3}l\right)^2}{2EI} + \frac{(2P)l^2}{2EI}$$

$$= -\frac{4Pl^2}{9EI} + \frac{Pl^2}{EI} = \frac{5}{9}\frac{Pl^2}{EI}$$

적분상수를 고려하지 않은 예 (오류)

$$\theta_{max} = \frac{Pl^3}{2EI} \Rightarrow \theta = \frac{(2P)l^2}{2EI} = \frac{Pl^2}{EI}$$

$$\Rightarrow \theta_{x=\frac{2}{3}l} = \frac{P\times\frac{4}{9}l^2}{EI} = \frac{4}{9}\frac{Pl^2}{EI}$$

243 폭이 2 cm이고 높이가 3 cm인 직사각형 단면을 가진 길이 50 cm의 외팔보의 고정단에서 40 cm 되는 곳에 800 N의 집중하중을 작용시킬 때 자유단의 처짐은 약 몇 cm인가? (단, 외팔보의 세로탄성계수는 210 GPa이다.)

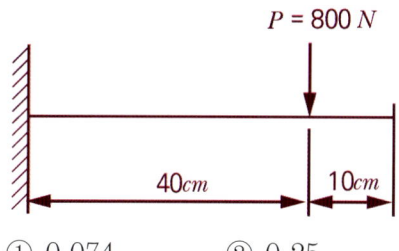

① 0.074 ② 0.25
③ 1.48   ④ 12.52

풀이

$$\delta_{자유단} = \delta_1 + \theta_1 l_2$$

$$= \frac{Pl_1^3}{3EI} + \frac{Pl_1^2}{2EI}\times l_2$$

$$= \frac{800\times 0.4^3}{3\times 210\times 10^9 \times \frac{0.02\times 0.03^3}{12}} +$$

$$\frac{800\times 0.4^2}{2\times 210\times 10^9 \times \frac{0.02\times 0.03^3}{12}}\times 0.1$$

$$= 0.0025\,m \times 10^2 = 0.25\,cm$$

244 그림과 같은 외팔보에서 집중하중 P = 50 kN이 작용할 때 자유단의 처짐은 약 몇 cm인지 구하시오. (단, 탄성계수 E = 200 GPa, 단면 2차모멘트 I = 10^5 cm^4 이다.)

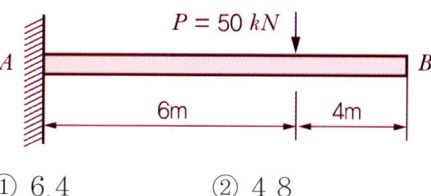

① 6.4 ② 4.8
③ 3.6 ④ 2.4

풀이

$$\delta_{max} = \frac{Pl^3}{3EI} + \frac{Pl^2}{2EI}\times l'$$

$$= \left(\frac{50\times 10^3 \times 6^3}{3\times 200\times 10^9 \times 10^5 \times 10^{-8}} + \frac{50\times 10^3 \times 6^2}{2\times 200\times 10^9 \times 10^5 \times 10^{-8}}\times 4\right)\times 10^2$$

$$= 3.6\,cm$$

245 그림과 같이 전체길이가 3L인 외팔보에 하중 P가 B점과 C점에 작용할 때 자유단 B에서의 처짐량은? (단, 보의 굽힘강성 EI는 일정하고, 자중은 무시한다.)

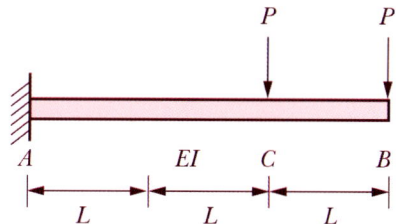

① $\dfrac{35}{3}\dfrac{PL^3}{EI}$ ② $\dfrac{37}{3}\dfrac{PL^3}{EI}$

③ $\dfrac{41}{3}\dfrac{PL^3}{EI}$ ④ $\dfrac{44}{3}\dfrac{PL^3}{EI}$

풀이

$$\delta = \delta_1 + \delta_2 + \delta_3 = \delta_1 + \delta_2 + \theta_C \times L$$

$$= \frac{P(2L)^3}{3EI} + \frac{P(3L)^3}{3EI} + \frac{P(2L)^3}{2EI} \times L$$

$$= \frac{41PL^3}{3EI}$$

246 그림과 같은 직사각형 단면의 목재 외팔보에 집중하중 P가 C점에 작용하고 있다. 목재의 허용압축응력을 8 MPa, 끝단 B점에서의 허용 처짐량은 23.9 mm라고 할 때 허용압축응력과 허용 처짐량을 모두 고려하여 이 목재에 가할 수 있는 집중하중 P의 최대값은 약 몇 kN인가? (단, 목재의 탄성계수는 12 GPa, 단면 2차모멘트 $1022 \times 10^{-6} m^4$, 단면계수는 $4.601 \times 10^{-3} m^3$ 이다.)

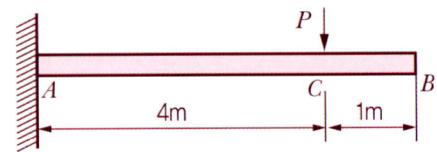

① 7.8　　② 8.5
③ 9.2　　④ 10.0

풀이

허용 압축응력을 고려한 하중
$M_{\max} = M_A = \sigma_a Z$
$\Rightarrow 4 \times P = 8 \times 10^6 \times 4.601 \times 10^{-3}$
$\Rightarrow P = 9.2$ kN

처짐을 고려한 하중
자유단의 처짐 $\delta_{\max} = \frac{Pl^3}{3EI} + \frac{Pl^2}{2EI} \times l'$

$\Rightarrow 0.0239 = \frac{P \times 4^3}{3 \times 12 \times 10^9 \times 1022 \times 10^{-6}}$
$+ \frac{P \times 4^2}{2 \times 12 \times 10^9 \times 1022 \times 10^{-6}} \times 1$

$\Rightarrow P = 9992.3$ N ≒ 9.99 kN

∴ 가할 수 있는 최대하중은 $P = 9.2$ kN

247 그림과 같은 외팔보에 균일분포하중 w 가 전 길이에 걸쳐 작용할 때 자유단의 처짐 δ 는 얼마인가? (단, E : 탄성계수, I : 단면 2차모멘트이다.)

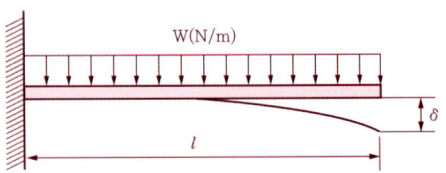

① $\dfrac{w\ell^4}{3EI}$　　② $\dfrac{w\ell^4}{6EI}$

③ $\dfrac{w\ell^4}{8EI}$　　④ $\dfrac{w\ell^4}{24EI}$

풀이

$\delta_{\max} = \dfrac{w l^4}{8EI}$

248 그림과 같이 길이와 재질이 같은 두 개의 외팔보가 자유단에 각각 집중하중 P를 받고 있다. 첫째 보(1)의 단면치수는 b × h이고, 둘째 보(2)의 단면치수는 b × 2h라면, 보(1)의 최대 처짐 δ_1과 보(2)의 최대 처짐 δ_2의 비(δ_1/δ_2)는 얼마인가?

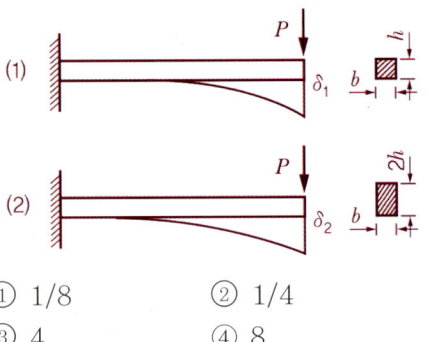

① 1/8　　② 1/4
③ 4　　　④ 8

풀이

$\delta_{\max} = \dfrac{Pl^3}{3EI}$

$\Rightarrow \delta_1 = \dfrac{Pl^3}{3EI} = \dfrac{Pl^3}{3E} \times \dfrac{12}{bh^3}$,

$$\delta_2 = \frac{Pl^3}{3EI} = \frac{Pl^3}{3E} \times \frac{12}{b(2h)^3}$$
$$= \frac{Pl^3}{3E} \times \frac{12}{bh^3} \times \frac{1}{8}$$
$$\therefore \delta_1/\delta_2 = 8$$

249 길이가 50 cm인 외팔보의 자유단에 정적인 힘을 가하여 자유단에서의 처짐량이 1 cm가 되도록 외팔보를 탄성변형 시키려고 한다. 이 때 필요한 최소한의 에너지는 약 몇 J인가? (단, 외팔보의 세로탄성계수는 200 GPa, 단면은 한 변의 길이가 2 cm인 정사각형이라고 한다.)

① 3.2 ② 6.4
③ 9.6 ④ 12.8

풀이
$$\delta_{max} = \frac{Pl^3}{3EI}$$
$$\Rightarrow P = \frac{3EI\delta}{l^3}$$
$$= \frac{3 \times 200 \times 10^9 \times 0.02 \times 0.02^3 \times 0.01}{12 \times 0.5^3}$$
$$= 640 \text{ N}$$

탄성변형에너지
$$U = \frac{1}{2}P\lambda = \frac{1}{2}P\delta = \frac{1}{2} \times 640 \times 0.01$$
$$= 3.2 \text{ J}$$

250 지름 2 cm, 길이 1 m의 원형단면 외팔보의 자유단에 집중하중이 작용할 때, 최대 처짐량이 2 cm가 되었다면, 최대 굽힘응력은 약 몇 MPa인가? (단, 보의 세로탄성계수는 200 GPa이다.)

① 80   ② 120
③ 180 ④ 220

풀이
$$\delta_{max} = \frac{Pl^3}{3EI}$$

$$\Rightarrow P = \frac{3EI\delta}{l^3}$$
$$= \frac{3 \times 200 \times 10^9 \times \pi (0.02)^4 \times 0.02}{64 \times 1^3} = 94.2 N$$
$$M = \sigma Z$$
$$\Rightarrow \sigma_{max} = \frac{M_{max}}{Z} = \frac{32Pl}{\pi d^3}$$
$$= \frac{32 \times 94.2 \times 1}{\pi \times 0.02^3} \times 10^{-6} = 120 MPa$$

251 외팔보 AB의 자유단에 브래킷 BCD가 붙어 있으며 D점에 하중 P가 작용하고 있다. B점에서의 처짐이 0 이 되기 위한 a/L 의 비는 얼마인가?

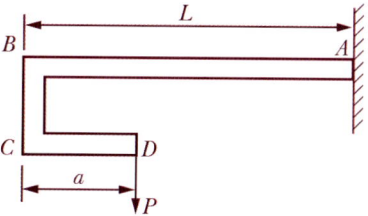

① $\frac{1}{4}$ ② $\frac{2}{3}$
③ $\frac{1}{2}$ ④ $\frac{3}{4}$

풀이
$$\delta_B = \frac{PL^3}{3EI} - \frac{ML^2}{2EI} = 0$$
$$\Rightarrow \delta_B = \frac{PL^3}{3EI} - \frac{(Pa)L^2}{2EI} = 0$$
$$\Rightarrow \frac{L}{3} = \frac{a}{2} \quad \therefore \frac{a}{L} = \frac{2}{3}$$

252 다음과 같은 외팔보에 집중하중과 모멘트가 자유단 B에 작용할 때 B점의 처짐은 몇 mm인가? (단, 굽힘강성 $EI = 10$ MN·m^{2}이고, 처짐 δ의 부호가 +이면 위로, −이면 아래로 처짐을 의미한다.)

재료역학

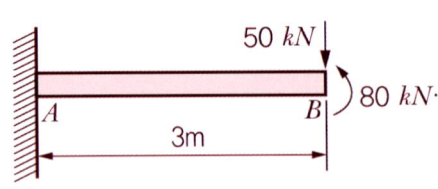

① +81 ② −81
③ +9   ④ −9

풀이

$$\delta_1 = \frac{Pl^3}{3EI} = -\frac{50 \times 10^3 \times 3^3}{3 \times 10 \times 10^6} \times 10^3$$
$$= -45\ mm$$

$$\delta_2 = \frac{M_0 l^2}{2EI} = \frac{80 \times 10^3 \times 3^2}{2 \times 10 \times 10^6} \times 10^3$$
$$= 36\ mm$$

$$\therefore \delta = \delta_1 + \delta_2 = (-45) + 36 = -9\ mm$$

253 그림과 같은 단순 지지보에서 길이(ℓ)는 5 m, 중앙에서 집중하중 P가 작용할 때 최대 처짐이 43 mm라면 이때 집중하중 P의 값은 약 몇 kN인가? (단, 보의 단면[폭(b) × 높이(h) = 5 cm × 12 cm], 탄성계수 E = 210 GPa로 한다.)

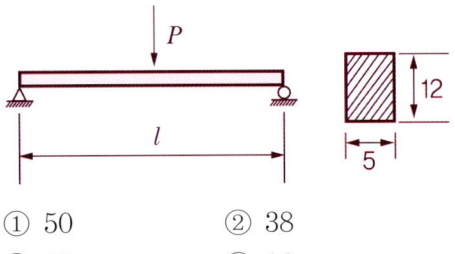

① 50   ② 38
③ 25   ④ 16

풀이

$$\theta_{max} = \frac{Pl^3}{48EI} = 0.043\ mm$$

$$\Rightarrow 0.043 = \frac{P \times 10^3 \times 5^3}{48 \times 210 \times 10^9} \times \frac{12}{0.05 \times 0.12^3}$$

$$\therefore P = \frac{0.043 \times 48 \times 210 \times 10^9 \times 0.05 \times 0.12^3}{5^3 \times 12} \times 10^{-3}$$
$$= 24.97\ kN$$

254 그림에 표시한 단순 지지보에서의 최대 처짐량은? (단, 보의 굽힘강성은 EI 이고, 자중은 무시한다.)

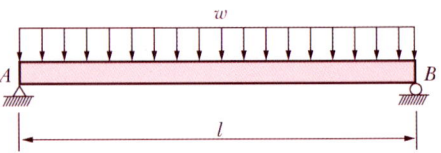

① $\dfrac{w\ell^3}{48EI}$ ② $\dfrac{w\ell^3}{24EI}$

③ $\dfrac{5w\ell^3}{253EI}$ ④ $\dfrac{5w\ell^3}{384EI}$

풀이

$$\theta_{max} = \frac{5wl^4}{384EI}$$

255 그림과 같은 단순지지보에서 2 kN/m의 분포하중이 작용할 경우 중앙의 처짐이 0 이 되도록 하기 위한 P의 크기는 몇 kN인가?

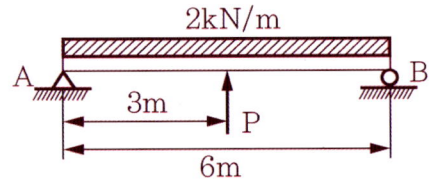

① 6.0   ② 6.5
③ 7.0   ④ 7.5

풀이

중첩법을 적용

$$\frac{5wl^4}{384EI} - \frac{Pl^3}{48EI} = 0$$

$$\Rightarrow \frac{5 \times 2 \times 6^4}{384EI} - \frac{P \times 6^3}{48EI} = 0$$

$$\therefore P = 7.5\ kN$$

256 그림과 같이 단순보에서 보 중앙의 처짐으로 옳은 것은? (단, 보의 굽힘강성 EI 는 일정하고

정답 253. ③ 254. ④ 255. ④ 256. ①

M_0는 모멘트, ℓ은 보의 길이이다.)

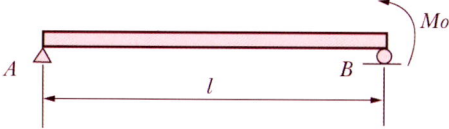

① $\dfrac{M_0 \ell^2}{16 EI}$ ② $\dfrac{M_0 \ell^2}{48 EI}$

③ $\dfrac{M_0 \ell^2}{120 EI}$ ④ $\dfrac{5 M_0 \ell^2}{384 EI}$

풀이

$\delta_{max} = \dfrac{M_o \ell^2}{9\sqrt{3} EI}$

$\delta_{중앙} = \dfrac{M_o \ell^2}{8 EI} \times \dfrac{1}{2} = \dfrac{M_o \ell^2}{16 EI}$

257 그림과 같이 단순지지보가 B점에서 반시계 방향의 모멘트를 받고 있다. 이 때 최대의 처짐이 발생하는 곳은 A점으로부터 얼마나 떨어진 거리인가?

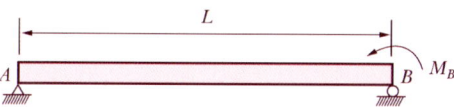

① $\dfrac{L}{2}$ ② $\dfrac{L}{\sqrt{2}}$

③ $L\left(1 - \dfrac{1}{\sqrt{3}}\right)$ ④ $\dfrac{L}{\sqrt{3}}$

풀이

M_0 적용 처짐방정식 $\delta_{max} = \dfrac{Ml^2}{16EI}$

$\Rightarrow \delta_{max} = \dfrac{M_B L^2}{16EI}$ at $\dfrac{L}{\sqrt{3}}$

〈 참고 〉

$EIy'' = M(x)$, $M(x) = R_A x = \dfrac{M_0}{L} x$

$EIy' = EI\theta = \dfrac{M_0}{L} \dfrac{x^2}{2} + C_1$

$EIy = \dfrac{M_0}{L} \dfrac{x^3}{6} + C_1 x + C_2$,

$<$ Boundary Condition 1 $>$ $x \to 0$ $y \to 0$

$EIy = \dfrac{M_0}{L} \dfrac{x^3}{6} + C_1 x + C_2 = 0$ $C_2 = 0$

$<$ Boundary Condition 2 $>$ $x \to L$ $y \to 0$

$EIy = \dfrac{M_0}{L} \dfrac{L^3}{6} + C_1 L = 0$ $C_1 = -\dfrac{M_0 L}{6}$

$EIy = \dfrac{M_0}{L} \dfrac{x^3}{6} - \dfrac{M_0 L}{6} x$

$<$ Boundary Condition 3 $>$ x, $\theta \to 0$

$EIy' = EI\theta = \dfrac{M_0}{L} \dfrac{x^2}{2} - \dfrac{M_0 L}{6}$

$0 = \dfrac{M_0}{L} \dfrac{x^2}{2} - \dfrac{M_0 L}{6}$ $\Rightarrow$ $x = \dfrac{L}{\sqrt{3}}$

258 그림과 같은 외팔보가 집중하중 P를 받고 있을 때, 자유단에서의 처짐 δ_A는? (단, 보의 굽힘강성 EI는 일정하고, 자중은 무시한다.)

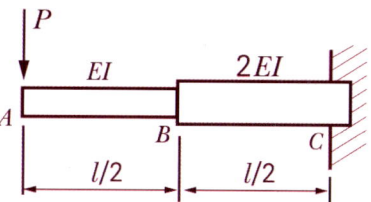

① $\dfrac{5 P \ell^3}{16 EI}$ ② $\dfrac{7 P \ell^3}{16 EI}$

③ $\dfrac{9 P \ell^3}{16 EI}$ ④ $\dfrac{3 P \ell^3}{16 EI}$

풀이

① AB 부분에서의 처짐(δ_{AB})은

$\delta_{AB} = \dfrac{P\left(\dfrac{l}{2}\right)^3}{3(2EI)} = \dfrac{Pl^3}{24EI}$

② B 위치에서의 집중하중과 우력에 의한 처짐(δ_B)은

$\delta_B = \dfrac{P\left(\dfrac{l}{2}\right)^3}{3(2EI)} + \dfrac{M_0 \left(\dfrac{l}{2}\right)^2}{2(2EI)}$

정답 257. ④ 258. ④

재료역학

$$= \frac{Pl^3}{48EI} + \frac{\frac{Pl}{2}\left(\frac{l}{2}\right)^2}{4EI} = \frac{5Pl^3}{96EI}$$

● B 위치에서의 집중하중과 우력에 의한 처짐각(θ_B)은

$$\theta_B = \frac{P\left(\frac{l}{2}\right)^3}{2(2EI)} + \frac{M_0\left(\frac{l}{2}\right)}{(2E)I}$$

$$= \frac{P\left(\frac{l}{2}\right)^2}{2(2EI)} + \frac{\frac{Pl}{2}\left(\frac{l}{2}\right)}{2EI} = \frac{3Pl^2}{16EI}$$

③ θ_B에 의한 AB에서의 처짐은

$$\delta_{AB} = \theta_B \times \frac{l}{2} = \frac{3Pl^2}{16EI} \times \frac{l}{2} = \frac{3Pl^3}{32EI}$$

$$\therefore \ \delta = \frac{Pl^3}{24EI} + \frac{5Pl^3}{96EI} + \frac{3Pl^3}{32EI}$$

$$= \frac{18Pl^3}{96EI} = \frac{3Pl^3}{16EI}$$

259 그림과 같은 외팔보가 균일분포하중 w를 받고 있을 때 자유단의 처짐 δ는 얼마인가?

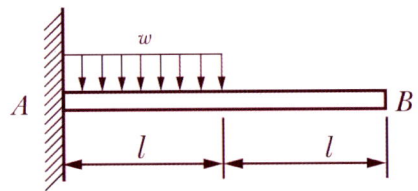

① $\dfrac{3}{24EI}wl^4$ ② $\dfrac{5}{24EI}wl^4$

③ $\dfrac{7}{24EI}wl^4$ ④ $\dfrac{9}{24EI}wl^4$

풀이

$$\delta_{\max} = \delta_B = \frac{wl^4}{8EI} + \frac{wl^3}{6EI} \times l = \frac{7wl^4}{24EI}$$

260 직사각형 단면(폭 × 높이)이 4 cm × 8 cm이고 길이 1 m의 외팔보의 전 길이에 6 kN/m의 등분포 하중이 작용할 때 보의 최대 처짐각은? (단, 탄성계수 E = 210 GPa이고 보의 자중은 무시한다.)

① 0.0028 rad ② 0.0028 °
③ 0.0008 rad ④ 0.0008 °

풀이

$$\theta_{\max} = \frac{wl^3}{6EI}$$

$$= \frac{6000 \times 1^3 \times 12}{6 \times 210 \times 10^9 \times (0.04 \times 0.08^3)}$$

$$= 0.0028 \ rad$$

261 보의 길이 ℓ에 등분포하중 w를 받는 직사각형 단순보의 최대 처짐량에 대하여 옳게 설명한 것은? (단, 보의 자중은 무시한다.)

① 보의 폭에 정비례한다.
② ℓ의 3승에 정비례한다.
③ 보의 높이의 2승에 반비례한다.
④ 세로탄성계수에 반비례한다.

풀이

$$\delta_{\max} = \frac{wl^4}{8EI} = \frac{wl^4}{8E} \times \frac{12}{bh^3}$$

262 그림과 같이 두께가 20 mm, 외경이 200 mm인 원관을 고정벽으로부터 수평으로 4 m만큼 돌출시켜 물을 방출한다. 원관 내에 물이 가득차서 방출될 때 자유단의 처짐은 몇 mm인가? (단, 원관재료의 탄성계수 E = 200 GPa, 비중은 7.8이고, 물의 밀도는 1000 kg/m³이다.)

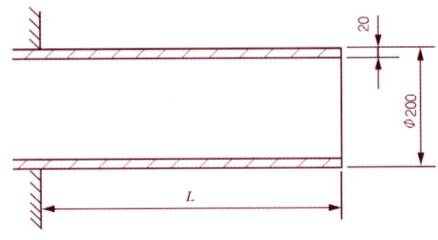

① 9.66 ② 7.66
③ 5.66 ④ 3.66

실전문제

풀이

물의 중량은 등분포하중으로 간주되므로 외팔보 등분포하중으로 우측 자유단에서의 최대처짐은

$\delta_{max} = \dfrac{wl^4}{8EI}$ 이다.

단위길이 당 하중량은

$w = \dfrac{W}{L} = \dfrac{(\gamma_{원관} A_{원관} L + \gamma_물 A_물 L)}{L}$

$= 7.8 \times \dfrac{\pi}{4}(0.2^2 - 0.16^2) + 9800 \times \dfrac{\pi}{4}(0.16^2)$

$= 1061.6 \ N/m$

$\therefore \delta_{max} = \dfrac{1061.6 \times 4^4}{8 \times 200 \times 10^9 \times \dfrac{\pi}{64}(0.2^4 - 0.16^4)} \times 10^3$

$= 3.66 \ mm$

263 단면 20 cm × 30 cm, 길이 6 m의 목재로 된 단순보의 중앙에 20 kN의 집중하중이 작용할 때, 최대처짐은 약 몇 cm인가? (단, 세로탄성계수 E = 10 GPa이다.)

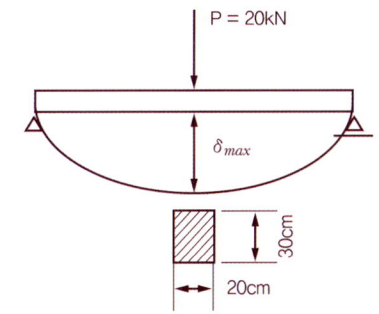

① 1.0 ② 1.5
③ 2.0 ④ 2.5

풀이

$I_사 = \dfrac{bh^3}{12}$

$\Rightarrow I = \dfrac{0.2 \times 0.3^3}{12} = 0.00045 \ m^4$

$\delta_{max} = \dfrac{Pl^3}{48EI}$

$\Rightarrow \delta_{max} = \dfrac{20 \times 10^3 \times 6^3}{48 \times 10 \times 10^9 \times 0.00045} \times 100$

$= 2 \ cm$

264 그림과 같은 단순 지지보의 중앙에 집중하중 P가 작용할 때 단면이 (가)일 경우의 처짐 y_1은 단면이 (나)일 경우의 처짐 y_2의 몇 배인가? (단, 보의 전체길이 및 보의 굽힘강성은 일정하며 자중은 무시한다.)

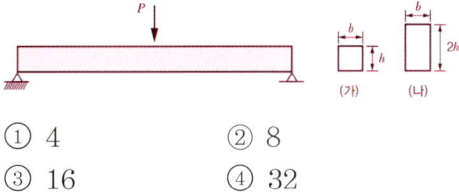

① 4 ② 8
③ 16 ④ 32

풀이

$\delta_{max} = \dfrac{Pl^3}{48EI}$

$\Rightarrow y_1 = \delta_1 = \dfrac{Pl^3}{48E} \times \dfrac{12}{bh^3}$,

$y_2 = \delta_2 = \dfrac{Pl^3}{48E} \times \dfrac{12}{b(2h)^3}$

$= \dfrac{Pl^3}{48E} \times \dfrac{12}{bh^3} \times \dfrac{1}{8}$

$\therefore 8 \ 배$

265 균일분포하중을 받고 있는 길이가 L인 단순보의 처짐량을 δ로 제한한다면 균일 분포하중의 크기는 어떻게 표현되겠는가? (단, 보의 단면은 폭이 b이고 높이가 h인 직사각형이고 탄성계수는 E이다.)

① $\dfrac{32Ebh^3\delta}{5L^4}$ ② $\dfrac{32Ebh^3\delta}{7L^4}$

③ $\dfrac{16Ebh^3\delta}{5L^4}$ ④ $\dfrac{16Ebh^3\delta}{7L^4}$

풀이

$\delta_{max} = \dfrac{5wl^4}{384EI}$

정답 263. ③ 264. ② 265. ①

재료역학

$$\Rightarrow w = \frac{384EI\delta}{5L^4} = \frac{384E\delta}{5L^4} \times \frac{bh^3}{12}$$
$$= \frac{32Ebh^3\delta}{5L^4}$$

면 된다.
$$\delta_B = \frac{M_0 l^2}{2EI} + \frac{Pl^3}{3EI}$$
$$= \frac{1}{6EI}(3M_0 l^2 + 2Pl^2)$$
⇧ $M_0 = 53 \times 1.8$ kN·m, $l = 5.5$ m
$$\delta_B' = \frac{R_B l^3}{3EI} \Rightarrow \delta_B = \delta_B' \Rightarrow R_B = \frac{3M_0}{2l} + P$$
$$= \frac{3 \times 53 \times 1.8}{2 \times 5.5} + 53 = 79.02 \text{ kN}$$

266 다음 보의 자유단 A지점에서 발생하는 처짐은 얼마인가? (단, EI는 굽힘강성이다.)

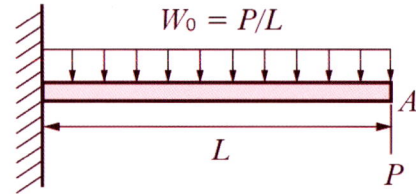

① $\dfrac{5PL^3}{6EI}$ ② $\dfrac{7PL^3}{12EI}$
③ $\dfrac{11PL^3}{24EI}$ ④ $\dfrac{17PL^3}{48EI}$

풀이
중첩원리 적용
$$\delta_{\max} = \frac{wl^4}{8EI} + \frac{Pl^3}{3EI} = \frac{\frac{P}{l} \times l^4}{8EI} + \frac{Pl^3}{3EI}$$
$$= \frac{P \times l^3}{8EI} + \frac{Pl^3}{3EI} = \frac{11Pl^3}{24EI}$$

267 다음 그림과 같이 집중하중 P를 받고 있는 고정지지보가 있다. B점에서의 반력의 크기를 구하면 몇 kN인가?

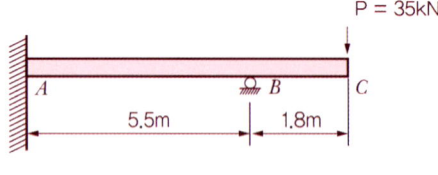

① 54.2 ② 62.4
③ 70.3 ④ 79.0

풀이
중첩법에 의하여 집중하중 P에 의한 B점에서의 처짐과 B점에서의 반력에 의한 처짐 량의 절대값이 서로 같으

268 그림과 같이 자유단에 M = 40 N·m의 모멘트를 받는 외팔보의 최대 처짐량은? (단, 탄성계수 E = 200 GPa, 단면 2차모멘트 I = 50 cm⁴)

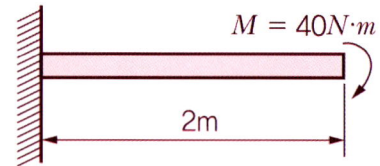

① 0.08 cm ② 0.16 cm
③ 8.00 cm ④ 10.67 cm

풀이
$$\delta_{\max} = \frac{M_0 l^2}{2EI}$$
$$= \frac{40 \times 2^2}{2 \times 200 \times 10^9 \times 50 \times 10^{-8}} \times 10^2$$
$$= 0.08 \text{ cm}$$

269 그림과 같은 단순보에서 보 중앙의 처짐으로 옳은 것은? (단, 보의 굽힘강성 EI는 일정하고, M_0는 모멘트, ℓ은 보의 길이이다.)

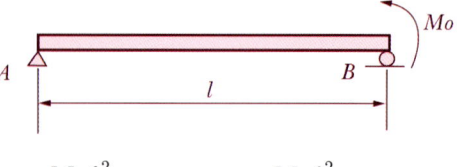

① $\dfrac{M_0 \ell^2}{16EI}$ ② $\dfrac{M_0 \ell^2}{48EI}$

③ $\dfrac{M_0 \ell^2}{120 EI}$ ④ $\dfrac{5 M_0 \ell^2}{384 EI}$

풀이

M_0 적용 처짐 값은

$\delta_{max} = \dfrac{Ml^2}{16EI} \Rightarrow \delta_{max} = \dfrac{M_0 l^2}{16EI}$

270 그림과 같은 가는 곡선보가 1/4원 형태로 있다. 이 보의 B 단에 M_0 의 모멘트를 받을 때, 자유단의 기울기는? (단, 보의 굽힘강성 EI는 일정하고, 자중은 무시한다.

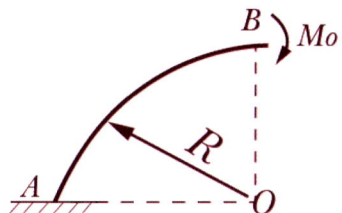

① $\dfrac{\pi M_0 R}{2EI}$

② $\dfrac{\pi M_0}{2EI}$

③ $\dfrac{M_0 R}{2EI}\left(\dfrac{\pi}{2}+1\right)$

④ $\dfrac{\pi M_0 R^2}{4EI}$

풀이

자유단의 기울기는 처짐각의 개념

$EIy'' = M_x \Rightarrow y'' = \dfrac{M_x}{EI}$

$\Rightarrow y' = \int \dfrac{M_x}{EI} dx$

각도로 변환

$\Rightarrow \theta = \int_0^{\pi/2} \dfrac{M_0}{EI} R\,d\theta$

$\Rightarrow \theta = \dfrac{M_0 R}{EI}[\theta]_0^{\pi/2} = \dfrac{\pi M_0 R}{2EI}$

271 단순지지보의 중앙에 집중하중(P)이 작용한다. 점 C에서의 기울기를 $\dfrac{M}{EI}$ 선도를 이용하여 구하면? (단, E = 재료의 종탄성계수, I = 단면 2차모멘트)

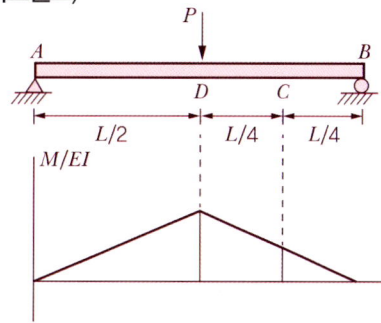

① $\dfrac{1}{64}\dfrac{PL^2}{EI}$ ② $\dfrac{1}{32}\dfrac{PL^2}{EI}$

③ $\dfrac{3}{64}\dfrac{PL^2}{EI}$ ④ $\dfrac{1}{16}\dfrac{PL^2}{EI}$

풀이

중앙부 최대 BM은 $M_D = \dfrac{PL}{4}$

C점의 BM은 $M_C = \dfrac{PL}{8}$

DC 간의 면적은 DB면적 − CB면적이므로

$\theta_C = \dfrac{1}{EI}\left(\dfrac{1}{2}\times\dfrac{L}{2}\times\dfrac{PL}{4} - \dfrac{1}{2}\times\dfrac{L}{4}\times\dfrac{PL}{8}\right)$

$= \dfrac{1}{EI}\left(\dfrac{PL^2}{16} - \dfrac{PL^2}{64}\right) = \dfrac{3}{64}\dfrac{PL^2}{EI}$

부정정보

272 보의 임의의 점에서 처짐을 평가할 수 있는 방법이 아닌 것은?

① 변형에너지법(Strain energy method) 사용
② 중첩법(Method of superposition) 사용
③ 불연속 함수(Discontinuity function) 사용

정답 270. ① 271. ③ 272. ④

④ 시컨트 공식(Secant fomula) 사용

풀이
시컨트 공식은 기둥의 좌굴응력 계산식

273 일단고정 타단 롤러지지된 부정정보의 중앙에 집중하중 P를 받고 있을 때, 롤러 지지점의 반력은 얼마인가?

① $\dfrac{3}{16}P$ ② $\dfrac{5}{16}P$

③ $\dfrac{7}{16}P$ ④ $\dfrac{9}{16}P$

풀이
$R_{지지단} = \dfrac{5}{16}P$

274 그림과 같은 일단고정 타단지지보의 중앙에 P = 4800 N의 하중이 작용하면 지지점의 반력 (R_B)은 약 몇 kN인가?

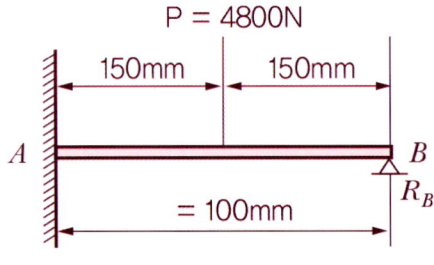

① 3.2 ② 2.6
③ 1.5 ④ 1.2

풀이
$R_{지지단} = \dfrac{5}{16}P = \dfrac{5}{16} \times 4800 \div 10^3 = 1.5\ kN$

275 그림과 같은 양단고정보에서 고정단 A에서 발생하는 굽힘모멘트는? (단, 보의 굽힘 강성계수는 EI 이다.)

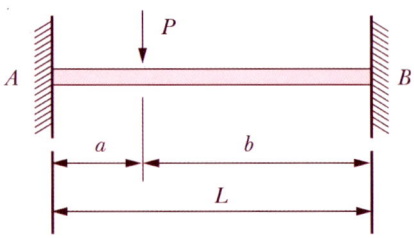

① $M_A = \dfrac{Pab}{L}$

② $M_A = \dfrac{Pab(a-b)}{L}$

③ $M_A = \dfrac{Pab}{L} \times \dfrac{a}{L}$

④ $M_A = \dfrac{Pab}{L} \times \dfrac{b}{L}$

풀이
$M_A = \dfrac{Pab^2}{l^2}$, $M_B = \dfrac{Pa^2 b}{l^2}$

$\Rightarrow \dfrac{Pab}{L} \times \dfrac{b}{L}$

276 그림과 같은 일단고정 타단지지보에 등분포하중 w 가 작용하고 있다. 이 경우 반력 R_A 와 R_B 는? (단, 보의 굽힘강성 EI 는 일정하다.)

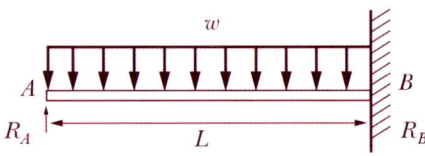

① $R_A = \dfrac{4}{7}wL$, $R_B = \dfrac{3}{7}wL$

② $R_A = \dfrac{3}{7}wL$, $R_B = \dfrac{4}{7}wL$

③ $R_A = \dfrac{5}{8}wL$, $R_B = \dfrac{3}{8}wL$

④ $R_A = \dfrac{3}{8}wL$, $R_B = \dfrac{5}{8}wL$

풀이
$R_{지지단} = \dfrac{3}{8}wl$, $R_{고정단} = \dfrac{5}{8}wl$

정답 273. ② 274. ③ 275. ④ 276. ④

277 다음과 같이 길이 L 인 일단고정, 타단지지보에 등분포하중 w 가 작용할 때, 고정단 A로부터 전단력이 0 이 되는 거리(x)는 얼마인가?

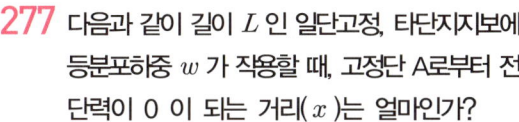

① $\dfrac{2}{3}L$　　② $\dfrac{3}{4}L$

③ $\dfrac{5}{8}L$　　④ $\dfrac{3}{8}L$

풀이

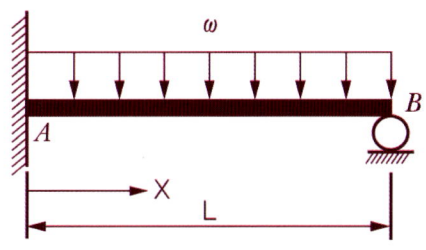

$R_A = \dfrac{5wl}{8}$, $R_B = \dfrac{3wl}{8}$

$\therefore V_x = \dfrac{5wL}{8} - wx = 0$ 으로부터

$x = \dfrac{5}{8}L$

278 길이가 L(m)이고, 일단고정에 타단지지인 그림과 같은 보에 자중에 의한 분포하중 $w\,(N/m)$ 가 보의 전체에 가해질 때 점 B에서의 반력의 크기는?

① $\dfrac{wL}{4}$　　② $\dfrac{3}{8}wL$

③ $\dfrac{5}{16}wL$　　④ $\dfrac{7}{16}wL$

풀이

$R_B = R_{지지단} = \dfrac{3}{8}wL$

279 그림과 같이 한쪽 끝을 지지하고 다른 쪽을 고정한 보가 있다. 보의 단면은 직경 10 cm의 원형이고 보의 길이는 L이며, 보의 중앙에 2094 N의 집중하중 P가 작용하고 있다. 이 때 보에 작용하는 최대 굽힘응력이 8 MPa라고 한다면, 보의 길이 L은 약 몇 m인가?

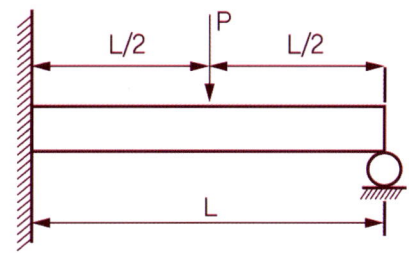

① 2.0　　② 1.5
③ 1.0　　④ 0.7

풀이

$R_A = \dfrac{11P}{16}$, $R_B = \dfrac{5P}{16} = \dfrac{5 \times 2094}{16} = 654.4\,N$

$M_{\max} = M_A = \dfrac{Pl}{2} - R_B\,l$

$\qquad = \dfrac{2094 \times l}{2} - 654.4 \times l$

$\qquad = 1047\,l - 654.4\,l = 392.6\,l$

$M_{\max} = \sigma_{\max} Z$

$\Rightarrow \sigma_{\max} = \dfrac{M_{\max}}{Z} = \dfrac{392.6\,l}{\pi d^3/32}$

$\Rightarrow 8 \times 10^6 = \dfrac{392.6\,l}{\pi \times 0.1^3/32}$

$\therefore l ≒ 2\,m$

280 그림과 같은 일단고정 타단 롤러로 지지된 등분포하중을 받는 부정정보의 B단에서 반력은 얼마인가?

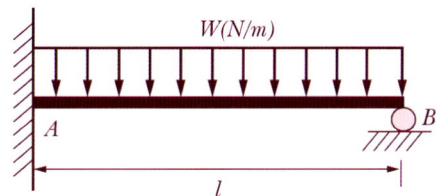

정답 277. ③　278. ②　279. ①　280. ④

① $\dfrac{W\ell}{3}$ ② $\dfrac{5}{8}W\ell$

③ $\dfrac{2}{3}W\ell$ ④ $\dfrac{3}{8}W\ell$

풀이

$R_B = R_{\text{지지단}} = \dfrac{3}{8}wL$

① $\dfrac{27}{64}\dfrac{wl^2}{bh^2}$ ② $\dfrac{64}{27}\dfrac{wl^2}{bh^2}$

③ $\dfrac{7}{128}\dfrac{wl^2}{bh^2}$ ④ $\dfrac{64}{128}\dfrac{wl^2}{bh^2}$

풀이

$M_{\max} = \dfrac{9}{128}wl^2$, $z = \dfrac{bh^2}{6}$

$\sigma_{\max} = \dfrac{M_{\max}}{Z} = \dfrac{9wl^2}{128} \times \dfrac{6}{bh^2}$

$= \dfrac{27}{64}\dfrac{wl^2}{bh^2}$

281 그림과 같은 부정정보의 전 길이에 균일 분포하중이 작용할 때 전단력이 0 이 되고 최대 굽힘모멘트가 작용하는 단면은 B단에서 얼마나 떨어져 있는가?

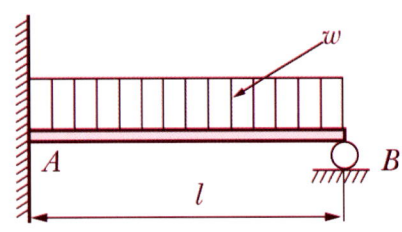

① $\dfrac{2}{3}\ell$ ② $\dfrac{5}{8}\ell$

③ $\dfrac{3}{8}\ell$ ④ $\dfrac{3}{4}\ell$

풀이

일단고정 타단지지의 부정정보이므로

$R_{\text{고정단}} = R_A = \dfrac{5}{8}wl$, $R_{\text{지지단}} = R_B = \dfrac{3}{8}wl$

우측으로부터 $\dfrac{3}{8}wl = wx$ $\therefore\ x = \dfrac{3}{8}l$

282 다음 그림에서 전단력이 0 이 되는 지점에서 굽힘응력은?

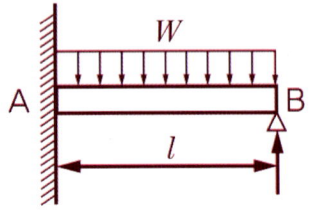 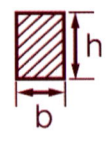

283 그림과 같은 부정정보의 전 길이에 균일 분포하중이 작용할 때 전단력이 0 이 되고 최대 굽힘모멘트가 작용하는 단면은 B단에서 얼마나 떨어져 있는가?

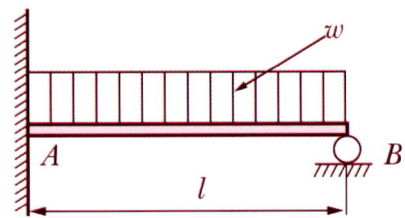

① $\dfrac{2}{3}\ell$ ② $\dfrac{3}{8}\ell$

③ $\dfrac{5}{8}\ell$ ④ $\dfrac{3}{4}\ell$

풀이

$R_{\text{지지단}} = \dfrac{3}{8}wl$

좌측으로부터 $\dfrac{3}{8}wl = wx$ $\therefore\ x = \dfrac{3}{8}l$

284 그림과 같이 4 kN/cm의 균일분포하중을 받는 일단고정 타단지지보에서 B점에서의 모멘트 M_B는 약 몇 kN · m 인가? (단, 균일단면보이며, 굽힘강성(EI)은 일정하다.)

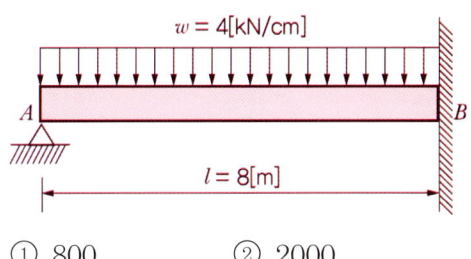

① 800   ② 2000
③ 3200 ④ 4000

풀이

$R_{지지단} = \dfrac{3}{8}wl$ 이므로

$M_B = -\dfrac{3}{8}wl \times l + wl \times l/2$

$= \dfrac{wl^2}{8} = \dfrac{400 \times 8^2}{8} = 3200\,kN \cdot m$

285 그림과 같이 등분포하중 w가 가해지고 B점에서 지지되어 있는 고정 지지보가 있다. A점에 존재하는 반 모멘트는?

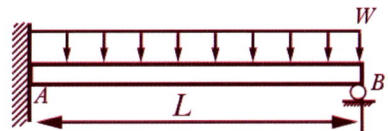

① $\dfrac{1}{8}wL^2$ (시계방향)

② $\dfrac{1}{8}wL^2$ (반시계방향)

③ $\dfrac{7}{8}wL^2$ (시계방향)

④ $\dfrac{7}{8}wL^2$ (반시계방향)

풀이

$R_{고정단} = R_A = \dfrac{5}{8}wL$ 이므로

$\sum M_B = M_A - R_A L + wL\dfrac{L}{2} = 0$ 으로부터

$M_A = R_A L - wL\dfrac{L}{2} = \dfrac{5}{8}wL \times L - \dfrac{1}{2}wL^2$

$= \dfrac{1}{8}wL^2$ (반시계방향)

실전문제

286 그림과 같이 전길이에 걸쳐 균일 분포하중 w를 받는 보에서 최대처짐 $\delta_{\max}$를 나타내는 식은? (단, 보의 굽힘강성 EI는 일정하다.)

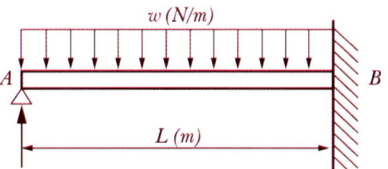

① $\dfrac{wL^4}{64EI}$ ② $\dfrac{wL^4}{128.5EI}$

③ $\dfrac{wL^4}{184.6EI}$ ④ $\dfrac{wL^4}{192EI}$

풀이

③ $\delta_{\max} = \dfrac{wl^4}{184.6EI}$

287 그림과 같은 균일단면을 갖는 부정정보가 단순지지단에서 모멘트 M_0를 받는다. 단순 지지단에서의 반력 R_A는? (단, 굽힘강성 EI는 일정하고, 자중은 무시한다.)

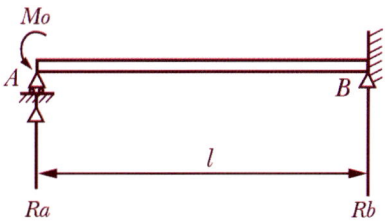

① $\dfrac{3M_0}{4\ell}$ ② $\dfrac{3M_0}{2\ell}$

③ $\dfrac{2M_0}{3\ell}$ ④ $\dfrac{4M_0}{3\ell}$

풀이

중첩법을 적용하면
반력 R_a에 의한 A점의 처짐량과
M_0에 의한 A점의 처짐량은 같아야 하므로

$\dfrac{R_a l^3}{3EI} = \dfrac{M_0 l^2}{2EI} \Rightarrow R_a = \dfrac{3M_0}{2l}$

정답 285. ② 286. ③ 287. ②

288 다음 그림과 같은 양단고정보 AB에 집중하중 P = 14 kN이 작용할 때 B점의 반력 R_B [kN]는?

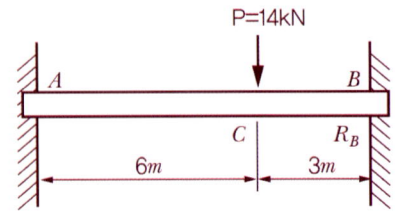

① R_B = 8.06   ② R_B = 9.25
③ R_B = 10.37   ④ R_B = 11.08

풀이

$R_B = \dfrac{Pa^2}{l^3}(a+3b)$

$= \dfrac{14 \times 6^2}{9^3}(6+3\times 3) = 10.37\ kN$

289 그림과 같이 단면적이 2 cm²인 AB 및 CD 막대의 B점과 C점이 1 cm만큼 떨어져 있다. 두 막대에 인장력을 가하여 늘인 후 B점과 C점에 판을 끼워 두 막대를 연결하려고 한다. 연결 후 두 막대에 작용하는 인장력은 약 몇 kN인가? (단, 재료의 세로탄성계수는 200 GPa이다.)

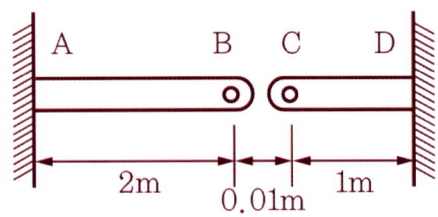

① 33.3   ② 66.6
③ 99.9   ④ 133.3

풀이

A와 D단의 반력을 각각 R_A, R_D 라 하면 FBD로부터 $R_A + R_D = P$ 가 성립되는 부정정 문제이다.

한편, $P = \sigma A = E \epsilon A$

$= 200 \times 10^9 \times \dfrac{0.01}{2} \times 2 \times 10^4 \times 10^{-3}$

$= 200\ kN$

하중 P에 의한 변형 $\lambda_P = \dfrac{P\, l_{AB}}{AE} = \dfrac{P \times 2}{AE}$

반력 R_A에 의한 변형

$\lambda_{R_A} = \dfrac{R_A\, l_{AD}}{AE} = \dfrac{R_A \times 3}{AE}$ 라 하면

$\lambda_P = \lambda_{R_A} \Rightarrow P \times 2 = R_A \times 3$ 가 성립하므로

$\Rightarrow R_A = \dfrac{2}{3}P = \dfrac{2}{3} \times 200 = 133.3\ kN$

290 길이 5 m인 양단고정 보의 중앙에서 집중하중이 작용할 때 최대처짐이 10 cm 발생하였다면, 같은 조건에서 양단지지보로 하면 처짐은 얼마가 되겠는가?

① 20cm   ② 27cm
③ 30cm   ④ 40cm

풀이

양단고정보 $\delta_1 = \dfrac{PL^3}{192EI} = 10\ cm$

양단지지보

$\delta_2 = \dfrac{PL^3}{48EI} = 4\,\delta_1 = 4 \times 10 = 40\ cm$

291 단면계수가 0.01 m³인 사각형 단면의 양단고정 보가 2 m의 길이를 가지고 있다. 중앙에 최대 몇 kN의 집중하중을 가할 수 있는가? (단, 재료의 허용 굽힘응력은 80 MPa이다.)

① 800   ② 1600
③ 2400   ④ 3200

풀이

$M_{\max} = \sigma_{\max} Z$

$\dfrac{Pl}{8} = \sigma Z$

$\Rightarrow P = \dfrac{8\sigma Z}{l} = \dfrac{8 \times 80 \times 10^6 \times 0.01}{2} \times 10^{-3}$

$= 3200\ kN$

정답 288. ③ 289. ④ 290. ④ 291. ④

292 길이가 L인 양단고정보의 중앙점에 집중하중 P가 작용할 때 모멘트가 0 이 되는 지점에서의 처짐량은 얼마인가? (단, 보의 굽힘강성 EI 는 일정하다.)

① $\dfrac{PL^3}{384EI}$ ② $\dfrac{PL^3}{192EI}$
③ $\dfrac{PL^3}{96EI}$ ④ $\dfrac{PL^3}{48EI}$

풀이
$\delta_{max} = \dfrac{Pl^3}{192EI} \times \dfrac{1}{2} = \dfrac{Pl^3}{384EI}$

기둥

293 다음 중 좌굴(buckling) 현상에 대한 설명으로 가장 알맞은 것은?

① 보에 휨하중이 작용할 때 굽어지는 현상
② 트러스의 부재에 전단하중이 작용할 때 굽어지는 현상
③ 단주에 축방향의 인장하중을 받을 때 기둥이 굽어지는 현상
④ 장주에 축방향의 압축하중을 받을 때 기둥이 굽어지는 현상

풀이
④

294 그림과 같은 블록의 반쪽 모서리에 수직력 10 kN이 가해질 경우, 그림에서 위치한 A점에서의 수직응력 분포는 약 몇 kPa인가?

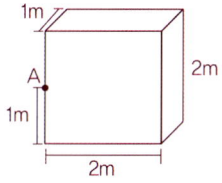

① 25   ② 30
③ 35   ④ 40

풀이
$\sigma_A = \dfrac{P}{A} + \dfrac{M}{Z} = \dfrac{P}{bh} + \dfrac{6M}{bh^2}$
$= \dfrac{10}{2 \times 1} + \dfrac{6(10 \times 1)}{2 \times 1^2} = 25\,kPa$

295 정육면체 형상의 짧은기둥에 그림과 같이 측면에 홈이 파여져 있다. 도심에 작용하는 하중 P로 인하여 단면 m–n 에 발생하는 최대 압축응력은 홈이 없을 때 압축응력의 몇 배 인가?

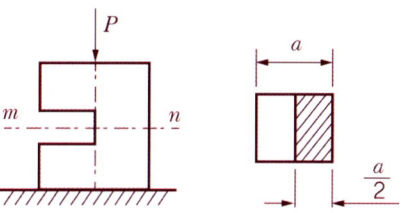

① 2   ② 4
③ 8   ④ 12

풀이
홈이 없는 경우 : $\sigma = \dfrac{P}{A} = \dfrac{P}{a^2}$

홈이 있는 경우 :
$\sigma_{홈} = \dfrac{P}{A} + \dfrac{M}{Z}$
$= \dfrac{P}{a \times a/2} + (P \times a/4) \times \dfrac{6}{a \times (a/2)^2}$
$= \dfrac{2P}{a^2} + \dfrac{6P}{a^2} = \dfrac{8P}{a^2}$

∴ 8 배

296 지름이 d 인 짧은 환봉의 축 중심으로부터 a 만큼 떨어진 지점에 편심압축하중 P가 작용할 때 단면상에서 인장응력이 일어나지 않는 a 범위는?

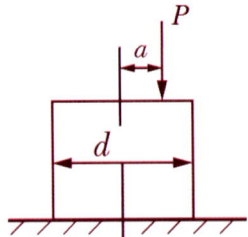

① $\dfrac{d}{8}$ 이내 ② $\dfrac{d}{6}$ 이내

③ $\dfrac{d}{4}$ 이내 ④ $\dfrac{d}{2}$ 이내

풀이

$$\sigma_{min} = \dfrac{P}{A}\left(1 - \dfrac{ae_2}{K^2}\right) = 0$$

$$\Rightarrow 1 = \dfrac{ae_2}{K^2}$$

$$\Rightarrow \therefore a = \dfrac{K^2}{e_2} = \dfrac{\pi d^4/64}{\pi d^2/4} \times \dfrac{d}{2} = \dfrac{d}{8}$$

297 정사각형의 단면을 가진 기둥에 P = 8 kN의 압축하중이 작용할 때 6 MPa의 압축응력이 발생하였다면 단면의 한 변의 길이는 몇 cm인가?

① 11.5 ② 15.4
③ 20.1 ④ 23.1

풀이

$$\sigma_c = \dfrac{P}{A} = \dfrac{P}{a^2}$$

$$\Rightarrow a = \sqrt{\dfrac{P}{\sigma_c}} = \sqrt{\dfrac{80\times 10^3}{6\times 10^6}} \times 10^2$$

$$= 11.5\ cm$$

298 그림에서 클램프(clamp)의 압축력이 P = 5 kN일 때 m - n 단면의 최소두께 h를 구하면 약 몇 cm인가? (단, 직사각형 단면의 폭 b = 10 mm, 편심거리 e = 50 mm, 재료의 허용응력 $\sigma_w = 200\ MPa$이다.)

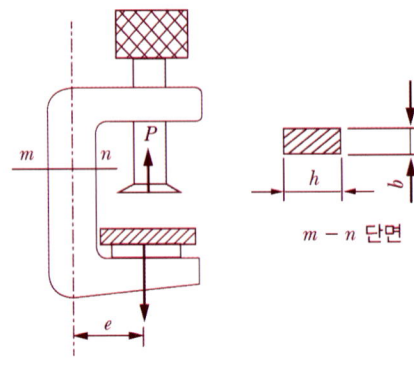

m - n 단면

① 1.34 ② 2.34
③ 2.86 ④ 3.34

풀이

합성응력 $\sigma = \sigma_1 + \sigma_2$

하중응력 $\sigma_1 = \dfrac{P}{A}$ 굽힘 모멘트 응력 σ_2

굽힘 모멘트 응력

$$\sigma_2 = \dfrac{M}{Z} = \dfrac{P\times e \times 6}{bh^2}$$

$$\sigma_{max} = \sigma_1 + \sigma_2 = \dfrac{P}{bh} + \dfrac{P\times e\times 6}{bh^2}$$

$$\Rightarrow \sigma_w bh^2 - Ph - 6Pe = 0$$

$$\Rightarrow$$

$$200\times 10^6 \times 0.01 h^2 - 5\times 10^3 h - 6\times 5\times 10^3 \times 0.05 = 0$$

$$\therefore h = 2.87\ cm$$

299 지름 d 인 원형단면 기둥에 대하여 오일러 좌굴식의 회전반경은 얼마인가?

① $\dfrac{d}{2}$ ② $\dfrac{d}{3}$

③ $\dfrac{d}{4}$ ④ $\dfrac{d}{6}$

풀이

회전반경

$$k = \sqrt{\dfrac{I}{A}} = \sqrt{\dfrac{\pi d^4}{64} \times \dfrac{4}{\pi d^2}} = \sqrt{\dfrac{d^2}{16}} = \dfrac{d}{4}$$

300 그림과 같이 20 cm × 10 cm의 단면적을 갖고

양단이 회전단으로 된 부재가 중심축 방향으로 압축력 P가 작용하고 있을 때 장주의 길이가 2 m라면 세장비는?

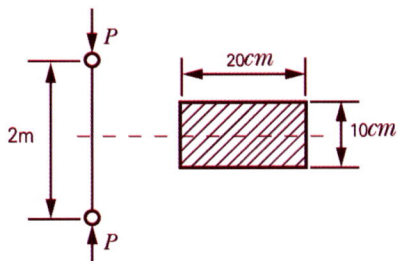

① 89　　② 69
③ 49　　④ 29

풀이

$K = \sqrt{\dfrac{I}{A}} = \sqrt{\dfrac{0.2 \times 0.1^3}{(0.2 \times 0.1) \times 12}} = 0.029$

$\lambda = \dfrac{l}{K} = \dfrac{2}{0.029} = 69$

301 안지름이 80 mm, 바깥지름이 90 mm이고 길이가 3 m인 좌굴하중을 받는 파이프 압축부재의 세장비는 얼마 정도인가?

① 100　　② 110
③ 120　　④ 130

풀이

세장비

$\lambda = \dfrac{l}{K} = \dfrac{l}{\sqrt{\dfrac{I}{A}}} = \dfrac{l}{\sqrt{\dfrac{\dfrac{\pi}{64}(d_2^4 - d_1^4)}{\dfrac{\pi}{4}(d_2^2 - d_1^2)}}}$

$= \dfrac{l}{\sqrt{\dfrac{d_2^2 + d_1^2}{16}}} = \dfrac{3}{\sqrt{\dfrac{0.09^2 + 0.08^2}{16}}} ≒ 100$

302 부재의 양단이 자유롭게 회전할 수 있도록 되어 있고, 길이가 4 m인 압축부재의 좌굴하중을 오일러 공식으로 구하면 약 몇 kN인가? (단, 세로탄성계수는 100 GPa이고, 단면 b × h = 100 mm × 50 mm이다.)

① 52.4　　② 64.4
③ 72.4　　④ 84.4

풀이

단말계수 $n = 1$

$P_B = n\pi^2 \dfrac{EI}{l^2}$

$= 1 \times \pi^2 \times \dfrac{100 \times 10^9}{4^2} \times \dfrac{0.1 \times 0.05^3}{12} \times 10^{-3}$

$≒ 64.3\ kN$

303 양단이 힌지로 된 길이 4 m인 기둥의 임계하중을 오일러 공식을 사용하여 구하면 약 몇 N인가? (단, 기둥의 세로탄성계수 E = 200 GPa이다.)

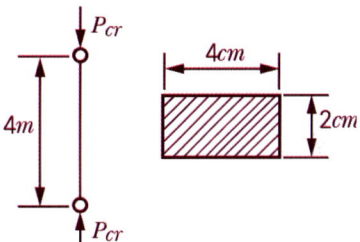

① 1645　　② 3290
③ 6580　　④ 13160

풀이

단말계수 $n = 1$.

$P_B = n\pi^2 \dfrac{EI}{l^2}$

$= 1 \times \pi^2 \times \dfrac{200 \times 10^9}{4^2} \times \dfrac{0.04 \times 0.02^3}{12}$

$≒ 3287\ N$

304 그림과 같은 삼각형 단면을 갖는 단주에서 선 A-A를 따라 수직 압축하중이 작용할 때 단면에 인장응력이 발생하지 않도록 하는 하중 작용점의

정답　301. ①　302. ②　303. ②　304. ③

범위(d)를 구하면? (단, 그림에서 길이단위는 mm이다.)

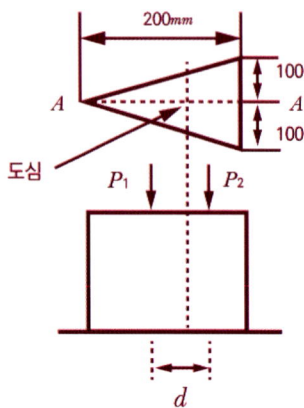

① 25 mm ② 75 mm
③ 50 mm ④ 100 m

풀이

곡률반경 $K = \sqrt{\dfrac{I}{A}}$

편심거리

$a = \pm \dfrac{K^2}{y}$ y : 도심으로부터의 거리

$K^2 = \dfrac{I}{A} = \dfrac{\frac{bh^3}{36}}{\frac{bh}{2}} = \dfrac{h^2}{18} = \dfrac{(0.2)^2}{18}$

$= 2.22 \times 10^{-3}\ m^2$

$a_1 = \dfrac{K^2}{y_1} = \dfrac{2.22 \times 10^{-3}}{\frac{2}{3} \times 0.2} \times 10^3 = 16.7\ mm$

$a_2 = \dfrac{K^2}{y_2} = \dfrac{2.22 \times 10^{-3}}{\frac{1}{3} \times 0.2} \times 10^3 = 33\ mm$

$\therefore d = a_1 + a_2 = 16.7 + 33 ≒ 50\ mm$

305 오일러 공식이 세장비 $\dfrac{\ell}{k} > 100$에 대해 성립한다고 할 때, 양단이 힌지인 원형단면 기둥에서 오일러 공식이 성립하기 위한 길이 "ℓ"과 지름 "d"와의 관계가 옳은 것은?

① $\ell > 4d$ ② $\ell > 25d$
③ $\ell > 50d$ ④ $\ell > 100d$

풀이

지름이 d인 원형단면의 회전반경

$k = \sqrt{\dfrac{I}{A}} = \sqrt{\dfrac{\pi d^4}{64} \times \dfrac{4}{\pi d^2}} = \sqrt{\dfrac{d^2}{16}} = \dfrac{d}{4}$

세장비 $\lambda = \dfrac{l}{k} > 100 = \dfrac{l}{d} > 25$

$\therefore l > 25d$

306 오일러의 좌굴응력에 대한 설명으로 틀린 것은?

① 단면의 회전반경의 제곱에 비례한다.
② 길이의 제곱에 반비례한다.
③ 세장비의 제곱에 비례한다.
④ 탄성계수에 비례한다.

풀이

$\sigma_B = \dfrac{P_B}{A} = \dfrac{n\pi^2 EI}{Al^2} = \dfrac{n\pi^2 EAk^2}{Al^2}$

$= \dfrac{n\pi^2 E}{\left(\dfrac{l}{k}\right)^2} = \dfrac{n\pi^2 E}{\lambda^2}$

307 양단이 힌지로 지지되어 있고 길이가 1 m인 기둥이 있다. 단면이 30 mm × 30 mm인 정사각형이라면 임계하중은 약 몇 kN인가? (단, 탄성계수는 210 GPa이고, Euler의 공식을 적용한다.)

① 133 ② 137
③ 140 ④ 146

풀이

단말계수 $n = 1$,

$P_B = n\pi^2 \dfrac{EI}{l^2}$

$= 1 \times \pi^2 \times \dfrac{210 \times 10^9}{1^2} \times \dfrac{0.03^4}{12} \times 10^{-3}$

$≒ 140\ kN$

308 지름이 0.1 m이고 길이가 15 m인 양단힌지인 원형강 장주의 좌굴임계하중은 약 몇 kN인가?

(단, 장주의 탄성계수는 200 GPa이다.)

① 43　　② 55
③ 67　　④ 79

풀이

단말계수 $n=1$,

$$P_B = n\pi^2 \frac{EI}{l^2}$$

$$= 1 \times \pi^2 \times \frac{200 \times 10^9}{15^2} \times \frac{\pi \times 0.1^4}{64} \times 10^{-3}$$

$$\fallingdotseq 43\ kN$$

309 그림과 같은 장주(long column)에 하중 P_{cr}을 가했더니 오른쪽 그림과 같이 좌굴이 일어났다. 이 때 오일러 좌굴응력 σ_{cr}은? (단, 세로탄성계수는 E, 기둥 단면의 회전반경(radius of gyration)은 r, 길이는 L이다.)

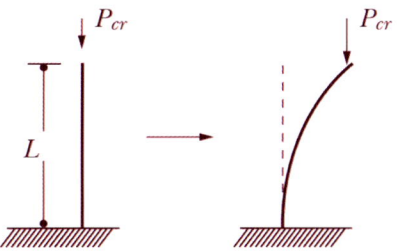

① $\dfrac{\pi^2 E r^2}{4L^2}$　　② $\dfrac{\pi^2 E r^2}{L^2}$

③ $\dfrac{\pi E r^2}{4L^2}$　　④ $\dfrac{\pi E r^2}{L^2}$

풀이

$$P_B = n\pi^2 \frac{EI_G}{L^2} = n\pi^2 \frac{EAk^2}{L^2}$$

$$\sigma_B = \frac{P_{cr}}{A} = n\pi^2 \frac{Ek^2}{L^2}$$

$$= \frac{1}{4}\pi^2 \frac{Er^2}{L^2}$$

$$= \frac{\pi^2 E r^2}{4L^2}$$

310 양단이 힌지인 기둥의 길이가 2 m이고, 단면이 직사각형(30 mm X 20 mm)인 압축부재의 좌굴하중을 오일러 공식으로 구하면 몇 kN인가? (단, 부재의 탄성계수는 200 GPa이다.)

① 9.9 kN　　② 11.1 kN
③ 19.7 kN　　④ 22.2 kN

풀이

단말계수 $n=1$.

$$P_B = n\pi^2 \frac{EI}{l^2}$$

$$= 1 \times \pi^2 \times \frac{200 \times 10^9}{2^2} \times \frac{0.03 \times 0.02^3}{12} \times 10^{-3}$$

$$\fallingdotseq 9.87\ kN$$

311 사각단면의 폭이 10 cm이고 높이가 8 cm이며, 길이가 2 m인 장주의 양 끝이 회전형으로 고정되어 있다. 이 장주의 좌굴하중은 약 몇 kN인가? (단, 장주의 세로탄성계수는 10 GPa이다.)

① 67.45　　② 105.28
③ 186.88　　④ 257.64

풀이

단말계수 $n=1$.

$$P_B = n\pi^2 \frac{EI}{l^2}$$

$$= 1 \times \pi^2 \times \frac{10 \times 10^9}{2^2} \times \frac{0.1 \times 0.08^3}{12} \times 10^{-3}$$

$$\fallingdotseq 105.28\ kN$$

312 길이 L, 단면 2차모멘트 I, 탄성계수 E인 긴 기둥의 좌굴하중 공식은 $\dfrac{\pi^2 EI}{(kL)^2}$이다. 여기서 k의 값은 기둥의 지지조건에 따른 유효길이 계수라 한다. 양단고정일 때 k의 값은?

① 2　　② 1
③ 0.7　　④ 0.5

정답 309. ① 310. ① 311. ② 312. ④

재료역학

풀이

양단고정 $n = 4 = \dfrac{1}{k^2}$

$\therefore k = \sqrt{\dfrac{1}{n}} = \sqrt{\dfrac{1}{4}} = 0.5$

스프링

313 코일스프링의 권수를 n, 코일의 지름을 D, 소선의 지름 d인 코일스프링의 전체처짐 δ 는? (단, 이 코일에 작용하는 힘은 P, 가로탄성계수는 G이다.)

① $\dfrac{8nPD^3}{Gd^4}$ ② $\dfrac{8nPD^2}{Gd}$

③ $\dfrac{8nPD^2}{Gd^2}$ ④ $\dfrac{8nPD}{Gd^2}$

풀이

$\delta = \dfrac{8nD^3W}{Gd^4} \Rightarrow \delta = \dfrac{8nPD^3}{Gd^4}$

314 지금 3 mm의 철사로 평균지름 75 mm의 압축코일 스프링을 만들고 하중 10 N에 대하여 3 cm의 처짐량을 생기게 하려면 감은 회수(n)는 대략 얼마로 해야 하는가? (단, 전단탄성계수 G = 88 GPa이다.)

① $n = 8.9$ ② $n = 8.5$
③ $n = 5.2$ ④ $n = 6.3$

풀이

$\delta = \dfrac{8nD^3W}{Gd^4}$

$\Rightarrow n = \dfrac{Gd^4\delta}{8D^3W}$

$= \dfrac{88 \times 10^9 \times 0.003^4 \times 0.03}{8 \times 0.075^3 \times 10}$

$\therefore n = 6.34$

315 강선의 지름이 5 mm이고 코일의 반지름이 50 mm인 15회 감긴 스프링이 있다. 이 스프링에 힘이 작용할 때 처짐량이 50 m일 때, P는 약 몇 N인가? (단, 재료의 전단탄성계수 G = 100 GPa이다.)

① 18.32 ② 22.08
③ 26.04 ④ 28.43

풀이

$\delta = \dfrac{8nD^3W}{Gd^4} = \dfrac{8nD^3P}{Gd^4}$

$\Rightarrow P = \dfrac{Gd^4\delta}{8nD^3}$

$= \dfrac{100 \times 10^9 \times 0.005^4 \times 0.05}{8 \times 15 \times 0.1^3}$

$= 26.04 \text{ N}$

316 원통형 코일스프링에서 코일반지름 R, 소선의 지름 d, 전단탄성계수 G라고 하면 코일스프링 한 권에 대해서 하중 P가 작용할 때 비틀림 각도 ϕ를 나타내는 식은?

① $\dfrac{32PR}{Gd^2}$ ② $\dfrac{32PR^2}{Gd^2}$

③ $\dfrac{64PR}{Gd^4}$ ④ $\dfrac{64PR^2}{Gd^4}$

풀이

$\delta = \dfrac{8nD^3W}{Gd^4}$

$$\Rightarrow \delta = \frac{8n(2R)^3 P}{Gd^4}$$

비틀림 각

$$\phi = \frac{\delta}{R} = \frac{\frac{8n(2R)^3 P}{Gd^4}}{R}$$

$$= \frac{8 \times 1 \times 8R^3 P}{Gd^4 R} = \frac{64PR^2}{Gd^4}$$

317 지름 10 mm 스프링 강으로 만든 코일스프링에 2 kN의 하중을 작용시켜 전단응력이 250 MPa을 초과하지 않도록 하려면 코일의 지름을 어느 정도로 하면 되는가?

① 4 cm   ② 5 cm
③ 6 cm   ④ 7 cm

풀이

소선지름, 코일지름 및 하중을 각각 d, D, W 라 하면,

$T = \tau Z_P = W \cdot \dfrac{D}{2}$

$\Rightarrow T = \tau \dfrac{\pi d^3}{16} = W \cdot \dfrac{D}{2}$

$\tau = \dfrac{8WD}{\pi d^3} \leq 250 \times 10^6$

$\Rightarrow D = \dfrac{\pi d^3 \tau}{8W} \leq \dfrac{\pi \times 0.1^3 \times 250 \times 10^6}{8 \times 2 \times 10^3}$

$\qquad \leq 0.049\ m = 4.9\ cm$

정답 317. ②

제 **2** 장

열역학
(Thermodynamics)

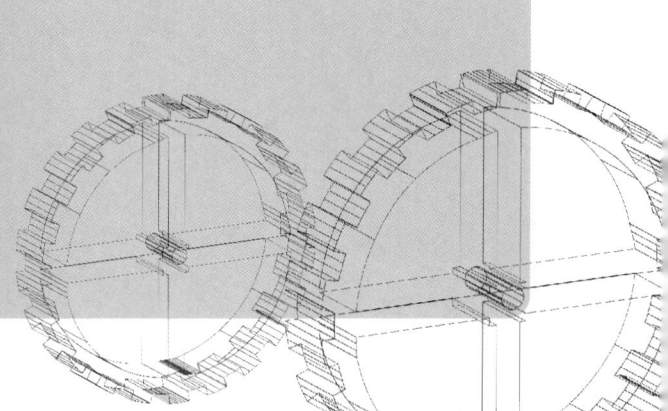

01 열역학의 기본사항

01 기본개념

① 열역학시스템과 검사체적
② 물질의 상태와 상태량
③ 과정과 사이클 등

01 열역학시스템

① 계의 열역학적 성질 및 일과 열의 평형관계를 규명
② 에너지 및 엔트로피를 규명
③ 연속체로 가정하여 질량중심의 덩어리로 간주하는 거시적 방법(적분방식)과 각 입자에 관한 미시적 방법(미분방식)의 2종류의 접근방법으로 분류

02 계 (System)

① 밀폐계(Closed system) : 계의 경계를 통하여 물질의 이동이 없는 계(계 내의 질량은 불변)
② 개방계(Open system) : 계의 경계를 통하여 물질과 에너지의 이동이 있는 계(정상유동계)
③ 절연계(Isolated system) : 계의 경계를 통하여 물질 및 에너지의 전달이 전혀 없는 계
 (주위와 아무런 상호 관련이 없는 계로서, 계 내의 질량 및 전체 에너지는 불변)

▶ 계의 구분 : 계, 경계, 주위
▶ 검사체적 : 밀폐계에서는 경계와 일치, 개방계에서는 인위적으로 입·출구를 설정하여 결정
▶ 동작유체(Working fluid, 작동유체) : 에너지를 저장 또는 이동시키는 유체(물질)
 예 증기터빈의 증기, 냉동기의 냉매(freon, NH_3···), 내연기관의 공기와 연료 혼합···

03 상태 (State)

임의물질의 조건 [상(phase), 압력, 온도, …]
▶ STP : 표준상태(0℃, 1atm)

04 상태량 (Property)

① 강도성 상태량(Intensive Property) : 질량과 무관한 상태량(온도, 압력, 밀도, 비체적 등)
② 종량성 상태량(Extensive Property) : 질량과 정비례하는 상태량(체적, 에너지, 엔탈피 등)

05 열역학적 상태함수

압력, 온도, 밀도, 비체적, 비에너지, 비엔탈피, 비엔트로피 등

06 열역학적 경로함수(Path function)

경로에 따라 그 값이 달라지는 양(일, 열, 불완전미분 등)

07 과정 (Process)과 사이클

① 열역학의 과정은 가역과정, 준정적과정 및 비가역과정으로 분류
② 가역과정은 주위에 아무런 변화를 남기지 않는 이상적인 과정
③ 정적, 정압, 등온, 단열 및 폴리트로픽 과정은 준정적과정으로 분류
④ 준정적과정은 평형상태로부터 미소하게 벗어나는 과정(준 평형과정이라고도 함)
⑤ 시스템이 상태변화 또는 과정들을 거쳐서 최초의 상태로 되돌아오는 것을 사이클이라 함
⑥ 가역 사이클(Reversible cycle) : 가역과정으로만 구성된 사이클(이론적 사이클)
⑦ 비가역 사이클(Irreversible cycle) : 비가역적 인자가 포함된 사이클(실제 사이클)

02 용어와 단위계

① 열역학 관련용어
② 질량, 길이, 시간 및 힘의 단위계 등

01 열역학시스템의 해석에서 자주 이용되는 상태량들의 정의

① 밀도(Density) : 단위 체적당의 질량 : $\rho = \dfrac{m}{V} = \dfrac{\gamma}{g}$ [kg/m³]

② 비체적(Specific volume) : 단위질량당의 체적 : $v = \dfrac{V}{m}$ [m³/kg], $v = \dfrac{1}{\rho}$

③ 비중량(Specific weight) : 단위 체적당의 중량 : $\gamma = \dfrac{F}{V}$ [N/m³]

④ 비중(Specific gravity) : 동일한 체적의 1기압, 4℃인 물에 대한 물질의 질량 또는 중량 비 : s

⑤ 압력(Pressure) : 단위면적당 수직방향으로 작용하는 힘 : $p = \dfrac{F}{A}$ [Pa = N/m²]

- 표준대기압[atm] : 1 atm = 1.0332 kg$_f$/cm² = 760 mmHg
  = 10.332 mAq = 101.325 kPa
- 공학기압[bar] : 1 bar = 10^3 mbar = 10^5 Pa [N/m²]
- 절대압력 = 대기압 ± 계기압, $p_{abs} = p_{atm} \pm p_{gauge}$ [ata]
- 진공압력 : 대기압보다 낮은 압력, 진공압력이더라도 절대압력은 0보다 크다.

⑥ 온도 : 섭씨온도를 t_c, 화씨온도를 t_F라 하면 :

$$t_c = \dfrac{5}{9}(t_F - 32)\,[\text{℃}], \quad t_F = \dfrac{9}{5}t_c + 32\,[\text{℉}]$$

⑦ 절대온도(Absolute temperature) : 열역학적 온도 : $T_K = t_c + 273.15$ [K]

$$T_R = t_F + 459.67 \,[\text{R}]$$

참조 K는 Kelvin 의 약자, R은 Rankine 의 약자

⑧ 과정의 해석에서는 절대압력과 열역학적 절대온도를 적용

02 비열(Specific heat) : C

단위질량 물질의 온도를 단위온도 상승시키는 데 필요한 열량
물의 비열(C) = 4.1868 [kJ/kg·K] = 1 [kcal/kg$_f$·℃]

03 열량(Quantity of heat) : Q

① 1 kcal 는 표준대기압 하에서 순수한 물 1kg 을 1℃ 높이는 데 필요한 열량
② 1 Btu 는 표준대기압(14.7 psi) 하에서 순수한 물 1lb를 1℉ 높이는 데 필요한 열량
③ 1 Chu 는 표준대기압 하에서 순수한 물 1lb를 1℃ 높이는 데 필요한 열량

04 엔탈피(Enthalpy) : H, I

① 임의물질의 전체에너지, 내부에너지와 유동에너지 합으로 정의, 용량성 상태량

$$H = U + pV \,[\text{kJ}]$$

② 비 엔탈피(Specific enthalpy) : 단위질량당의 엔탈피, 강도성 상태량 : h, i

$$h = u + pv = u + \frac{p}{\rho} \,[\text{kJ/kg}]$$

05 엔트로피(Entropy) : S

① 엔트로피는 무질서 또는 비가역성의 척도이며, 절대온도에 대한 열량의 변화량으로 정의함

$$\triangle S = \int_1^2 \frac{\delta Q}{T} \,[\text{kJ/kg} \cdot \text{K}]$$

② 비 엔트로피(Specific entropy) : 단위질량당의 엔트로피, 강도성 상태량 : s

$$\triangle s = \int_1^2 \frac{\delta q}{T} \,[\text{kJ/K}]$$

06 열효율(Thermal efficiency) : η

공급열량에 대한 사이클 수행에 의하여 얻은 유효일량으로 실제기관에서는 다음의 식으로 산출함

$$\eta = \frac{\text{단위시간당의 정미일량}}{\text{공급연료의 발열량}}$$

$$= \frac{\text{동력}[\text{kW or PS}]}{\text{연료의 저발열량} \times \text{시간당 연료소비량}} \times 100 \,[\%]$$

07 동력(Power) = 공률 = 일률

단위시간당의 일량 : 실용단위로는 W, kW, PS(마력)

▶ 1 PS = $75[\text{kg}_f \cdot \text{m/s}] = 632.3[\text{kcal/h}]$

▶ 1 HP = $76.04[\text{kg}_f \cdot \text{m/s}] = 550[\text{Lb} \cdot \text{ft/s}] = 641[\text{kcal/h}]$

▶ 1 kW = $1,000[\text{J/s}] = 102[\text{kg}_f \cdot \text{m/s}] = 1[\text{kJ/s}] = 3,600[\text{kJ/h}]$
$= 860[\text{kcal/h}] = 1.36[\text{PS}]$

02 순수물질의 성질

01 물질의 성질과 상태

① 순수물질
② 순수물질의 상변화
③ 순수물질의 열역학적 상태량
④ 습증기

01 순수물질(Pure substance)

① 고체, 액체 및 기체의 상변화가 발생하더라도 화학적 구성은 변하지 않는 물질
② 물리적 조성(부피, 압력…)은 변화하지만 화학적 구성은 변하지 않는 물질(얼음, 물, 수증기)
③ 실제기체는 분자간의 상호 작용력과 부피가 있으므로 실측결과에 기초하는 표나 선도를 이용함

02 수증기(순수물질)의 상변화

① 정압하에서의 증발 ($p = 1\ atm$)

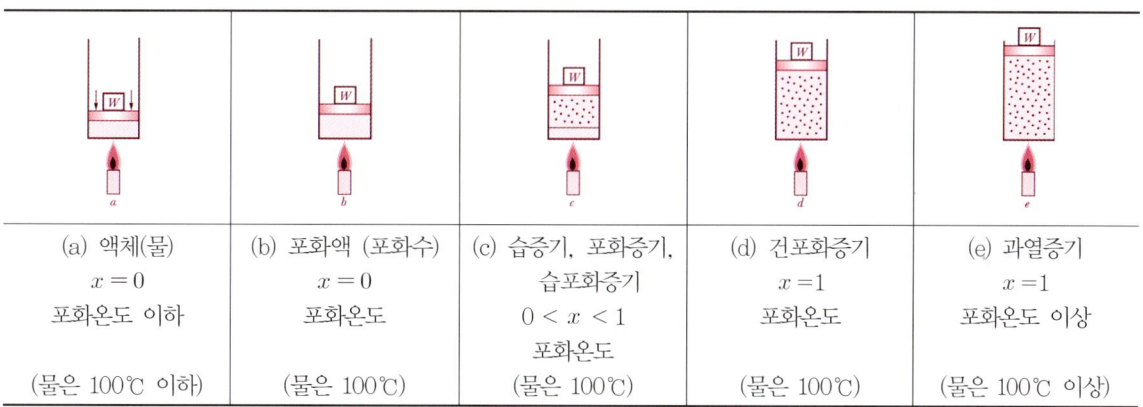

| (a) 액체(물) $x=0$ 포화온도 이하 (물은 100℃ 이하) | (b) 포화액 (포화수) $x=0$ 포화온도 (물은 100℃) | (c) 습증기, 포화증기, 습포화증기 $0 < x < 1$ 포화온도 (물은 100℃) | (d) 건포화증기 $x=1$ 포화온도 (물은 100℃) | (e) 과열증기 $x=1$ 포화온도 이상 (물은 100℃ 이상) |

▶ x : 건도(dryness factor)

② 정압 하에서의 $p-v$ 선도와 $T-s$ 선도

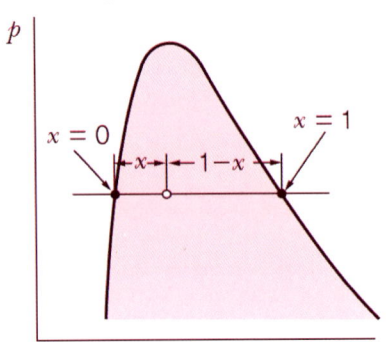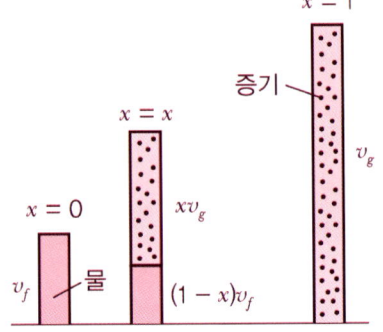

[물의 상태변화를 표시한 $p-v$ 선도]

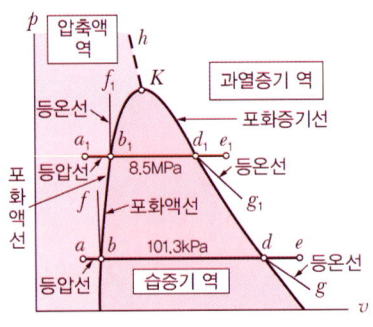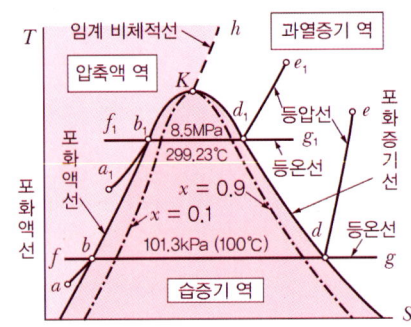

[물의 상태를 표시한 $p-v$선도]　　　　[열적 상태량을 표시한 $T-s$선도]

③ 수증기의 열역학적 상태량

  (1) 포화액(수)

    ㉠ 포화수의 비 엔탈피 : h'

$$h' = h_0 + \int_{273}^{T_s} Cdt$$

$$\therefore h' - h_0 = \int_{273}^{T_s} Cdt = 액체열(q_l) = (u' - u_0) + p(v' - v_0)\,[\,\text{kJ/kg}\,]$$

    ㉡ 포화수의 비 엔트로피 : s'

$$s' = s_0 + \int_{273}^{T_s} \frac{\delta q}{T} = s_0 + \int_{273}^{T_s} \frac{C_p dT}{T}\,[\,\text{kJ/kg·K}\,]$$

$$\therefore s' - s_0 = \int_{273}^{T_s} \frac{CdT}{T} = C\ln\frac{T}{273}\,[\,\text{kJ/kg·K}\,]$$

(2) 습포화증기(⇨ 습증기), 포화수(′), 건증기(″)

　㉠ 증발열 : $\gamma = h'' - h' = u'' - u' + p(v'' - v') = \rho + \psi$ [kJ/kg]
　㉡ 내부증발열 : $\rho = u'' - u'$ [kJ/kg]
　㉢ 외부증발열 : $\psi = p(v'' - v')$ [kJ/kg]

$$h_x = h' + x(h'' - h') = h' + x\gamma \quad u_x = u' + x(u'' - u') = u' + x\rho$$

$$s_x = s' + x(s'' - s') = s' + x\frac{\gamma}{T_s}, \; (ds = \frac{\delta q}{T} = \frac{dh}{T} \text{ [kJ/kg·K]})$$

(3) 과열증기

　㉠ 과열증기의 비 엔탈피 : $h_{과열}$

$$h_{과열} = h'' + \int_{T_S}^{T_{과열}} C_p \, dT \quad \therefore \; h_{과열} - h'' = \int_{T_S}^{T_{과열}} C_p \, dT \text{ [kJ/kg]}$$

　㉡ 과열증기의 비 엔트로피 : $s_{과열}$

$$s_{과열} = s'' + \int_{T_S}^{T_{과열}} C_p \frac{dT}{T} \quad \therefore \; s_{과열} - s'' = \int_{T_S}^{T_{과열}} C_p \frac{dT}{T} \text{ [kJ/kg·K]}$$

03 교축(Throttling) 과정 ⇨ 등엔탈피 과정

단열유동($dq = 0$)의 경우,

$$h_1 + \frac{w_1^2}{2} = h_2 + \frac{w_2^2}{2}$$

일반적인 흐름상태일 때, 속도에너지의 변화가 작기 때문에 위의 식은 다음과 같다.

　$h_1 ≒ h_2$

즉, 완전기체인 경우, 교축과정 전·후의 비 엔탈피는 변하지 않는다.
　$(p_1 > p_2, \; T_1 = T_2, \; \triangle S > 0, \; h_1 ≒ h_2)$

02 이상기체

① 이상기체와 실제기체
② 이상기체의 상태방정식
③ 이상기체의 성질 및 상태변화 등

01 이상기체와 실제기체

① 이상기체는 분자간의 상호작용력과 점유체적을 무시하는 기체
② 공기, 질소, 산소 등과 같이 상온상압 하에서 기체인 물질은 반 완전가스로 분류
③ 이상기체와 반 완전가스는 상태방정식을 적용함
④ 완전가스(이상기체)란 이상기체 상태방정식($pv = RT$)을 만족하는 가스
⑤ 반 완전가스(Semi-perfect gas) : 비열은 온도만의 함수 : $C = f(T)$인 가스

(1) 보일의 법칙(Boyle's law) : 등온 ⇨ 반비례법칙

온도가 일정할 때($T = C$), 이상기체의 압력(p)은 체적(V)과 반비례

$$pV = C \quad (p_1 V_1 = p_2 V_2)$$

(2) 샤를의 법칙(Charle's law) : 등압 ⇨ 정비례법칙

압력이 일정할 때($p = C$), 이상기체의 절대온도(T)는 체적(V)과 비례

$$\frac{V}{T} = C \quad \left(\frac{V_1}{T_1} = \frac{V_2}{T_2}\right)$$

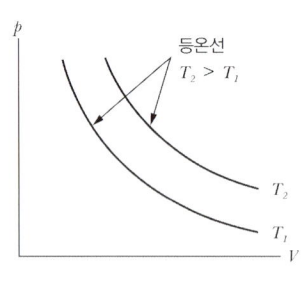

[보일의 법칙]

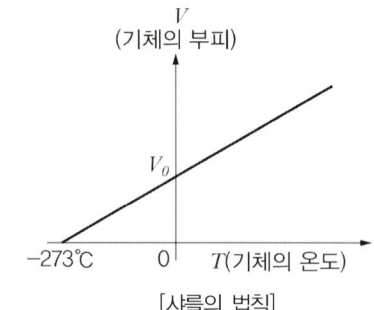

[샤를의 법칙]

(3) 실제기체(Real gas)는 분자량이 작을수록, 온도가 높을수록, 압력이 낮을수록, 비체적이 클수록 이상기체 상태방정식을 근사적으로 만족

02 이상기체의 상태방정식

① 이상기체의 상태방정식(보일-샤를의 법칙)

$$\frac{pv}{T} = C = R \,[\text{kJ/kg} \cdot \text{K}], \quad pv = RT, \quad pV = mRT = n\overline{R}T = nmRT$$

여기서, R : 기체상수 $[\text{kJ/kg} \cdot \text{K}]$

② 일반기체상수(Universal Gas Constant) : $\overline{R}$ or R_u

$$\overline{R} = mR = C \,(m_1 R_1 = m_2 R_2 = R_u)$$

$$\overline{R} = \frac{pv}{nT} = \frac{101.325 \times 22.4}{1 \times 273} = 8.314 \,[\text{kJ/kmol} \cdot \text{K}]$$

여기서, n : 기체의 kmol수

③ 정적비열, 정압비열

$$\text{정적비열 } C_v = \left(\frac{\partial q}{\partial T}\right)_{v=c} = \frac{du}{dT} \,:\, du = C_v dT \,[\text{kJ/kg}]$$

$$\text{정압비열 } C_p = \left(\frac{\partial q}{\partial T}\right)_{p=c} = \frac{dh}{dT} \,:\, dh = C_p dT \,[\text{kJ/kg}]$$

④ 비열비 $k = \dfrac{\text{정압비열}(C_p)}{\text{정적비열}(C_v)}$, $\quad C_p > C_v$(기체인 경우) : $k > 1$

- 정적비열 $C_v = \dfrac{R}{k-1} \,[\text{kJ/kg}\cdot\text{K}]$, 정압비열 $C_p = kC_v = \dfrac{kR}{k-1} \,[\text{kJ/kg}\cdot\text{K}]$

⑤ 비열간의 관계식

- $C_p - C_v = R,$ $\qquad\qquad k = \dfrac{C_p}{C_v}$

⑥ 단열변화(Adiabatic change) : 주위와의 열 출입이 없는 변화 : ($Q = 0$)

$$\delta q = du + p\,dv = dh - v\,dp = 0 \quad \cdots\cdots (1)$$

$pv = RT$에서 $d(pv) = d(RT)$

$$p\,dv + v\,dp = R\,dT \quad \cdots\cdots (2)$$

식 (1) 에서 $du = -p\,dv = C_v\,dT$

$$dT = \frac{-p\,dv}{C_v} \quad \cdots\cdots (3)$$

식(3)을 식(2)에 대입하면 $p\,dv + v\,dp = \dfrac{-R\,p\,dv}{C_v}$

$$\therefore\ p\,dv\left(1 + \frac{R}{C_v}\right) + v\,dp = 0$$

$p\,dv\left(\dfrac{C_v + R}{C_v}\right) + v\,dp = 0,\ C_p - C_v = R$ 이므로 $\dfrac{C_p}{C_v}p\,dv + v\,dp = 0$

$kp\,dv + v\,dp = 0$, 양변을 pv로 나누면 $k\dfrac{dv}{v} + \dfrac{dp}{p} = 0$, 적분하면

$$k\ln v + \ln p = C \quad \therefore\ pv^k = C \quad \cdots\cdots (4)$$

식(4)를 $pv = RT$에 대입하여 정리하면

$$Tv^{k-1} = C \quad \cdots\cdots (5)$$

$$\frac{p^{\frac{k-1}{k}}}{T} = C \quad \cdots\cdots (6)$$

식(4), (5), (6)으로부터 $\dfrac{T_2}{T_1} = \left(\dfrac{p_2}{p_1}\right)^{\frac{k-1}{k}} = \left(\dfrac{v_1}{v_2}\right)^{k-1}$ k : 단열지수(비열비)

⑦ 폴리트로픽 과정($pv^n = C$) : 폴리트로픽 지수(n) 값에 따른 상태변화

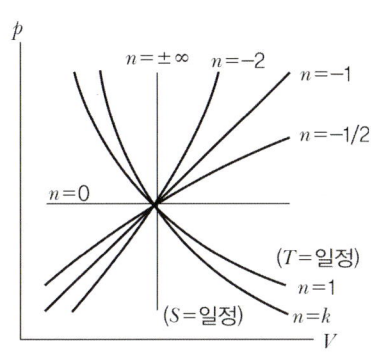 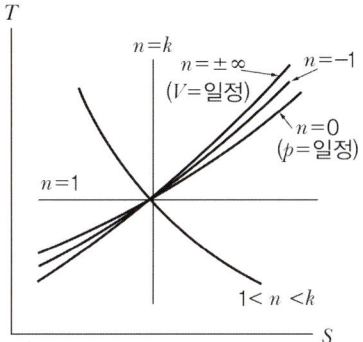

(1) $n = \infty$: 정적변화
(2) $n = 0$: 정압변화
(3) $n = 1$: 등온변화
(4) $n = k$: 단열변화
(5) $n = n$: 폴리트로픽변화 $\dfrac{T_2}{T_1} = \left(\dfrac{p_2}{p_1}\right)^{\frac{n-1}{n}} = \left(\dfrac{v_1}{v_2}\right)^{n-1}$

03 이상기체의 성질 및 상태변화

변화	정적변화	정압변화	등온변화	단열변화	폴리트로픽 변화
p, v, T 관계	$v = C$ $dv = 0$ $\dfrac{p_1}{T_1} = \dfrac{p_2}{T_2}$	$p = C$ $dp = 0$ $\dfrac{v_1}{T_1} = \dfrac{v_2}{T_2}$	$T = C$ $dT = 0$ $pv = p_1v_1 = p_2v_2$	$pv^k = C$ $\dfrac{T_2}{T_1} = \left(\dfrac{v_1}{v_2}\right)^{k-1}$ $= \left(\dfrac{p_2}{p_1}\right)^{\frac{k-1}{k}}$	$pv^n = C$ $\dfrac{T_2}{T_1} = \left(\dfrac{v_1}{v_2}\right)^{n-1}$ $= \left(\dfrac{p_2}{p_1}\right)^{\frac{n-1}{n}}$
내부에너지의 변화량 $(u_2 - u_1)$	$C_v(T_2 - T_1)$ $= \dfrac{R}{k-1}(T_2 - T_1)$ $= \dfrac{1}{k-1}v(p_2 - p_1)$	$C_v(T_2 - T_1)$ $= \dfrac{1}{k-1}p(v_2 - v_1)$	0	$C_v(T_2 - T_1)$ $= -{_1}w_2$	$-\dfrac{(n-1)}{k-1}{_1}w_2$
엔탈피의 변화량 $(h_2 - h_1)$	$C_p(T_2 - T_1)$ $= \dfrac{k}{k-1}R(T_2 - T_1)$ $= \dfrac{k}{k-1}v(p_2 - p_1)$ $= k(u_2 - u_1)$	$C_p(T_2 - T_1)$ $= \dfrac{k}{k-1}p(v_2 - v_1)$	0	$C_p(T_2 - T_1)$ $= -k\,{_1}w_2$ $= k(u_2 - u_1)$	$-\dfrac{k(n-1)}{k-1}{_1}w_2$ $= k(u_2 - u_1)$

변화	정적변화	정압변화	등온변화	단열변화	폴리트로픽 변화
외부에서 얻은 열량 ($_1q_2$)	$u_2 - u_1$	$h_2 - h_1$	$_1w_2 = w_t$	0	$C_n(T_2 - T_1)$
폴리트로픽 지수 (n)	∞	0	1	k	$-\infty \sim +\infty$
비열 (C)	C_v	C_p	∞	0	$C_n = C_v \dfrac{n-k}{n-1}$
엔트로피의 변화량 ($s_2 - s_1$)	$C_v \ln \dfrac{T_2}{T_1}$ $= C_v \ln \dfrac{p_2}{p_1}$	$C_p \ln \dfrac{T_2}{T_1}$ $= C_p \ln \dfrac{v_2}{v_1}$	$R \ln \dfrac{v_2}{v_1}$ $= -R \ln \dfrac{p_2}{p_1}$	0	$C_n \ln \dfrac{T_2}{T_1}$ $= C_v(n-k)\ln \dfrac{v_1}{v_2}$ $= C_v \dfrac{n-k}{n} \ln \dfrac{p_2}{p_1}$

04 절대일(Absolute work) ⇨ 변위(Displacement)일 ⇨ 팽창(Expansion)일

밀폐계가 주위와 열역학적 평형을 유지하면서 체적의 변화가 발생할 때, 주위와 주고받는 일을 절대일이라 함

$$_1W_2 = \int_1^2 p\,dV = p(V_2 - V_1) \ [\text{kJ}]$$

05 공업일(Technical work) ⇨ 압축일(소비일)

개방계가 주위와 열역학적 평형을 유지하면서 주위와 주고받는 일을 공업일이라 함

$$W_t = -\int_1^2 V\,dp \ [\text{kJ}]$$

06 이상기체의 절대일과 공업일

변화	정적변화	정압변화	등온변화	단열변화	폴리트로픽 변화
절대일 (팽창일) $_1w_2 = \int_1^2 p\,dv$	0	$p(v_2-v_1)$ $= R(T_2-T_1)$	$p_1 v_1 \ln\dfrac{v_2}{v_1}$ $= p_1 v_1 \ln\dfrac{p_1}{p_2}$ $= RT\ln\dfrac{v_2}{v_1}$ $= RT\ln\dfrac{p_1}{p_2}$	$\dfrac{1}{k-1}(p_1v_1-p_2v_2)$ $=\dfrac{RT_1}{k-1}\left[1-\dfrac{T_2}{T_1}\right]$ $=\dfrac{RT_1}{k-1}\left[1-\left(\dfrac{v_1}{v_2}\right)^{k-1}\right]$ $=\dfrac{RT_1}{k-1}\left[1-\left(\dfrac{p_2}{p_1}\right)^{\frac{k-1}{k}}\right]$ $=\dfrac{R}{k-1}(T_1-T_2)$	$\dfrac{1}{n-1}=(p_1v_1-p_2v_2)$
공업일 (압축일) $w_t = -\int_1^2 v\,dp$	$v(p_1-p_2)$ $= R(T_1-T_2)$	0	$_1w_2$	$k\,_1w_2$	$n\,_1w_2$

07 혼합가스

① Dalton의 분압법칙 : 2 이상의 다른 이상기체를 하나의 용기에서 혼합시킬 경우, 혼합기체의 전압력은 각 기체 분압의 합과 같다.

② 혼합 후의 전체압력(p)과 각 가스의 분압

$$p_1 + p_2 + p_3 + \cdots + p_n = p\dfrac{V_1}{V} + p\dfrac{V_2}{V} + p\dfrac{V_3}{V} + \cdots + p\dfrac{V_n}{V}$$

$$\therefore\ p_n = p\dfrac{V_n}{V} = p\dfrac{n_n}{n}\ [\mathrm{Pa}]$$

03 일과 열

01 일과 동력

① 일과 열의 정의 및 단위
② 열역학적 시스템
③ 일과 열의 비교

01 일과 열

① 변위일(Displacement work) : 위치의 변화를 동반하는 일 : $L = (F\cos\theta)(s) = Fs\cos\theta$ [J]
  이 때, θ는 이동방향과 힘의 작용선방향이 이루는 각도

② 동력(Power), 일률, 공율 : 단위시간당 일 : $P = \dfrac{일량}{소요시간} = \dfrac{L}{t}$ [W = J/s = N·m/s]

③ 일반적인 일의 정의와 열역학에서의 일의 정의 : $L = Fs\cos\theta = pV$ [N/m²·m³] = [J]

④ 회전운동인 경우의 동력 : $P = Fr\omega = T\omega$ [W = J/s = N·m/s]
  이 때, T 와 ω는 각각 회전모멘트와 각속도

⑤ 열의 종류는 현열(Sensible heat)과 잠열(Latent heat)이 있으며, 전자는 단일상에서 적용하고, 후자는 분자조직을 변화시키며 상변화에서 적용함

⑥ 현열은 열역학 제 0법칙에서 적용하여 임의물질의 비열을 구할 수 있음

⑦ 비열(Specific heat) : 임의물질 단위질량의 온도를 단위온도 상승시키는 데 필요한 열량 : C
  물의 비열 : 4.18 [kJ/kg·K] = 1 [kcal/kg·℃]

⑧ 열량의 단위 : 순수한 물 1 kg 의 질량을 14.5℃로부터 15.5℃까지 올리는데 필요한 열량 1 $kcal$

⑨ 1 kcal 는 표준대기압 하에서 순수한 물 1kg을 1℃ 높이는 데 필요한 열량

⑩ 1 Btu 는 표준대기압(14.7 psi) 하에서 순수한 물 1lb를 1°F 높이는 데 필요한 열량

⑪ 1 Chu 는 표준대기압 하에서 순수한 물 1lb를 1℃ 높이는 데 필요한 열량

⑫ 줄의 실험에 의하여 열과 일의 본질은 서로 같으며(에너지) 서로 환산될 수 있음

⑬ 열의 일당량(Mechanical equivalent of heat) 상수 : $J = 4.18$ kJ/kcal

⑭ 일과 열은 경로(도정)함수

02 열전달

① 전도
② 대류
③ 복사

01 전도(Conduction)

① Fourier heat conduction law(푸리에의 열전도 법칙)

$$Q = -KA\frac{dT}{dx} \, [\text{W}]$$

여기서, Q : 전도열량 [W], K : 열전도계수 [W/m·K], A : 전열면적[m²], dx : 두께[m]

$\frac{dT}{dx}$: 온도구배(Temperature gradient)

② 다층 벽을 통한 열전도계수

$$\frac{1}{k} = \frac{x_1}{k_1} + \frac{x_2}{k_2} + \frac{x_3}{k_3} = \sum_{i=1}^{n} \frac{x_i}{k_i}$$

③ 원통에서의 열전도(반경방향)

$$Q = \frac{k\,2\pi L}{\ln(r_2/r_1)}(t_1 - t_2) = \frac{2\pi L}{1/k \ln(r_2/r_1)}(t_1 - t_2) \, [\text{W}]$$

02 대류(Convection)

보일러나 열교환기 등과 같이 고체표면과 인접한 유체사이에서 발생
Newton의 냉각법칙

$$Q = \alpha A (t_w - t_\infty) \, [\text{W}]$$

여기서, α : 대류열전달 계수 [W/m²·K]
   A : 대류전열면적 [m²]
   t_w : 벽면온도 [℃]
   t_∞ : 유체온도 [℃]

03 열관류

① 고온측의 유체 ⇨ 금속 벽 내부 ⇨ 저온측의 유체 순으로 열전달 발생

$$Q = KA(t_1 - t_2)$$

여기서, K : 열통과율 [W/m² · K]
t_1 : 고온유체 온도 [℃]
t_2 : 저온유체 온도 [℃]

② 열통과율

$$K = \frac{1}{R} = \frac{1}{\frac{1}{\alpha_1} + \sum \frac{1}{\lambda} + \frac{1}{\alpha_2}} \ [\text{W/m}^2 \cdot \text{K}]$$

③ 대수평균 온도차(Logarithmic Mean Temperature Difference) : $LMTD$

④ 대향류(Opposite flow)

$$\triangle_1 = t_1 - t_{w_2}, \quad \triangle_2 = t_2 - t_{w_1}$$

⑤ 병행류(Parallel flow)

$$\triangle_1 = t_1 - t_{w_2}, \quad \triangle_2 = t_2 - t_{w_2}$$

$$LMTD = \frac{\triangle_1 - \triangle_2}{\ln \triangle_1/\triangle_2} = \frac{\triangle_1 - \triangle_2}{2.303 \log \triangle_1/\triangle_2} \ [℃]$$

$$Q = KA(LMTD) \ [\text{W}]$$

04 복사(Radiation)

스테판 – 볼쯔만(Stefan – Boltzmann)의 법칙

$$Q = \epsilon \sigma A T^4 \, [\text{W}]$$

여기서, ϵ : 복사율 $(0 < \epsilon < 1)$
σ : 스테판 – 볼쯔만 상수 $(\sigma = 4.88 \times 10^{-8} \, [\text{kcal/m}^2\text{h} \cdot \text{K}^4] = 5.67 \times 10^{-8} \, [\text{W/m}^2 \cdot \text{K}^4]$
A : 전열면적 $[\text{m}^2]$
T : 물체 표면온도 $[\text{K}]$

04 열역학의 법칙

01 열역학 제 1법칙

① 열역학 제 0법칙
② 밀폐계와 개방계
③ 검사체적
④ 질량 및 에너지해석

01 열역학 제 0법칙

① 열평형의 법칙 ⇨ 흡열량 = 방열량
② 2 물체를 접촉 또는 혼합하면 고온물체에서 저온물체로 열이 이동하여 평형이 된다는 법칙
③ 열역학 제 0법칙은 평형시간은 무시하는 자연계의 법칙
④ $Q = mC\Delta T \, [\text{Kcal}]$

02 열역학 제 1법칙 ⇨ 에너지 보존의 법칙

① 열과 일의 교환법칙
② 열과 일은 본질적으로 동질의 에너지로 일은 열로, 열은 일로 환산이 가능하다는 줄의 법칙
③ $Q = W \, [\text{kJ}]$

> **참조** 중력(공학)단위계 : $Q = AW \, [\text{kcal}]$, 환산계수 $A = \dfrac{1}{427} \, [\text{kcal/kg}_f \cdot \text{m}]$
>
> SI 단위계 : $Q = W \, [\text{kJ}]$

④ 열역학 제 1법칙 제 1 기초식

$$\delta q = du + p\,dv \, [\text{kJ/kg}]$$

⑤ 엔탈피 정의식

$$h = u + pv \, [\text{kJ/kg}]$$

⑥ 열역학 제 1법칙 제 2 기초식

$$\delta q = dh - v\,dp\ [\text{kJ/kg}]$$

⑦ 밀폐계에서의 일 : 계의 팽창과 수축에 의한 일 : $w_{절대일} = \int_1^2 p\,dv = {}_1w_2$

⑧ 개방계에서의 일 : $w_{공업일} = \int_1^2 - v\,dp = w_t$

⑨ 제 1 종 영구기관 : 에너지의 공급없이 계속 일을 하는 기관

03 밀폐계의 에너지식

$$\delta q = du + \delta w = du + p\,dv\ [\text{kJ/kg}]$$
$$Q = (U_2 - U_1) + p(V_2 - V_1) = (U_2 - U_1) + W_{절대일}\ [\text{kJ}]$$

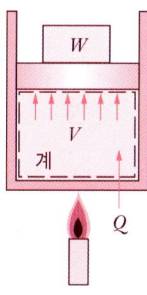

04 개방(정상유동)계의 에너지식

정상유동(Steady flow) 과정으로 가정하면 유동계(Flow system)로 들어오는 유입단면 ①의 에너지 총합과 유출단면 ②로 흘러나가는 에너지의 총합은 같다($E_{in} = E_{out}$)는 식을 검사체적 ①~②에 구성하고 그것의 차를 공업일(Technical work) W_t로 정의함

$$\delta q = dh - \delta w_t = dh - v\,dp\ [\text{kJ/kg}]$$
$$Q = W_t + m(h_2 - h_1) + \frac{m}{2}(V_2^2 - V_1^2) + mg(Z_2 - Z_1)\ [\text{kJ}]$$

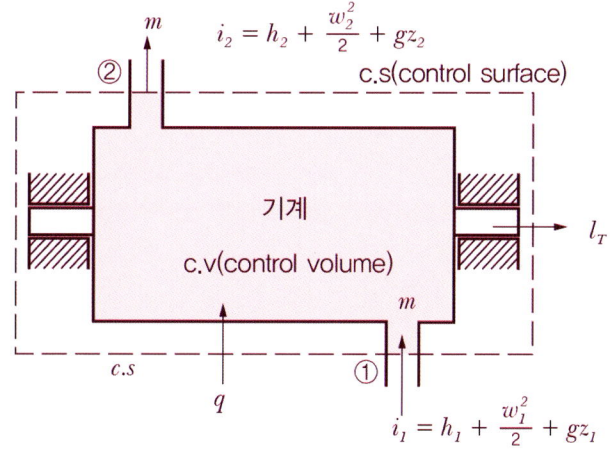

02 열역학 제 2법칙

① 가역, 비가역과정
② 카르노의 원리
③ 엔트로피
④ 엑서지

01 열역학 제 2법칙 ⇨ 비가역법칙 ⇨ 엔트로피 증가의 법칙

① 에너지변환의 실현가능성을 제시한 경험법칙
- 클라우지우스(Clausius)의 표현 : 열은 스스로 저온체에서 고온체로 이동할 수 없다.
  즉, 성능계수가 무한대인 냉동기는 제작이 불가능
- 켈빈-플랑크(Kelvin-Plank)의 표현 : 열을 계속적으로 일로 바꾸기 위해서는 일부를 저온체에 버려야 한다.
  즉, 효율이 100%인 열기관은 존재할 수 없음

② 유효일은 엑서지(Exergy), 무효일은 아너지(Anergy)라고도 함

02 카르노 사이클(Carnot cycle)

① 가역사이클이며, 열기관 사이클 중에서 가장 이상적인 사이클
  (등온변화 2개와 단열변화 2개로 구성)

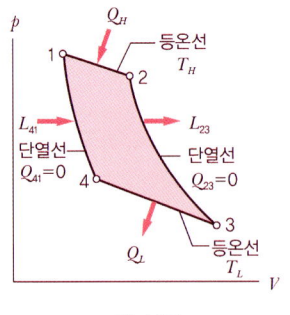
$p-V$ 선도

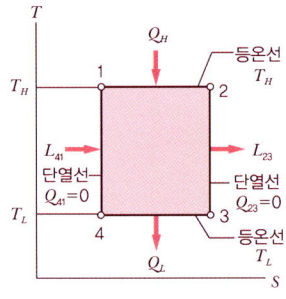
$T-S$ 선도

② 카르노 사이클의 열효율

$$\eta_c = \frac{W_{net}}{Q_1} = \frac{Q_1 - Q_2}{Q_1} = 1 - \frac{Q_2}{Q_1} = 1 - \frac{T_2}{T_1}$$

③ 카르노 사이클의 특성
- 열효율은 동작유체의 종류와는 관계없이 양 열원의 절대온도에만 관계
- 열기관의 이상적인 사이클이며 2온도간의 가장 높은 열효율의 가역사이클
- 실제로는 작동이 불가능한 사이클이며 최고효율의 목표를 결정
- 공급열량(Q_1)과 고열원 온도(T_1), 방출열량(Q_2)와 저열원온도(T_2)는 각각 비례한다.

$$\frac{Q_1}{T_1} = \frac{Q_2}{T_2} \left(\frac{Q_2}{Q_1} = \frac{T_2}{T_1} \right)$$

03 클라우지우스(Clausius)의 폐적분(순환적분)

$$\oint \frac{\delta Q}{T} \leq 0$$

- 가역사이클이면 등호(=), 비가역 사이클이면 부등호(<)

04 엔트로피(Entropy) : $\triangle S = \dfrac{\delta Q}{T}$ [kJ/K]

① 비 엔트로피는 비효율성의 척도이며, 절대온도에 대한 열량의 변화량으로 정의

$$\triangle s = \int_1^2 \frac{\delta q}{T} \, [\text{kJ/kg} \cdot \text{K}]$$

② 엔트로피는 열에너지를 이용하여 기계적 일을 하는 과정의 비효율성으로 비가역성을 표현
③ 열에너지를 기계적 에너지로 변환할 때, 필수적으로 저열원에 버려야 하는 양을 의미

$$\text{완전가스의 비 엔트로피} \quad ds = \frac{\delta q}{T} \, [\text{kJ/kg} \cdot \text{K}]$$

④ 정적변화($v = C$) : $s_2 - s_1 = C_p \ln \dfrac{T_2}{T_1} + R \ln \dfrac{p_1}{p_2} = C_v \ln \dfrac{p_2}{p_1}$ [kJ/kg·K]

⑤ 정압변화($p = C$) : $s_2 - s_1 = C_p \ln \dfrac{T_2}{T_1} = C_p \ln \dfrac{v_2}{v_1}$ [kJ/kg·K]

⑥ 등온변화($T = C$) : $s_2 - s_1 = R \ln \dfrac{p_1}{p_2} = C_v \ln \dfrac{p_2}{p_1} + C_p \ln \dfrac{v_2}{v_1}$ [kJ/kg·K]

⑦ 단열변화 [($\triangle S = 0$) = 등 엔트로피 변화]

$$ds = \dfrac{\delta q}{T} \text{에서 } \delta q = 0 \text{이므로 } ds = 0, \text{ 즉 } s_2 - s_1 = 0 \, [s = c]$$

⑧ 폴리트로픽 변화 : $s_2 - s_1 = C_n \ln \dfrac{T_2}{T_1} = C_v \dfrac{n-k}{n-1} \ln \dfrac{T_2}{T_1} = C_v(n-k) \ln \dfrac{v_1}{v_2}$

$$= C_v \dfrac{n-k}{n} \ln \dfrac{p_2}{p_1} [\text{kJ/kg·K}]$$

05 유효에너지와 무효에너지

① 고열원으로부터 Q_1을 받고, 저열원으로 Q_2를 방열하는 열기관에서 기계적 에너지로 전환된 에너지를 유효에너지 Q_a라 하면, $Q_a = Q_1 - Q_2$ (Q_2 : 무효에너지)

② 유효에너지 : $Q_a = Q_1 \eta_c = Q_1 \left(1 - \dfrac{T_2}{T_1}\right) = Q_1 - T_2 \triangle S \left(\triangle S = \dfrac{Q_1}{T_1}\right)$

③ 무효에너지 : $Q_2 = Q_1(1 - \eta_c) = -Q_1 \dfrac{T_2}{T_1} = -T_2 \triangle S$

06 열역학 제 3법칙(Nernst 열정리) : 엔트로피의 한계값을 정의한 법칙

어떠한 이상적인 방법으로도 열역학적으로는 절대 0도(0 K)에 도달할 수 없다는 법칙
- 절대 0도 부근에서 엔트로피는 0에 접근
- 절대 0도 불가능의 법칙

05 각종 사이클

01 동력사이클

① 동력시스템 개요
② 랭킨사이클
③ 공기표준 동력사이클
④ 오토, 디젤, 사바테사이클
⑤ 기타 동력사이클

01 동력시스템에 관한 용어의 개요

① 동력을 발생하는 기계를 기관(Engine)이라 하고, 동력발생 계통을 이루는 열역학적 사이클을 동력사이클(Power cycle)이라 호칭함
② 특히 열에너지를 동력으로 변환하는 기관을 열기관(Heat engine)이라 함
③ 열기관의 사이클을 구성하는 상태변화와 사이클을 출입하는 열이 모두 가역적일 때, 이러한 열기관을 완전기관(Perfect engine)이라 호칭함
④ 완전기관이 행하는 사이클을 이론사이클(Theoretical cycle), 이론사이클의 열효율을 이론 또는 카르노열효율(Theoretical or Carnot Efficiency)이라 함
⑤ 연료가 보유하고 있는 열을 Q_H, 방출되는 열을 Q_L이라 하고 완전기관이 하는 일을 L_{th}라 하면 $L_{th} = Q_H - Q_L$이며, 이후 L_{th}는 공업일을 의미함
⑥ 이론열효율은 $\eta_{th} = \dfrac{L_{th}}{Q_H} = \dfrac{Q_H - Q_L}{Q_H} = 1 - \dfrac{Q_L}{Q_H} = 1 - \dfrac{T_L}{T_H}$
⑦ 실제기관의 도시일(Indicated work)을 L_i, 기관효율을 η_g, 기관이 실제로 하는 일을 정미일 또는 축일(Net work or Shaft work)을 L_{shaft}라 하면, 기계효율은 $\eta_m = \dfrac{L_{shaft}}{L_i}$으로 정의함
⑧ 실제기관의 정미열효율은 $\eta_e = \dfrac{L_{shaft}}{Q_H} = \dfrac{Q_H - Q_L}{Q_H} \times \dfrac{L_i}{Q_H - Q_L} \times \dfrac{L_{shaft}}{L_i} = \eta_{th} \eta_g \eta_m$
⑨ 동력사이클은 상변화가 포함되는 증기사이클과 단일상의 가스사이클로 분류함
⑩ 동력사이클은 열의 공급방식에 따라 내연기관과 외연기관으로 분류함

02 랭킨사이클(Rankine cycle)

① 증기원동소의 기본사이클 : 2개의 단열과정과 2개의 정압과정으로 구성

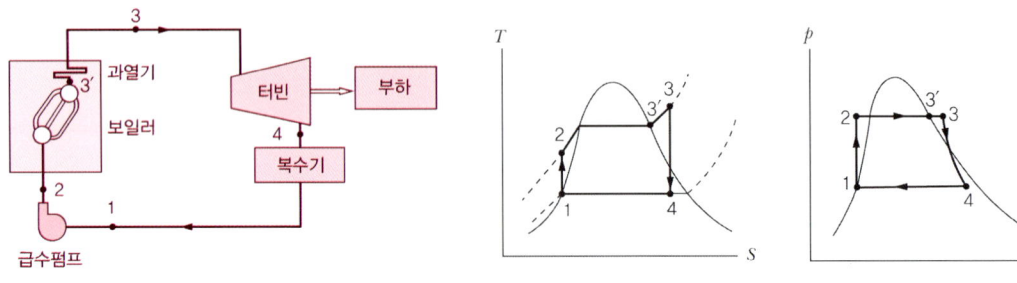

[Rankine 사이클]

② 랭킨사이클의 이론열효율 η_R 은

$$\eta_R = 1 - \frac{q_L}{q_H} = 1 - \frac{h_4 - h_1}{h_3 - h_2} = \frac{(h_3 - h_4) - (h_2 - h_1)}{h_3 - h_2}$$

펌프일 w_p를 무시할 경우($h_2 ≒ h_1$)의 이론열효율 η_R 은

$$\eta_R = \frac{w_t}{h_3 - h_1} = \frac{h_3 - h_4}{h_3 - h_1}$$

③ 랭킨사이클의 이론열효율은 초온, 초압이 높을수록, 배압은 낮을수록 증가

03 재열사이클(Reheating cycle)

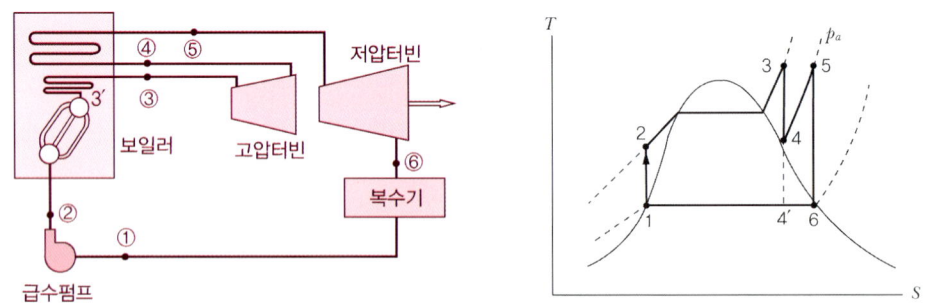

[재열사이클의 배치도 및 $T-S$ 선도]

① 터빈날개의 부식방지 및 팽창일 증대가 목적
② 1단 재열사이클의 이론열효율 η_{RH}는

$$\eta_{RH} = 1 - \frac{q_L}{q_H} = 1 - \frac{q_2}{q_B + q_{RH}} = 1 - \frac{(h_6 - h_1)}{(h_3 - h_2) + (h_5 - h_4)}$$

$$= \frac{(h_3 - h_4) + (h_5 - h_6) - (h_2 - h_1)}{(h_3 - h_2) + (h_5 - h_4)}$$

펌프일 w_p를 무시할 경우($h_2 ≒ h_1$)의 이론열효율 η_{RH}는

$$\eta_{RH} = \frac{(h_3 - h_4) + (h_5 - h_6)}{(h_3 - h_1) + (h_5 - h_4)}$$

04 재생사이클(Regenerative cycle)

① 복수기에서의 방출열량을 회수하여 열효율을 향상시키는 것이 목적

$$w_t = h_4 - h_7 - m_1(h_5 - h_7) + m_2(h_6 - h_7)$$

여기서, $m_1(h_5 - h_7)$: $m_1\,kg$ 추기에 의한 터빈일 감소량

$m_2(h_6 - h_7)$: $m_2\,kg$ 추기에 의한 터빈일 감소량

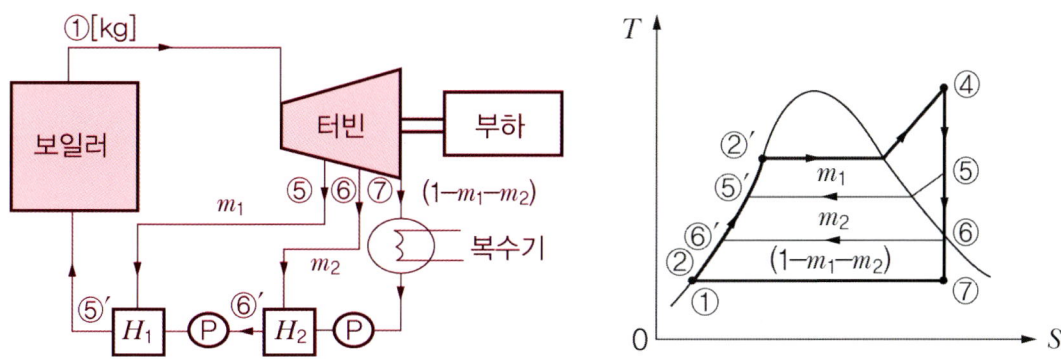

[재생 사이클의 배치도 및 T-S 선도]

② 2단 재생사이클의 이론열효율 η_{RG}는

공급열량 $q_1 = h_4 - h_5{'}$

펌프 일 w_p를 무시할 경우($h_2 \fallingdotseq h_1$)의 이론열효율 η_{RH}는

$$\eta_{RG} = \frac{w_t}{q_H} = \frac{(h_4 - h_7) - \{m_1(h_5 - h_7) + m_2(h_6 - h_7)\}}{h_4 - h_5{'}}$$

05 실제 사이클에서의 고려할 손실

① 배관손실 : 터빈에 들어갈 때까지의 배관손실

② 터빈손실 : $\eta_T = \dfrac{h_1 - h_2{'}}{h_1 - h_2} = \dfrac{W_{t'}(실제)}{W_t(이상)}$

③ 펌프손실 : $\eta_P = \dfrac{h_B - h_3}{h_{B'} - h_3} = \dfrac{W_p(이상)}{W_{p'}(실제)}$

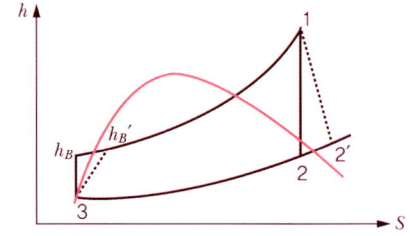

④ 복수기 및 응축기 손실

06 공기표준 동력사이클

① 내연기관의 작동유체는 그 특성이 모두 다르고, 와류발생, 마찰손실, 전열손실, 비가역성 등의 모형화하기 난해한 사항이 많으므로 다음의 가정을 적용함

② 이론 공기표준사이클의 가정
- 동작유체는 공기
- 비열은 일정
- 외부의 열원으로부터 열량을 공급받음
- 사이클 중에 계로부터 주위로 방열
- 사이클 과정 중 동작유체의 질량은 일정
- 사이클을 구성하는 과정들은 모두 가역과정

07 오토사이클(Otto cycle)

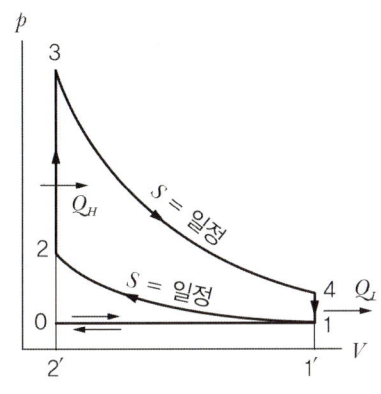 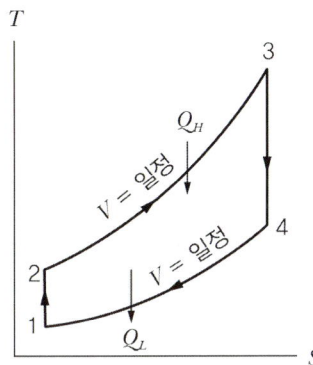

① 정적가열 사이클로서 가솔린기관의 기본 사이클
② 이론열효율 : η_{thO}

$$\eta_{thO} = 1 - \frac{q_L}{q_H} = 1 - \frac{C_v(T_4 - T_1)}{C_v(T_3 - T_2)} = 1 - \frac{T_1(T_4/T_1 - 1)}{T_2(T_3/T_2 - 1)} = 1 - \left(\frac{v_2}{v_1}\right)^{k-1} = 1 - \left(\frac{1}{\epsilon}\right)^{k-1}$$

▶ 3 ⇨ 4, 1 ⇨ 2는 단열과정이므로 $\dfrac{T_3}{T_4} = \left(\dfrac{v_4}{v_3}\right)^{k-1}$, $\dfrac{T_2}{T_1} = \left(\dfrac{v_1}{v_2}\right)^{k-1}$, $\epsilon = \dfrac{v_1}{v_2}$: 압축비

▶ $v_4 = v_1$, $v_2 = v_3$ 에서 $\dfrac{T_4}{T_1} = \dfrac{T_3}{T_2}$

▶ 1 ⇨ 2는 단열과정 : $T_2 = T_1 \left(\dfrac{v_1}{v_2}\right)^{k-1} = T_1 \epsilon^{k-1}$

▶ 2 ⇨ 3은 정적가열 : $T_3 = T_2 \dfrac{p_3}{p_2} = T_2 \rho = T_1 \epsilon^{k-1} \rho$, $\rho = \dfrac{p_3}{p_2}$: 압력상승비

③ 오토사이클의 열효율은 비열비($k = 1.4$)가 일정할 때, 압축비만의 함수
④ 압축비를 높이면 열효율은 증가하지만, 실제기관에서는 스파크노킹 때문에 제한됨
⑤ 이론평균 유효압력 :

$$p_{me} = \frac{w}{v_1 - v_2} = \frac{q_H \eta_{thO}}{v_1 - v_2} = \frac{q_H}{RT_1} \frac{p_1 \epsilon}{\epsilon - 1} \left[1 - \left(\frac{1}{\epsilon}\right)^{k-1}\right] [\text{kPa}]$$

08 디젤사이클(Diesel cycle)

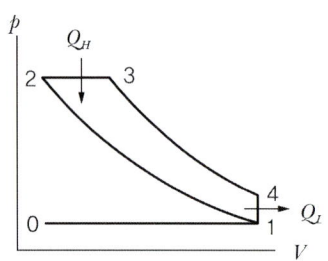
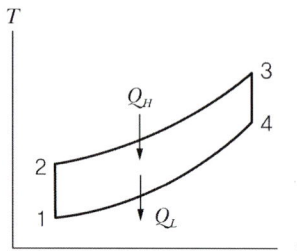

① 정압가열 사이클로서 저속 디젤기관의 기본사이클
② 이론열효율 : η_{thD}

$$\eta_{thD} = 1 - \frac{q_L}{q_H} = 1 - \frac{C_v(T_4 - T_1)}{C_p(T_3 - T_2)} = 1 - \frac{(T_4 - T_1)}{k(T_3 - T_2)} = 1 - \left(\frac{1}{\epsilon}\right)^{k-1} \frac{\sigma^k - 1}{k(\sigma - 1)}$$

▶ 1 ⇨ 2는 단열과정 : $T_2 = T_1 \left(\dfrac{v_1}{v_2}\right)^{k-1} = T_1 \epsilon^{k-1}$

▶ 2 ⇨ 3은 정압가열 : $T_3 = T_2 \dfrac{v_3}{v_2} = T_2 \sigma = T_1 \epsilon^{k-1} \sigma$, σ: 단절비 (cut-off ratio)

▶ 3 ⇨ 4는 단열과정 :

$$T_4 = T_3 \left(\frac{v_3}{v_4}\right)^{k-1} = T_3 \left(\frac{v_2}{v_4} \frac{v_3}{v_2}\right)^{k-1} = T_3 \left(\frac{v_2}{v_1} \frac{v_3}{v_2}\right)^{k-1} = T_3 \left(\frac{1}{\epsilon} \sigma\right)^{k-1} = T_1 \sigma^k$$

③ 디젤사이클의 열효율은 비열비(k =1.4)가 일정할 때, ϵ이 증가하고 σ가 감소할수록 증가
③ 이론평균 유효압력 :

$$p_{me} = \frac{w}{v_1 - v_2} = \frac{q_H \eta_{thD}}{v_1 - v_2} = \frac{k \epsilon^k (\sigma - 1) R}{(k-1)(\epsilon - 1)} \eta_{thD} \, [\text{kPa}]$$

09 사바테사이클(Sabathe cycle)

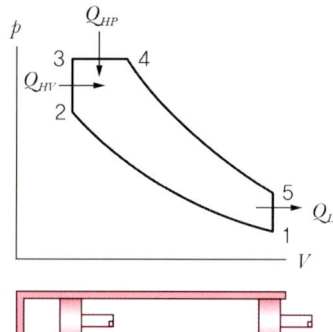
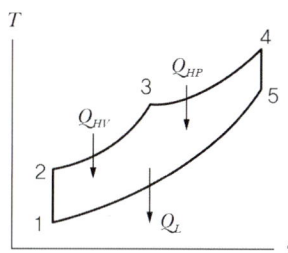

① 복합사이클(정적, 정압가열)로서 고속 디젤기관의 기본사이클
② 이론열효율 : η_{thS}

$$\eta_{thS} = 1 - \frac{q_L}{q_H} = 1 - \frac{C_v(T_5 - T_1)}{C_v(T_3 - T_2) + C_p(T_4 - T_3)}$$

$$= 1 - \frac{(T_5 - T_1)}{(T_3 - T_2) + k(T_4 - T_3)}$$

$$= 1 - \left(\frac{1}{\epsilon}\right)^{k-1} \frac{\rho\sigma^k - 1}{(\rho - 1) + k\rho(\sigma - 1)}$$

▶ 1 ⇨ 2는 단열과정 : $T_2 = T_1\left(\dfrac{v_1}{v_2}\right)^{k-1} = T_1\epsilon^{k-1}$

▶ 2 ⇨ 3은 정적가열 : $T_3 = T_2\dfrac{p_3}{p_2} = T_2\rho = T_1\epsilon^{k-1}\rho$, ρ: 압력상승비

▶ 3 ⇨ 4는 정압가열 : $T_4 = T_3\dfrac{v_4}{v_3} = T_3\sigma = T_1\epsilon^{k-1}\sigma$, σ: 단절비(cut-off ratio)

▶ 4 ⇨ 5는 단열과정 :

$$T_5 = T_4\left(\frac{v_4}{v_5}\right)^{k-1} = T_4\left(\frac{v_3}{v_5}\frac{v_4}{v_3}\right)^{k-1} = T_4\left(\frac{v_2}{v_1}\frac{v_4}{v_3}\right)^{k-1} = T_4\left(\frac{1}{\epsilon}\sigma\right)^{k-1} = T_1\sigma^k$$

③ 사바테 사이클의 열효율은 비열비($k=1.4$)가 일정할 때, ϵ이 증가하고 σ가 감소할수록 증가

④ 이론평균 유효압력 : $p_{me} = \dfrac{w}{v_1 - v_2} = \dfrac{q_H\eta_{thS}}{v_1 - v_2} = \dfrac{k\epsilon^k(\sigma - 1)R}{(k-1)(\epsilon - 1)}\eta_{thS}\,[\text{kPa}]$

10 사이클의 비교

① 가열량과 압축비가 동일한 경우 : $\eta_{thO} > \eta_{thS} > \eta_{thD}$
② 가열량과 최대압력이 동일한 경우 : $\eta_{thO} < \eta_{thS} < \eta_{thD}$

11 내연기관의 실제효율 및 출력

① 도시열효율(선도효율) : $\eta_i = \dfrac{w_i(\text{도시일})}{q_H(\text{공급열량})}$

② 기관효율 : $\eta_g = \dfrac{\eta_i(\text{도시열효율})}{\eta_{th}(\text{이론열효율})} = \dfrac{w_i(\text{도시일})}{w_{th}(\text{이론일})}$

③ 정미열효율 : $\eta_e = \dfrac{w_e(\text{정미일})}{q_H(\text{공급열량})} = \eta_i \eta_m = \eta_{th} \eta_m$

④ 기계효율 : $\eta_m = \dfrac{w_e(\text{정미일})}{\eta_{th}(\text{도시일})} = \dfrac{\eta_e}{\eta_i}$

⑤ 정미 또는 제동평균 유효압력 : $P_{me} = \dfrac{w_e}{V_s} = \dfrac{w_i \eta_m}{V_s} = P_{mi} \eta_m = P_{mth} \eta_g \eta_m$

⑥ 정미마력 : $N_e = \dfrac{P_{me} V_s n z}{75 \times 60} = \dfrac{H_e B \eta_e}{632.3}$

12 브레이턴 사이클

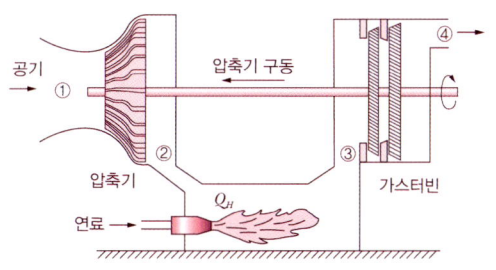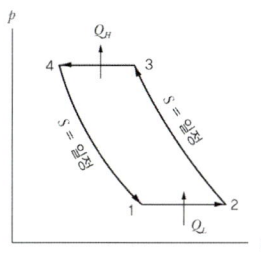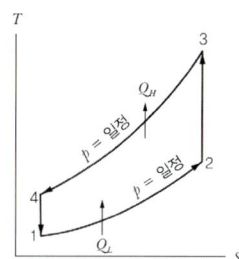

① 정압가열 정압방열 사이클로서 가스터빈의 기본사이클
② 이론열효율 : η_{thB}

$$\eta_{thB} = 1 - \frac{q_L}{q_H} = 1 - \frac{C_p(T_4 - T_1)}{C_p(T_3 - T_2)}$$

$$= 1 - \frac{T_1\left(\dfrac{T_4}{T_1} - 1\right)}{T_2\left(\dfrac{T_3}{T_2} - 1\right)} = 1 - \left(\frac{p_1}{p_2}\right)^{\frac{k-1}{k}} = 1 - \left(\frac{1}{r_p}\right)^{\frac{k-1}{k}}$$

▶ 3 ⇨ 4, 1 ⇨ 2는 단열과정이므로

$$\frac{T_3}{T_4} = \left(\frac{p_3}{p_4}\right)^{\frac{k-1}{k}}, \quad \frac{T_2}{T_1} = \left(\frac{p_2}{p_1}\right)^{\frac{k-1}{k}}, \quad r_p = \frac{p_2}{p_1} : 압력비$$

▶ $p_4 = p_1 \;\; p_2 = p_3$ 에서 $\dfrac{T_4}{T_1} = \dfrac{T_3}{T_2}$

▶ 1 ⇨ 2는 단열과정 : $T_2 = T_1\left(\dfrac{p_2}{p_1}\right)^{\frac{k-1}{k}} = T_1\, r_p^{\frac{k-1}{k}}$

▶ 2 ⇨ 3은 정압가열 : $T_3 = T_2 \dfrac{p_3}{p_2}$

③ 터빈의 단열효율 : $\eta_T = \dfrac{h_3 - h_4{'}}{h_3 - h_4} = \dfrac{T_3 - T_4{'}}{T_3 - T_4}$

④ 압축기의 단열효율 : $\eta_C = \dfrac{h_2 - h_1}{h_2{'} - h_1} = \dfrac{T_2 - T_1}{T_2{'} - T_1}$

⑤ 실제사이클의 열효율

$$\eta_{actual} = \frac{w'}{q_{1'}} = \frac{(h_3 - h_4) - (h_2' - h_1)}{h_3 - h_{2'}} = \frac{(T_3 - T_{4'}) - (T_{2'} - T_1)}{T_3 - T_2}$$

13 기타 동력사이클

- 에릭슨사이클(Ericsson cycle) : 브레이턴 사이클의 단열압축, 단열팽창을 각각 등온압축, 등온팽창으로 바꾸어 놓은 사이클로서 구체적으로는 실현이 곤란한 이론적인 사이클이다.

- 스터링사이클(Stirling cycle) : 동작물질과 주위와의 열교환은 카르노 사이클에서와 마찬가지로 2개의 등온과정에서 이루어진다. 열 교환에 의하여 압력이 변화하고 에릭슨사이클에서와 마찬가지로 2개의 등온과정에서 이루어진다. 열 교환에 의하여 압력이 변화하고 에릭슨사이클과 같이 흡입열량과 방출열량이 같고, 방출열량을 완전히 이용할 수 있으면 열효율은 카르노 사이클과 같아진다.

- 앳킨슨사이클(Atkinson cycle) : 앳킨슨사이클은 오토사이클과 등압 방열과정만이 다르며, 오토사이클의 배기로 운전되는 가스터빈의 이상 사이클로서 등적 가스터빈 사이클이라고도 한다. 이 사이클은 오토사이클로부터 팽창비를 압축비보다 크게 함으로써 더 많은 일을 할 수 있도록 수정한 것으로 볼 수 있다.

- 르노사이클(Lenoir cycle) : 이 사이클은 동작물질의 압축과정이 없으며, 정적하에서 가열되어 압력이 상승한 후 기체가 팽창하면서 일을 하고 정압하에서 방열된다. 이 사이클은 펄스제트(Pulse jet) 추진계통의 사이클과 유사하다.

02 냉동사이클

① 냉동시스템 개요
② 증기압축 냉동사이클
③ 암모니아 흡수식 냉동사이클
④ 공기표준 냉동사이클
⑤ 열펌프 및 기타 냉동사이클

01 냉동시스템 개요

① 목적물의 열을 흡수하여 주위보다 낮은 온도로 만드는 작업을 냉동(refrigeration), 저온으로부터 고온으로 열을 이동시키는 장치를 냉동기(refrigerator)라 함
② 냉매의 증발, 압축, 응축, 팽창과정을 반복하면서 사이클을 수행
③ 저온에서의 냉동효과와 더불어 고온에서의 가열효과도 고려하면 열펌프(heat pump)라 호칭함
④ 열역학적 해석에 편리한 $p-h$ 또는 $T-s$ 선도를 활용함
⑤ 냉매 $1\,kg$에 대해서는 냉동효과, $m\,kg$에 대해서는 냉동능력이라 구분함
⑥ 암모니아 흡수식, 증기압축식, 열전방식

02 역 카르노 사이클

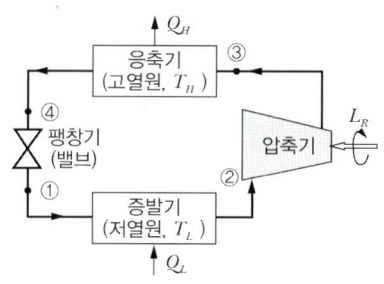 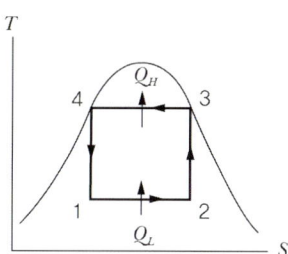

① 이상적인 냉동사이클, 가역 냉동사이클
② 증발기 : 흡열량(등온·정압가열, ① ⇨ ②) : 냉동효과

$$q_L = RT_L \ln \frac{v_2}{v_1}$$

③ 압축기 : 압축일(등온압축 ② ⇨ ③) : 저압에서 고압으로(압축일 w_c)

$$w_c = q_H - q_L$$

④ 응축기 : 방열량(등온·정압방열, ③ ⇨ ④) : 가열효과

$$-q_H = RT_H \ln \frac{v_4}{v_3} \quad \therefore q_H = RT_H \ln \frac{v_3}{v_4}$$

⑤ 팽창밸브 : 교축(④ ⇨ ①) : (등 엔탈피과정) 고압에서 저압으로

⑥ 냉동기의 성적계수 $COP_R = \dfrac{q_L}{w_c} = \dfrac{\text{저온에서의 흡열량 (냉동효과)}}{\text{공급압축일}}$

$$= \frac{q_L}{q_H - q_L} = \frac{T_L}{T_H - T_L}$$

⑦ 열펌프의 성적계수 $COP_H = \dfrac{q_H}{w_c} = \dfrac{\text{고온에서의 방열량 (가열효과)}}{\text{공급압축일}}$

$$= \frac{q_H}{q_H - q_L} = \frac{T_H}{T_H - T_L}$$

03 증기압축 냉동사이클

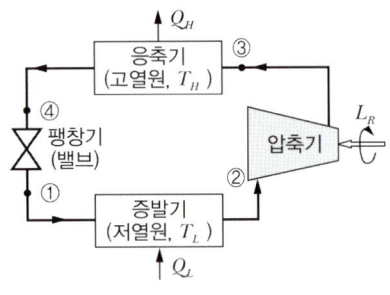 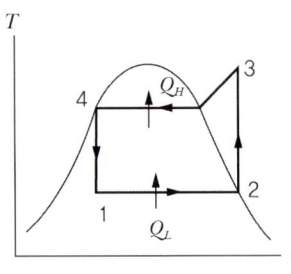 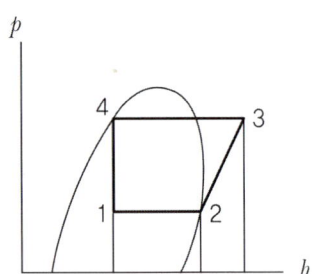

① 증발기 : 흡열량(등온·정압가열, ① ⇨ ②) : 냉동효과

$$q_L = h_2 - h_1 = h_2 - h_4$$

② 압축기 : 압축일(등온압축 ② ⇨ ③) : 저압에서 고압으로(압축일 w_c)

$$w_c = h_3 - h_2$$

③ 응축기 : 방열량(등온 · 정압방열, ③ ⇨ ④) : 가열효과

$$-q_H = h_4 - h_3 \quad \Rightarrow \quad q_H = h_3 - h_4$$

④ 팽창밸브 : 교축(④ ⇨ ①) : (등 엔탈피과정) 고압에서 저압으로

$$h_4 = h_1$$

⑤ 냉동기의 성적계수 $COP_R = \dfrac{q_L}{w_c} = \dfrac{냉동효과}{압축일} = \dfrac{h_2 - h_1}{h_3 - h_2} = \dfrac{h_2 - h_4}{h_3 - h_2}$

⑥ 열펌프의 성적계수 $COP_H = \dfrac{q_H}{w_c} = \dfrac{가열효과}{압축일} = \dfrac{h_3 - h_4}{h_3 - h_2} = 1 + COP_R$

04 암모니아 흡수식 냉동사이클

① 증기압축 냉동기의 압축기에 해당하는 역할을 암모니아 흡수기와 발생기로 구분하는 냉동기

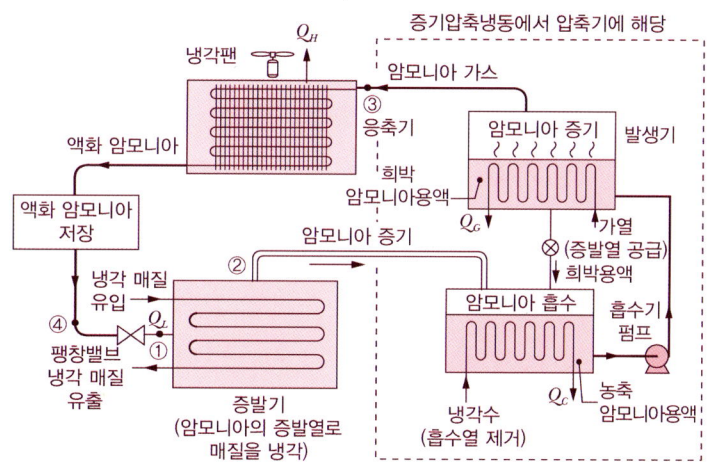

② 냉동기의 성적계수

$$COP_R = \frac{q_L}{q_G + w_p} = \frac{냉동효과}{발생기\ 가열량 + 펌프일} = \frac{q_L}{q_G + w_p}$$

③ 열펌프의 성적계수

$$COP_H = \frac{q_H}{q_G + w_p} = \frac{가열효과}{발생기\ 가열량 + 펌프일} = \frac{q_H}{q_G + w_p}$$

05 공기표준(역 브레이턴) 냉동사이클

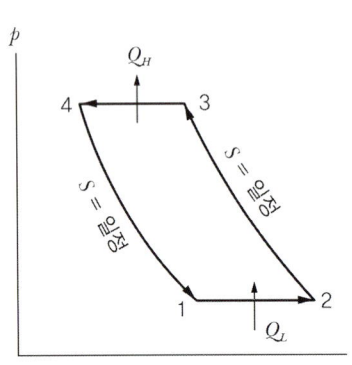
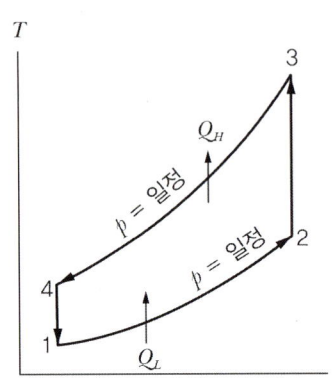

① 정압가열 정압방열 사이클

② 증발기 : 흡열량(등온·정압가열, ① ⇨ ②) : 냉동효과

$$q_L = C_p(T_2 - T_1)$$

③ 압축기 : 압축일(등온압축 ② ⇨ ③) : 저압에서 고압으로(압축일 w_c)

$$w_c = q_H - q_L$$

④ 응축기 : 방열량(등온·정압방열, ③ ⇨ ④) : 가열효과

$$-q_H = C_p(T_3 - T_4)$$

⑤ 팽창밸브 : 교축(④ ⇨ ①) : (등 엔탈피과정) 고압에서 저압으로

$$h_4 = h_1$$

⑥ 냉동기 성적계수 $COP_R = \dfrac{q_L}{w_c} = \dfrac{q_L}{q_H - q_L} = \dfrac{T_L}{T_H - T_L} = \dfrac{1}{\left(\dfrac{p_1}{p_2}\right)^{\frac{k-1}{k}} - 1}$

⑦ 열펌프의 성적계수 $COP_H = \dfrac{q_H}{w_c} = \dfrac{q_H}{q_H - q_L} = \dfrac{T_H}{T_H - T_L} = 1 + COP_R$

06 냉동능력의 표시방법

① 냉동효과 : 냉매 1 kg이 증발기에서 흡수하는 열량(kJ/kg, kcal/kg$_f$)
② 냉동능력 : 시간당 냉동기(증발기)가 흡수하는 열량(kcal/h)
③ 체적 냉동효과 : 압축기 입구에서의 증기(건 포화증기)의 체적당 흡열량(kcal/m^3)
④ 냉동톤(Ton of refrigeration) : 1 냉동톤은 0℃의 물 1 톤(1,000kg)을 1일간(24시간) 0℃의 얼음으로 냉동시키는 능력으로 정의

▶ 1 냉동톤(RT) = 79.68 × 1,000/24 = 3,320kcal/h

▶ 1 [RT] = 3,320[kcal/h] = 3.86[kW]

07 냉매(Refrigerant)

① 냉매의 종류 : 암모니아(NH_3), 탄산가스(CO_2), 아황산가스(SO_2), 할로겐족 탄화수소, 프레온-12(F-12, CF_2Cl_2), 프레온-11(F-11, $CFCl_3$), 프레온-22(F-22, CHF_2Cl)
② 냉매의 일반적인 구비조건

물리적성질	• 응고점이 낮아야 한다. • 증발열이 커야 한다. • 증기의 비체적은 작아야 한다. • 임계온도는 상온보다 높아야 한다. • 증발압력이 너무 낮지 않아야 한다. • 응축압력이 너무 높지 않아야 한다. • 증기의 비열은 크고 액체의 비열은 작아야 한다. • 단위 냉동량당 소요동력이 작아야 한다.
화학적성질	• 안정성이 있어야 한다. • 부식성이 없어야 한다. • 무독, 무해하여야 한다. • 인화, 폭발의 위험성이 없어야 한다. • 전기저항이 커야 한다. • 증기 및 액체의 점성이 작아야 한다. • 전열계수가 커야 한다. • 윤활유에 되도록 녹지 않아야 한다.
기타	• 누설이 적어야 한다. • 가격이 저렴해야 한다.

06 열역학의 적용사례

01 열역학적 장치

① 압축기
② 엔진
③ 냉동기
④ 보일러
⑤ 증기터빈 등

01 압축기

① 저압의 기체 ⇨ 고압의 기체
② 팬(Fan : 1 mAq 미만) ⇨ 블로어(Blower : 1 mAq ~ 10 mAq) ⇨ 압축기(Compressor : 10 mAq 이상)
③ 변위형(용적형), 터보형(개방형) : 축류형, 원심형
④ 용어의 정의
- 보어(Bore) : 실린더내경 : D
- 행정(Stroke) : 실린더내에서의 피스톤 최대이동거리 : S
- 상사점(TDC) : 실린더체적이 최소인 피스톤 위치
- 하사점(BDC) : 실린더체적이 최대인 피스톤 위치
- 간극체적(Clearance volume) : 피스톤이 상사점에 있을 때 압축가스의 점유체적 : V_c
- 행정체적(Stroke volume) : 피스톤이 압축가스를 배제하는 체적 : $V_s = \dfrac{\pi}{4} D^2 S$
- 압축비(Compression ratio) : 압축비는 왕복기관의 성능을 좌우하는 중요한 변수, 간극체적에 대한 (간극체적 + 행정체적)의 비 : ϵ

02 간극체적이 없는 경우($V_c = 0$)

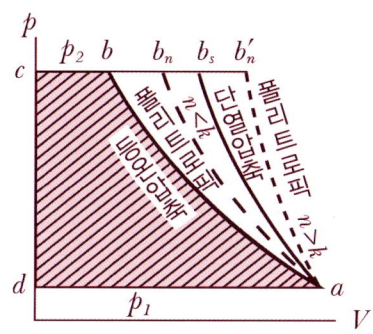
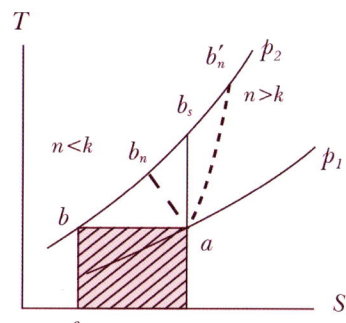

① 압축일 : $W_t = \int_1^2 V dp$ [kJ]

- 등온과정 : $W_t = \int_1^2 V dp = p_1 V_1 \ln \frac{p_2}{p_1} = mRT_1 \ln \frac{p_2}{p_1} = mRT_1 \ln \frac{V_1}{V_2}$

- 폴리트로픽 과정 :

$$W_t = \int_1^2 V dp = \frac{n}{n-1} p_1 V_1 \left[\left(\frac{p_2}{p_1} \right)^{\frac{n-1}{n}} - 1 \right] = \frac{n}{n-1} mR(T_2 - T_1)$$

- 단열과정 : $W_t = \int_1^2 V dp = \frac{k}{k-1} p_1 V_1 \left[\left(\frac{p_2}{p_1} \right)^{\frac{k-1}{k}} - 1 \right] = \frac{k}{k-1} mR(T_2 - T_1)$

② 압축일 및 압축과정 후의 기체온도 : 등온과정 < 폴리트로픽 과정 < 단열과정

03 간극체적이 있는 경우($V_c \neq 0$)

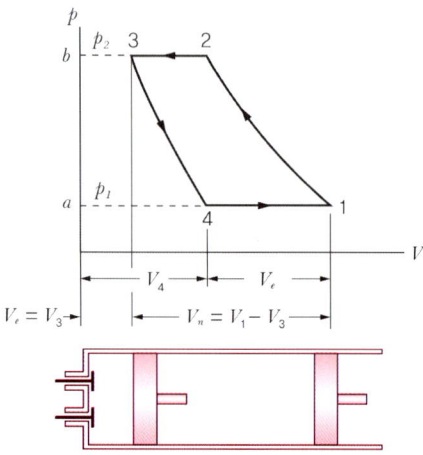

① 체적효율(Volumetric efficiency) : η_v

$$\eta_v = \frac{V_e}{V_s} = \frac{V_1 - V_4}{V_s} = \frac{(V_1 - V_3) - (V_4 - V_3)}{V_s} = 1 - \frac{(V_4 - V_3)}{V_s} = 1 - \lambda \left(\frac{V_4}{V_3} - 1 \right)$$

- 실제 흡입되는 기체체적(유효체적)의 비 : V_e ⇨ 압축기 용량

- 간극비 : $\lambda = \dfrac{\text{간극체적}}{\text{행정체적}} = \dfrac{V_c}{V_s} = \dfrac{V_2}{V_1} = \dfrac{V_3}{V_1 - V_3}$

- ① ⇨ ② : $V_2 = V_1 \left(\dfrac{p_2}{p_1} \right)^{\frac{1}{n}}$, $V_2 = \lambda V_1$

- ② ⇨ ③ : $p_2 = p_3$, $V_3 = V_c$

- ③ ⇨ ④ :

$$V_4 = V_3 \left(\frac{p_4}{p_3} \right)^{\frac{1}{n}} = \lambda V_3, \quad V_4 = (V_c + V_s) - V_e = (V_c + V_s) - (V_1 - V_4)$$

- ④ ⇨ ① : $p_4 = p_1$, $V_1 = V_s + \lambda V_s$

- $\eta_v = \dfrac{V_1 - V_4}{V_s} = \dfrac{V_s(1+\lambda) - \lambda V_s \left(\dfrac{p_3}{p_4} \right)^{\frac{1}{n}}}{V_s} = \dfrac{V_s(1+\lambda) - \lambda V_s \left(\dfrac{p_2}{p_1} \right)^{\frac{1}{n}}}{V_s}$

$$= 1 + \lambda - \lambda \left(\frac{p_2}{p_1} \right)^{\frac{1}{n}} = 1 - \lambda \left\{ \left(\frac{p_2}{p_1} \right)^{\frac{1}{n}} - 1 \right\} = 1 - \lambda \left(\frac{V_4}{V_3} - 1 \right)$$

② 압축일 : $W_t = \int_1^2 V dp$ [kJ]

- 폴리트로픽 과정 :

$$W_t = \int_1^2 V dp = \frac{n}{n-1} p_1 V_e \left[\left(\frac{p_2}{p_1}\right)^{\frac{n-1}{n}} - 1 \right] = \eta_v \frac{n}{n-1} p_1 V_s \left[\left(\frac{p_2}{p_1}\right)^{\frac{n-1}{n}} - 1 \right]$$

③ 압축기 소요동력 : 초기와 최종압력을 p_1, p_2, 온도를 T_1, T_2, 흡입체적과 행정체적을 V_1 및 V_S, 흡입 질량유동율을 $\dot{m}$라 하면,

- 등온압축 마력 : $N_{is} = \frac{p_1 V_1}{60 \times 1,000} \ln \frac{p_2}{p_1} = \frac{\dot{m} R T_1}{60 \times 1,000} \ln \frac{p_2}{p_1}$ [kW]

- 단열압축 마력 :

$$N_{ad} = \frac{k}{k-1} \frac{\dot{m} R T_1}{60 \times 1,000} \left[\left(\frac{p_2}{p_1}\right)^{\frac{k-1}{k}} - 1 \right] = \frac{k}{k-1} \frac{\dot{m} R T_1}{60 \times 1,000} \left[\left(\frac{p_2}{p_1}\right)^{\frac{k-1}{k}} - 1 \right] \text{[kW]}$$

- n단 단열압축 마력

$$N_{ad} = \frac{nk}{k-1} \frac{p_1 V_1}{600 \times 1,000} \left[\left(\frac{p_2}{p_1}\right)^{\frac{k-1}{nk}} - 1 \right] = \frac{nk}{k-1} \frac{\dot{m} R T_1}{60 \times 1,000} \left[\left(\frac{p_2}{p_1}\right)^{\frac{k-1}{nk}} - 1 \right] \text{[kW]}$$

④ 다단압축기 : 압력비가 클 때(5 이상) 일을 작게 하고 체적효율을 크게 하기 위하여 압축을 다단으로 나누어 단과 단 사이에 중간냉각기를 두고 냉각하면 필요한 일을 감소(해칭부분)

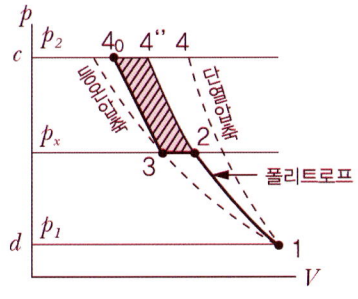
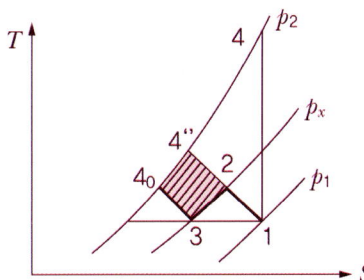

[2단 압축 사이클]

1→2 : 1단 폴리트로픽 압축
2→3 : 중간 냉각기에 의한 냉각
3→4 : 2단 폴리트로픽 압축
1→4" : 1단 단열압축
1→4₀ : 1단 등온압축

압축하는 데 필요한 일을 구하기 위하여 다음과 같이 가정함
- 제1단에서는 p_1부터 p_x까지 압축
- 중간냉각기에서 가스는 압축전의 온도까지 냉각 $(p_1 V_1 = p_x V_x)$
- 간극은 고려하지 않음

$$\therefore p_x^2 = p_1 p_2 \qquad \therefore p_x = \sqrt{p_1 p_2}$$

즉, 1단과 2단의 압축비를 같게 함

02 열역학적 응용

① 열역학적 관계식
② 혼합물과 공기조화
③ 화학반응과 연소

01 열역학적 관계식(열기관의 열효율) : $\eta = 1 - \dfrac{q_L}{q_H}$

① 가역기관
- Carnot 열기관의 열효율 : $\eta_c = 1 - \dfrac{T_2}{T_1}$

② 이론 공기표준 기관
- Otto 열기관의 열효율 :

$$\eta_{th\,O} = 1 - \left(\dfrac{1}{\epsilon}\right)^{k-1} \qquad \epsilon = \dfrac{v_1}{v_2} : 압축비 > 1$$

- Diesel 열기관의 열효율 :

$$\eta_{th\,D} = 1 - \left(\dfrac{1}{\epsilon}\right)^{k-1} \dfrac{\sigma^k - 1}{k(\sigma - 1)} \qquad \sigma = \dfrac{v_3}{v_2} : 단절비 > 1$$

- Sabathe 열기관의 열효율 :

$$\eta_{th\,S} = 1 - \left(\dfrac{1}{\epsilon}\right)^{k-1} \dfrac{\rho\sigma^k - 1}{(\rho - 1) + k\rho(\sigma - 1)} \qquad \rho : 압력상승비$$

- Brayton 열기관의 열효율 :

$$\eta_{th\,B} = 1 - \left(\frac{1}{r_p}\right)^{\frac{k-1}{k}} \qquad r_p = \frac{p_2}{p_1} \text{ : 압력비}$$

③ 이론 증기기관
- Rankine 열기관의 열효율 :

$$\eta_R = \frac{w_t}{h_3 - h_1} = \frac{h_3 - h_4}{h_3 - h_1} \qquad w_p \text{무시} : (h_2 \fallingdotseq h_1)$$

02 열역학적 관계식(냉동기의 성적계수) : $COP_R = \dfrac{q_L}{w_c}$

① 가역기관
- 역 Carnot 냉동기관의 열효율 : $COP_R = \dfrac{q_L}{w_c} = \;\; = \dfrac{T_L}{T_H - T_L}$

② 이론 냉동기관
- 냉동기의 성적계수 $\quad COP_R = \dfrac{q_L}{q_H - q_L} = \dfrac{q_L}{w_c} \qquad w_c$: 압축기 일

- 열펌프의 성능계수 $\quad COP_H = \dfrac{q_H}{q_H - q_L} = \dfrac{q_H}{w_c} = 1 + COP_R$

03 혼합물과 공기조화

① 건공기와 습공기
- 건공기 : 산소 21%, 질소 78%, 탄산가스, 아르곤 등의 기체가 혼합된 공기
- 습공기 : 대기와 같이 수분을 함유한 공기

② 습공기의 상태량
- 전압력과 수증기 분압
  $p = p_w + p_a$ [습공기압력(대기압) = 수증기 분압 + 건공기 분압]
- 절대습도 : 습공기 중에 함유된 건공기 $1kg$에 대한 수증기의 중량 : $x\,[\,kg/kg'\,]$
- 포화 습공기 : 습공기 중의 수증기의 분압 p_w가 그 온도의 포화증기압 $p_{saturation}$과 같은 습공기 ⇨ cf. 불포화 습공기

- 상대습도 ϕ, 비교습도 ψ

$$\phi = \frac{p_w}{p_s} \times 100 = \frac{\gamma_w}{\gamma_s} \times 100 \, [\%]$$

$$\psi = \frac{x}{x_s} \times 100 = \frac{\text{불포화공기 절대습도}}{\text{포화공기 절대습도}} \times 100 \, [\%]$$

③ 습공기의 상태값

- 절대습도 $x = \dfrac{m_w}{m_a} = \dfrac{\text{수증기 질량}}{\text{공기중 건공기 질량}} \, [kg/kg']$

- $G_w = \gamma_w V = \dfrac{p_w V}{R_w T} = \dfrac{p_w V}{47.06\,T} = \dfrac{\phi p_s V}{47.06\,T}$

여기서, m : 습공기 중의 건공기 질량, m_w : 수증기의 질량

- $G_a = \gamma_a V = \dfrac{p_a V}{R_a T} = \dfrac{(p - \Phi p_s)V}{29.27\,T}$

- $x = \dfrac{G_w}{G_a} \fallingdotseq 0.622 \dfrac{\Phi p_s}{p - \Phi p_s} \, [\text{kg/kg}']$, $\Phi = \dfrac{x\,p}{(0.622 + x)p_s}$

- $\Phi = 1$ 일 때, 포화 습공기의 절대습도 : $x_s = 0.622 \dfrac{p_s}{p - p_s}$

- 습공기의 비교습도 : $\psi = \dfrac{x}{x_s} = \Phi \dfrac{p - p_s}{p - \Phi p_s}$

- 습공기 비체적 : $v = \dfrac{T(R_a + xR_w)}{p} = (29.27 + 47.06\,x)\dfrac{T}{p}$

$$= (0.622 + x)\,47.06\,\dfrac{T}{p}\,[\text{m}^3/\text{kg}_f]$$

- $h = h_a + x h_w = C_{pa} t + (\gamma_o + C_{pw} t) x \, [\text{kcal/kg}']$

- h_a, h_w, C_{pa}, C_{pw}는 각각 건공기 및 수증기의 엔탈피와 정압비열로서, 공기압력 80[mmHg], 온도범위 −30℃~+150℃에 대하여 다음의 근사값이 됨

- 건공기 비엔탈피 : $h_a = 0.24\,t$

- 수증기 비엔탈피 : $h_w = 597.3 + 0.441\,t$

- 습공기 비엔탈피 : $h = 0.24t + (597.3 + 0.441t) \, [\text{kcal/kg}_f]$

$$= 1.005\,t + (2,501 + 1.85\,t) \, [\text{kJ/kg}]$$

04 화학반응과 연소

- 고 발열량(H_h) = 연소반응에서 액체인 물(H_2O)이 생성될 때의 발열량
- 저 발열량(H_l) = 고 발열량(H_h)에서 증기(H_2O)가 생성될 때의 열량을 뺀 발열량

① 어떤물질이 급격한 산화작용을 일으킬 때, 다량의 열과 빛을 발생하는 현상을 연소라 함
② 연소열을 경제적으로 이용할 수 있는 물질을 연료(Fuel)
③ 연료는 그 상태에 따라 고체연료, 액체연료 및 기체연료로 구분
④ 연료비(Fuel ratio)는 고정탄소와 휘발분의 비로 정의
⑤ 액화 천연가스(LNG) : 주성분 메탄(CH_4)
⑥ 액화 석유가스(LPG) : 주성분 프로판(C_3H_8), 부탄(C_4H_{10})등이고, 발열량은 12,000 kcal/kg 정도로 도시가스보다 크며 독성이 없고 폭발한계가 좁아서 위험성이 적음

05 연소의 반응기초식

① 탄소(C)의 완전연소

$$C + O_2 \Rightarrow CO_2 + 97,200 \, [\text{kcal/kg} \cdot \text{kmol}]$$

② 반응물의 중량 : 12kg + 16 × 2kg = 44kg (반응물질 중량)
③ 탄소 1kg 당 1kg + 2.67kg = 3.67kg (탄소 1kg 완전연소 시, 필요한 산소량 2.67kg) 즉, 탄소 1kg이 산소(O_2) 2.67kg과 결합하여 3.67kg의 탄산가스(CO_2)를 생성하며, 발열량은

$$\frac{97,200}{12} = 8,100 \, [\text{kcal/kg}]$$

④ 수소(H_2)의 완전연소

$$H_2 + \frac{1}{2}O_2 \Rightarrow H_2O(\text{수증기}) + 57,600 \, [\text{kcal/kg} \cdot \text{kmol}]$$

⑤ 반응물의 중량 : 2kg + 16kg = 18kg (반응물질 중량)
수소 1kg 당 1kg + 8kg = 9kg (수소 1kg 완전연소 시, 필요한 산소량은 8kg) 즉, 수소 1kg이 산소(O_2) 8kg과 결합하여 9kg의 증기(물)을 생성하며, 발열량은

$$\frac{57,200}{2} = 28,800 \, [\text{kcal/kg}]$$

⑥ 황(S)의 완전연소

$$S + O_2 \Rightarrow SO_2 + 80,000 \, [kcal/kmol]$$

반응물의 중량 : 32kg + (16×2)kg = 64kg (반응물질 중량)
황 1kg 당 1kg + 1kg = 2kg (황 1kg이 완전연소 시, 필요한 산소량은 1kg)
즉, 황 1kg이 산소(O_2) 1kg과 결합하여 이산화황(아황산가스) 2kg을 생성하며, 발열량은

$$\frac{80,000}{32} = 2,500 \, [kcal/kg]$$

⑦ 탄화수소(C_mH_n)의 완전연소

$$C_mH_n + \left(m + \frac{n}{4}\right)O_2 \rightarrow mCO_2 + \frac{n}{2}H_2O$$

연료의 저 발열량

$$H_1 = 8,100C + 28,800\left(H - \frac{O}{8}\right) + 2,500S - 600\left(W + \frac{9}{8}O\right) \, [kcal/kg]$$

연료의 고 발열량

$$H_h = H_1 + 600(W + 9H) \, [kcal/kg]$$

기계열역학

열역학 기본개념

001 물질의 양을 1/2로 줄이면 강도성(강성적) 상태량의 값은?

① 1/2로 줄어든다.
② 1/4로 줄어든다.
③ 변화가 없다.
④ 2배로 늘어난다.

[풀이] 강도성(강성적) 상태량은 물질의 질량과 무관.

002 열역학적 상태량은 일반적으로 강도성 상태량과 용량성 상태량으로 분류할 수 있다. 강도성 상태량에 속하지 않는 것은?

① 압력 ② 온도
③ 밀도 ④ 체적

[풀이] 강도성 상태량 ⇨ 질량과 무관한 상태량
cf) 용량성 상태량 ⇨ 질량에 비례하는 상태량

003 다음 중 강도성 상태량(Intensive property)이 아닌 것은?

① 온도 ② 압력
③ 체적 ④ 밀도

[풀이] V는 용량성 상태량

004 물질의 양에 따라 변화하는 종량적 상태량(extensive property)은?

① 밀도 ② 체적
③ 온도 ④ 압력

[풀이] 밀도, 온도, 압력 등은 물질의 질량과 무관한 강도성 상태량이다.

005 다음에 열거한 시스템의 상태량 중 종량적 상태량인 것은?

① 엔탈피 ② 온도
③ 압력   ④ 비체적

[풀이] 비엔탈피 $h\,(kJ/kg)$는 강도성 상태량, 엔탈피 $H\,(kJ)$는 종량성 상태량

006 다음 중 강성적(강도성, intensive)상태량이 아닌 것은?

① 압력   ② 온도
③ 엔탈피 ④ 비체적

[풀이] 비엔탈피 $h\,(kJ/kg)$는 강도성 상태량, 엔탈피 $H\,(kJ)$는 종량성 상태량

007 다음의 열역학 상태량 중 종량적 상태량(extensive property)에 속하는 것은?

① 압력 ② 체적
③ 온도 ④ 밀도

[풀이] 비체적 $v\,(m^3/kg)$는 강도성 상태량, 체적 $V\,(m^3)$는 종량성 상태량

008 서로 같은 단위를 사용할 수 없는 것으로 나타낸 것은?

① 비내부에너지와 비엔탈피
② 비열과 비엔트로피
③ 비엔탈피와 비엔트로피
④ 열과 일

정답 001.③ 002.④ 003.③ 004.② 005.① 006.③ 007.② 008.③

풀이
비엔탈피 (kJ/kg),   비엔트로피 (kJ/kg K)

009 다음 중 폐쇄계의 정의를 올바르게 설명한 것은?
① 동작물질 및 일과 열이 그 경계를 통과하지 아니하는 특정공간
② 동작물질은 계의 경계를 통과할 수 없으나 열과 일은 경계를 통과할 수 있는 특정공간
③ 동작물질은 계의 경계를 통과할 수 있으나 열과 일은 경계를 통과 할 수 없는 특정공간
④ 동작물질 및 일과 열이 모두 그 경계를 통과할 수 있는 특정공간

풀이
밀폐 계 = 폐쇄계 ⇨ 동작유체(물질)는 경계를 통과할 수 없지만 열과 일(에너지)는 통과하는 System

010 다음 중 정확하게 표기된 SI 기본단위(7가지)의 개수가 가장 많은 것은? (단, SI 유도단위 및 그 외 단위는 제외한다.)
① A, Cd, ℃, kg, m, Mol, N, s
② cd, J, K, kg, m, Mol, Pa, s
③ A, J, ℃, kg, km, mol, S, W
④ K, kg, km, mol, N, Pa, S, W

풀이
SI 기본단위는 질량 kg, 길이 m, 시간 s, 힘 N, 온도 K, 압력 Pa, 에너지 J, 화학적 량 Mol 등을 사용한다.

011 경로함수(path function)인 것은 무엇인가?
① 엔탈피   ② 열
③ 압력   ④ 엔트로피

풀이
경로함수(path function)
⇨ 일과 열은 Process 진행과정에 따라 결과 값이 달라지는 경로함수이며, 상태에 의하여 결정되는 점 함수와 구분된다.

012 다음 열역학 성질(상태량)에 대한 설명 중 옳은 것은?
① 엔탈피는 점함수(point function)이다.
② 엔트로피는 비가역과정에 대해서 경로함수이다.
③ 시스템 내 기체가 열평형(thermal equilibrium)상태라 함은 압력이 시간에 따라 변하지 않는 상태를 말한다.
④ 비체적은 종량적(extensive) 상태량이다.

풀이
엔탈피는 상태가 결정되면 상수 값이 되는 점 함수(point function)이다.

013 용기에 부착된 압력계에 읽힌 계기압력이 150 kPa이고 국소대기압이 100 kPa일 때 용기 안의 절대압력은?
① 250 kPa   ② 150 kPa
③ 100 kPa   ④ 50 kPa

풀이
$p_{abs} = p_{atm} \pm p_{gauge}$
⇨ $p_{abs} = 100 + 150 = 250 \ kPa$

014 100 kPa의 대기압 하에서 용기 속 기체의 진공압이 15 kPa이었다. 이 용기 속 기체의 절대압력은 약 몇 kPa인가?
① 85   ② 90

기계열역학

③ 95   ④ 115

풀이

$p_{abs} = p_{atm} \pm p_{gauge}$
$\Rightarrow p_{abs} = 100\,kPa - 15\,kPa = 85\,kPa$

015 대기압이 100 kPa일 때, 계기압력이 5.23 MPa인 증기의 절대압력은 약 몇 MPa인가?

① 3.02   ② 4.12
③ 5.33   ④ 6.43

풀이

$p_{abs} = p_{atm} \pm p_{gauge}$
$\Rightarrow p_{abs} = 100\,kPa + 5.23\,MPa$
$= 0.1\,MPa + 5.23\,MPa = 5.33\,MPa$

016 해수면 아래 20 m에 있는 수중다이버에게 작용하는 절대압력은 약 얼마인가? (단, 대기압은 101 kPa이고, 해수의 비중은 1.03이다.)

① 101 kPa   ② 202 kPa
③ 303 kPa   ④ 504 kPa

풀이

$p_{abs} = p_{atm} + \gamma_{해수}h$
$= p_{atm} + s_{해수}\gamma_w h$
$= 101 + 1.03 \times 9.8 \times 20$
$\fallingdotseq 303\,kPa$

017 상온(25℃)의 실내에 있는 수은 기압계에서 수은주의 높이가 730 mm라면, 이때 기압은 약 몇 kPa인가? (단, 25℃기준, 수은밀도는 13534 kg/m³이다.)

① 91.4   ② 96.9
③ 99.8   ④ 104.2

풀이

$p = 13534 \times 9.8 \times 0.73$
$= 96822 \times 10^{-3} = 96.8\,kN/m^2$

018 다음 압력값 중에서 표준대기압(1 atm)과 차이가 가장 큰 압력은?

① 1 MPa   ② 100 kPa
③ 1 bar   ④ 100 hPa

풀이

$1\,atm = 1.0332\,kgf/cm^2 = 760\,mmHg$
$= 10.332\,mAq = 0.1013\,MPa$
$= 101.325\,kPa$
$= 0.98\,bar = 1013.25\,hPa$

019 수은주에 의해 측정된 대기압이 753 mmHg일 때 진공도 90%의 절대압력은 얼마인가? (단, 수은의 밀도는 13660 kg/m³, 중력가속도는 9.8 m/s²이다.)

① 약 200.08 kPa
② 약 190.08 kPa
③ 약 100.04 kPa
④ 약 10.04 kPa

풀이

진공 압력
$-0.9 \times 753 = -677.7\,mmHg$
$p_{abs} = p_{atm} \pm p_{gauge}$
$= 753 - 677.7 = 75.3\,mmHg$
$= \dfrac{75.3}{760} \times 101.325 = 10.04\,kPa$

020 27 kPa의 압력차는 수은주로 어느 정도 높이가 되겠는가? (단, 수은의 밀도는 13590 kg/m^3 이다.)

① 약 158mm   ② 약 203mm
③ 약 265mm   ④ 약 577mm

정답 015. ③ 016. ③ 017. ② 018. ① 019. ④ 020. ②

> **풀이**
>
> $p = \gamma h = \rho g h$
>
> $\Rightarrow h = \dfrac{p}{\rho g} = \dfrac{27 \times 10^3}{13590 \times 9.8} \times 10^3$
>
> $\quad\quad = 203 \; mm$

021 다음 온도에 관한 설명 중 틀린 것은?

① 온도는 뜨겁거나 차가운 정도를 나타낸다.
② 열역학 제 0법칙은 온도측정과 관계된 법칙이다.
③ 섭씨온도는 표준기압 하에서 물의 어는점과 끓는점을 각각 0과 100으로 부여한 온도척도이다.
④ 화씨온도 F와 절대온도 K 사이에는 K = F + 273.15의 관계가 성립한다.

> **풀이**
> 섭씨온도 °C와 절대온도 K 사이에는 K=°C+273.15의 관계가 성립한다.

022 섭씨온도 −40℃를 화씨온도(℉)로 환산하면 약 얼마인가?

① −16℉ ② −24℉
③ −32℉ ④ −40℉

> **풀이**
>
> $°F = \dfrac{9}{5} °C + 32$
>
> $\quad = \dfrac{9}{5} \times (-40) + 32 = -40 \, °F$

023 화씨온도가 86℉ 일 때 섭씨온도는 몇 ℃ 인가?

① 30 ② 45
③ 60 ④ 75

> **풀이**
>
> $℃ = \dfrac{5}{9} \times (°F - 32) = \dfrac{5}{9} \times (86 - 32) = 30 \, ℃$

024 공기는 압력이 일정할 때 그 정압비열이 C_p = 1.0053 + 0.000079t kJ/kg·℃라고 하면 공기 5 kg을 0℃에서 100℃까지 일정한 압력하에서 가열하는데 필요한 열량은 약 얼마인가? (단, t = ℃이다.)

① 100.5 kJ ② 100.9 kJ
③ 502.7 kJ ④ 504.6 kJ

> **풀이**
>
> $Q = m C \Delta T$
>
> $\quad = m \int_{t_1}^{t_2} (1.0053 + 0.000079 \, t) \, dt$
>
> $\quad = m \left[1.0053 (t_2 - t_1) + 0.000079 \dfrac{{t_2}^2 - {t_1}^2}{2} \right]$
>
> $\quad = 5 \left[1.0053 \times (100 - 0) + 0.000079 \times \dfrac{100^2 - 0^2}{2} \right]$
>
> $\quad \fallingdotseq 504.63 \; kJ$

025 비열이 0.475 kJ/kg·K인 철 10 kg을 20℃에서 80℃로 올리는데 필요한 열량은 몇 kJ인가?

① 222 ② 232
③ 285 ④ 315

> **풀이**
> 현열
>
> $Q = m C \Delta T = 10 \times 0.475 \times (80 - 20)$
>
> $\quad\quad\quad\quad\quad\; = 285 \; kJ$

026 질량 4 kg의 액체를 15℃에서 100℃까지 가열하기 위해 714 kJ의 열을 공급하였다면 액체의 비열은 몇 J/kg·K인가?

① 1100 ② 2100
③ 3100 ④ 4100

> **풀이**
>
> $Q = m C \Delta T$
>
> $\Rightarrow C = \dfrac{Q}{m(t_2 - t_1)} = \dfrac{714 \times 10^3}{4(100 - 15)}$

정답 021. ④ 022. ④ 023. ① 024. ④ 025. ③ 026. ②

기계열역학

= 2100 $J/kg \cdot K$

027 500 W의 전열기로 4 kg의 물을 20℃에서 90℃까지 가열하는데 몇 분이 소요되는가? (단, 전열기에서 열은 전부 온도상승에 사용되고 물의 비열은 4180 J/(kg·K)이다.)

① 16　　② 27
③ 39　　④ 45

풀이
$Q = mC\Delta T$, $Q = P \times t$
= $4 \times 4180 \times (90-20) = 500 \times 60 \times x$
∴ $x ≒ 39$ min

028 대기압 하에서 물질의 질량이 같을 때 엔탈피의 변화가 가장 큰 경우는?

① 100℃ 물이 100℃ 수증기로 변화
② 100℃ 공기가 200℃ 공기로 변화
③ 90℃의 물이 91℃ 물로 변화
④ 80℃의 공기가 82℃ 공기로 변화

풀이
엔탈피의 정의식은 $h = u + pv$
⇨ $\Delta h = \Delta u + \Delta pv$ 이며, 증발의 잠열이 필요함. ($539\ Kcal/kg = 539 \times 4.2\ KJ/kg$)

029 체적이 200 L인 용기 속에 기체가 3 kg 들어있다. 압력이 1 MPa, 비내부에너지가 219 kJ/kg일 때 비엔탈피는 약 몇 kJ/kg인가?

① 286　　② 258
③ 419　　④ 442

풀이
$h = u + pv$
⇨ $h = 219 + 1000 \times 200 \times 10^{-3} \div 3$
= 286 kJ/kg

030 공기 1 kg이 압력 50 kPa, 부피 3 ㎥인 상태에서 압력 900 kPa, 부피 0.5 ㎥인 상태로 변화할 때 내부에너지가 160 kJ증가하였다. 이 때 엔탈피는 약 몇 kJ이 증가하였는가?

① 30　　② 185
③ 235　　④ 460

풀이
$h = u + pv$
⇨ $\Delta H = \Delta U + \Delta pV$
⇨ $\Delta H = 160 + (900 \times 0.5 - 50 \times 3)$
= 460 kJ

031 이상기체의 엔탈피가 변하지 않는 과정은?

① 가역단열과정　　② 비가역 단열과정
③ 교축과정　　　　④ 정적과정

풀이
교축과정
교축과정이란 좁은 공간을 통과하는 과정으로 압력이 저하하는 과정이다.
실제기체에서는 마찰이 발생하여 온도가 내려 가지만 이상기체에서는 다시 유체로 흡수되므로 교축과정 전후에 변화하지 않는다.

032 교축과정(throttling process)에서 처음상태와 최종상태의 엔탈피는 어떻게 되는가?

① 처음상태가 크다.
② 경우에 따라 다르다.
③ 같다.
④ 최종상태가 크다.

풀이
같다

033 유체의 교축과정에서 Joule-thomson 계수 (μ_J)가 중요하게 고려되는데 이에 대한 설명으

정답　027. ③　028. ①　029. ①　030. ④　031. ③　032. ③　033. ①

로 옳은 것은?

① 등 엔탈피 과정에 대한 온도변화와 압력변화의 비를 나타내며 $\mu_J < 0$인 경우 온도상승을 의미한다.
② 등 엔탈피 과정에 대한 온도변화와 압력변화의 비를 나타내며 $\mu_J < 0$인 경우 온도강하를 의미한다.
③ 정적과정에 대한 온도변화와 압력변화의 비를 나타내며 $\mu_J < 0$인 경우 온도상승을 의미한다.
④ 정적과정에 대한 온도변화와 압력변화의 비를 나타내며 $\mu_J < 0$인 경우 온도강하를 의미한다.

풀이

등엔탈피 과정에 대한 온도변화와 압력변화의 비를 나타내며 $\mu_J < 0$ 인 경우의 비 가역과정인 유체마찰에 의한 온도상승을 의미한다.

---

034 어떤 유체의 밀도가 741 kg/m^3이다. 이 유체의 비체적은 약 몇 m^3/kg인가?

① 0.78×10^{-3} ② 1.35×10^{-3}
③ 2.35×10^{-3} ④ 2.98×10^{-3}

풀이

비체적 : 단위질량이 점유하는 유체의 체적

$$v = \frac{1}{밀도(\rho)} = \frac{1}{741} = 1.35 \times 10^{-3} \, m^3/kg$$

---

035 질량이 m이고 비체적이 v인 구(sphere)의 반지름이 R이면, 질량이 $4m$이고, 비체적이 $2v$인 구의 반지름은?

① $2R$ ② $\sqrt{2} R$
③ $\sqrt{3} R$ ④ $\sqrt{5}$

풀이

$$v = \frac{V}{m}, \; V = \frac{4}{3}\pi R^3$$
$$\Rightarrow 2v' = \frac{V'}{4m}$$
$$\Rightarrow V' = 8mv' = \frac{4}{3}\pi x^3$$
$$\Rightarrow x = 2R$$

---

036 다음 중 비체적의 단위는?

① kg/m^3 ② m^3/kg
③ $m^3/(kg \cdot s)$ ④ $m^3/(kg \cdot s^2)$

풀이

비체적의 단위는 m^3/kg이며 밀도(ρ)의 역수이다.

---

037 밀도 1000 kg/m^3인 물이 단면적 0.01 m^2인 관속을 2 m/s의 속도로 흐를 때, 질량유량은?

① 20 kg/s ② 2.0 kg/s
③ 50 kg/s ④ 5.0 kg/s

풀이

$\rho = 1000 \, kg/m^3$, $A = 0.01 \, m^2$, $w = 2 \, m/s$
$$\Rightarrow \dot{m} = \rho A w = 1000 \times 0.01 \times 2 = 20 \, kg/s$$

---

038 시속 30 km로 주행하고 있는 질량 306 kg의 자동차가 브레이크를 밟았더니 8.8 m에서 정지했다. 베어링 마찰을 무시하고 브레이크에 의해 제동된 것으로 보았을 때, 브레이크로부터 발생한 열량은 얼마인가? (단, 차륜과 도로면의 마찰계수는 0.4로 한다.)

① 약 25.6 kJ ② 약 20.6 kJ
③ 약 15.6 kJ ④ 약 10.6 kJ

풀이

$Q = \mu W s = \mu (mg) s$

정답 034. ② 035. ① 036. ② 037. ① 038. ④

$= 0.4\,(306 \times 9.8) \times 8.8 \times 10^{-3}$
$= 10.6\ kJ$

039 다음에 제시된 에너지 값 중 가장 크기가 작은 것은?

① 400 N·cm ② 4 cal
③ 40 J   ④ 4000 Pa·m^3

풀이
① $400\,N \cdot cm = 4N \cdot m = 4J$
② $4\,cal = 4 \times 4.1868 = 16.72\,J$
③ $40\,J$
④ $4000\,Pa \cdot m^3 = 4000\,N/m^2 \cdot m^3 = 4000\,J$

040 내부에너지가 40 kJ, 절대압력이 200 kPa, 체적이 0.1 m³, 절대온도가 300K인 계의 엔탈피는 약 몇 kJ인가?

① 42   ② 60
③ 80   ④ 240

풀이
$h = u + pv$
$\Rightarrow H = U + pV$
$\quad = 40 + 200 \times 0.1 = 60\ kJ$

041 10 kg의 증기가 온도 50℃, 압력 38 kPa, 체적 7.5 m³일 때 총 내부에너지는 6700 kJ이다. 이와 같은 상태의 증기가 가지고 있는 엔탈피는 약 몇 kJ인가?

① 606   ② 1794
③ 3305 ④ 6985

풀이
$H = U + pV = 6700 + 38 \times 7.5 = 6985\ kJ$

042 1 kg의 기체가 압력 50 kPa, 체적 2.5 m^3의 상태에서 압력 1.2 MPa, 체적 0.2 m^3의 상태로 변하였다. 엔탈피의 변화량은 약 몇 kJ인가? (단, 내부에너지의 변화는 없다.)

① 365   ② 206
③ 155   ④ 115

풀이
$\Delta h = \Delta u + \Delta pv$
$\Rightarrow \Delta H = \Delta U + \Delta pV$
$\Rightarrow \Delta H = 1200 \times 0.2 - 50 \times 2.5 = 115\ kJ$

043 100 kPa, 25℃ 상태의 공기가 있다. 이 공기의 엔탈피가 298.615 kJ/kg이라면 내부에너지는 약 몇 kJ/kg인가? (단, 공기는 분자량 28.97인 이상기체로 가정한다.)

① 213.05 kJ/kg
② 241.07 kJ/kg
③ 298.15 kJ/kg
④ 383.72 kJ/kg

풀이
$h = u + pv = u + RT$
$\Rightarrow u = h - RT$
$\quad = 298.615 - \dfrac{8.3143}{28.97} \times 298.15$
$\quad = 213.05\ kJ/kg$

044 보일러에 물(온도 20℃, 엔탈피 84 kJ/kg)이 유입되어 600 kPa의 포화증기(온도 159℃, 엔탈피 2757 kJ/kg) 상태로 유출된다. 물의 질량유량이 300 kg/h이라면 보일러에 공급된 열량은 약 몇 kW인가?

① 121   ② 140
③ 223   ④ 345

풀이
$q_B = h_2 - h_1 = 2757 - 84 = 2673\ kJ/kg$

정답 039. ① 040. ② 041. ④ 042. ④ 043. ① 044. ③

$$\therefore \dot{Q}_B = \dot{m}(h_2 - h_1) = \frac{300}{3600} \times 2673$$
$$= 222.75 \ kW$$

045 200 m의 높이로부터 250 kg의 물체가 땅으로 떨어질 경우 일을 열량으로 환산하면 약 몇 kJ인가? (단, 중력가속도는 9.8 m/s² 이다.)

① 79　　② 117
③ 203　　④ 490

[풀이]
$Q = mgh = 250 \times 9.8 \times 200 \times 10^{-3}$
$\qquad = 490 \ kJ$

046 아래 보기 중 가장 큰 에너지는 무엇인가?

① 100 kW 출력의 엔진이 10시간 동안 한 일
② 발열량 10000 kJ/kg의 연료를 100 kg 연소시켜 나오는 열량
③ 대기압 하에서 10℃ 물 10 m³를 90℃로 가열하는데 필요한 열량(물의 비열은 4.2 kJ/kg・℃이다.)
④ 시속 100 km로 주행하는 총 질량 2000 kg인 자동차의 운동에너지

[풀이]
① $E_W = 100 \ kWh \times 10h = 100 \ kJ/s \times 36000 \ s$
$\qquad = 3,600,000 \ kJ$
② $E_Q = 10000 \ kJ/kg \times 100 \ kg = 1,000,000 \ kJ$
③ $E_Q = 10000 \ kg \times 80 \ ℃ \times 4.2 \ kJ/kg℃$
$\qquad = 3,360,000 \ kJ$
④ $E_K = \frac{1}{2} \times 2000 \times \left(\frac{100 \times 1000}{3600}\right)^2 \times 10^{-3}$
$\qquad = 771.6 \ kJ$

047 효율이 40%인 열기관에서 유효하게 발생되는 동력이 110 kW라면 주위로 방출되는 총열량은 약 몇 kW인가?

① 375　　② 165
③ 135　　④ 85

[풀이]
$\eta = 1 - \frac{Q_2}{Q_1} = \frac{W}{Q_1} \Rightarrow 0.4 = \frac{110}{Q_1}$

$\Rightarrow Q_1 = \frac{110}{0.4} = 275 \ kW$

$\therefore Q_2 = 275 \times (1 - 0.4) = 165 \ kW$

순수물질

048 상태와 상태량과의 관계에 대한 설명 중 틀린 것은?

① 순수물질 단순 압축성 시스템의 상태는 2개의 독립적 강도성 상태량에 의해 완전하게 결정된다.
② 상변화를 포함하는 물과 수증기의 상태는 압력과 온도에 의해 완전하게 결정된다.
③ 상변화를 포함하는 물과 수증기의 상태는 온도와 비체적에 의해 완전하게 결정된다.
④ 상변화를 포함하는 물과 수증기의 상태는 압력과 비체적에 의해 완전하게 결정된다.

[풀이]
② 상변화를 포함하는 물과 수증기의 상태 값 결정에는 압력과 온도 외에 건도(dryness factor)가 필요하다.

049 과열증기를 냉각시켰더니 포화영역 안으로 들어와서 비체적이 0.2327 m^3/kg이 되었다. 이때의 포화액과 포화증기의 비체적이 각각 $1.079 \times 10^{-3} \ m^3/kg$, $0.5243 \ m^3/kg$이라면 건

정답 045. ④　046. ①　047. ②　048. ②　049. ④

도는?

① 0.964　② 0.772
③ 0.653　④ 0.443

풀이

$v_x = xv'' + (1-x)v' = v' + x(v'' - v')$

$\Rightarrow 0.2327 = 1.079 \times 10^{-3} + x(0.5243 - 1.079 \times 10^{-3})$

$\therefore$ 건도 $x = 0.443$

050 물질이 액체에서 기체로 변해 가는 과정과 관련하여 다음 설명 중 옳지 않은 것은?

① 물질의 포화온도는 주어진 압력하에서 그 물질의 증발이 일어나는 온도이다.
② 물의 포화온도가 올라가면 포화압력도 올라간다.
③ 액체의 온도가 현재압력에 대한 포화온도보다 낮을 때 그 액체를 압축 액 또는 과냉각 액이라 한다.
④ 어떤 물질이 포화온도 하에서 일부는 액체로 존재하고 일부는 증기로 존재할 때, 전체질량에 대한 액체질량의 비를 건도로 정의한다.

풀이

어떤 물질이 포화온도 하에서 일부는 액체로 존재하고 일부는 증기로 존재할 때, 전체 질량에 대한 건포화증기 질량의 비를 건도로 정의한다.

051 0.6 MPa, 200℃의 수증기가 50 m/s의 속도로 단열노즐로 유입되어 0.15 MPa, 건도 0.99인 상태로 팽창하였다. 증기의 유출속도는? (단, 노즐입구에서 엔탈피는 2850 kJ/kg, 출구에서 포화액 엔탈피는 467 kJ/kg, 증발잠열은 2227 kJ/kg이다.)

① 약 600 m/s　② 약 700 m/s
③ 약 800 m/s　④ 약 900 m/s

풀이

$h_{0.99} = (1-x)h' + xh'' = h' + x\gamma$

$\Rightarrow h_x = 467 + 0.99 \times 2227 = 2671.7 \, kJ/kg$

$h_1 + \dfrac{w_1^2}{2} = h_2 + \dfrac{w_2^2}{2}$

$\Rightarrow 2850 + \dfrac{50^2}{2} = 2671.7 + \dfrac{w_2^2}{2}$

$\Rightarrow w_2 = \sqrt{2 \times \left((2850 - 2671.7) \times 1000 + \dfrac{50^2}{2}\right)}$

$\Rightarrow \therefore w_2 \fallingdotseq 600 \, m/s$

052 체적이 0.01 m³인 밀폐용기에 대기압의 포화혼합물이 들어있다. 용기체적의 반은 포화액체, 나머지 반은 포화증기가 차지하고 있다면, 포화혼합물 전체의 질량과 건도는? (단, 대기압에서 포화액체와 포화증기의 비체적은 각각 0.001044 m³/kg, 1.6729 m³/kg이다.)

① 전체질량 : 0.0119 kg, 건도 : 0.50
② 전체질량 : 0.0119 kg, 건도 : 0.00062
③ 전체질량 : 4.792 kg, 건도 : 0.50
④ 전체질량 : 4.792 kg, 건도 : 0.00062

풀이

포화액의 질량을 m', 포화증기의 질량을 m''라 하면

$0.5 V = m' \times 0.001044$
$\Rightarrow 0.5 \times 0.01 = m' \times 0.001044$
$\Rightarrow m' = 4.789$
$0.5 V = m'' \times 1.6729$
$\Rightarrow 0.5 \times 0.01 = m'' \times 1.6729$
$\Rightarrow m'' = 0.00000299$
$\therefore$ 전체질량 $m \fallingdotseq 4.789 \, kg$

$V = mv_x = m[v' + x(v'' - v')]$
$0.01 = 4.789 v_x$
$\quad = 4.789[0.001044 + x(1.6729 - 0.001044)]$
$\therefore$ 건도 $x \fallingdotseq 0.00062$

실전문제

053 습증기 상태에서 엔탈피 h를 구하는 식은? (단, h_f는 포화액의 엔탈피, h_g는 포화증기의 엔탈피, x는 건도이다.)

① $h = h_f + (xh_g - h_f)$
② $h = h_f + x(h_g - h_f)$
③ $h = h_g + (xh_f - h_g)$
④ $h = h_g + x(h_g - h_f)$

풀이
$h_x = h' + x(h'' - h')$
⇨ $h = h_f + x(h_g - h_f)$

054 압력 2 MPa, 온도 300℃의 수증기가 20 m/s 속도로 증기터빈으로 들어간다. 터빈출구에서 수증기 압력이 100 kPa, 속도는 100 m/s이다. 가역단열과정으로 가정 시, 터빈을 통과하는 수증기 1 kg당 출력일은 약 몇 kJ/kg인가? (단, 수증기표로부터 2 MPa, 300℃에서 비엔탈피는 3023.5 kJ/kg, 비 엔트로피는 6.7663 kJ/(kg·K)이고, 출구에서의 비엔탈피 및 비 엔트로피는 아래표와 같다.)

출구	포화액	포화증기
비 엔트로피 [kJ/(kg·K)]	1.3025	7.3593
비 엔탈피 [kJ/kg]	417.44	2675.46

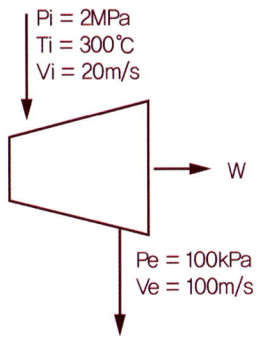

① 1534　② 564.3
③ 153.4　④ 764.5

풀이
$q_{12} + h_1 + \frac{w_1^2}{2} + gz_1 = h_2 + \frac{w_2^2}{2} + gz_2 + w_T$
⇨ $w_T = (h_1 - h_2) + (\frac{w_1^2}{2} - \frac{w_2^2}{2})$

등엔트로피 과정이므로 터빈출구에 대하여
$s_x = s' + x(s'' - s')$
⇨ $6.7663 = 1.3025 + x(7.3593 - 1.3025)$
⇨ $x = 0.902$

$h_x = h' + x(h'' - h')$
$h_{0.902} = 417.44 + 0.902(2675.46 - 417.44)$
⇨ $h_{0.902} = 2454.17$

$w_T = (3023.5 - 2454.17) + \frac{1}{2}(20^2 - 100^2)$
$\times 10^{-3} = 564.53 \, kJ/kg$

055 펌프를 사용하여 150 kPa, 26℃의 물을 가역단열과정으로 650 kPa로 올리려고 한다. 26℃ 포화액의 비체적이 0.001 m³/kg이면 펌프일은?

① 0.4 kJ/kg　② 0.5 kJ/kg
③ 0.6 kJ/kg　④ 0.7 kJ/kg

풀이
펌프일 = 공업일 = 개방계의 일
$w_P = -\int_1^2 v\,dp = -v(p_2 - p_1)$
$= 0.001 \times (650 - 150) = 0.5 \, kJ/kg$

056 물의 증발열은 101.325 kPa에서 2257 kJ/kg이고, 이 때 비체적은 0.00104 m³/kg에서 1.67 m³/kg으로 변화한다. 이 증발과정에 있어서 내부에너지의 변화량(kJ/kg)은?

① 237.5　② 2375
③ 208.8　④ 2088

정답 053. ② 054. ② 055. ② 056. ④

기계열역학

풀이

$\gamma = (u'' - u') + p(v'' - v') \; [\text{kJ/kg}]$

$\Rightarrow 2257 = \triangle u + 101.325 \times (1.67 - 0.00104)$

$\therefore \triangle u = 2087.9 \; [\text{kJ/kg}]$

057 1 MPa의 일정한 압력(이때의 포화온도는 180℃) 하에서 물이 포화액에서 포화증기로 상변화를 하는 경우 포화액의 비체적과 엔탈피는 각각 0.00113 ㎥/kg, 763 kJ/kg이고, 포화증기의 비체적과 엔탈피는 각각 0.1944 ㎥/kg, 2778 kJ/kg이다. 이 때 증발에 따른 내부에너지 변화 (u_{fg})와 엔트로피 변화(s_{fg})는 약 얼마인가?

① u_{fg} =1822 kJ/kg,
　s_{fg} =3.704 kJ/(kg・K)
② u_{fg} =2002 kJ/kg,
　s_{fg} =3.704 kJ/(kg・K)
③ u_{fg} =1822 kJ/kg,
　s_{fg} =4.447 kJ/(kg・K)
④ u_{fg} =2002 kJ/kg,
　s_{fg} =4.447 kJ/(kg・K)

풀이

$\triangle H = \triangle U + \triangle pV$

$\Rightarrow \triangle h = \triangle u + \triangle pv$

$\Rightarrow u_{fg} = h_{fg} - pv_{fg}$

$= (2778 - 763) - 1000 \times (0.1944 - 0.00113)$

$= 1822 \; [\text{kJ/kg}]$

$s_{fg} = \dfrac{h_{fg}}{T} = \dfrac{(2778 - 763)}{(180 + 273.15)}$

$= 4.447 \; [\text{kJ/kg・K}]$

058 증기터빈의 입구조건은 3 MPa, 350℃이고 출구의 압력은 30 kPa이다. 이 때 정상 등엔트로피 과정으로 가정할 경우, 유체의 단위질량당 터빈에서 발생되는 출력은 약 몇 kJ/kg인가? (단, 표에서 h는 단위질량당 엔탈피, s는 단위질량당 엔트로피이다.)

	h (kJ/kg)	s (kJ/(kg・K))
터빈입구	3115.3	6.7428

	엔트로피 (kJ/(kg・K))		
	포화액 s_f	증발 s_{fg}	포화증기 s_g
터빈출구	0.9439	6.8247	7.7686

	엔탈피 (kJ/K)		
	포화액 h_f	증발 h_{fg}	포화증기 h_g
터빈출구	289.2	2336.1	2625.3

① 679.2　② 490.3
③ 841.1　④ 970.4

풀이

등엔트로피 과정으로부터 터빈출구에 대하여

$s_x = s' + x(s'' - s')$

$\Rightarrow 6.7428 = 0.9439 + x(7.7686 - 0.9439)$

$\Rightarrow x = 0.85$

$h_x = h' + x(h'' - h')$

$\Rightarrow h_{0.85} = 289.2 + 0.85(2625.3 - 289.2)$

$\Rightarrow h_{0.85} = 2274.9$

$\therefore w_T = 3115.3 - 2274.9 = 840.4 \; \text{kJ/kg}$

059 포화증기를 단열상태에서 압축시킬 때 일어나는 일반적인 현상 중 옳은 것은?

① 과열증기가 된다.
② 온도가 떨어진다.
③ 포화수가 된다.
④ 습증기가 된다.

풀이

건포화증기에 일을 가하면 과열증기가 된다.

이상기체, Process 해석

060 이상기체의 내부에너지 및 엔탈피는 무엇인가?

① 압력만의 함수이다.
② 체적만의 함수이다.
③ 온도만의 함수이다.
④ 온도 및 압력의 함수이다.

[풀이]
이상기체 내부에너지와 엔탈피는 온도만의 함수.

061 이상기체의 내부에너지는 무엇의 함수인가?

① 온도만의 함수이다.
② 압력만의 함수이다.
③ 온도와 압력의 함수이다.
④ 비체적만의 함수이다.

[풀이]
이상기체의 내부에너지는 온도만의 함수
$$\Rightarrow u = f(T)$$

062 Van der Waals 상태방정식은 다음과 같이 나타낸다. 이식에서 $\dfrac{a}{v^2}$, b는 각각 무엇을 의미하는 것인가? (단, P는 압력, v는 비체적, R은 기체상수, T는 온도를 나타낸다.)

$$\left(p + \frac{a}{v^2}\right) \times (v - b) = RT$$

① 분자간의 작용인력, 분자 내부에너지
② 분자간의 작용인력, 기체 분자들이 차지하는 체적
③ 분자자체의 질량, 분자 내부에너지
④ 분자자체의 질량, 기체 분자들이 차지하는 체적

[풀이]
② 분자간의 상호작용력, 분자가 점유하는 체적

063 어떤 이상기체 1 kg이 압력 100 kPa, 온도 30℃의 상태에서 체적 0.8 m^3을 점유한다면 기체상수는 몇 kJ/kg·K인가?

① 0.251   ② 0.264
③ 0.275   ④ 0.293

[풀이]
$pV = mRT$
$$\Rightarrow R = \frac{pV}{mT} = \frac{100 \times 0.8}{1 \times 303.15} = 0.264$$

064 압력이 100 kPa이며 온도가 25℃ 인 방의 크기가 240 m^3이다. 이 방에 들어 있는 공기의 질량은 약 몇 kg인가? (단, 공기는 이상기체로 가정하며, 공기의 기체상수는 0.287 kJ/(kg·K)이다.)

① 0.00357   ② 0.28
③ 3.57   ④ 280

[풀이]
$pV = mRT$
$$\Rightarrow m = \frac{pV}{RT} = \frac{100 \times 240}{0.287 \times (25 + 273.15)} = 280\ kg$$

065 어느 이상기체 2 kg이 압력 200 kPa, 온도 30℃의 상태에서 체적 0.8 m^3를 차지한다. 이 기체의 기체상수는 약 몇 kJ(kg·K)인가?

① 0.264   ② 0.528
③ 2.67   ④ 3.53

[풀이]
$pV = mRT$
$$\Rightarrow 200 \times 0.8 = 2 \times R \times (30 + 273.15)$$
$$\Rightarrow \therefore R = 0.264\ [kJ/kg \cdot k]$$

정답 060. ③ 061. ① 062. ② 063. ② 064. ④ 065. ①

기계열역학

066 이상기체 공기가 안지름 0.1 m인 관을 통하여 0.2 m/s로 흐르고 있다. 공기의 온도는 20℃, 압력은 100 kPa, 기체상수는 0.287 kJ/(kg · K)라면 질량유량은 약 몇 kg/s인가?

① 0.0019 ② 0.0099
③ 0.0119 ④ 0.0199

풀이

$$\dot{Q} = \dot{V} = Aw = \frac{\pi}{4}D^2 w = \frac{\pi}{4} \times 0.1^2 \times 0.2$$
$$= 0.00157 \, m^3/s$$
$$p\dot{V} = \dot{m}RT$$
$$100 \times 0.00157 = \dot{m} \times 0.287 \times (20 + 273.15)$$
$$\Rightarrow \dot{m} = 0.0019 \, kg/s$$

067 수소(H_2)를 이상기체로 생각하였을 때, 절대압력 1 MPa, 온도 100℃에서의 비체적은 약 몇 m^3/kg인가? (단, 일반기체상수는 8.3145 kJ/kmol · K이다.)

① 0.781 ② 1.26
③ 1.55 ④ 3.46

풀이

$$pv = RT$$
$$\Rightarrow 1000 \times v = \frac{8.3145}{2} \times (100 + 273.15)$$
$$\therefore v = 1.55 \, [m^3/kg]$$

068 분자량이 29이고, 정압비열이 1005 J/(kg · K)인 이상기체의 정적비열은 약 몇 J/(kg · K)인가? (단, 일반기체상수는 8314.5 J/(kmol · K)이다.)

① 976 ② 287
③ 718 ④ 546

풀이

$$\overline{R} = MR$$
$$\Rightarrow R = \frac{\overline{R}}{M} = \frac{8314.5}{29} = 718 \, [J/kg \cdot K]$$

069 다음 중 기체상수(Gas constant, R [kJ/(kg · K)])값이 가장 큰 기체는?

① 산소(O_2)
② 수소(H_2)
③ 일산화탄소(CO)
④ 이산화탄소(CO_2)

풀이

$$\overline{R} = MR = C = 8.3143 \, [kJ/kmol \cdot K]$$

∴ 분자량(M)이 가장 작은 수소의 기채상수가 가장 크다.

070 분자량이 28.5인 이상기체가 압력 200 kPa, 온도 100℃ 상태에 있을 때 비체적은? (단, 일반기체상수 = 8.314 kJ / kmol · K이다.)

① 0.164 kg/m^3 ② 0.545 kg/m^3
③ 0.146 m^3/kg ④ 0.545 m^3/kg

풀이

$$\overline{R} = MR$$
$$\Rightarrow R = \frac{\overline{R}}{M} = \frac{8.3143}{28.5} = 0.292 \, kJ/kg \, K$$
$$pv = RT$$
$$\Rightarrow v = \frac{RT}{p} = \frac{0.292 \times (100 + 273.15)}{200}$$
$$= 0.545 \, m^3/kg$$

071 분자량이 30인 C_2H_6(에탄)의 기체상수는 몇 kJ/kg · K인가?

① 0.277 ② 2.013
③ 19.33 ④ 265.43

정답 066. ① 067. ③ 068. ③ 069. ② 070. ④ 071. ①

풀이

$$R_{C_2H_6} = \frac{\overline{R}}{M_{C_2H_6}} = \frac{8.3143}{30}$$
$$= 0.277 \ kJ/kg \cdot K$$

072 분자량이 M이고 질량이 2V인 이상기체 A가 압력 p, 온도 T(절대온도)일 때 부피가 V이다. 동일한 질량의 다른 이상기체 B가 압력 $2p$, 온도 $2T$(절대온도)일 때 부피가 2V이면 이 기체의 분자량은 얼마인가?

① 0.5M ② M
③ 2M   ④ 4M

풀이

$pV = mRT$

$\Rightarrow pV = 2VR_A T = 2V \frac{\overline{R}}{M} T$

$\Rightarrow 2p \, 2V = 2VR_B \, 2T = 2V \frac{\overline{R}}{x} 2T$

$\Rightarrow 4pV = 4V \frac{\overline{R}}{x} T \quad \therefore \ x = 0.5M$

073 이상기체의 비열에 대한 설명으로 옳은 것은 무엇인가?

① 정적비열과 정압비열의 절대값의 차이가 엔탈피이다.
② 비열비는 기체의 종류에 관계없이 일정하다.
③ 정압비열은 정적비열보다 크다.
④ 일반적으로 압력은 비열보다 온도의 변화에 민감하다.

풀이

이상기체의 정압비열은 정적비열보다 체적팽창 만큼 항상 크다.

074 산소(O_2) 4 kg, 질소(N_2) 6 kg, 이산화탄소(CO_2) 2 kg으로 구성된 기체혼합물의 기체상수(kJ/(kg·K))는 약 얼마인가?

① 0.328 ② 0.294
③ 0.267 ④ 0.241

풀이

전체질량은 12kg, 혼합가스는 4/12×32
+ 6/12×28 + 2/12×44 = 32 kg/kmol

$\overline{R} = MR = C = 8.3143 \ [kJ/kmol \cdot K]$
$\Rightarrow 8.3143 = 32R \quad \therefore R = 0.26 \ [kJ/kg \cdot K]$

075 이상기체에 대한 관계식 중 옳은 것은? (단, C_p, C_v는 정압 및 정적비열, k는 비열비이고, R은 기체상수이다.)

① $C_p = C_v - R$ ② $C_v = \frac{k-1}{k} R$
③ $C_p = \frac{k}{k-1} R$ ④ $R = \frac{C_p + C_v}{2}$

풀이

$C_p - C_v = R, \ k = \frac{C_p}{C_v}$

$\Rightarrow C_v = \frac{1}{k-1} R, \ C_p = kC_v = \frac{k}{k-1} R$

076 이상기체에 대한 다음 관계식 중 잘못된 것은? (단, C_v는 정적비열, C_p는 정압비열, u는 내부에너지, T는 온도, V는 부피, h는 엔탈피, R은 기체상수, k는 비열비이다.)

① $C_v = \left(\frac{\partial u}{\partial T}\right)_v$ ② $C_p = \left(\frac{\partial h}{\partial T}\right)_p$
③ $C_p - C_v = R$ ④ $C_p = \frac{kR}{k-1}$

풀이

② $C_p = \left(\frac{\partial h}{\partial T}\right)_V \Rightarrow C_p = \left(\frac{\partial h}{\partial T}\right)_p$

정답 072. ① 073. ③ 074. ③ 075. ③ 076. ②

077 정압비열이 0.8418 kJ/(kg·K)이고, 기체상수가 0.1889 kJ/(kg·K)인 이상기체의 정적비열은 약 몇 kJ/(kg·K)인가?

① 4.456 ② 1.220
③ 1.031 ④ 0.653

풀이

$C_p - C_v = R$
$\Rightarrow C_v = C_p - R = 0.8418 - 0.1889$
$= 0.6529 \text{ kJ/kg·K}$

078 압력이 일정할 때 공기 5 kg을 0℃에서 100℃까지 가열하는데 필요한 열량은 약 몇 kJ인가? (단, 공기비열 C_p (kJ/kg ℃) = 1.01 + 0.000079t (℃)이다.)

① 102 ② 476
③ 490 ④ 507

풀이

체적변화가 거의 없으므로
$Q = m C_p \triangle T$
$= 5 \times (1.01 + 0.000079 \times 100) \times 100$
$= 508.95 \text{ kJ}$

079 10℃에서 160℃까지의 공기의 평균 정적비열은 0.7315 kJ/kg·℃이다. 이 온도변화에서 공기 1 kg의 내부에너지 변화는 무엇인가?

① 107.1 kJ ② 109.7 kJ
③ 120.6 kJ ④ 121.7 kJ

풀이

$\triangle U = m C_v (T_2 - T_1)$
$= 1 \times 0.7315 \times (160 - 10) ≒ 109.7 \text{ kJ}$

080 비열비가 1.29, 분자량이 44인 이상기체의 정압비열은 약 몇 kJ/kg·K 인가? (단, 일반기체상수는 8.314 kJ/kmol·K 이다.)

① 0.51 ② 0.69
③ 0.84 ④ 0.91

풀이

$C_p = \dfrac{k}{k-1} R = \dfrac{1.4}{1.4-1} \times \dfrac{8.314}{44}$
$= 0.84 \text{ [kJ/kg·K]}$

081 온도 20℃에서 계기압력 0.183 MPa의 타이어가 고속주행으로 온도 80℃로 상승할 때 압력은 주행 전과 비교하여 약 몇 kPa 상승하는가? (단, 타이어의 체적은 변하지 않고, 타이어내의 공기는 이상기체로 가정한다. 그리고 대기압은 101.3 kPa이다.)

① 37 kPa ② 58 kPa
③ 286 kPa ④ 445 kPa

풀이

$p_1 = 101.3 + 183 = 284.3 \text{ kPa}$
$\dfrac{pv}{T} = C \Rightarrow \dfrac{p_1}{T_1} = \dfrac{p_2}{T_2}$ ⇐ 정적과정
$p_2 = p_1 \times \dfrac{T_2}{T_1} = 284.3 \times \dfrac{(80+273.15)}{(20+273.15)}$
$= 342.52 \text{ kPa}$
$\therefore \triangle p = 342.52 - 284.3 = 58.2 \text{ kPa}$

082 이상기체가 정압과정으로 dT 만큼 온도가 변하였을 때 1 kg당 변화된 열량 Q는? (단, C_v는 정적비열, C_p는 정압비열, k는 비열비를 나타낸다.)

① $Q = C_v dT$ ② $Q = k^2 C_v dT$
③ $Q = C_p dT$ ④ $Q = k C_p dT$

풀이

$Q = m C_p \triangle T = C_p \triangle T = C_p dT$

정답 077.④ 078.④ 079.② 080.③ 081.② 082.③

083 체적이 500 cm³인 풍선에 압력 0.1 MPa, 온도 288K의 공기가 가득 채워져 있다. 압력이 일정한 상태에서 풍선 속 공기 온도가 300K로 상승했을 때 공기에 가해진 열량은 약 얼마인가? (단, 공기는 정압비열이 1.005 kJ/(kg·K), 기체상수가 0.287 kJ/(kg·K)인 이상기체로 간주한다.)

① 7.3 J ② 7.3 kJ
③ 14.6 J ④ 14.6 kJ

풀이

$$q_{12} = \int dh = C_p(T_2 - T_1)$$
$$= 1.005 \times (300 - 288)$$
$$= 12.06 \ kJ/kg$$
$$pV = mRT \Rightarrow m = \frac{pV}{RT}$$
$$Q_{12} = mq_{12}$$
$$= 12.6 \times \frac{0.1 \times 10^3 \times 500 \times 10^{-6}}{0.287 \times 288} \times 10^{-3}$$
$$= 7.3 \ J$$

084 열역학적 변화와 관련하여 다음 설명 중 옳지 않은 것은?

① 단위질량당 물질의 온도를 1℃ 올리는 데 필요한 열량을 비열이라 한다.
② 정압과정으로 시스템에 전달된 열량은 엔트로피 변화량과 같다.
③ 내부에너지는 시스템의 질량에 비례하므로 종량적(extensive)상태량이다.
④ 어떤 고체가 액체로 변화할 때 융해(Melting)라고 하고, 어떤 고체가 기체로 바로 변화할 때 승화(Sublimation)라고 한다.

풀이

② 정압과정으로 시스템에 전달된 열량을 절대 온도로 나누어 준 값은 엔트로피 변화량과 같다.

085 초기압력 100 kPa, 초기체적 0.1 m³인 기체를 버너로 가열하여 기체체적이 정압과정으로 0.5 m³이 되었다면 이 과정 동안 시스템이 외부에 한 일은 약 몇 kJ인가?

① 10 ② 20
③ 30 ④ 40

풀이

$$_1W_2 = \int_1^2 pdV = p(V_2 - V_1)$$
$$= 100 \times (0.5 - 0.1) = 40 \ [kJ]$$

086 온도 150℃, 압력 0.5 MPa의 공기 0.2 kg이 압력이 일정한 과정에서 원래체적의 2배로 늘어난다. 이 과정에서의 일은 약 몇 kJ인가? (단, 공기는 기체상수가 0.287 kJ/(kg·K)인 이상기체로 가정한다.)

① 12.3 kJ ② 16.5 kJ
③ 20.5 kJ ④ 24.3 kJ

풀이

$$pV = mRT \Rightarrow p_1V_1 = mRT_1$$
$$\Rightarrow 500 \times V_1 = 0.2 \times 0.287 \times (150 + 273.15)$$
$$\therefore V_1 = 0.0485 \ m^3$$
$$_1W_2 = \int_1^2 pdV = p(2V_1 - V_1)$$
$$= 500 \times (2 \times 0.00485 - 0.00485) = 24.3 \ [kJ]$$

087 이상기체의 폴리트로프(polytrope) 변화에 대한 식이 $PV^n = C$ 라고 할 때 다음의 변화에 대하여 표현이 틀린 것은?

① n = 0일 때는 정압변화를 한다.
② n = 1일 때는 등온변화를 한다.
③ n = ∞ 일 때는 정적변화를 한다.
④ n = k일 때는 등온 및 정압변화를 한다. (단, k = 비열비이다.)

정답 083. ① 084. ② 085. ④ 086. ④ 087. ④

기계열역학

풀이
$n = \infty$ 정적과정, $n = 0$ 정압과정
$n = 1$ 등온과정, $n = k$ 단열과정

088 폴리트로픽 변화의 관계식 "$PV^n = $ 일정"에 있어서 n이 무한대로 되면 어느 과정이 되는가?
① 정압과정   ② 등온과정
③ 정적과정   ④ 단열과정

풀이
$n = \infty$: 정적과정

089 폴리트로픽 과정 $PV^n = C$ 에서 지수 $n = \infty$ 인 경우는 어떤 과정인가?
① 등온과정   ② 정적과정
③ 정압과정   ④ 단열과정

풀이
$n = \infty$: 정적과정

090 준 평형 정적과정을 거치는 시스템에 대한 열전달량은? (단, 운동에너지와 위치에너지의 변화는 무시한다.)
① 0 이다.
② 이루어진 일량과 같다.
③ 엔탈피 변화량과 같다.
④ 내부에너지 변화량과 같다.

풀이
$\delta q = du + pdv = dh - vdp$
⇨ $dv = 0$ 이므로 $\delta q = du$

091 10 ℃에서 160 ℃까지 공기의 평균 정적비열은 0.7315 kJ/(kg·K)이다. 이 온도 변화에서 공기 1 kg의 내부에너지 변화는 약 몇 kJ인가?

① 101.1 kJ   ② 109.7 kJ
③ 120.6 kJ   ④ 131.7 kJ

풀이
$du = C_v dT \, [kJ/kg]$
⇨ $\Delta U = m C_v \Delta T$
$= 1 \times 0.7315 \times 150 = 109.7 \, kJ$

092 튼튼한 용기 안에 100 kPa, 30℃의 공기가 5 kg 들어 있다. 이 공기를 가열하여 온도를 150℃로 높였다. 이 과정 동안에 공기에 가해 준 열량을 구하면? (단, 공기의 정적비열 및 정압비열은 각각 0.717 kJ/kg·K와 1.004 kJ/kg·K이다.)

① 86.0 kJ   ② 120.5 kJ
③ 430.2 kJ   ④ 602.4 kJ

풀이
정적과정이므로
$Q_{12} = m C_v (T_2 - T_1)$
$= 5 \times 0.717 \times (150 - 30) = 430.2 \, kJ$

093 외부에서 받은 열량이 모두 내부에너지 변화만을 가져오는 완전가스의 상태변화는?
① 정적변화   ② 정압변화
③ 등온변화   ④ 단열변화

풀이
$\delta q = du + pdv = dh - vdp$
⇨ $\delta q = du$ ⇦ $dv = 0$ (정적변화)

094 밀폐용기에 비 내부에너지가 200 kJ/kg인 기체 0.5 kg이 있다. 이 기체를 용량이 500 W인 전기 가열기로 2분 동안 가열한다면 최종상태에서 기체의 내부에너지는? (단, 열량은 기체로만 전달된다고 한다.)

① 20 kJ   ② 100 kJ
③ 120 kJ   ④ 160 kJ

정답 088. ③ 089. ② 090. ④ 091. ② 092. ③ 093. ① 094. ④

> **풀이**
>
> $\delta q = du + p\,dv = dh - v\,dp$
> 정적과정이므로
> $\delta q = du = C\,dT$
> ⇒ $Q_{12} = U_2 - U_1$
> ⇒ $U_2 = Q_{12} + U_1$
> $= 0.5 \times 120 + 0.5 \times 200$
> $= 160\,kJ$

095 압력이 일정할 때 공기 5 kg을 0℃에서 100℃까지 가열하는데 필요한 열량은 약 몇 kJ인가? (단, 비열(C_p)은 온도 T(℃)에 관계한 함수로 C_p (kJ/(kg · ℃)) = 1.01 + 0.000079 t 이다.)

① 365　　② 436
③ 480　　④ 507

> **풀이**
>
> $Q = mC_p \int_0^{100} dT$
>
> $= 5 \times (1.01 \times 100 + \dfrac{0.000079}{2} \times (373.15^2 - 273.15^2))$
>
> $= 507\,kJ$

096 이상기체의 마찰이 없는 정압과정에서 열량 Q는? (단, C_v는 정적비열, C_p는 정압비열, k는 비열비, dT는 임의점의 온도변화이다.)

① $Q = C_v\,dT$　　② $Q = k^2 C_v\,dT$
③ $Q = C_p\,dT$　　④ $Q = k C_p\,dT$

> **풀이**
>
> 정압과정의 가열량은 Enthalpy 변화량과 같다.

097 실린더 내부기체의 압력을 150 kPa로 유지하면서 체적을 0.05 ㎥에서 0.1 ㎥까지 증가시킬 때 실린더가 한 일은 약 몇 kJ인가?

① 1.5　　② 15
③ 7.5　　④ 75

> **풀이**
>
> $W = \int_1^2 p\,dV$
> ⇒ $W = p(V_2 - V_1)$
> $= 150 \times (0.1 - 0.05) = 7.5\,kJ$

098 비열비가 k인 이상기체로 이루어진 시스템이 정압과정으로 부피가 2배로 팽창할 때 시스템이 한 일이 W, 시스템에 전달된 열이 Q일 때, $\dfrac{W}{Q}$는 얼마인가? (단, 비열은 일정하다.)

① k　　② $\dfrac{1}{k}$
③ $\dfrac{k}{k-1}$　　④ $\dfrac{k-1}{k}$

> **풀이**
>
> $_1W_2 = \int_1^2 p\,dV = p(V_2 - V_1)\,[kJ]$
> ⇒ $W = p(2V - V) = pV = mR\Delta T$
> $dQ = dH = mC_p\,dT\,[kJ]$,
> $C_p = kC_v = \dfrac{kR}{k-1}\,[kJ/kg \cdot K]$
> ⇒ $Q = mC_p \Delta T = m\dfrac{k}{k-1}R\Delta T$
> ∴ $\dfrac{W}{Q} = \dfrac{mR\Delta T}{m\dfrac{k}{k-1}R\Delta T} = \dfrac{k-1}{k}$

099 20℃의 공기 5 kg이 정압과정을 거쳐 체적이 2배가 되었다. 공급한 열량은 몇 약 kJ인가? (단, 정압비열은 1 kJ/kg · K이다.)

① 1465　　② 2198
③ 2931　　④ 4397

> **풀이**
>
> $\dfrac{pv}{T} = C = R\,[kJ/kg \cdot K]$

정답 095. ④ 096. ③ 097. ③ 098. ④ 099. ①

$$\Rightarrow \frac{v}{T} = \frac{v_1}{T_1} = \frac{v_2}{T_2}$$

$$\Rightarrow \frac{T_2}{T_1} = \frac{V_2}{V_1} = 2 \Rightarrow T_2 = 2T_1$$

$\delta Q = m\, C_p\, dT$

$$\Rightarrow Q_{12} = m\, C_p\, \Delta T = 5 \times 1 \times 293$$
$$= 1465\ kJ$$

100 정압비열이 0.931 kJ/kg·K이고, 정적비열이 0.666 kJ/kg·K인 이상기체를 압력 400 kPa, 온도 20℃로서 0.25 kg을 담은 용기의 체적은 약 몇 m³인가?

① 0.0213   ② 0.0265
③ 0.0381   ④ 0.0485

풀이

$C_p - C_v = R$

$\Rightarrow R = 0.931 - 0.666 = 0.265$

$pV = mRT$

$$\Rightarrow V = \frac{mRT}{p}$$
$$= \frac{0.25 \times 0.265 \times (20 + 273.15)}{400}$$
$$= 0.0485\ m^3$$

101 밀폐 시스템의 가역 정압변화에 관한 다음사항 중 옳은 것은? (단, U : 내부에너지, Q : 전달열, H : 엔탈피, V : 체적, W : 일이다.)

① $dU = \delta Q$ ② $dH = \delta Q$
③ $dV = \delta Q$ ④ $dW = \delta Q$

풀이

$dq = du + pdv = dh - vdp$

$\Rightarrow dp = 0$ 이므로 $dq = dh$

$\Rightarrow dH = dQ$

102 20℃의 공기(기체상수 R = 0.287 kJ/kg·K, 정압비열 C_p = 1.004 kJ/kg·K) 3 kg이 압력 0.1 MPa에서 등압팽창하여 부피가 두 배로 되었다. 이 과정에서 공급된 열량은 대략 얼마인가?

① 약 252 kJ   ② 약 883 kJ
③ 약 441 kJ   ④ 약 1765 kJ

풀이

p, v, T 의 관계로부터 $\frac{pv}{T} = C$

$$\Rightarrow \frac{p_1 v_1}{T_1} = \frac{p_2 v_2}{T_2}$$

문제의 조건에서 $\Rightarrow \frac{p_1 v_1}{T_1} = \frac{p_1 (2v_1)}{T_2}$

$\Rightarrow T_2 = 2T_1 = 2 \times 293.15 = 586.3\ K$

$dq = dh - vdp \Rightarrow dq = dh$

$Q_{12} = m\, C_p\, \Delta T$
$= 3 \times 1.004 \times (586.3 - 293.15)$
$= 883.0\ kJ$

103 어느 이상기체 1 kg을 일정체적 하에 20℃로부터 100℃로 가열하는 데 836 kJ의 열량이 소요되었다. 이 가스의 분자량이 2라고 한다면 정압비열은?

① 약 2.09 kJ/kg·℃
② 약 6.27 kJ/kg·℃
③ 약 10.5 kJ/kg·℃
④ 약 14.6 kJ/kg·℃

풀이

$Q_{12} = m\, C_v\, (T_2 - T_1)$

$\Rightarrow 836 = 1 \times C_v (100 - 20)$

$\Rightarrow C_v = 10.45\ kJ/kg\cdot℃$

$C_p - C_v = R$, $\overline{R} = MR$ 식으로부터

$\Rightarrow C_p = C_v + R = C_v + \frac{\overline{R}}{M}$
$= 10.45 + \frac{8.314}{2}$
$= 14.6\ kJ/kg\cdot℃$

104 공기 1 kg을 정적과정으로 40℃에서 120℃까지

정답 100. ④ 101. ② 102. ② 103. ④ 104. ③

실전문제

가열하고, 다음에 정압과정으로 120℃에서 220℃까지 가열한다면 전체가열에 필요한 열량은 약 얼마인가? (단, 정압비열은 1.00 kJ/kg·K, 정적비열은 0.71 kJ/kg·K이다.)

① 127.8 kJ/kg ② 141.5 kJ/kg
③ 156.8 kJ/kg ④ 185.2 kJ/kg

풀이

$\delta Q = m C dT$
$\Rightarrow Q_1 = m C_v \triangle T_1$
$\quad = 1 \times 0.71 \times (120-40)$
$\quad = 56.8 \text{ kJ}$
$\Rightarrow Q_2 = m C_p \triangle T_2$
$\quad = 1 \times 1 \times (220-120)$
$\quad = 100 \text{ kJ}$
$\therefore Q = 156.8 \text{ kJ/kg}$

105 이상기체의 등온과정에 관한 설명 중 옳은 것은?

① 엔트로피 변화가 없다.
② 엔탈피 변화가 없다.
③ 열 이동이 없다.
④ 일이 없다.

풀이

$dh = C_p dT = 0 \Rightarrow \triangle h = 0$

106 1 kg의 공기를 압력 2 MPa, 온도 20℃의 상태로부터 4 MPa, 온도 100℃의 상태로 변화하였다면 최종체적은 초기체적의 약 몇 배 인가?

① 0.125 ② 0.637
③ 3.86   ④ 5.25

풀이

압력과 온도가 함께 변화되므로
$\dfrac{P_1 V_1}{T_1} = \dfrac{P_2 V_2}{T_2}$
$\Rightarrow \dfrac{V_2}{V_1} = \dfrac{P_1}{P_2} \times \dfrac{T_2}{T_1}$
$= \dfrac{2}{4} \times \left(\dfrac{100+273}{20+273}\right) = 0.637$

107 밀폐계에서 기체의 압력이 100 kPa로 일정하게 유지되면서 체적이 1 m^3에서 2 m^3으로 증가되었을 때 옳은 설명은?

① 밀폐계의 에너지 변화는 없다.
② 외부로 행한 일은 100 kJ이다.
③ 기체가 이상기체라면 온도가 일정하다.
④ 기체가 받은 열은 100 kJ이다.

풀이

절대일
$_1W_2 = \int_1^2 p\, dV = p(V_2 - V_1)$
$\quad = 100 \times (2-1) = 100 \text{ } kJ$

108 피스톤—실린더 장치 내에 있는 공기가 0.3 m³에서 0.1 m³으로 압축되었다. 압축되는 동안 압력(P)과 체적(V) 사이에 P = aV⁻²의 관계가 성립하며, 계수 a = 6 kPa·m⁶이다. 이 과정 동안 공기가 한 일은 약 얼마인가?

① −53.3 kJ ② −1.1 kJ
③ 253 kJ   ④ −40 kJ

풀이

$p_1 = aV_1^2 = 6 \times 0.3^2 = 66.7 \text{ kPa}$
$p_2 = aV_2^2 = 6 \times 0.1^2 = 600 \text{ kPa}$
$W_{12} = -(p_2 V_2 - p_1 V_1)$
$\quad = -(600 \times 0.1 - 66.7 \times 0.3) = -40 \text{ [kJ]}$

109 공기 1 kg를 1 MPa, 250℃의 상태로부터 압력 0.2 MPa까지 등온변화한 경우 외부에 대하여 한 일량은 약 몇 kJ 인가? (단, 공기의 기체상수는 0.287 kJ/kg·K이다.)

정답 105. ② 106. ② 107. ② 108. ④ 109. ②

기계열역학

① 157 ② 242
③ 313 ④ 465

풀이
등온과정 일
$$w_{12} = p_1 v_1 \ln \frac{p_1}{p_2}$$
$$\Rightarrow W_{12} = mRT \ln \frac{p_1}{p_2}$$
$$= 1 \times 0.287 \times (250+273) \times \ln\left(\frac{1}{0.2}\right)$$
$$\fallingdotseq 242\ kJ$$

110 피스톤-실린더 시스템에 100 kPa의 압력을 갖는 1 kg의 공기가 들어있다. 초기체적은 0.5 m³이고, 이 시스템에 온도가 일정한 상태에서 열을 가하여 부피가 1.0 m³이 되었다. 이 과정 중 전달된 에너지는 약 몇 kJ인가?

① 30.7 ② 34.7
③ 44.8 ④ 50.5

풀이
$$Q = W = m\ p_1 V_1 \ln \frac{v_2}{v_1}$$
$$= 1 \times 100 \times 0.5 \times \ln \frac{1.0}{0.5} = 34.7\ kJ$$

111 이상기체 1 kg이 초기에 압력 2 kPa, 부피 0.1 m³을 차지하고 있다. 가역등온 과정에 따라 부피가 0.3 m³로 변화했을 때 기체가 한 일은 약 몇 J인가?

① 9540 ② 2200
③ 954   ④ 220

풀이
등온일량
$$w_{12} = p_1 v_1 \ln \frac{p_1}{p_2}$$
$$\Rightarrow W_{12} = p_1 V_1 \ln \frac{V_2}{V_1} = 2 \times 10^3 \times 0.1 \ln \frac{0.3}{0.1}$$
$$\fallingdotseq 220\ J$$

112 공기 1 kg을 1 MPa, 250℃의 상태로부터 등온과정으로 0.2 MPa까지 압력변화를 할 때 외부에 대하여 한 일은 약 몇 kJ인가? (단, 공기는 기체상수가 0.287 kJ/(kg·K)인 이상기체이다.)

① 157 ② 242
③ 313 ④ 465

풀이
$$w_{12} = p_1 v_1 \ln \frac{v_2}{v_1} = p_1 v_1 \ln \frac{p_1}{p_2}$$
$$= RT \ln \frac{p_1}{p_2} = RT \ln \frac{v_2}{v_1}$$
$$\Rightarrow W_{12} = mRT \ln \frac{p_1}{p_2}$$
$$= 1 \times 0.287 \times (250+273.15) \times \ln \frac{1000}{200}$$
$$= 241.65\ kJ$$

113 기체의 초기압력이 20 kPa, 초기체적이 0.1 m³인 상태에서부터 "PV = 일정"인 과정으로 체적이 0.3 m³로 변했을 때의 일량은 약 얼마인가?

① 2200 J ② 4000 J
③ 2200 kJ ④ 4000 kJ

풀이
"PV = 일정"인 과정은 등온과정이므로 절대일
$$_1W_2 = \int_1^2 p\,dV$$
$$= \int_1^2 \frac{C}{V} dV = C \int_1^2 \frac{dV}{V}$$
$$= C \ln \frac{V_2}{V_1} = p_1 V_1 \ln \frac{V_2}{V_1}$$
$$= 20 \times 0.1 \times \ln \frac{0.3}{0.1} \times 10^3 \fallingdotseq 2200\ J$$

정답 110. ② 111. ④ 112. ② 113. ①

114 압력이 0.2 MPa이고, 초기온도가 120℃인 1 kg의 공기를 압축비 18로 가역단열 압축하는 경우 최종온도는 약 몇 ℃인가? (단, 공기는 비열비가 1.4인 이상기체이다.)

① 676℃ ② 776℃
③ 876℃ ④ 976℃

풀이

$$\frac{T_2}{T_1} = \left(\frac{p_2}{p_1}\right)^{\frac{k-1}{k}} = \left(\frac{v_1}{v_2}\right)^{k-1}$$

$$\Rightarrow T_2 = T_1 \times \left(\frac{v_1}{v_2}\right)^{k-1}$$

$$= (120+273.15) \times (18)^{1.4-1}$$

$$\therefore T_2 = 1249.3\,K = 976.2\,℃$$

115 온도 300K, 압력 100 kPa 상태의 공기 0.2 kg이 완전히 단열된 강체용기 안에 있다. 패들(paddle)에 의하여 외부에서 공기에 5 kJ의 일이 행해진다. 최종온도는 얼마인가? (단, 공기의 정압비열과 정적비열은 1.0035 kJ/kg·K, 0.7165 kJ/kg·K 이다.)

① 약 325K ② 약 275K
③ 약 335K ④ 약 265K

풀이

단열과정이므로

$$W_{12} = \frac{1}{k-1}mR(T_2 - T_1)$$

$$\Rightarrow T_2 = T_1 + \frac{(k-1)W_{12}}{mR}$$

$$= 300 + \frac{(1.4-1) \times 5}{0.20 \times 0.287} = 335\,K$$

116 압력(P)과 부피(V)의 관계가 'PV^k = 일정하다' 고 할 때 절대일(W_{12})과 공업일(W_t)의 관계로 옳은 것은?

① $W_t = kW_{12}$
② $W_t = \frac{1}{k}W_{12}$
③ $W_t = (k-1)W_{12}$
④ $W_t = \frac{1}{(k-1)}W_{12}$

풀이

공업일은 절대일의 k 배 $W_t = kW_{12}$

117 체적이 일정하고 단열된 용기 내에 80℃, 320 kPa의 헬륨 2 kg이 들어 있다. 용기 내에 있는 회전날개가 20 W의 동력으로 30분 동안 회전한다고 할 때 용기 내의 최종온도는 약 몇 ℃인가? (단, 헬륨의 정적비열은 3.12 kJ/(kg·K)이다.)

① 81.9℃ ② 83.3℃
③ 84.9℃ ④ 85.8℃

풀이

$$W_{12} = 20 \times 30 \times 60 = 36000\,J = 36\,kJ$$
$$\delta Q = dU + \delta W$$
$$\Rightarrow dU = -\delta W$$
$$\Rightarrow U_2 - U_1 = W_{12}$$
$$\Rightarrow mC_v(T_2 - T_1) = W_{12}$$
$$\Rightarrow T_2 = T_1 + \frac{W_{12}}{mC_v} = 80 + \frac{36}{2 \times 3.12}$$
$$= 85.77\,℃$$

118 공기 1 kg을 $t_1 = 10℃$, $P_1 = 0.1\,MPa$, $V_1 = 0.8\,m^3$ 상태에서 단열과정으로 $t_2 = 167℃$, $P_2 = 0.7\,MPa$까지 압축시킬 때 압축에 필요한 일량은 약 얼마인가? (단, 공기의 정압비열과 정적비열은 각각 1.0035 kJ(kg·K), 0.7165 kJ/(kg·K)이고, t는 온도, P는 압력, V는 체적을 나타낸다.)

① 112.5 J ② 112.5 kJ

정답 114. ④ 115. ③ 116. ① 117. ④ 118. ②

③ 157.5 J ④ 157.5 kJ

풀이

$p_1 V_1^k = p_2 V_2^k$

$\Rightarrow 100 \times 0.8^{1.4} = 700 \times V_2^{1.4}$

$\Rightarrow V_2 = 0.2 \, m^3$

$W = \dfrac{1}{k-1}(p_1 V_1 - p_2 V_2)$

$= \dfrac{R}{k-1}(T_1 - T_2)$

$= \dfrac{8.3145}{(1.4-1) \times 29.27} \times [(283.15) - (440.15)]$

$= -111.5 \, [kJ]$

119 피스톤-실린더 장치에 들어있는 100 kPa, 26.85℃의 공기가 600 kPa까지 가역단열과정으로 압축된다. 비열비 k = 1.4로 일정하다면 이 과정동안에 공기가 받은 일은 약 얼마인가? (단, 공기의 기체상수는 0.287 kJ(kg·K)이다.)

① 263 kJ/kg ② 171 kJ/kg
③ 144 kJ/kg ④ 116 kJ/kg

풀이

$w = \dfrac{1}{k-1}(p_1 v_1 - p_2 v_2) = \dfrac{R}{k-1}(T_1 - T_2)$

$= \dfrac{RT_1}{k-1}\left[1 - \dfrac{T_2}{T_1}\right] = \dfrac{RT_1}{k-1}\left[1 - \left(\dfrac{p_2}{p_1}\right)^{\frac{k-1}{k}}\right]$

$= \dfrac{1}{1.4-1} \times 0.287 \times (26.85 + 273.15)$

$\times \left[1 - \left(\dfrac{600}{100}\right)^{\frac{1.4-1}{1.4}}\right]$

$= -144 \, kJ/kg$

∴ 공기가 받은일은 (-)이므로 144 kJ/kg

120 실린더 내부에 기체가 채워져 있고 실린더에는 피스톤이 끼워져 있다. 초기압력 50 kPa, 초기체적 0.05 m³인 기체를 버너로 $PV^{1.4} = $ constant가 되도록 가열하여 기체체적이 0.2 m³이 되었다면, 이 과정 동안 시스템이 한 일은?

① 1.33 kJ ② 2.66 kJ
③ 3.99 kJ ④ 5.32 kJ

풀이

$p_1 V_1^k = p_2 V_2^k \Rightarrow p_2 = 7.18 \, kPa$

$W = \dfrac{1}{k-1}(p_1 V_1 - p_2 V_2)$

$\Rightarrow W = \dfrac{1}{1.4-1}(50 \times 0.05 - 7.16 \times 0.2)$

$= 2.66 \, [kJ]$

121 8℃의 이상기체를 가역단열 압축하여 그 체적을 1/5로 하였을 때 기체의 온도는 약 몇 ℃인가? (단, 이 기체의 비열비는 1.4이다.)

① -125℃ ② 294℃
③ 222℃ ④ 262℃

풀이

$\dfrac{T_2}{T_1} = \left(\dfrac{p_2}{p_1}\right)^{\frac{k-1}{k}} = \left(\dfrac{v_1}{v_2}\right)^{k-1}$

$\Rightarrow T_2 = T_1 \left(\dfrac{v_1}{v_2}\right)^{k-1}$

$= (8+273.15) \times (5)^{1.4-1} = 262.06 \, ℃$

122 폴리트로프 지수가 1.33인 기체가 폴리트로프 과정으로 압력이 2배가 되도록 압축된다면 절대 온도는 약 몇 배가 되는가?

① 1.19 배 ② 1.42 배
③ 1.85 배 ④ 2.24 배

풀이

$\dfrac{T_2}{T_1} = \left(\dfrac{p_2}{p_1}\right)^{\frac{n-1}{n}} = \left(\dfrac{v_1}{v_2}\right)^{n-1}$

$\Rightarrow \dfrac{T_2}{T_1} = \left(\dfrac{p_2}{p_1}\right)^{\frac{n-1}{n}} = (2)^{\frac{0.33}{1.33}} = 1.19$

123 압력 2 MPa, 300℃의 공기 0.3 kg이 폴리트로

픽 과정으로 팽창하여, 압력이 0.5 MPa로 변화하였다. 이때 공기가 한 일은 약 몇 kJ인가? (단, 공기는 기체상수가 0.287 kJ/(kg·K)인 이상기체이고, 폴리트로픽 지수는 1.3이다.)

① 416   ② 157
③ 573   ④ 45

풀이

$$W_{12} = \frac{1}{n-1}(p_1 V_1 - p_2 V_2)$$

$$= \frac{mR}{n-1}(T_1 - T_2)$$

$$= \frac{mRT_1}{n-1}\left(1 - \frac{T_2}{T_1}\right)$$

$$= \frac{mRT_1}{n-1}\left[1 - \left(\frac{p_2}{p_1}\right)^{\frac{n-1}{n}}\right]$$

$$= \frac{0.3 \times 0.287 \times 573.15}{1.3 - 1}\left[1 - \left(\frac{0.5}{2}\right)^{\frac{1.3-1}{1.3}}\right]$$

$$= 45.02 \text{ kJ}$$

124 피스톤이 끼워진 실린더 내에 들어있는 기체 System이 있다. 이 계에 열이 전달되는 동안 "$PV^{1.3}$ = 일정"하게 압력과 체적의 관계가 유지될 경우 기체의 최초압력 및 체적이 200 kPa 및 0.04 m³이었다면 체적이 0.1 m³로 되었을 때 계가 한 일(kJ)은?

① 약 4.35   ② 약 6.41
③ 약 10.56 ④ 약 12.37

풀이

Polytropic 과정

$$\frac{T_2}{T_1} = \left(\frac{p_2}{p_1}\right)^{\frac{n-1}{n}} = \left(\frac{V_1}{V_2}\right)^{n-1}$$

$$\Rightarrow p_2 = p_1\left(\frac{V_1}{V_2}\right)^n$$

$$= 200 \times \left(\frac{0.04}{0.1}\right)^{1.3} = 60.77 \text{ kPa}$$

$$w_{12} = \frac{1}{n-1}(p_1 V_1 - p_2 V_2)$$

$$= \frac{1}{1.3-1}(200 \times 0.04 - 60.77 \times 0.1)$$

$$= 6.41 \text{ kJ}$$

125 질량 1 kg의 공기가 밀폐계에서 압력과 체적이 100 kPa/m³이었는데 폴리트로픽 과정(PV^n = 일정)을 거쳐 체적이 0.5 m³이 되었다. 최종온도(T_2)와 내부에너지의 변화량($\triangle U$)은 각각 얼마인가? (단, 공기의 기체상수는 287 J/kg·K, 정적비열은 718 J/kg·K, 정압비열은 1005 J/kg·K, 폴리트로프 지수는 1.3이다.)

① $T_2 = 459.7 \text{K}$ $\triangle U = 111.3$ kJ
② $T_2 = 459.7 \text{K}$ $\triangle U = 79.9$ kJ
③ $T_2 = 428.9 \text{K}$ $\triangle U = 80.5$ kJ
④ $T_2 = 428.9 \text{K}$ $\triangle U = 57.8$ kJ

풀이

$C_p - C_v = R$
$\Rightarrow R = 1.005 - 0.718 = 0.287$
$pV = mRT$
$\Rightarrow 100 \times 1 = 1 \times 0.287 \times T_1$
$\Rightarrow T_1 = 348.4 \text{ K}$

$$\frac{T_2}{T_1} = \left(\frac{p_2}{p_1}\right)^{\frac{n-1}{n}} = \left(\frac{v_1}{v_2}\right)^{n-1}$$

$$\Rightarrow T_2 = T_1\left(\frac{v_1}{v_2}\right)^{n-1}$$

$$= 348.4 \times \left(\frac{1}{0.5}\right)^{0.3} = 428.9 \text{ K}$$

$du = C_v dT \text{ [kJ/kg]}$
$\Rightarrow \triangle U = m C_v \triangle T$
$= 1 \times 0.718 \times (428.9 - 348.4)$
$= 57.8 \text{ [kJ/kg]}$

126 그림과 같이 다수의 추를 올려놓은 피스톤이 장착된 실린더가 있는데, 실린더 내의 초기압력은 300 Pa, 초기체적은 0.05 m³이다. 이 실린더에

정답 124. ② 125. ④ 126. ①

열을 가하면서 적절히 추를 제거하여 지수가 1.3인 폴리트로픽 변화가 일어나도록 하여 최종적으로 실린더 내의 체적이 0.2 m³이 되었다면 가스가 한 일은 약 몇 kJ인가?

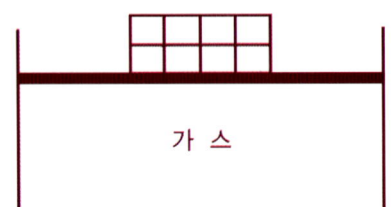

① 17 ② 18
③ 19 ④ 20

풀이

$pv^{1.3} = C \Rightarrow 300 \times 0.05^{1.3} = p_2 \times 0.2^{1.3}$

$\therefore p_2 = 49.48 \text{ kPa}$

$W_{12} = \dfrac{1}{n-1}(p_1V_1 - p_2V_2)$

$= \dfrac{1}{1.3-1}(300 \times 0.05 - 49.48 \times 0.2)$

$= 17.01 \text{ kJ/kg}$

127 준평형 과정으로 실린더 안의 공기를 100 kPa, 300K 상태에서 400 kPa까지 압축하는 과정동안 압력과 체적의 관계는 "$PV^n =$ 일정$(n=1.3)$"이며, 공기의 정적비열은 $C_v = 0.717 \text{ } kJ/kg$ · K, 기체상수 $R = 0.287 \text{ } kJ/kg$ · K이다. 단위질량 당 일과 열의 전달량은?

① 일 = -108.2 kJ/kg
   열 = -27.11 kJ/kg
② 일 = -108.2 kJ/kg
   열 = -189.3 kJ/kg
③ 일 = -125.4 kJ/kg
   열 = -27.11 kJ/kg
④ 일 = -125.4 kJ/kg
   열 = -189.3 kJ/kg

풀이

Polytropic 과정이므로

$w_{12} = \dfrac{R}{n-1}(T_2 - T_1)$

$= \dfrac{0.287}{1.3-1} \times (300 - 413.1)$

$= -108.2 \text{ } kJ/kg$

$T_2 = T_1 \left(\dfrac{p_2}{p_1}\right)^{\frac{n-1}{n}} = 300 \times \left(\dfrac{400}{100}\right)^{\frac{0.3}{1.3}}$

$= 413.1 \text{ } kJ$

$q = C_n(T_2 - T_1) = C_v \dfrac{n-k}{n-1}(T_2 - T_1)$

$= 0.717 \times \dfrac{1.3-1.4}{1.3-1} \times (413.1 - 300)$

$= -27.03 \text{ } kJ/kg$

128 가역과정으로 실린더 안의 공기를 50 kPa, 10℃ 상태에서 300 kPa까지 압력(P)과 체적(V)의 관계가 다음과 같은 과정으로 압축할 때 단위질량 당 방출되는 열량은 약 몇 KJ/kg인가? (단, 기체상수는 0.287 kJ/(kg · K)이고 정적비열은 0.7 kJ/(kg · K)이다.)

$$PV^{1.3} = \text{일정}$$

① 17.2 ② 37.2
③ 57.2 ④ 77.2

풀이

(Polytropic 과정)

$\dfrac{T_2}{T_1} = \left(\dfrac{p_2}{p_1}\right)^{\frac{n-1}{n}}$

$\Rightarrow T_2 = T_1 \times \left(\dfrac{p_2}{p_1}\right)^{\frac{n-1}{n}}$

$= 283.15 \times \left(\dfrac{300}{50}\right)^{\frac{1.3-1}{1.3}}$

$\therefore T_2 = 428.1 \text{ } K$ (압축후의 온도)

(Polytropic 일)

$w_{12} = \dfrac{1}{n-1}(p_1v_1 - p_2v_2)$

실전문제

$$= \frac{1}{n-1} R(T_1 - T_2)$$
$$= \frac{1}{1.3-1} \times 0.287 \times (283.15 - 428.1)$$
$$\therefore w_{12} = -138.7 \ kJ/kg \ (받은 일량)$$

(Polytropic 열량)
$$Q = U + W$$
$$\Rightarrow q_{12} = C_v(T_2 - T_1) + w_{12}$$
$$\Rightarrow q_{12} = 0.7 \times (428.1 - 283.15) - 138.7$$
$$\therefore q_{12} = -37.5 \ kJ/kg \ (방열)$$

129 피스톤-실린더 장치 안에 300 kPa, 100℃의 이산화탄소 2 kg이 들어있다. 이 가스를 $PV^{1.2}$ = constant인 관계를 만족하도록 피스톤 위에 추를 더해가며 온도가 200℃가 될 때까지 압축하였다. 이 과정 동안의 열전달량은 약 몇 kJ인가? (단, 이산화탄소의 정적비열 $C_v = 0.653 \ kJ/kg \cdot K$, 정압비열 $C_p = 0.842 \ kJ/kg \cdot K$이며, 각각 일정하다.)

① -189 ② -58
③ -20   ④ 130

풀이

$$k = \frac{C_p}{C_v} = \frac{0.842}{0.653} \fallingdotseq 1.29, \quad n = 1.2$$

폴리트로픽 열전달량은
$$\delta Q = mC_n dT$$
$$\Rightarrow Q_{12} = mC_n \triangle T$$
$$= m \frac{n-k}{n-1} C_v (T_2 - T_1)$$
$$= 2 \times \frac{1.2 - 1.29}{1.2 - 1} \times 0.653 \times (200 - 100)$$
$$\fallingdotseq -58.1 \ kJ$$

130 300 L 체적의 진공인 탱크가 25℃, 6 MPa의 공기를 공급하는 관에 연결된다. 밸브를 열어 탱크 안의 공기압력이 5 MPa이 될 때까지 공기를 채우고 밸브를 닫았다. 이 과정이 단열이고 운동에너지와 위치에너지의 변화는 무시해도 좋을 경우에 탱크 안의 공기의 온도는 약 몇 ℃가 되는가? (단, 공기의 비열비는 1.40이다.)

① 1.5 ℃   ② 25.0 ℃
③ 84.4 ℃   ④ 144.3 ℃

풀이

탱크내부의 내부에너지 변화는
$$u_2 - u_1 = p_1 v_1 = RT_1$$
$$\Rightarrow \frac{1}{k-1} R(T_2 - T_1) = RT_1$$
$$\Rightarrow T_2 - T_1 = (k-1)T_1$$
$$\therefore T_2 = kT_1 = 1.4 \times (25 + 273.15)$$
$$= 417.4 \ K = 144.3 \ ℃$$

131 20℃, 400 kPa의 공기가 들어 있는 1 m³의 용기와 30℃, 150 kPa의 공기 5 kg이 들어 있는 용기가 밸브로 연결되어 있다. 밸브가 열려서 전체공기가 섞인 후 25℃의 주위와 열적평형을 이룰 때 공기의 압력은 약 몇 kPa인가? (단, 공기의 기체상수는 0.287 kJ/(kg · K)이다.)

① 110   ② 214
③ 319   ④ 417

풀이

자유팽창
$$pV = mRT$$
$$\Rightarrow 400 \times 1 = m_1 \times 0.287 \times 293.15$$
$$\Rightarrow m_1 = 4.75 \ kg$$
$$\therefore 전체질량 \ m_{total} = 4.75 + 5 = 9.75 \ kg$$

$$pV = mRT$$
$$\Rightarrow 150 \times V_2 = 5 \times 0.287 \times 303.15$$
$$\Rightarrow V_2 = 2.9 \ m^3$$
$$\therefore 전체적 \ V_{total} = 1 + 2.9 = 3.9 \ m^3$$

전체에 대한 상태방정식으로부터
$$p_{평형} \times 3.9 = 9.75 \times 0.287 \times 298.15$$
$$\therefore 평형압력 \ p_{평형} = 214 \ kPa$$

정답 129. ② 130. ④ 131. ②

기계열역학

132 30°C, 100 kPa의 물을 800 kPa까지 압축한다. 물의 비체적이 0.001 m^3/kg로 일정하다고 할 때, 단위질량당 소요된 일(공업일)은?

① 167 J/kg   ② 602 J/kg
③ 700 J/kg   ④ 1400 J/kg

풀이

$$w_t = -\int_1^2 v\, dp = 0.001 \times (800-100) \times 10^3$$
$$= 700\ J/kg$$

열과 일(p-V 선도 및 열전달)

133 밀폐 시스템이 압력 $P_1 = 200\ kPa$, 체적 $V_1 = 0.1\ m^3$인 상태에서 $P_2 = 100\ kPa$, $V_2 = 0.3\ m^3$인 상태까지 가역 팽창되었다. 이 과정이 P-V선도에서 직선으로 표시된다면 이 과정 동안 시스템이 한 일은 약 몇 kJ 인가?

① 10   ② 20
③ 30   ④ 45

풀이

pV 선도 상의 면적은 절대일

$$_1W_2 = \int_1^2 p\, dV = p(V_2 - V_1)$$
$$= 100 \times 0.2 + 100 \times 0.2 \times 0.5 = 30\ [kJ]$$

134 그림과 같이 실린더 내의 공기가 상태 1 에서 상태 2 로 변할 때 공기가 한 일은? (단, P는 압력, V는 부피를 나타낸다)

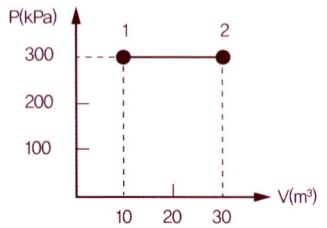

① 30 kJ   ② 60 kJ
③ 3000 kJ ④ 6000 kJ

풀이

p - V 선도상의 면적은 절대일이다.

$$\Rightarrow W_{12} = \int_1^2 p\, dV$$
$$= 300 \times (30-10) = 6000\ kJ$$

135 실린더에 밀폐된 8 kg의 공기가 그림과 같이 $P_1 = 800\ kPa$, 체적 $V_1 = 0.27\ m^3$에서 $P_2 = 350\ kPa$, 체적 $V_2 = 0.80\ m^3$으로 직선 변화하였다. 이 과정에서 공기가 한일은 약 몇 kJ 인가?

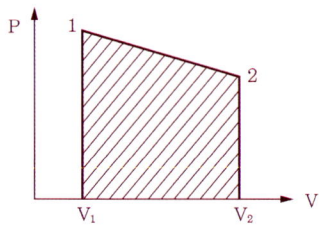

① 254   ② 305
③ 382   ④ 390

풀이

밀폐계의 일 = 절대일

$$W_{12} = \int_1^2 p\, dV = p(V_2 - V_1)$$
$$= 사다리꼴\ 면적$$
$$= 350(0.8-0.27)$$
$$\quad + \frac{1}{2} \times (800-350) \times (0.8-0.27)$$
$$\fallingdotseq 305\ kJ$$

136 압력 1 N/cm², 체적 0.5 m³인 기체 1 kg을 가역과정으로 압축하여 압력이 2 N/cm², 체적이 0.3 m³로 변화되었다. 이 과정이 압력-체적(P-V)선도에서 선형적으로 변화되었다면 이 때 외부로부터 받은 일은 약 몇 N·m인가?

① 2000   ② 3000
③ 4000   ④ 5000

풀이
p − V 선도 상의 면적은 일과 같으므로
$$W_{12} = 10000 \times (0.5 - 0.3) + \frac{1}{2} \times (20000 - 10000)$$
$$\times (0.5 - 0.3) = 3000 \text{ N} \cdot \text{m}$$

137 밀폐계에서 기체의 압력이 500 kPa로 일정하게 유지되면서 체적이 0.2 m³에서 0.7 m³로 팽창하였다. 이 과정동안에 내부에너지의 증가가 60 KJ이라면 계가 한 일은?

① 450 kJ   ② 350 kJ
③ 250 kJ   ④ 150 kJ

풀이
밀폐계에서의 일 = 절대일
$${}_1W_2 = \int_1^2 p\,dV = p(V_2 - V_1)$$
$$= 500 \times (0.7 - 0.2) = 250 \text{ kJ}$$

138 압력 5 kPa, 체적이 0.3 m²인 기체가 일정한 압력 하에서 압축되어 0.2 m²로 되었을 때 이 기체가 한 일은? (단, +는 외부로 기체가 일을 한 경우이고, −는 기체가 외부로부터 일을 받은 경우이다.)

① −1000 J   ② 1000 J
③ −500 J   ④ 500 J

풀이
$$W = \int_1^2 p\,dV$$
$$\Rightarrow W = p(V_2 - V_1)$$
$$= 5000 \times (0.2 - 0.3) = -500 \text{ J}$$

139 밀폐계에서 기체의 압력이 100 kPa으로 일정하게 유지되면서 체적이 1 m³에서 2 m³으로 증가되었을 때 옳은 설명은?

① 밀폐계의 에너지 변화는 없다.
② 외부로 행한 일은 100 kJ이다.
③ 기체가 이상기체라면 온도가 일정하다.
④ 기체가 받은 열은 100 kJ이다.

풀이
열역학 System이 일을 하면 (+), 받으면 (−)
$$W = \int_1^2 p\,dV$$
$$\Rightarrow W = p(V_2 - V_1) = 100 \times (2 - 1) = 100 \text{ J}$$

140 압력이 $10^6 \ N/m^2$, 체적이 1 m³인 공기가 압력이 일정한 상태에서 400 kJ의 일을 하였다. 변화 후의 체적은 약 몇 m³인가?

① 1.4   ② 1.0
③ 0.6   ④ 0.4

풀이
$${}_1W_2 = \int_1^2 p\,dV = p(V_2 - V_1)$$
$$= 1000 \times (V_2 - 1) = 400$$
$$\therefore V_2 = 1.4 \text{ m}^3$$

141 한 밀폐계가 190 kJ의 열을 받으면서 외부에 20 kJ의 일을 한다면 이 계의 내부에너지의 변화는 약 얼마인가?

① 210 kJ만큼 증가한다.
② 210 kJ만큼 감소한다.
③ 170 kJ만큼 증가한다.
④ 170 kJ만큼 감소한다.

풀이
$$Q = U + W$$
$$\Rightarrow \Delta U = \Delta Q - \Delta W$$
$$= 190 - 20 = 170 \text{ kJ } 증가$$

정답 137. ③ 138. ③ 139. ② 140. ① 141. ③

기계열역학

142 실린더 내의 유체가 68 kJ/kg의 일을 받고 주위에 36 kJ/kg의 열을 방출하였다. 내부에너지의 변화는 무엇인가?

① 32 kJ/kg 증가
② 32 kJ/kg 감소
③ 104 kJ/kg 증가
④ 104 kJ/kg 감소

풀이
$Q = U + W$
⇨ $\triangle U = \triangle Q - \triangle W$
$= -36 + 68 = 32 \; kJ/kg$ (증가)

143 기체가 열량 80 kJ을 흡수하여 외부에 대하여 20 kJ의 일을 하였다면 내부에너지 변화는 몇 kJ인가?

① 20   ② 60
③ 80   ④ 100

풀이
$Q = U + W$ ⇨ $80 = \triangle U + 20$
⇨ $\triangle U = 60 \; kJ$

144 완전히 단열된 실린더 안의 공기가 피스톤을 밀어 외부로 일을 하였다. 이 때 일의 양은? (단, 절대량을 기준으로 한다.)

① 공기의 내부에너지 차
② 공기의 엔탈피 차
③ 공기의 엔트로피 차
④ 단열되었으므로 일의 수행은 없다.

풀이
$Q = U + W$ ⇨ $\triangle W = \triangle Q - \triangle U$
문제의 의미에서 ⇨ $\triangle Q = 0$ 이므로
$\triangle W = -\triangle U$

145 밀폐된 실린더 내의 기체를 피스톤으로 압축하는 동안 300 kJ의 열이 방출되었다. 압축일의 양이 400 kJ이라면 내부에너지 증가는?

① 100 kJ   ② 700 kJ
③ 400 kJ   ④ 300 kJ

풀이
$Q = U + W$
⇨ $\triangle U = Q - W$
$= -300 - (-400) = 100 \; kJ$

146 어떤 기체가 5 kJ의 열을 받고 0.18 kN·m의 일을 외부로 하였다. 이때의 내부에너지의 변화량은?

① 3.24 kJ   ② 4.82 kJ
③ 5.18 kJ   ④ 6.14 kJ

풀이
$Q = U + W$ ⇨ $\delta Q = dU + \delta W$
⇨ $dU = \delta Q - \delta W = 5 - 0.18 = 4.82 \; kJ$

147 어느 내연기관에서 피스톤의 흡기과정으로 실린더 속에 0.2 kg의 기체가 들어 왔다. 이것을 압축할 때 15 kJ의 일이 필요하였고, 10 kJ의 열을 방출하였다고 한다면, 이 기체 1 kg당 내부에너지의 증가량은?

① 10 kJ/kg   ② 25 kJ/kg
③ 35 kJ/kg   ④ 50 kJ/kg

풀이
$Q = U + W = m(\triangle u + w)$
⇨ $-10 = 0.2 \times \triangle u - 15$
∴ $\triangle u = \dfrac{5}{0.2} = 25 \; kJ/kg$

148 밀폐계의 가역 정적변화에서 다음 중 옳은 것은? (단, U : 내부에너지, Q : 전달된 열, H : 엔탈피,

V : 체적, W : 일 이다.)

① $dU = dQ$ ② $dH = dQ$
③ $dV = dQ$ ④ $dW = dQ$

풀이
$Q = U + W \Rightarrow \delta Q = dU + \delta W$
$\Rightarrow dU = \delta Q$

149 온도 300K, 압력 100 kPa 상태의 공기 0.2 kg이 완전히 단열된 강체용기 안에 있다. 패들(paddle)에 의하여 외부로부터 공기에 5 kJ의 일이 행해질 때 최종온도는 약 몇 K인가? (단, 공기의 정압비열과 정적비열은 각각 1.0035 kJ/(kg·K), 0.7165 kJ/(kg·K)이다.)

① 315   ② 275
③ 335   ④ 255

풀이
$Q = U + W \Rightarrow Q_{12} = U_2 - U_1 + W_{12}$
단열이므로
$U_2 - U_1 = m C_v (T_2 - T_1) = W_{12}$
$\Rightarrow T_2 = T_1 + \dfrac{W_{12}}{m C_v}$
$= 300 + \dfrac{5}{0.2 \times 0.7165} = 334.9 \text{ K}$

150 밀폐된 실린더 내의 기체를 피스톤으로 압축하는 동안 300 kJ의 열이 방출되었다. 압축일의 양이 400 kJ이라면 내부에너지 변화량은 약 몇 kJ인가?

① 100   ② 300
③ 400   ④ 700

풀이
$Q = U + W \Rightarrow \delta Q = dU + \delta W$
$\Rightarrow dU = \delta Q - \delta W = -300 + 400 = 100 \text{ kJ}$

151 어떤 시스템에서 유체는 외부로부터 19 kJ의 일을 받으면서 167 kJ의 열을 흡수하였다. 이때 내부에너지의 변화는 어떻게 되는가?

① 148kJ 상승한다.
② 186kJ 상승한다.
③ 148kJ 감소한다.
④ 186kJ 감소한다.

풀이
$Q = U + W$
$\Rightarrow \triangle Q = 167 \ kJ, \ \triangle W = -19 \ kJ$
$\therefore \triangle U = 167 + 18 = 186 \ kJ$

152 4 kg의 공기를 압축하는데 300 kJ의 일을 소비함과 동시에 110 kJ의 열량이 방출되었다. 공기 온도가 초기에는 20℃이었을 때 압축 후의 공기 온도는 약 몇 ℃인가? (단, 공기는 정적비열이 0.716 kJ/(kg·K)인 이상기체로 간주한다.)

① 78.4   ② 71.7
③ 93.5   ④ 86.3

풀이
$Q = U + W$
$\Rightarrow \triangle Q = \triangle U + \triangle W$
$\Rightarrow -110 = \triangle U - 300$
$\Rightarrow \triangle U = 190 \text{ kJ}$
$du = C_v dT$
$\Rightarrow \triangle U = m C_v \triangle T$
$\Rightarrow 190 = 4 \times 0.716 \times (T_2 - 293.15)$
$\therefore T_2 = 86.3℃$

153 내부에너지가 30 kJ인 물체에 열을 가하여 내부에너지가 50 kJ이 되는 동안에 외부에 대하여 10 kJ의 일을 하였다. 이 물체에 가해진 열량은?

① 10 kJ   ② 20 kJ
③ 30 kJ   ④ 60 kJ

풀이
$Q = U + W \Rightarrow \delta Q = dU + \delta W$
$= (50 - 30) + 10 = 30 \text{ kJ}$

정답 149. ③ 150. ① 151. ② 152. ④ 153. ③

기계열역학

154 다음 중 열전달률을 증가시키는 방법이 아닌 것은?

① 2중 유리창을 설치한다.
② 엔진실린더의 표면면적을 증가시킨다.
③ 냉각수 펌프의 유량을 증가시킨다.
④ 팬의 풍량을 증가시킨다.

풀이
① 2중 유리창은 열전달율을 감소시킨다.

155 두께 10 mm, 열전도율 15 W/m · ℃ 인 금속판 두 면의 온도가 각각 70℃와 50℃일 때 전열면 1 m^2 당 1분 동안에 전달되는 열량은 몇 kJ인가?

① 1800
② 92000
③ 14000
④ 162000

풀이
$$Q_{conduction} = -KA\frac{dT}{dx}$$
$$= 0.015 \times 1 \times \frac{(70-50)}{0.01} \times 60 = 1800 \ kJ$$

156 유리창을 통해 실내에서 실외로 열전달이 일어난다. 이때 열전달량은 약 몇 W인가? (단, 대류열전달계수는 50 W/(m^2 · K), 유리창 표면온도는 25℃, 외기온도는 10℃, 유리창면적은 2 m^2이다.)

① 150
② 500
③ 1500
④ 5000

풀이
$$Q_{12} = K_{conv} A (T_2 - T_1)$$
$$= 50 \times 2 \times (25-10) = 1500 \ W$$

157 두께가 4 cm인 무한히 넓은 금속평판에서 가열면의 온도를 200℃, 냉각면의 온도를 50℃로 유지하였을 때 금속판을 통한 정상상태의 열유속이 300 kW/m^2이면 금속판의 열전도율 (thermal conductivity)은 약 몇 W/(m · K)인가? (단, 금속판에서의 열전달은 Fourier 법칙을 따른다고 가정한다.)

① 20
② 40
③ 60
④ 80

풀이
Fourier heat conduction law
(푸리에의 열전도 법칙)
$$Q = -KA\frac{dT}{dx} \ [W], \quad \frac{dT}{dx} : 온도구배$$
$$\Rightarrow q = KA\frac{dT}{dx}$$
$$\Rightarrow 300 \times 1000 = K \times \frac{150}{0.04}$$
$$\therefore K = 80 \ W/m \cdot K$$

158 두께 1 cm, 면적 0.5 m^2의 석고판의 뒤에 가열판이 부착되어 1000 W의 열을 전달한다. 가열판의 뒤는 완전히 단열되어 열은 앞면으로만 전달된다. 석고판 앞면의 온도는 100℃이다. 석고의 열전도율이 k = 0.79 W/m · K일 때 가열판에 접하는 석고면의 온도는 약 몇 ℃인가?

① 110
② 125
③ 150
④ 212

풀이
전도열량 $Q = -KA\frac{dT}{dx}$ (방열)
K : 열전도계수
A : 전열면적
$$\therefore Q_{12} = -KA\frac{(T_2 - T_1)}{x}$$
$$\Rightarrow T_1 = \frac{Q_{12} \times x}{KA} + T_2$$
$$= \frac{1000 \times 0.01}{0.79 \times 0.5} + 100 = 125.3 \ ℃$$

정답 154. ① 155. ① 156. ③ 157. ④ 158. ②

159 열교환기를 흐름배열(flow arrangement)에 따라 분류할 때 그림과 같은 형식은?

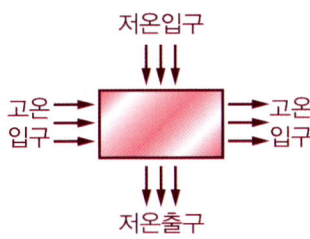

① 평행류　② 대향류
③ 병행류　④ 직교류

풀이
유체유동 방향이 같으면 병행(평행)류, 반대이면 대향류, 수직이면 직교류

사이클의 정의, 카르노사이클의 정의

160 한 사이클 동안 열역학계로 전달되는 모든 에너지의 합은?

① 0 이다.
② 내부에너지 변화량과 같다.
③ 내부에너지 및 일량의 합과 같다.
④ 내부에너지 및 전달열량의 합과 같다.

풀이
①

161 카르노 열기관에서 열 공급은 다음 중 어느 가역과정에서 이루어지는가?

① 등온팽창　② 단열압축
③ 단열팽창　④ 등온압축

풀이
① 등온팽창

162 카르노 사이클에 대한 설명으로 옳은 것은?

① 이상적인 2개의 등온과정과 이상적인 2개의 정압과정으로 이루어진다.
② 이상적인 2개의 정압과정과 이상적인 2개의 단열과정으로 이루어진다.
③ 이상적인 2개의 정압과정과 이상적인 2개의 정적과정으로 이루어진다.
④ 이상적인 2개의 등온과정과 이상적인 2개의 단열과정으로 이루어진다.

풀이
카르노사이클은 이상적인 2개의 등온과정과 이상적인 2개의 단열과정으로 구성된다.

163 그림과 같이 상태 1, 2 사이에서 계가 1 → A → 2 → B → 1과 같은 사이클을 이루고 있을 때, 열역학 제 1법칙에 가장 적합한 표현은? (단, 여기서 Q는 열량, W는 계가 하는 일, U는 내부에너지를 나타낸다.)

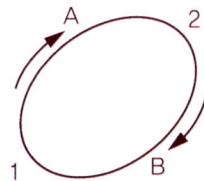

① $dU = \delta Q + \delta W$
② $\triangle U = Q - W$
③ $\oint \delta Q = \oint \delta W$
④ $\oint \delta Q = \oint \delta U$

풀이
열역학 제 1 법칙 $\delta Q = dU + \delta W$,
$\delta q = du + p\,dv = dh - v\,dp$ (Energy 보존)

⇨ 사이클의 성립 $\oint \delta Q = \oint \delta W$
가열량은 모두 일로 변한다. (효율 100%)

정답 159. ④　160. ①　161. ①　162. ④　163. ③

기계열역학

164 상태 1에서 경로 A를 따라 상태 2로 변화하고 경로 B를 따라 다시 상태 1로 돌아오는 사이클이 있다. 아래의 사이클에 대한 설명으로 틀린 것은?

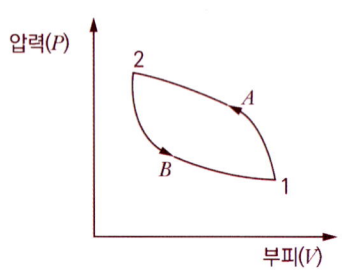

① 사이클 과정동안 시스템의 내부에너지 변화량은 0이다.
② 사이클 과정동안 시스템은 외부로부터 순(net)일을 받았다.
③ 사이클 과정동안 시스템의 내부에서 외부로 순(net)열이 전달되었다.
④ 이 그림으로 사이클 과정동안 총 엔트로피 변화량을 알 수 없다.

풀이
④

165 카르노 열기관의 열효율(η)식으로 옳은 것은 무엇인가? (단, 공급열량은 Q_1, 방열량은 Q_2)

① $\eta = 1 - \dfrac{Q_2}{Q_1}$ ② $\eta = 1 + \dfrac{Q_2}{Q_1}$
③ $\eta = 1 - \dfrac{Q_1}{Q_2}$ ④ $\eta = 1 + \dfrac{Q_1}{Q_2}$

풀이
$\eta_c = 1 - \dfrac{Q_2}{Q_1}$

166 100℃와 50℃ 사이에서 작동되는 가역열기관의 최대열효율은 약 얼마인가?

① 55.0%   ② 16.7%
③ 13.4%   ④ 8.3%

풀이
$$\eta_c = 1 - \dfrac{T_2}{T_1}$$
$$= \left(1 - \dfrac{50 + 273.15}{100 + 273.15}\right) \times 100\% = 13.4\%$$

167 카르노 사이클로 작동되는 열기관이 고온체에서 100 kJ의 열을 받고 있다. 이 기관의 열효율이 30%이라면 방출되는 열량은 약 몇 kJ인가?

① 30   ② 50
③ 60   ④ 70

풀이
$\eta_c = 1 - \dfrac{T_2}{T_1} = \dfrac{Q_H - Q_L}{Q_H} = \dfrac{W}{Q_H} = \dfrac{T_H - T_L}{T_H}$
⇒ $0.3 = 1 - \dfrac{Q_L}{100}$
∴ $Q_L = (1 - 0.3) \times 100 = 70 \ kJ$

168 어떤 작동유체가 550K의 고열원으로부터 20 kJ의 열량을 공급받아 250K의 저열원에 14 kJ의 열량을 방출할 때 이 사이클은?

① 가역이다.
② 비가역이다.
③ 가역 또는 비가역이다.
④ 가역도 비가역도 아니다.

풀이
$\eta_c = 1 - \dfrac{T_2}{T_1} = \left(1 - \dfrac{250}{550}\right) \times 100\% ≒ 55\%$
$\eta = 1 - \dfrac{Q_2}{Q_1} = \left(1 - \dfrac{14}{20}\right) \times 100\% = 30\%$
⇒ $\eta_c > \eta$
가역기관 보다는 효율이 낮으므로 실현이 가능한 비가역 사이클이다.

정답 164. ④ 165. ① 166. ③ 167. ④ 168. ②

열역학의 법칙

169 온도 600℃의 구리 7 kg을 8 kg의 물속에 넣어 열적평형을 이룬 후 구리와 물의 온도가 64.2℃가 되었다면 물의 처음온도는 약 몇 ℃인가? (단, 이 과정 중 열손실은 없고, 구리의 비열은 0.386 kJ/ kg · K 이며 물의 비열은 4.184 kJ/ kg · K 이다.)

① 6℃ ② 15℃
③ 21℃ ④ 84℃

풀이

$Q_{방열량} = Q_{흡열량}$
⇨ $Q = mC\Delta T$
⇨ $8 \times 4.1868 \times (64.2 - t)$
$= 7 \times 0.386 \times (600 - 64.2)$
∴ $t = 21℃$

170 질량이 4 kg인 단열된 강재용기 속에 온도 25℃의 물 18 L가 들어가 있다. 이 속에 200℃의 물체 8 kg을 넣었더니 열평형에 도달하여 온도가 30℃가 되었다. 물의 비열은 4.187 kJ/(kg·K)이고, 강재의 비열은 0.4648 kJ/(kg·K)일 때 이 물체의 비열은 약 몇 kJ/(kg·K)인가? (단, 외부와의 열교환은 없다고 가정한다.)

① 0.244 ② 0.267
③ 0.284 ④ 0.302

풀이

$Q_{평형} = mC\Delta T$
$Q_{방열량} = 8\,C_{물체}(200-30) = Q_{흡열량}$
$= 18 \times 4.187\,(30-25) + 4 \times 0.4648\,(30-25)$
∴ $C_{물체} = 0.284$ kJ/kg · K

171 50℃, 25℃, 10℃의 온도인 3가지 종류의 액체 A, B, C가 있다. A와 B를 동일중량으로 혼합하면 40℃로 되고, A와 B를 동일중량으로 혼합하면 30℃로 된다. B와 C를 동일 중량으로 혼합할 때는 몇 ℃로 되겠는가?

① 16.0℃ ② 18.4℃
③ 20.0℃ ④ 22.5℃

풀이

$Q_{평형} = mC\Delta T$, $Q_{방열량} = Q_{흡열량}$
⇨ $mC_1(50-40) = mC_2(40-25)$
∴ $10C_1 = 15C_2$
⇨ $mC_1(50-30) = mC_3(30-10)$
∴ $C_1 = C_3$
$mC_2(25-x) = mC_3(x-10)$
⇨ $m\dfrac{2}{3}C_1(25-x) = mC_1(x-10)$
∴ $x = 16℃$

172 그림과 같은 단열된 용기 안에 25℃의 물이 0.8 m³ 들어갔다. 이 용기 안에 100℃, 50 kg의 쇳덩어리를 넣은 후 열적평형이 이루어 졌을 때 최종 온도는 약 몇 ℃인가? (단, 물의 비열 4.18 kJ/(kg·K), 철의 비열은 0.45 kJ/(kg·K)이다.)

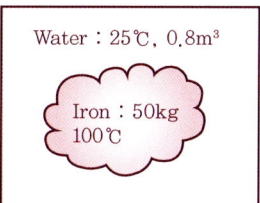

① 25.5 ② 27.4
③ 29.2 ④ 31.4

풀이

$Q_{흡열량} = Q_{방열량}$
⇨ $m_1 C_1 \Delta t_1 = m_2 C_2 \Delta t_2$
⇨ $0.8 \times 10^3 \times 4.18 \times (x-25)$
$= 50 \times 0.45 \times (100-x)$
∴ $x ≒ 25.5℃$

기계열역학

173 열역학 제 1법칙에 관한 설명으로 거리가 먼 것은?

① 열역학적계에 대한 에너지보존법칙을 나타낸다.
② 외부에 어떠한 영향을 남기지 않고 계가 열원으로부터 받은 열을 모두 일로 바꾸는 것은 불가능하다.
③ 열은 에너지의 한 형태로서 일을 열로 변환하거나 열을 일로 변환하는 것이 가능하다.
④ 열을 일로 변환하거나 일을 열로 변환할 때, 에너지의 총량은 변하지 않고 일정하다.

풀이
열역학 제 1 법칙은 열과 일이 동질인 에너지로서 보존된다는 열과 일의 변환(전환)에 대한 법칙이며, ②항은 열역학 제 2 법칙의 표현으로 에너지 변환에서의 엔트로피 증가에 대한 서술이다.

174 밀폐계가 가역정압 변화를 할 때 계가 받은 열량은?

① 계의 엔탈피 변화량과 같다.
② 계의 내부에너지 변화량과 같다.
③ 계의 엔트로피 변화량과 같다.
④ 계가 주위에 대해 한 일과 같다.

풀이
$\delta q = du + p\,dv = dh - v\,dp$
⇨ $dp = 0$ 이므로 $\delta q = dh$

175 자연계의 비가역 변화와 관련 있는 법칙은?

① 제 0법칙 ② 제 1법칙
③ 제 2법칙 ④ 제 3법칙

풀이
③

176 열역학 제 2법칙에 관해서는 여러가지 표현으로 나타낼 수 있는데, 다음 중 열역학 제 2법칙과 관계되는 설명으로 볼 수 없는 것은?

① 열을 일로 변환하는 것은 불가능하다.
② 열효율이 100% 열기관을 만들 수 없다.
③ 열은 저온 물체로부터 고온 물체로 자연적으로 전달되지 않는다.
④ 입력되는 일 없이 작동하는 냉동기를 만들 수 없다.

풀이
① 열을 일로 변환하는 것은 가능하지만, 전체 열을 일로 변환시키는 것은 불가능하다.

177 계의 엔트로피 변화에 대한 열역학적 관계식 중 옳은 것은? (단, T 는 온도, S 는 엔트로피, U 는 내부 에너지, V 는 체적, p 는 압력, H 는 엔탈피를 나타낸다.)

① $TdS = dU - pdV$
② $TdS = dH - pdV$
③ $TdS = dU - Vdp$
④ $TdS = dH - Vdp$

풀이
$\delta q = du + p\,dv = dh - v\,dp$
⇨ $\delta Q = dH - V\,dp$
$dS = \dfrac{\delta Q}{T}$
⇨ $\delta Q = TdS = dH - Vdp$

178 어느 발명가가 바닷물로부터 매시간 1800 kJ의 열량을 공급받아 0.5 kW 출력의 열기관을 만들었다고 주장한다면, 이 사실은 열역학 제 몇 법칙에 위반 되겠는가?

① 제 0법칙 ② 제 1법칙
③ 제 2법칙 ④ 제 3법칙

정답 173. ② 174. ① 175. ③ 176. ① 177. ④ 178. ③

풀이
매시 1800 kJ의 열량(0.5kW)을 공급받아 0.5kW의 출력의 열기관을 만들었다는 것은 열역학 제 1 법칙인 열과 일의 교환법칙은 만족하지만 열효율이 100% 이므로 열역학 제 2 법칙에는 위배된다.
열효율이 100%인 기관은 제 2 종 영구기관이라 부르며 제작이 불가능하다.

179 다음 중 비가역 과정으로 볼 수 없는 것은?

① 마찰현상
② 낮은 압력으로의 자유팽창
③ 등온 열전달
④ 상이한 조성물질의 혼합

풀이
대표적인 비가역 과정 : 마찰(교축), 자유팽창

180 열역학 제 2법칙과 관련된 설명으로 옳지 않은 것은?

① 열효율이 100%인 열기관은 없다.
② 저온 물체에서 고온 물체로 열은 자연적으로 전달되지 않는다.
③ 폐쇄계와 그 주변계가 열교환이 일어날 경우 폐쇄계와 주변계 각각의 엔트로피는 모두 상승한다.
④ 동일한 온도 범위에서 작동되는 가역 열기관은 비가역 열기관보다 열효율이 높다.

풀이
계 내의 엔트로피는 상승하지 않고 주변계의 엔트로피는 상승한다.
가역기관의 열효율은 엔트로피를 발생하지 않으므로 무효 에너지가 없는 최대효율이 된다.

181 클라우지우스(Clausius) 부등식을 표현한 것으로 옳은 것은? (단, T는 절대온도, Q는 열량을 표시한다.)

① $\oint \dfrac{\delta Q}{T} \geq 0$ ② $\oint \dfrac{\delta Q}{T} \leq 0$
③ $\oint \delta Q \geq 0$ ④ $\oint \delta Q \leq 0$

풀이
$\oint \dfrac{\delta Q}{T} \leq 0$:
가역사이클이면 등호($=$)
비가역 사이클이면 부등호($<$)

182 계가 비가역 사이클을 이룰 때 클라우지우스(Clausius)의 적분을 옳게 나타낸 것은? (단, T는 온도, Q는 열량이다.)

① $\oint \dfrac{\delta Q}{T} < 0$ ② $\oint \dfrac{\delta Q}{T} > 0$
③ $\oint \dfrac{\delta Q}{T} \geq 0$ ④ $\oint \dfrac{\delta Q}{T} \leq 0$

풀이
$\oint \dfrac{\delta Q}{T} \leq 0$:
가역사이클이면 등호($=$)
비가역 사이클이면 부등호($<$)

183 열역학 제 2법칙에 대한 설명 중 틀린 것은?

① 효율이 100%인 열기관은 얻을 수 없다.
② 제 2종의 영구기관은 작동물질의 종류에 따라 가능하다.
③ 열은 스스로 저온의 물질에서 고온의 물질로 이동하지 않는다.
④ 열기관에서 작동물질이 일을 하게 하려면 그보다 더 저온인 물질이 필요하다.

풀이
② 제 2종 영구기관(효율 100%인 열기관)은 불가능하다.

정답 179. ③ 180. ③ 181. ② 182. ① 183. ②

기계열역학

184 520K의 고온 열원으로부터 18.4 kJ 열량을 받고 273K의 저온 열원에 13 kJ의 열량을 방출하는 열기관에 대하여 옳은 설명은?

① Clausius 적분값은 −0.0122 kJ/K이고, 가역 과정이다.
② Clausius 적분값은 −0.0122 kJ/K이고, 비가역 과정이다.
③ Clausius 적분값은 +0.0122 kJ/K이고, 가역 과정이다.
④ Clausius 적분값은 +0.0122 kJ/K이고, 비가역 과정이다.

풀이

$\oint \dfrac{\delta Q}{T} \le 0$ Clausius 적분값은
− 0.0122kJ/K이고, 비가역 과정이다.

185 어떤 카르노 열기관이 100℃와 30℃사이에서 작동되며 100℃의 고온에서 100 kJ의 열을 받아 40 kJ의 유용한 일을 한다면 이 열기관에 대하여 가장 옳게 설명한 것은?

① 열역학 제 1법칙에 위배된다.
② 열역학 제 2법칙에 위배된다.
③ 열역학 제 1법칙과 제 2법칙에 모두 위배되지 않는다.
④ 열역학 제 1법칙과 제 2법칙에 모두 위배된다.

풀이

유효일량이 19% 인데 40 kJ (40 %)의 열효율 은 열역학 제 2 법칙에 위배된다.

186 열기관이 1100K인 고온열원으로부터 1000 kJ 의 열을 받아서 온도가 320K인 저온열원에서 600kJ의 열을 방출한다고 한다. 이 열기관이 클라우지우스 부등식($\oint \dfrac{\delta Q}{T} \le 0$)을 만족하는 지 여부와 동일온도 범위에서 작동하는 카르노 열기관가 비교하여 효율은 어떠한가?

① 클라우지우스 부등식을 만족하지 않고, 이론적인 카르노열기관과 효율이 같다.
② 클라우지우스 부등식을 만족하지 않고, 이론적인 카르노열기관보다 효율이 크다.
③ 클라우지우스 부등식을 만족하고, 이론적인 카르노열기관과 효율이 같다.
④ 클라우지우스 부등식을 만족하고, 이론적인 카르노열기관보다 효율이 작다.

풀이

$\eta = \dfrac{W}{Q_1} = 1 - \dfrac{Q_2}{Q_1} = \left(1 - \dfrac{600}{1000}\right) \times 100 = 40\%$

$\eta_c = \dfrac{W}{Q_H} = 1 - \dfrac{Q_L}{Q_H} = 1 - \dfrac{T_L}{T_H} = 70.9\% > 40\%$

이므로 부등식을 만족한다.

187 절대온도가 0 에 접근할수록 순수물질의 엔트로피는 0 에 접근한다는 절대 엔트로피 값의 기준을 규정한 법칙은?

① 열역학 제 0법칙 이다.
② 열역학 제 1법칙 이다.
③ 열역학 제 2법칙 이다.
④ 열역학 제 3법칙 이다.

풀이

④ 열역학 제 3법칙(절대 0 K 불가능의 법칙)

엔트로피

188 다음 중 등 엔트로피(entropy) 과정에 해당하는 것은?

정답 184.② 185.② 186.④ 187.④ 188.①

① 가역 단열과정
② polytropic 과정
③ Joule – Thomson 교축과정
④ 등온 팽창과정

풀이
단열($\delta q = 0$)과정은 등엔트로피(entropy) 과정

189 밀폐 단열된 방에 다음 두 경우에 대하여 가정용 냉장고를 가동시키고 방안의 평균온도를 관찰한 결과 가장 합당한 것은?

> a) 냉장고의 문을 열었을 경우
> b) 냉장고의 문을 닫았을 경우

① a), b) 경우 모두 방안의 평균온도는 감소한다.
② a), b) 경우 모두 방안의 평균온도는 상승한다.
③ a), b)의 경우 모두 방안의 평균온도는 변하지 않는다.
④ a)의 경우는 방안의 평균온도는 변하지 않고, b)의 경우는 상승한다.

풀이
② a), b) 경우 모두 방안의 평균온도는 상승한다.

190 어떤 시스템이 100 kJ의 열을 받고, 150 kJ의 일을 하였다면 이 시스템의 엔트로피는?
① 증가했다.
② 변하지 않았다.
③ 감소했다.
④ 시스템의 온도에 따라 증가할 수도 있고 감소할 수도 있다.

풀이
①

191 절대온도 T_1 및 T_2의 두 물체가 있다. T_1에서 T_2로 열량 Q가 이동할 때 이 두 물체가 이루는 계의 엔트로피 변화를 나타내는 식은? (단, $T_1 > T_2$ 이다.)

① $\dfrac{T_1 - T_2}{Q(T_1 \times T_2)}$
② $\dfrac{Q(T_1 + T_2)}{T_1 \times T_2}$
③ $\dfrac{Q(T_1 - T_2)}{T_1 \times T_2}$
④ $\dfrac{T_1 + T_2}{Q(T_1 \times T_2)}$

풀이
고열원에서의 엔트로피 변화량
$\Delta S_1 = -\dfrac{Q}{T_1}$ (방열)

저열원에서의 엔트로피 변화량
$\Delta S_2 = \dfrac{Q}{T_2}$ (흡열)

두 물체가 이루는 계의 엔트로피 변화는
$\therefore \Delta S = \Delta S_2 + \Delta S_1 = \dfrac{Q}{T_2} - \dfrac{Q}{T_1}$
$= \dfrac{Q(T_1 - T_2)}{T_1 \times T_2}$

192 온도가 T_1인 고열원으로부터 온도가 T_2인 저열원으로 열전도, 대류, 복사 등에 의해 Q만큼 열전달이 이루어졌을 때 전체 엔트로피 변화량을 나타내는 식은?

① $\dfrac{T_1 - T_2}{Q(T_1 \times T_2)}$
② $\dfrac{Q(T_1 + T_2)}{T_1 \times T_2}$
③ $\dfrac{Q(T_1 - T_2)}{T_1 \times T_2}$
④ $\dfrac{T_1 + T_2}{Q(T_1 \times T_2)}$

풀이
$\Delta S = \int_1^2 \dfrac{\delta Q}{T} = \dfrac{Q}{T_2} - \dfrac{Q}{T_1} = \dfrac{Q(T_1 - T_2)}{T_1 \times T_2}$

193 시스템의 경계 안에 비가역성이 존재하지 않는 내적 가역과정을 온도-엔트로피 선도 상에 표시

기계열역학

하였을 때, 이 과정 아래의 면적은 무엇을 나타내는가?

① 일량
② 내부에너지 변화량
③ 열전달 량
④ 엔탈피 변화량

풀이
③

194 어떤 사이클이 다음 온도(T)-엔트로피(s)선도와 같을 때 작동유체에 주어진 열량은 약 몇 kJ/kg 인가?

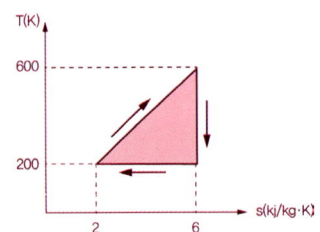

① 4   ② 400
③ 800 ④ 1600

풀이
$ds = \dfrac{\delta q}{T} \Rightarrow \delta q = Tds$

즉, 사이클로 작동하는 유체의 $T-s$ 선도상의 면적은 작동유체에 주어진 열량과 같다.

$\therefore \delta q = \dfrac{1}{2} \times (600-200) \times (6-2)$
$\quad\quad\quad = 800 \ kJ/kg$

195 엔트로피(s) 변화 등과 같은 직접 측정할 수 없는 양들을 압력(p), 비체적(v), 온도(T)와 같은 측정 가능한 상태량으로 나타내는 Maxwell 관계식과 관련하여 다음 중 틀린 것은?

① $\left(\dfrac{\partial T}{\partial p}\right)_s = \left(\dfrac{\partial v}{\partial s}\right)_p$

② $\left(\dfrac{\partial T}{\partial v}\right)_s = \left(\dfrac{\partial p}{\partial s}\right)_v$

③ $\left(\dfrac{\partial v}{\partial T}\right)_s = -\left(\dfrac{\partial s}{\partial p}\right)_T$

④ $\left(\dfrac{\partial p}{\partial v}\right)_T = \left(\dfrac{\partial s}{\partial T}\right)_v$

풀이
$\dfrac{\partial s}{\partial T}$ 의 열역학적 상태량은 없다.

196 엔트로피에 관한 설명 중 옳지 않은 것은?

① 열역학 제 2법칙과 관련한 개념이다.
② 우주전체의 엔트로피는 증가하는 방향으로 변화한다.
③ 엔트로피는 자연현상의 비가역성을 측정하는 척도이다.
④ 비가역현상은 엔트로피가 감소하는 방향으로 일어난다.

풀이
엔트로피는 열역학 제 2 법칙에서 정의한 무효에너지의 열역학적인 계산이며 비가역성을 측정하는 척도이고, 자연계에서는 항상 증가하는 방향으로 발생한다. 또한, 비가역현상은 엔트로피가 증가하는 방향으로 진행된다.

197 다음 4가지 경우에서 ( )안의 물질이 보유한 엔트로피가 증가한 경우는?

ⓐ 컵에 있는 (물)이 증발하였다.
ⓑ 목욕탕의 (수증기)가 차가운 타일벽에서 물로 응결되었다.
ⓒ 실린더 안의 (공기)가 가역 단열적으로 팽창되었다.
ⓓ 뜨거운(커피)가 식어서 주위온도와 같게 되었다.

① ⓐ　　　　　② ⓑ
③ ⓒ　　　　　④ ⓓ

풀이

ⓒ : 단열, ⓑⓓ : 냉각, ⓐ : 가열

198 물 2 kg을 20°C에서 60°C가 될 때까지 가열할 경우 엔트로피 변화량은 약 몇 kJ/K 인가? (단, 물의 비열은 4.184 kJ/kg·K 이고, 온도변화 과정에서 체적은 거의 변화가 없다고 가정한다.)

① 0.78　　　　② 1.07
③ 1.45　　　　④ 1.96

풀이

$dS = \dfrac{\delta Q}{T}$ [kJ/K]

$\Rightarrow \triangle S = \dfrac{mC\triangle T}{T}$

$= \dfrac{2 \times 4.184 \times 40}{40 + 273.15} \fallingdotseq 1.07\ kJ/k$

199 액체상태 물 2 kg을 30°C에서 80°C로 가열하였다. 이 과정동안 물의 엔트로피 변화량을 구하면? (단, 액체상태 물의 비열은 4.184 kJ/kg·K 로 일정하다.)

① 0.6391 kJ/K　② 1.278 kJ/K
③ 4.100 kJ/K　　④ 8.208 kJ/K

풀이

체적의 변화가 거의 없으므로 정적가열 량으로 계산한다.

$\triangle S = m C_v \ln \dfrac{T_2}{T_1} = 2 \times 4.184 \ln \left(\dfrac{80 + 273.15}{30 + 173.15}\right)$

$= 1.278\ kJ/K$

200 대기압 하에서 물을 20°C에서 90°C로 가열하는 동안의 엔트로피 변화량은 약 얼마인가? (단, 물의 비열은 4.184 kJ/kg·K로 일정하다.)

① 0.8 kJ/kg·K　② 0.9 kJ/kg·K
③ 1.0 kJ/kg·K　④ 1.2 kJ/kg·K

풀이

현열인 경우이므로

$ds = \dfrac{\delta q}{T} = \dfrac{\delta u}{T} = \dfrac{\delta h}{T}$

⇧ p와 v의 변화가 없다.
⇧ ∴ 일의 변화가 없다.

$\Rightarrow ds = C \dfrac{dT}{T}$

$\Rightarrow s_2 - s_1 = C \ln \dfrac{T_2}{T_1}$

$= 4.184 \times \ln \dfrac{90 + 273.15}{20 + 273.15}$

$\fallingdotseq 0.9\ kJ/kgK$

201 27°C의 물 1 kg과 87°C의 물 1 kg이 열의 손실 없이 직접 혼합될 때 생기는 엔트로피의 차는 다음 중 어느 것에 가장 가까운가? (단, 물의 비열인 4.18 kJ/kg·K로 한다.)

① 0.035 kJ/K　② 1.36 kJ/K
③ 4.22 kJ/K　　④ 5.02 kJ/K

풀이

평형온도

$t = \dfrac{m_1 t_1 + m_2 t_2}{m_1 + m_2} = \dfrac{1 \times 27 + 1 \times 87}{1 + 1} = 57\ ℃$

$Q = mC\triangle T \Rightarrow \delta Q = mCdT$

$\delta Q = TdS \Rightarrow dS = \dfrac{\delta Q}{T}$

$\triangle S = m \times C \times \left[\ln\left(\dfrac{T}{T_1}\right) + \ln\left(\dfrac{T}{T_2}\right)\right]$

$= 1 \times 4.18 \times \left[\ln\left(\dfrac{57 + 273.15}{27 + 273.15}\right) + \ln\left(\dfrac{57 + 273.15}{87 + 273.15}\right)\right]$

$\fallingdotseq 0.035\ kJ/k$

202 227°C의 증기가 500 kJ/kg의 열을 받으면서 가역 등온팽창한다. 이때 증기의 엔트로피 변화

기계열역학

는 약 몇 kJ/(kg·K)인가?

① 1.0 ② 1.5
③ 2.5 ④ 2.8

풀이
$$\triangle s = \frac{\delta q}{T} = \frac{500}{227+273.15} = 1.0 \text{ kJ/kg·K}$$

203 물 1 kg이 포화온도 120℃에서 증발할 때, 증발잠열은 2203 kJ이다. 증발하는 동안 물의 엔트로피 증가량은 약 몇 kJ/K인가?

① 4.3 ② 5.6
③ 6.5 ④ 7.4

풀이
$$ds = \frac{\delta q}{T} = \frac{dh}{T} \text{ [kJ/kg·K]}$$
$$\Rightarrow \triangle S = \frac{\triangle Q}{T} = \frac{2203}{120+273.15}$$
$$= 5.6 \text{ kJ/kg}$$

204 이상기체에서 엔탈피 h와 내부에너지 u, 엔트로피 s 사이에 성립하는 식으로 옳은 것은? (단, T는 온도, v는 체적, p는 압력이다.)

① $Tds = dh + vdp$
② $Tds = dh - vdp$
③ $Tds = du - pdv$
④ $Tds = dh + d(pv)$

풀이
$$ds = \frac{\delta q}{T} \Rightarrow \delta q = Tds$$
$$\delta q = du + pdv = dh - vdp$$
$$\Rightarrow Tds = du + pdv = dh - vdp$$

205 온도 15℃, 압력 100 kPa 상태의 체적이 일정한 용기 안에 어떤 이상기체 5 kg이 들어있다. 이 기체가 50℃가 될 때까지 가열되는 동안의 엔트로피 증가량은 약 몇 kJ/K인가? (단, 이 기체의 정압비열과 정적비열은 각각 1.001 kJ/(kg·K), 0.7171 kJ/(kg·K)이다.)

① 0.411 ② 0.486
③ 0.575 ④ 0.732

풀이
$$\delta Q = mCdT$$
$$\Rightarrow Q = mC_v \triangle T_1$$
$$= 5 \times 0.7171 \times (50-15) = 125.5 \text{ kJ}$$
$$\triangle S = \frac{\delta Q}{T} = \frac{125.5}{305.65} = 0.411 \text{ kJ/K}$$

206 공기 10 kg이 정적과정으로 20℃에서 250℃까지 온도가 변하였다. 이 경우 엔트로피의 변화량은? (단, 공기의 $C_v = 0.717 \, kJ/kg·K$이다.)

① 약 2.39 kJ/K ② 약 3.07 kJ/K
③ 약 4.15 kJ/K ④ 약 5.18 kJ/K

풀이
$$\triangle S = mC_v \ln\left(\frac{T_2}{T_1}\right)$$
$$= 10 \times 0.717 \ln\left(\frac{250+273.15}{20+273.15}\right)$$
$$= 4.15 \, kJ/K$$

207 피스톤-실린더로 구성된 용기 안에 이상기체 공기 1 kg이 400K, 200 kPa 상태로 들어있다. 이 공기가 300K의 충분히 큰 주위로 열을 빼앗겨 온도가 양쪽 다 300K가 되었다. 그 동안 압력은 일정하다고 가정하고, 공기의 정압비열은 1.004 kJ/(kg·K)일 때 공기와 주위를 합친 총 엔트로피 증가량은 약 몇 kJ/K인가?

① 0.0229 ② 0.0458
③ 0.1674 ④ 0.3347

정답 203. ② 204. ② 205. ① 206. ③ 207. ②

실전문제

풀이

① 공기의 엔트로피 변화량

$$dS = \frac{\delta Q}{T} = mC_p \frac{dT}{T}$$

$$\Rightarrow S_2 - S_1 = mC_p \ln \frac{T_2}{T_1}$$

$$= 1 \times 1.004 \times \ln \frac{300}{400} = -0.289 \text{ kJ/K}$$

② 주위의 엔트로피 변화량

$$Q_{12} = mC_p(T_2 - T_1)$$

$$= 1 \times 1.004 \times (300 - 400) = -100.4 \text{ kJ}$$

$$\Rightarrow \Delta S = \frac{-Q_{12}}{T} = \frac{100.4}{300} = 0.335 \text{ kJ/K}$$

∴ 총 엔트로피 변화량은 ① + ②
$$= 0.047 \text{ kJ/K}$$

208 단위질량의 이상기체가 정적과정 하에서 온도가 T_1에서 T_2로 변하였고, 압력도 p_1에서 p_2로 변하였다면, 엔트로피 변화량 $\triangle S$는? (단, C_v와 C_p는 각각 정적비열과 정압비열이다.)

① $\triangle S = C_v \ln \frac{p_1}{p_2}$

② $\triangle S = C_v \ln \frac{p_2}{p_1}$

③ $\triangle S = C_v \ln \frac{T_2}{T_1}$

④ $\triangle S = C_v \ln \frac{T_1}{T_2}$

풀이

$$\frac{p_1}{T_1} = \frac{p_2}{T_2}, \quad s_2 - s_1 = C_p \ln \frac{T_2}{T_1} + R \ln \frac{p_1}{p_2}$$

$$= C_v \ln \frac{p_2}{p_1} = C_v \ln \frac{T_2}{T_1}$$

또는

$$\Delta s = \int_1^2 \frac{\delta q}{T} = \int_1^2 \frac{C_v dT}{T} = C_v \ln \frac{T_2}{T_1}$$

209 5 kg의 산소가 정압 하에서 체적이 $0.2 \, m^3$에서 $0.6 \, m^3$로 증가했다. 산소를 이상기체로 보고 정압비열 $C_p = 0.92 \, kJ/kg \cdot $K로 하여 엔트로피의 변화를 구하였을 때 그 값은 약 얼마인가?

① 1.857 kJ/K ② 2.746 kJ/K
③ 5.054 kJ/K ④ 6.507 kJ/K

풀이

$$\triangle S = \frac{\int_1^2 \delta Q}{T} = \frac{mC_p dT}{T} = mC_p \ln \frac{T_2}{T_1}$$

$$= mC_p \ln \frac{V_2}{V_1} = 5 \times 0.92 \ln \left(\frac{0.6}{0.2}\right)$$

$$= 5.054 \text{ kJ/K}$$

210 온도가 150℃인 공기 3 kg이 정압 냉각되어 엔트로피가 1.063 kJ/K 만큼 감소되었다. 이때 방출된 열량은 약 몇 kJ인가? (단, 공기의 정압비열은 1.1 kJ/kg · K이다.)

① 27 ② 379
③ 538 ④ 715

풀이

$$s_2 - s_1 = C_p \ln \frac{T_2}{T_1}$$

$$\Rightarrow \triangle S = mC_p \ln \frac{T_2}{T_1}$$

$$\Rightarrow -1.063 = 3 \times 1.1 \times \ln \frac{T_2}{(150 + 273.15)}$$

$T_2 = 306.7$ K

∴ $Q = mC\Delta T$
$= 3 \times 1.1 \times (306.7 - 423.15)$
$= -384.3$ kJ

211 어떤 시스템에서 공기가 초기에 290K에서 330K로 변화하였고, 이 때 압력은 200 kPa에서 600

정답 208. ③ 209. ③ 210. ② 211. ④

kPa로 변화하였다. 이 때 단위질량당 엔트로피 변화는 약 몇 kJ/(kg·K)인가? (단, 공기는 정압비열이 1.006 kJ/(kg·K)이고, 기체상수가 0.287 kJ/(kg·K)인 이상기체로 간주한다.)

① 0.445　② -0.445
③ 0.185　④ -0.185

풀이

$\delta q = dh - v\,dp$, $ds = \dfrac{\delta q}{T}$

$\delta q = Tds = dh - v\,dp = C_p\,dT - v\,dp$

$\delta s = C_p \dfrac{dT}{T} - \dfrac{v}{T}dp = C_p \dfrac{dT}{T} - R\dfrac{dp}{p}$

$\therefore \Delta s = C_p \ln \dfrac{T_2}{T_1} - R \ln \dfrac{p_2}{p_1}$

$= 1.006 \times \ln \dfrac{330}{290} - 0.287 \times \ln \dfrac{600}{200}$

$= -0.185 \; kJ/kg \cdot K$

212 마찰이 없는 실린더 내에 온도 500K, 비 엔트로피 3 kJ/(kg·K)인 이상기체가 2 kg 들어있다. 이 기체의 비 엔트로피가 10 kJ/(kg·K)이 될 때까지 등온과정으로 가열한다면 가열량은 약 몇 kJ인가?

① 1400 kJ　② 2000 kJ
③ 3500 kJ　④ 7000 kJ

풀이

완전가스의 등온과정에서는 가열량이 모두 외부에 대한 일량이 되므로

$ds = \dfrac{\delta q}{T} \Rightarrow \Delta s = \dfrac{q}{500} = 7\,kJ/kg \cdot K$

$\Rightarrow q = 3500\,kJ/kg$

$\therefore Q = 2 \times 3500 = 7000\,kJ$

213 600 kPa, 300K 상태의 이상기체 1 kmol이 엔탈피가 등온과정을 거쳐 압력이 200 kPa로 변했다. 이 과정동안의 엔트로피 변화량은 약 몇 kJ/K인가? (단, 일반기체상수($\overline{R}$)은 8.31451 kJ/

(kmol·K)이다.

① 0.782　② 6.31
③ 9.13　④ 18.6

풀이

등온과정의 가열량은 모두 일량이 된다.

$\Delta S = \int_1^2 \dfrac{\delta Q}{T}$

$\Uparrow \delta Q = dH - V\,dp = -V\,dp$

$\Rightarrow \Delta S = \int_1^2 \dfrac{-V\,dp}{T} = \int_1^2 -n\overline{R}\dfrac{dp}{p}$

$= n\overline{R} \ln \dfrac{p_1}{p_2}$

$= 1 \times 8.3145 \ln \dfrac{600}{200}$

$\fallingdotseq 9.13 \; kJ/kmol \cdot K$

214 1 kg의 공기가 100℃를 유지하면서 가역등온 팽창하여 외부에 500 kJ의 일을 하였다. 이 때 엔트로피의 변화량은 약 몇 kJ/K인가?

① 1.895　② 1.665
③ 1.467　④ 1.340

풀이

완전가스의 등온과정에서는 가열량이 모두 외부에 대한 일량이 되므로

$ds = \dfrac{\delta q}{T}$

$\Rightarrow \Delta s = \dfrac{500}{(100+273.15)} = 1.34\,kJ/K$

215 온도가 300K이고, 체적이 $1\,m^3$, 압력이 10^5 N/m^2인 이상기체가 일정한 온도에서 $3 \times 10^4\,J$의 일을 하였다. 계의 엔트로피 변화량은?

① 0.1 J/K　② 0.5 J/K
③ 50 J/K　④ 100 J/K

풀이

등온과정에서의 가열량은 모두 일량이므로

$$ds = \frac{\delta q}{T} = \frac{\delta w}{T}$$
$$\Rightarrow \triangle s = \int_1^2 \frac{\delta q}{T} = \int_1^2 \frac{\delta w}{T}$$
$$= \frac{3 \times 10^4}{300} = 100 \; J/K$$

216 그림과 같이 중간에 격벽이 설치된 계에서 A에는 이상기체가 충만되어 있고, B는 진공이며, A와 B의 체적은 같다. A와 B사이의 격벽을 제거하면 A의 기체는 단열 비가역 자유팽창을 하여 어느 시간 후에 평형에 도달하였다. 이 경우의 엔트로피 변화 $\triangle s$ 는? (단, C_v 는 정적비열, C_p 는 정압비열, R 은 기체상수이다.)

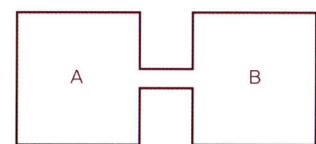

① $\triangle s = C_v \times \ln 2$
② $\triangle s = C_p \times \ln 2$
③ $\triangle s = 0$
④ $\triangle s = R \times \ln 2$

풀이
등온 자유팽창이므로 $pV = C$
$\Rightarrow p_1 V_1 = p_2 V_2$
$\Rightarrow V_2 = 2V_1$ 일 때 $p_1 = 2p_2$
$s_2 - s_1 = R \ln \frac{p_1}{p_2}$
$\therefore \triangle s = R \ln \frac{p_1}{p_2} = R \ln 2$

217 4 kg의 공기가 들어 있는 용기 A(체적 0.5 m³)와 진공용기 B(체적 0.3 m³) 사이를 밸브로 연결하였다. 이 밸브를 열어서 공기가 자유팽창하여 평형에 도달했을 경우 엔트로피 증가량은 약 몇 kJ/K 인가? (단, 온도변화는 없으며 공기의 기체상수는 0.287 kJ/kg·K 이다.)

① 0.54   ② 0.49
③ 0.42   ④ 0.37

풀이
등온과정이므로 $p_1 V_1 = p_2 V_2$
$\Rightarrow \frac{p_1}{p_2} = \frac{V_2}{V_1} = \frac{0.8}{0.5}$
$m = 4 \; kg$,
$S_2 - S_1 = mR \ln \frac{p_1}{p_2}$
$= mR \ln \frac{V_2}{V_1} = 4 \times 0.287 \ln \frac{0.8}{0.5}$
$\fallingdotseq 0.54 \; [kJ/K]$

218 1 kg의 공기가 100°C를 유지하면서 등온 팽창하여 외부에 100 kJ의 일을 하였다. 이 때 엔트로피의 변화량은 약 몇 kJ/(kg·K)인가?

① 0.268   ② 0.373
③ 1.00   ④ 1.54

풀이
완전가스의 등온과정에서는 가열량이 모두 외부에 대한 일량이 되므로
$ds = \frac{\delta q}{T}$
$\Rightarrow \triangle s = \frac{100}{(100+273.15)}$
$= 0.268 \; kJ/kg \cdot K$

219 4 kg의 공기가 들어 있는 체적 0.4 m³의 용기(A)와 체적이 0.2 m³인 진공의 용기(B)를 밸브로 연결하였다. 두 용기의 온도가 같을 때 밸브를 열어 용기 A와 B의 압력이 평형에 도달했을 경우, 이 계의 엔트로피 증가량은 약 몇 J/K인가? (단, 공기의 기체상수는 0.287 kJ(kg·K)이다.)

① 712.8   ② 595.7
③ 465.5   ④ 348.2

정답 216. ④ 217. ① 218. ① 219. ③

기계열역학

풀이

등온 자유팽창이므로 $pV = C$
$\Rightarrow p_1 V_1 = p_2 V_2 \Rightarrow p_1 \times 0.4 = p_2 \times 0.6$
$\therefore \dfrac{p_1}{p_2} = 1.5$

$S_2 - S_1 = mR \ln \dfrac{p_1}{p_2}$
$\qquad = 4 \times 287 \times \ln 1.5 \fallingdotseq 465.5 \text{ J/K}$

220 실린더 내의 공기가 100 kPa, 20℃ 상태에서 300 kPa이 될 때까지 가역단열 과정으로 압축된다. 이 과정에서 실린더 내의 계에서 엔트로피의 변화는? (단, 공기의 비열비 k = 1.4이다.)

① -1.35 kJ(kg·K)
② 0 kJ(kg·K)
③ 1.35 kJ(kg·K)
④ 13.5 kJ(kg·K)

풀이

단열과정 ($\delta Q = 0$), $\triangle S = \dfrac{\delta Q}{T} = 0 \text{ kJ/K}$
($\triangle S = 0$, 등엔트로피 과정)

221 이상기체 1 kg을 300K, 100 kPa에서 500K까지 "$PV^n = $ 일정"의 과정(n = 1.2)을 따라 변화시켰다. 이 기체의 엔트로피 변화량(kJ/K)은? (단, 기체의 비열비는 1.3, 기체상수는 0.287 kJ/(kg·K)이다.)

① -0.244 ② -0.287
③ -0.344 ④ -0.373

풀이

문제의 조건에서 Polytropic 지수 $n = 1.2$
비열비 $k = 1.3$, 기체상수 $R = 0.287$이므로
$C_p + C_v = 0.287 \cdot \dfrac{C_p}{C_v} = 1.3$으로부터
$\Rightarrow C_v = \dfrac{1}{k-1}R = \dfrac{1}{1.3-1} \times 0.287 = 0.957$

$C_n = C_v \dfrac{n-k}{n-1}$
$\qquad = 0.957 \times \dfrac{1.2 - 1.3}{1.2 - 1} = -0.479$

$\triangle S = \int \dfrac{\delta Q}{T}$
$\qquad = \int_{300}^{500} mC_n \dfrac{dT}{T} = mC_n [\ln T]_{300}^{500}$

$= 1 \times (-0.479) \times \ln\left(\dfrac{500}{300}\right) = -0.244 \text{ kJ/K}$

222 온도 T_1의 고온열원으로부터 온도 T_2의 저온열원으로 열량 Q가 전달될 때 두 열원의 총 엔트로피 변화량을 옳게 표현한 것은?

① $-\dfrac{Q}{T_1} + \dfrac{Q}{T_2}$ ② $\dfrac{Q}{T_1} - \dfrac{Q}{T_2}$
③ $\dfrac{Q(T_1 + T_2)}{T_1 \times T_2}$ ④ $\dfrac{T_1 - T_2}{Q(T_1 \times T_2)}$

풀이

$\triangle S = \int_1^2 \dfrac{\delta Q}{T} \Rightarrow \triangle S_1 = -\dfrac{Q}{T_1}$ (방열)
$\qquad\qquad\qquad\qquad \triangle S_2 = \dfrac{Q}{T_2}$ (흡열)
$\therefore \triangle S_1 + \triangle S_2 = -\dfrac{Q}{T_1} + \dfrac{Q}{T_2}$

223 절대온도가 T_1, T_2인 두 물체 사이에 열량 Q가 전달될 때 이 두 물체가 이루는 계의 엔트로피 변화는? (단, $T_1 > T_2$이다.)

① $\dfrac{T_1 - T_2}{QT_1}$ ② $\dfrac{T_1 - T_2}{QT_2}$
③ $\dfrac{Q}{T_1} - \dfrac{Q}{T_2}$ ④ $\dfrac{Q}{T_2} - \dfrac{Q}{T_1}$

풀이

고열원에서의 엔트로피 변화량
$\triangle S_1 = -\dfrac{Q}{T_1}$ (방열)

실전문제

저열원에서의 엔트로피 변화량

$\triangle S_2 = \dfrac{Q}{T_2}$ (흡열)

두 물체가 이루는 계의 엔트로피 변화는

$\therefore \triangle S = \triangle S_2 + \triangle S_1 = \dfrac{Q}{T_2} - \dfrac{Q}{T_1}$

224 전동기에 브레이크를 설치하여 출력시험을 하는 경우, 축 출력 10 kW의 상태에서 1시간 운전을 하고, 이때 마찰열을 20℃의 주위에 전할 때 주위의 엔트로피는 어느 정도 증가하는가?

① 123 kJ/K ② 133 kJ/K
③ 143 kJ/K ④ 153 kJ/K

풀이

마찰열

$Q = 10\ kJ/s \times 3600\ s/h = 36000\ kJ/h$

$\triangle S = \int_1^2 \dfrac{\delta Q}{T} = \dfrac{36000}{293.15}$

$\qquad\qquad\qquad\quad = 122.87\ kJ/K$

225 공기 2 kg이 300K, 600 kPa 상태에서 500K, 400 kPa 상태로 가열된다. 이 과정 동안의 엔트로피 변화량은 약 얼마인가? (단, 공기의 정적비열과 정압비열은 각각 0.717 kJ/kg·K과 1.004 kJ/kg·K로 일정하다.)

① 0.73 kJ/K ② 1.83 kJ/K
③ 1.02 kJ/K ④ 1.26 kJ/K

풀이

$\delta q = du + p\,dv = dh - v\,dp$

$\qquad = C_p\,dT - \dfrac{RT}{p}dp$

$ds = \dfrac{\delta q}{T}$

$\Rightarrow \delta q = T ds = C_p\,dT - \dfrac{RT}{p}dp$

$\Rightarrow ds = C_p\dfrac{dT}{T} - \dfrac{R}{p}dp$

$\Rightarrow \triangle s = \int_1^2 C_p \dfrac{dT}{T} - R\int_1^2 \dfrac{1}{p}dp$

$\Rightarrow s_2 - s_1 = C_p \ln\dfrac{T_2}{T_1} - R\ln\dfrac{p_2}{p_1}$

$\therefore S_2 - S_1 = m(s_2 - s_1)$

$\qquad = m\left(C_p \ln\dfrac{T_2}{T_1} - R\ln\dfrac{p_2}{p_1}\right)$

$\qquad = 2 \times \left(1.004 \ln\dfrac{500}{300} - 0.287 \ln\dfrac{400}{600}\right)$

$\qquad ≒ 1.26\ kJ/K$

226 단열된 용기 안에 두 개의 구리블록이 있다. 블록 A는 10 kg, 온도 300K이고, 블록 B는 10 kg, 900K이다. 구리의 비열은 0.4 kJ/kg·K일 때, 두 블록을 접촉시켜 열교환이 가능하게 하고 장시간 놓아두어 최종상태에서 두 구리 블록의 온도가 같아졌다. 이 과정 동안 시스템의 엔트로피 증가량(kJ/K)은?

① 1.15 ② 2.04
③ 2.77 ④ 4.82

풀이

$Q_{평형} = mC\triangle T,\ Q_{방열량} = Q_{흡열량}$

$\Rightarrow$

$10 \times 0.4 \times (900 - T_{평형}) = 10 \times 0.4 \times (T_{평형} - 600)$

$\therefore T_{평형} = 600\ K$

방열량은 $\triangle S_1 = \int \dfrac{\delta Q}{T}$

$\Rightarrow \triangle S_1 = \int_{900}^{600} mC\dfrac{dT}{T} = mC[\ln T]_{900}^{600}$

$\qquad = 10 \times 0.4 \times \ln\left(\dfrac{600}{900}\right) = -1.62\ kJ/K$ (방열)

흡열량은 $\triangle S_2 = \int \dfrac{\delta Q}{T}$

$\Rightarrow \triangle S_2 = \int_{300}^{600} mC\dfrac{dT}{T} = mC[\ln T]_{300}^{600}$

$= 10 \times 0.4 \times \ln\left(\dfrac{600}{300}\right) = 2.77\ kJ/K$ (흡열)

$\therefore \triangle S_1 + \triangle S_2 = -1.62 + 2.77$

$\qquad\qquad\qquad = 1.15\ kJ/K$

정답 224. ① 225. ④ 226. ①

기계열역학

이론 Cycle 효율(C, O, D, S, B, R)

227 고열원과 저열원 사이에서의 작동하는 카르노사이클 열기관이 있다. 이 열기관에서 60 kJ의 일을 얻기 위하여 100 kJ의 열을 공급하고 있다. 저열원의 온도가 15℃라고 하면 고열원의 온도는?

① 128℃   ② 288℃
③ 447℃   ④ 720℃

풀이

$$\eta_c = \frac{Q_H - Q_L}{Q_H} = \frac{W}{Q_H} = \frac{T_H - T_L}{T_H}$$

$$\Rightarrow \frac{60}{100} = \frac{T_H - (15 + 273.15)}{T_H}$$

$$\therefore T_H = 447.2℃$$

228 100℃와 50℃사이에서 작동되는 가역열기관의 최대열효율은 약 얼마인가?

① 55.0%   ② 16.7%
③ 13.4%   ④ 8.3%

풀이

$$\eta_c = 1 - \frac{T_L}{T_H} = \left(1 - \frac{50 + 273.15}{100 + 273.15}\right) \times 100$$

$$= 13.4\%$$

229 대기압 하에서 물의 어는점과 끓는점 사이에서 작동하는 카르노사이클(Carnot cycle) 열기관의 열효율은 약 몇 %인가?

① 2.7   ② 10.5
③ 13.2 ④ 26.8

풀이

$$\eta_c = 1 - \frac{T_L}{T_H} = \left(1 - \frac{273.15}{373.15}\right) \times 100$$

$$= 26.8\%$$

230 고온 400℃, 저온 50℃의 온도범위에서 작동하는 Carnot 사이클 열기관의 열효율을 구하면 몇 % 인가?

① 37   ② 42
③ 47   ④ 52

풀이

$$\eta_c = 1 - \frac{Q_L}{Q_H} = 1 - \frac{T_L}{T_H}$$

$$= \left(1 - \frac{20 + 273.15}{400 + 273.15}\right) \times 100 ≒ 52\%$$

231 카르노열기관 사이클 A는 0℃와 100℃사이에서 작동되며 카르노열기관 사이클 B는 100℃와 200℃사이에서 작동된다. 사이클 A의 효율(η_A)과 사이클 B의 효율(η_B)을 각각 구하면?

① $\eta_A = 26.80\%$ $\eta_B = 50.00\%$
② $\eta_A = 26.80\%$ $\eta_B = 21.14\%$
③ $\eta_A = 38.75\%$ $\eta_B = 50.00\%$
④ $\eta_A = 38.75\%$ $\eta_B = 21.14\%$

풀이

$$\eta_c = 1 - \frac{Q_L}{Q_H} = 1 - \frac{T_L}{T_H}$$

$$\Rightarrow \eta_A = 1 - \frac{273}{373} ≒ 0.27$$

$$\Rightarrow \eta_B = 1 - \frac{373}{473} ≒ 0.21$$

232 저열원 20℃와 고열원 700℃ 사이에서 작동하는 카르노열기관의 열효율은 약 몇 %인가?

① 30.1%   ② 69.9%
③ 52.9%   ④ 74.1%

풀이

$$\eta_c = 1 - \frac{Q_L}{Q_H} = 1 - \frac{T_L}{T_H}$$

정답 227. ③ 228. ③ 229. ④ 230. ④ 231. ② 232. ②

$$\Rightarrow \eta_A = \left(1 - \frac{20 + 273.15}{700 + 273.15}\right) \times 100 \fallingdotseq 69.9\%$$

233 이상적인 카르노사이클의 열기관이 500°C인 열원으로부터 500 kJ를 받고, 25°C에 열을 방출한다. 이 사이클의 일(W)과 효율(η_{th})은 얼마인가?

① W = 307.2 kJ, η_{th} = 0.6143
② W = 207.2 kJ, η_{th} = 0.5748
③ W = 250.3 kJ, η_{th} = 0.8316
④ W = 401.5 kJ, η_{th} = 0.6517

풀이

$$\eta_c = \frac{Q_H - Q_L}{Q_H} = \frac{W}{Q_H} = \frac{T_H - T_L}{T_H}$$
$$= 1 - \frac{25 + 273.15}{500 + 273.15} = 0.615$$
$$\therefore W = 500 \times 0.615 = 307.2 \text{ kJ}$$

234 오토(Otto) 사이클에 관한 일반적인 설명 중 틀린 것은?

① 불꽃점화 기관의 공기표준 사이클이다.
② 연소과정을 정적 가열과정으로 간주한다.
③ 압축비가 클수록 효율이 높다.
④ 효율은 작업기체의 종류와 무관하다.

풀이
④ 작업기체의 종류와 관계없이 절대온도에만 관계하는 열기관은 카르노 열기관(가역기관)이다.

235 오토사이클에 관한 설명 중 틀린 것은?

① 압축비가 커지면 열효율이 증가한다.
② 열효율이 디젤사이클보다 좋다.
③ 불꽃점화 기관의 이상사이클이다.
④ 열의 공급(연소)이 일정한 체적하에 일어난다.

풀이
② 압축비를 높게 하면 열효율을 디젤 사이클 보다 크게 할 수 있지만 노킹현상 때문에 압축비를 10 이상으로 높일 수 없어서 일반적으로 디젤기관의 효율이 더 높다.

236 오토사이클(Otto cycle)의 압축비 $\varepsilon = 8$ 이라고 하면 이론열효율은 약 몇 %인가? (단, k = 1.4 이다.)

① 36.8% ② 46.7%
③ 56.5% ④ 66.6%

풀이

$$\eta_{th\,O} = 1 - \frac{T_4 - T_1}{T_3 - T_2} = 1 - \left(\frac{1}{\varepsilon}\right)^{k-1}$$
$$= 1 - \left(\frac{1}{8}\right)^{1.4 - 1} = 0.565 \times 100$$
$$= 56.5\%$$

237 오토사이클의 압축비가 6인 경우 이론열효율은 약 몇 %인가? (단, 비열비 = 1.4 이다.)

① 51 ② 54
③ 59 ④ 62

풀이

$$\eta_{th\,O} = 1 - \left(\frac{1}{\varepsilon}\right)^{k-1} = 1 - \left(\frac{1}{6}\right)^{1.4 - 1}$$
$$= 51\%$$

238 이상적인 오토사이클에서 단열압축되기 전 공기가 101.3 kPa, 21°C이며, 압축비 7로 운정할 때 이 사이클의 효율은 약 몇 %인가? (단, 공기의 비열비는 1.4이다.)

① 62% ② 54%
③ 46% ④ 42%

기계열역학

풀이
$$\eta_{th\,O} = 1 - \left(\frac{1}{\epsilon}\right)^{k-1} = 1 - \left(\frac{1}{7}\right)^{1.4-1} = 54\%$$

239 오토사이클로 작동되는 기관에서 실린더의 간극체적이 행정체적의 15%라고 하면 이론열효율은 약 얼마인가? (단, 비열비 k = 1.4이다.)

① 45.2% ② 50.6%
③ 55.7% ④ 61.4%

풀이
압축비는 $\epsilon = \dfrac{v_1}{v_2} = \dfrac{간극체적 + 행정체적}{간극체적}$

$= \dfrac{0.15 \times V_S + V_S}{0.15 \times V_S} = 7.7$ 이므로

$\eta_{th\,O} = 1 - \left(\dfrac{1}{\epsilon}\right)^{k-1} = 1 - \left(\dfrac{1}{7.7}\right)^{1.4-1} = 55.8\%$

240 압축비가 7.5이고, 비열비가 1.4인 이상적인 오토사이클의 열효율은 약 몇 %인가?

① 55.3 ② 57.6
③ 48.7 ④ 51.2

풀이
$\eta_{th\,O} = 1 - \left(\dfrac{1}{\epsilon}\right)^{k-1} = 1 - \left(\dfrac{1}{7.5}\right)^{1.4-1} = 55.3\%$

241 이상적인 오토사이클에서 열효율을 55%로 하려면 압축비를 약 얼마로 하면 되겠는가? (단, 기체의 비열비는 1.4이다.)

① 5.9 ② 6.8
③ 7.4 ④ 8.5

풀이
$\eta_{th\,O} = 1 - \left(\dfrac{1}{\epsilon}\right)^{k-1}$

$\Rightarrow 0.55 = 1 - \left(\dfrac{1}{\epsilon}\right)^{1.4-1}$

$\therefore \epsilon = \left(\dfrac{1}{0.45}\right)^{\frac{1}{0.4}} \fallingdotseq 7.4$

242 배기체적이 1200 cc, 간극체적이 200 cc의 가솔린 기관의 압축비는 얼마인가?

① 5 ② 6
③ 7 ④ 8

풀이
압축비
$\epsilon = \dfrac{행정체적}{간극체적} = \dfrac{V_c + V_s}{V_c}$

$= \dfrac{200 + 1200}{200} = 7$

243 자동차 엔진을 수리한 후 실린더 블록과 헤드 사이에 수리 전과 비교하여 더 두꺼운 개스킷을 넣었다면 압축비와 열효율은 어떻게 되겠는가?

① 압축비는 감소하고, 열효율도 감소한다.
② 압축비는 감소하고, 열효율은 증가한다.
③ 압축비는 증가하고, 열효율은 감소한다.
④ 압축비는 증가하고, 열효율도 증가한다.

풀이
간극체적이 증가하므로 압축비는 감소하고 열효율도 감소한다.

244 어떤 가솔린기관의 실린더 내경이 6.8 cm, 행정이 8 cm일 때 평균유효압력 1200 kPa이다. 이 기관의 1행정 당 출력(kJ)은?

① 0.04 ② 0.14
③ 0.35 ④ 0.44

풀이
$p_{me} = \dfrac{W}{V_s}$

정답 239. ③ 240. ① 241. ③ 242. ③ 243. ① 244. ③

실전문제

$$\Rightarrow W = p_{me} V_s = p_{me} A S$$
$$= 1200 \times \frac{\pi \times 0.068^2}{4} \times 0.08 = 0.35 \; kJ$$

245 매시간 20 kg의 연료를 소비하여 74 kW의 동력을 생산하는 가솔린 기관의 열효율은 약 몇 %인가? (단, 가솔린의 저위발열량은 43470 kJ/kg이다.)

① 18　　② 22
③ 31　　④ 43

풀이

$$\eta = \frac{\text{단위시간당의 정미일량}}{\text{공급연료의 발열량}}$$
$$= \frac{\text{동력}[kW]}{\text{연료의 저발열량} \times \text{시간당 연료소비량}}$$
$$\Rightarrow \eta = \frac{74 \times 3600}{43470 \times 20} \times 100 ≒ 31 \%$$

246 이상적인 복합사이클(사바테 사이클)에서 압축비는 16, 최고압력비(압력상승비)는 2.3, 체절비는 1.6이고, 공기의 비열비는 1.4일 때 이 사이클의 효율은 약 몇 %인가?

① 55.52　　② 58.41
③ 61.54　　④ 64.88

풀이

$$\eta_{th\,S} = 1 - \left(\frac{1}{\epsilon}\right)^{k-1} \frac{\rho \sigma^k - 1}{(\rho - 1) + k\rho(\sigma - 1)}$$
$$= 1 - \left(\frac{1}{16}\right)^{1.4-1} \frac{2.3 \times 1.6^{1.4} - 1}{(2.3-1) + 1.4 \times 2.3 \times (1.6-1)}$$
$$≒ 64.88 \%$$

247 최고온도 1300K와 최저온도 300K 사이에서 작동하는 공기표준 Brayton 사이클의 열효율은 약 얼마인가? (단, 압력비는 9, 공기의 비열비는 1.4이다.)

① 30%　　② 36%
③ 42%　　④ 47%

풀이

$$\eta_{th\,B} = 1 - \left(\frac{1}{\gamma_p}\right)^{\frac{k-1}{k}} = 1 - \left(\frac{1}{9}\right)^{\frac{1.4-1}{1.4}}$$
$$= 0.466 = 46.6\%$$

248 공기표준 Brayton 사이클 기관에서 최고압력이 500 kPa, 최저압력은 100 kPa이다. 비열비(k)는 1.4일 때, 이 사이클의 열효율은?

① 약 3.9%　　② 약 18.9%
③ 약 36.9%　　④ 약 26.9%

풀이

$$\eta_{th\,B} = 1 - \left(\frac{1}{r_p}\right)^{\frac{k-1}{k}} = 1 - \left(\frac{100}{500}\right)^{\frac{1.4-1}{1.4}}$$
$$≒ 0.369 = 36.9\%, \; \left(\text{단}, \; r_p = \frac{p_2}{p_1}\right)$$

249 어떤 기체 동력장치가 이상적인 브레이턴 사이클로 다음과 같이 작동할 때 이 사이클의 열효율은 약 몇 %인가? (단, 온도-엔트로피 선도에서 $t_1 = 30℃$, $t_2 = 200℃$, $t_3 = 1060℃$, $t_4 = 160℃$ 이다.)

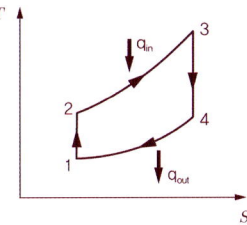

① 81%　　② 85%
③ 89%　　④ 92%

풀이

$$\eta_{th\,B} = 1 - \frac{\text{정압 방열량}}{\text{정압 가열량}} = 1 - \frac{T_4 - T_1}{T_3 - T_2}$$

정답 245. ③　246. ④　247. ④　248. ③　249. ②

$$= \left(1 - \frac{140-30}{1060-200}\right) \times 100 = 85\%$$

250 최고온도 1300K와 최저온도 300K 사이에서 작동하는 공기표준 Brayton 사이클의 열효율은 약 얼마인가? (단, 압력비는 9, 공기의 비열비는 1.4이다.)

① 30% ② 36%
③ 42% ④ 47%

풀이

$$\eta_{thB} = 1 - \left(\frac{1}{r_p}\right)^{\frac{k-1}{k}} = 1 - \left(\frac{1}{9}\right)^{\frac{1.4-1}{1.4}}$$

$$\fallingdotseq 0.466 = 46.6\%, \left(\text{단, } r_p = \frac{p_2}{p_1}\right)$$

251 Brayton 사이클에서 압축기 소요일은 175 kJ/kg, 공급열은 627 kJ/kg, 터빈 발생일은 406 kJ/kg로 작동될 때 열효율은 약 얼마인가?

① 0.28 ② 0.37
③ 0.42 ④ 0.48

풀이

$$\eta_{thB} = \frac{\text{터빈 팽창일} - \text{압축기 소요일}}{\text{공급열량}}$$

$$= \frac{406 - 175}{627} \fallingdotseq 0.37$$

252 그림과 같은 압력(P)-부피(V) 선도에서 $T_1 = 561\,K$, $T_2 = 1010\,K$, $T_3 = 690\,K$, $T_4 = 383\,K$인 공기(정압비열 1 kJ/kg·K)를 작동유체로 하는 이상적인 Brayton cycle의 열효율은?

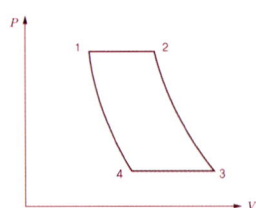

① 0.388 ② 0.444
③ 0.316 ④ 0.412

풀이

$$\eta_{thB} = 1 - \frac{\text{정압 방열량}}{\text{정압 가열량}}$$

$$= 1 - \frac{C_p(T_3 - T_4)}{C_p(T_2 - T_1)}$$

$$= 1 - \frac{690 - 383}{1010 - 561} \fallingdotseq 0.316$$

253 가스터빈 엔진의 열효율에 대한 다음 설명 중 잘못된 것은?

① 압축기 전후의 압력비가 증가할수록 열효율이 증가한다.
② 터빈입구의 온도가 높을수록 열효율은 증가하나 고온에 견딜 수 있는 터빈 블레이드 개발이 요구된다.
③ 터빈 일에 대한 압축기 일의 비를 back work ratio라고 하며, 이 비가 클수록 열효율이 높아진다.
④ 가스터빈 엔진은 증기터빈 원동소와 결합된 복합시스템을 구성하여 열효율을 높일 수 있다.

풀이

③ 터빈 일에 대한 압축일의 비를 back work ratio(BWR)라고 하며, 이 비가 클수록 사이클의 압축기 구동일의 증가를 의미하므로 열효율이 낮아진다.

254 그림과 같은 공기표준 Brayton 사이클에서 작동유체 1 kg당 터빈일은 얼마인가? (단, $T_1 = 300\,K$, $T_2 = 475.1\,K$, $T_3 = 1100\,K$, $T_4 = 694.5\,K$이고, 공기의 정압비열과 정적비열은 각각 1.0035 kJ/kg·K, 0.7165 kJ/kg·K이다.)

정답 250. ④ 251. ② 252. ③ 253. ③ 254. ①

실전문제

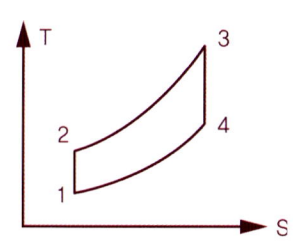

① 406.9 kJ/kg ② 290.6 kJ/kg
③ 327.2 kJ/kg ④ 448.3 kJ/kg

풀이

$$w_T = (h_3 - h_4) = C_p(T_3 - T_4)$$
$$= 1.0035 \times (1100 - 694.5)$$
$$= 406.92 \ kJ/kg$$

255 단열된 가스터빈의 입구 측에서 가스가 압력 2 MPa, 온도 1200K로 유입되어 출구 측에서 압력 100 kPa, 온도 600K로 유출된다. 5 MW의 출력을 얻기 위한 가스의 질량유량은 약 몇 kg/s인가? (단, 터빈의 효율은 100%이고, 가스의 정압비열은 1.12 kJ/(kg・K)이다.)

① 6.44   ② 7.44
③ 8.44   ④ 9.44

풀이

$$dq = dh - vdp$$
$$\Rightarrow dq = 0 \quad \Rightarrow dh = vdp = w_T$$
$$\Rightarrow w_T = \int C_p dT = C_p(T_1 - T_2)$$
$$\dot{W} = \dot{m} w_T \ \text{이므로}$$
$$\dot{m} = \frac{\dot{W}}{w_T} = \frac{\dot{W}}{C_p(T_1 - T_2)}$$
$$= \frac{5 \times 10^3}{1.12 \times (1200 - 600)} = 7.44 \ kg/s$$

256 실제 가스터빈 사이클에서 최고온도가 630℃이고, 터빈효율이 80%이다. 손실없이 단열팽창 한다고 가정했을 때의 온도가 290℃라면 실제 터빈출구에서의 온도는? (단, 가스의 비열은 일정

하다고 가정한다.)

① 348℃   ② 358℃
③ 368℃   ④ 378℃

풀이

$$\delta q = du + pdv = dh - vdp$$
$$\delta q \text{가 0 (단열과정)이므로 } dh = vdp$$
$$w_t = vdp = dh = C_p dT$$
$$\Rightarrow w_T = \int C_p dT$$
$$\eta_T = \frac{\text{실제일량}}{\text{이론일량}} = \frac{C_p(T_2 - T_1')}{C_p(T_2 - T_1)}$$
$$= \frac{T_2 - T_1'}{T_2 - T_1}$$
$$\Rightarrow 0.8 = \frac{630 - T_1'}{630 - 290}$$
$$\therefore \text{실제터빈 출구온도 } T_1' = 358℃$$

257 그림과 같은 Rankine 사이클의 열효율은 약 몇 %인가? (단, $h_1 = 191 \ kJ/kg$, $h_2 = 193.8 kJ/kg$, $h_3 = 2799.5 \ kJ/kg$, $h_4 = 2007.5 \ kJ/kg$ 이다.)

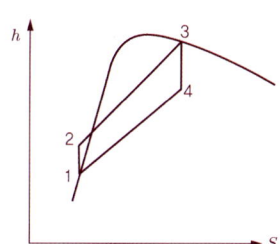

① 30.3%   ② 39.7%
③ 46.9%   ④ 54.1%

풀이

$$\eta_R = \frac{w_T - w_p}{q_B + q_{SH}}$$
$$= \frac{(h_3 - h_4) - (h_2 - h_1)}{(h_3 - h_2)}$$
$$= \left(\frac{(2799 - 2007.5) - (193.8 - 191.8)}{(2799 - 193.8)}\right) \times 100$$

정답 255. ② 256. ② 257. ①

기계열역학

≒ 30.3%

258 그림과 같은 이상적인 Rankine cycle에서 각각의 엔탈피는 $h_1 = 168\ kJ/kg$, $h_2 = 173\ kJ/kg$, $h_3 = 3195\ kJ/kg$, $h_4 = 2071\ kJ/kg$ 일 때, 이 사이클의 열효율은 약 얼마인가?

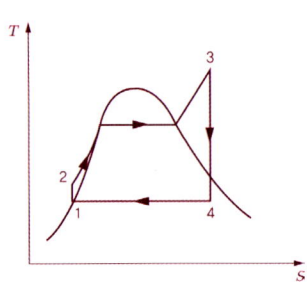

① 30%   ② 34%
③ 37%   ④ 43%

풀이

$$\eta_R = \frac{w_T - w_p}{q_B + q_{SH}} = \frac{(h_3 - h_4) - (h_2 - h_1)}{(h_3 - h_2)}$$

$$= \left(\frac{(3195 - 2071) - (173 - 168)}{(3195 - 173)}\right) \times 100$$

≒ 37%

259 그림의 랭킨사이클(온도(T)-엔트로피(s)선도)에서 각각의 지점에서 엔탈피는 표와 같을 때 이 사이클의 효율은 약 몇 %인가?

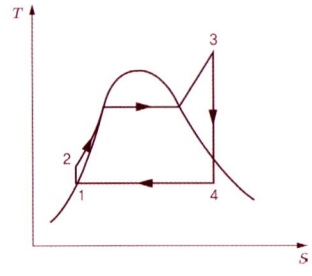

	엔탈피 (kJ/kg)
1지점	185
2지점	210
3지점	3100
4지점	2100

① 33.7%   ② 28.4%
③ 25.2%   ④ 22.9%

풀이

$$\eta_R = \frac{w_T - w_p}{q_B + q_{SH}} = \frac{(h_3 - h_4) - (h_2 - h_1)}{(h_3 - h_2)}$$

$$= \left(\frac{(3100 - 2100) - (210 - 185)}{(3100 - 210)}\right) \times 100$$

≒ 33.7%

260 그림과 같이 온도(T)-엔트로피(S)로 표시된 이상적인 랭킨사이클에서 각 상태의 엔탈피(h)가 다음과 같다면, 이 사이클의 효율은 약 몇 %인가? (단, $h_1 = 30\ kJ/kg$, $h_2 = 31\ kJ/kg$, $h_3 = 274\ kJ/kg$, $h_4 = 668\ kJ/kg$, $h_5 = 764\ kJ/kg$, $h_6 = 475\ kJ/kg$ 이다.)

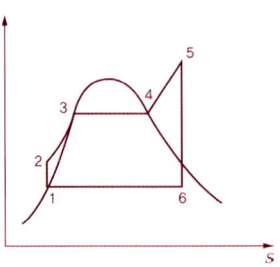

① 39   ② 42
③ 53   ④ 58

풀이

$$\eta_R = \frac{w_T - w_p}{q_B + q_{SH}} = \frac{(h_5 - h_6) - (h_2 - h_1)}{(h_5 - h_2)}$$

$$= \left(\frac{(764 - 478) - (31 - 30)}{(764 - 31)}\right) \times 100$$

≒ 38.9%

261 그림과 같은 Rankine 사이클로 작동하는 터빈에서 발생하는 일은 약 몇 kJ/kg인가? (단, h는 엔탈피, s는 엔트로피를 나타내며, $h_1 = 191\ kJ/kg$, $h_2 = 193.8\ kJ/kg$, $h_3 = 2799.5\ kJ/kg$, $h_4 = 2007.5\ kJ/kg$ 이다.)

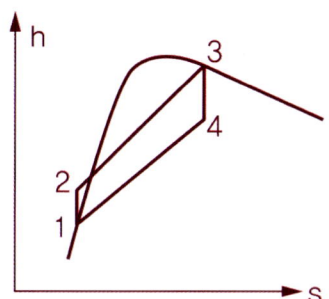

① 2.0 kJ/kg ② 792.0 kJ/kg
③ 2605.7 kJ/kg ④ 1815.7 kJ/kg

풀이
$$w_T = h_3 - h_4 = 2799.5 - 2007.5$$
$$= 792\ kJ/kg$$

262 기본 Rankine 사이클의 터빈출구 엔탈피 $h_{te} = 1200\ kJ/kg$, 응축기 방열량 $q_L = 1000\ kJ/kg$, 펌프출구 엔탈피 $h_{pe} = 210\ kJ/kg$, 보일러 가열량 $q_H = 1210\ kJ/kg$이다. 이 사이클의 출력일은?

① 210 kJ/kg ② 220 kJ/kg
③ 230 kJ/kg ④ 420 kJ/kg

풀이
$$w_{출력일} = q_H - q_L = q_B - q_C$$
$$= h_{te} - q_C = 1210 - 1000$$
$$= 210\ kJ/kg$$

263 Rankine 사이클에 대한 설명으로 틀린 것은?

① 응축기에서의 열방출 온도가 낮을수록 열효율이 좋다.
② 증기의 최고온도는 터빈재료의 내열특성에 의하여 제한된다.
③ 팽창일에 비하여 압축일이 적은 편이다.
④ 터빈출구에서 건도가 낮을수록 효율이 좋아진다.

풀이
랭킨사이클 효율증대 방법
1. 터빈에서의 초온, 초압 증가
2. 보일러 압력증가
3. 복수기 배압 감소
④ 터빈 출구에서 건도가 낮아지면 포화액선에 접근하므로 터빈부식이 발생하며 효율과는 관계없음.

264 랭킨사이클을 터빈입구 상태와 응축기 압력을 그대로 두고 재생사이클로 바꾸었을 때 랭킨사이클과 비교한 재생사이클의 특징에 대한 설명으로 틀린 것은?

① 터빈일이 크다.
② 사이클 효율이 높다.
③ 응축기의 방열량이 작다.
④ 보일러에서 가해야 할 열량이 작다.

풀이
재생사이클은 터빈의 팽창 시, 추기로 인하여 터빈일은 감소한다.
그러나, 추기한 증기의 에너지는 보일러에서의 공급열량으로 재생되므로 열효율은 증가한다.

265 과열기가 있는 랭킨사이클에 이상적인 재열사이클을 적용할 경우에 대한 설명으로 틀린 것은?

① 이상 재열사이클의 열효율이 더 높다.
② 이상 재열사이클의 경우 터빈출구 건도가 증가한다.

기계열역학

③ 이상 재열사이클의 기기비용이 더 많이 요구된다.
④ 이상 재열사이클의 경우 터빈입구 온도를 더 높일 수 있다.

풀이
④

266 랭킨사이클을 구성하는 요소는 펌프, 보일러, 터빈, 응축기로 구성된다. 각 구성요소가 수행하는 열역학적 변화과정으로 틀린 것은?

① 펌프 : 단열압축
② 보일러 : 정압가열
③ 터빈 : 단열팽창
④ 응축기 : 정적냉각

풀이
- Rankine 사이클 : 단열압축, 정압가열, 단열팽창, 정압방열

267 다음 중 이상적인 증기터빈 사이클인 랭킨사이클을 옳게 나타낸 것은?

① 가역등온압축 → 정압가열 → 가역등온팽창 → 정압냉각
② 가역단열압축 → 정압가열 → 가역단열팽창 → 정압냉각
③ 가역등온압축 → 정적가열 → 가역등온팽창 → 정적냉각
④ 가역단열압축 → 정적가열 → 가역단열팽창 → 정적냉각

풀이
- Rankine 기관 : 단열압축, 정압가열, 단열팽창, 정압방열

268 랭킨사이클의 열효율 증대방법에 해당하지 않는 것은?

① 복수기(응축기) 압력저하
② 보일러 압력증가
③ 터빈의 질량유량 증가
④ 보일러에서 증기를 고온으로 과열

풀이
랭킨사이클 효율증대 방법
1. 터빈에서의 초온, 초압 증가
2. 보일러 압력증가
3. 복수기 배압 감소
③의 질량유량의 증가는 효율과는 무관하며 랭킨기관의 규모(scale)를 크게 함.

269 랭킨사이클의 열효율을 높이는 방법으로 틀린 것은?

① 복수기의 압력을 저하시킨다.
② 보일러 압력을 상승시킨다.
③ 재열(reheat) 장치를 사용한다.
④ 터빈 출구온도를 높인다.

풀이
랭킨사이클 효율증대 방법
1. 터빈에서의 초온, 초압 증가
2. 보일러 압력증가
3. 복수기 배압 감소
4. 재열과 재생장치 이용

270 2개의 정적과정과 2개의 등온과정으로 구성된 동력사이클은?

① 브레이턴(brayton) 사이클
② 에릭슨(ericsson) 사이클
③ 스털링(stirling) 사이클
④ 오토(otto) 사이클

풀이
- 스털링 기관 : 등온압축, 정적 열 교환가열, 등온팽창, 정적 열 교환방열

냉동기 성적계수 (RC COP_R, COP_H)

271 온도 5℃와 35℃사이에서 역 카르노 사이클로 운전하는 냉동기의 최대 성적계수는 약 얼마인가?

① 12.3　　② 5.3
③ 7.3　　　④ 9.3

풀이

$$COP_{RC} = \frac{q_L}{w_c} = \frac{T_L}{T_H - T_L}$$

$$\Rightarrow COP_{RC} = \frac{5+273.15}{(35+273.15)-(5+273.15)}$$

$$\fallingdotseq 9.3$$

272 100℃와 50℃ 사이에서 작동하는 냉동기로 가능한 최대성능계수 (COP)는 약 얼마인가?

① 7.46　　② 2.54
③ 4.25　　④ 6.46

풀이

$$COP_{RC} = \frac{T_L}{T_H - T_L} = \frac{323.15}{373.15 - 323.15}$$

$$= 6.463$$

273 역 Carnot cycle로 300K와 240K사이에서 작동하고 있는 냉동기가 있다. 이 냉동기의 성능계수는?

① 3　　② 4
③ 5　　④ 6

풀이

$$COP_{RC} = \frac{q_L}{w_c} = \frac{T_L}{T_H - T_L}$$

$$\Rightarrow COP_{RC} = \frac{240}{300-240} = 4$$

274 고열원의 온도가 157℃이고, 저열원의 온도가 27℃인 카르노냉동기의 성적계수는 약 얼마인가?

① 1.5　　② 1.8
③ 2.3　　④ 3.2

풀이

$$COP_{RC} = \frac{q_L}{w_c} = \frac{T_L}{T_H - T_L}$$

$$\Rightarrow COP_{RC} = \frac{27+273.15}{(157+273.15)-(27+273.15)}$$

$$\fallingdotseq 2.3$$

275 이상 냉동기의 작동을 위해 두 열원이 있다. 고열원이 100℃이고, 저열원이 50℃라면 성능계수는?

① 1.00　　② 2.00
③ 4.25　　④ 6.46

풀이

$$COP_{RC} = \frac{T_H}{T_H - T_L}$$

$$= \frac{50+273.15}{(100+273.15)-(50+273.15)}$$

$$\fallingdotseq 6.46$$

276 온도가 -23℃인 냉동실로부터 기온이 27℃인 대기 중으로 열을 뽑아내는 가역냉동기가 있다. 이 냉동기의 성능계수는?

① 3　　② 4
③ 5　　④ 6

풀이

$$COP_{RC} = \frac{T_L}{T_H - T_L}$$

$$= \frac{(-23+273)}{(27+273)-(-23+273)} = 5$$

기계열역학

277 응축기 온도가 40℃이고, 증발기 온도 -20℃인 이상 냉동사이클의 성능계수($COP)_R$는?

① 5.22 ② 4.22
③ 4.02 ④ 3.22

풀이

$$COP_{RC} = \frac{T_L}{T_H - T_L}$$
$$= \frac{-20 + 273.15}{(40 + 273.15) - (-20 + 273.15)}$$
$$= 4.22$$

278 -10℃와 30℃ 사이에서 작동되는 냉동기의 최대성능계수로 적합한 것은?

① 8.8 ② 6.6
③ 3.3 ④ 2.8

풀이

$$COP_{RC} = \frac{T_L}{T_H - T_L}$$
$$= \frac{-10 + 273.15}{(30 + 273.15) - (-10 + 273.15)}$$
$$\fallingdotseq 6.6$$

279 여름철 외기의 온도가 30℃일 때 김치냉장고의 내부를 5℃로 유지하기 위해 3 kW의 열을 제거해야 한다. 필요한 최소동력은 약 몇 kW 인가? (단, 이 냉장고는 카르노 냉동기이다.)

① 0.27 ② 0.54
③ 1.54 ④ 2.73

풀이

$$COP_{RC} = \frac{q_L}{w_c} = \frac{T_L}{T_H - T_L}$$
$$\Rightarrow COP_{RC} = \frac{3}{w_c}$$
$$= \frac{5 + 273.15}{(30 + 273.15) - (5 + 273.15)}$$
$$\therefore w_c = 0.27 \text{ kW}$$

280 고온 측이 20℃, 저온 측이 -15℃인 Carnot 열펌프의 성능계수(COP_{HC})를 구하면?

① 8.38 ② 7.38
③ 6.58 ④ 4.28

풀이

$$COP_{HC} = \frac{T_H}{T_H - T_L}$$
$$= \frac{30 + 273.15}{(30 + 273.15) - (-10 + 273.15)}$$
$$\fallingdotseq 8.38$$

281 냉동효과가 70 kW인 카르노 냉동기의 방열기 온도가 20℃, 흡열기 온도가 -10℃이다. 이 냉동기를 운전하는데 필요한 이론 동력(일률)은?

① 약 6.02 kW ② 약 6.98 kW
③ 약 7.98 kW ④ 약 8.99 kW

풀이

$T_L = -10 + 273.15 = 263.15 \; K$

$T_H = 20 + 273.15 = 293.15 \; K$

$$COP_{RC} = \frac{T_L}{T_H - T_L} = \frac{Q_L}{W_c}$$
$$\Rightarrow W_c = \frac{Q_L}{COP_{RC}} = Q_L \left(\frac{T_H - T_R}{T_R} \right)$$
$$= 70 \times \left(\frac{293.15 - 263.15}{263.15} \right) = 7.98 \; kW$$

282 역 카르노사이클로 작동하는 증기압축 냉동사이클에서 고열원의 절대온도를 T_H, 저열원의 절대온도를 T_L이라 할 때, $\frac{T_H}{T_L} = 1.6$ 이다. 이 냉동사이클이 저열원으로부터 2.0 kW의 열을 흡수한다면 소요동력은?

① 0.7 kW ② 1.2 kW
③ 2.3 kW ④ 3.9 kW

정답 277. ② 278. ② 279. ① 280. ① 281. ③ 282. ②

풀이

$$COP_{RC} = \frac{Q_L}{W_P} = \frac{T_L}{T_H - T_L}$$

$$\Rightarrow W_P = Q_L \frac{T_H - T_L}{T_L}$$

$$= 2 \times \frac{(1.6T_L - T_L)}{T_L}$$

$$= 1.2 \ kW$$

283 저온열원의 온도가 T_L, 고온열원의 온도가 T_H인 두 열원 사이에서 작동하는 이상적인 냉동사이클의 성능계수를 향상시키는 방법으로 옳은 것은?

① T_L을 올리고 $(T_H - T_L)$을 올린다.
② T_L을 올리고 $(T_H - T_L)$을 줄인다.
③ T_L을 내리고 $(T_H - T_L)$을 올린다.
④ T_L을 내리고 $(T_H - T_L)$을 줄인다.

풀이

이상적인 냉동 사이클의 성능계수는

$COP_{RC} = \dfrac{T_L}{T_H - T_L}$ 이므로

T_L을 올리고 $T_H - T_L$을 내릴수록 냉동 사이클의 성능계수가 향상된다.

284 이상적인 냉동사이클을 따르는 증기압축 냉동장치에서 증발기를 지나는 냉매의 물리적 변화로 옳은 것은 무엇인가?

① 압력이 증가한다.
② 엔트로피가 감소한다.
③ 엔탈피가 증가한다.
④ 비체적이 감소한다.

풀이

냉매의 증발과정으로 엔탈피가 증가한다.

285 이상적인 증기압축 냉동사이클의 과정은?

① 정적방열과정→등엔트로피 압축과정→정적증발과정→등엔탈피 팽창과정
② 정압방열과정→등엔트로피 압축과정→정압증발과정→등엔탈피 팽창과정
③ 정적증발과정→등엔트로피 압축과정→정적방열과정→등엔탈피 팽창과정
④ 정압증발과정→등엔트로피 압축과정→정압방열과정→등엔탈피 팽창과정

풀이

정압(정온)증발 ⇨ 등엔트로피 압축
⇨ 정압방열(응축) ⇨ 등엔탈피 팽창(교축)

286 저온실로부터 46.4 kW의 열을 흡수할 때 10 kW의 동력을 필요로 하는 냉동기가 있다면, 이 냉동기의 성능계수는?

① 4.64 ② 46.4
③ 56.5 ④ 5.65

풀이

$$COP_R = \frac{q_L}{q_H - q_L} = \frac{q_L}{w_c}$$

$$= \frac{Q_L}{W_c} = \frac{46.4}{10} = 4.64$$

287 온도 T_2인 저온체에서 열량 Q_A를 흡수해서 온도가 T_1인 고온체로 열량 Q_R를 방출할 때 냉동기의 성능계수(coefficient of performance)는?

① $\dfrac{Q_R - Q_A}{Q_A}$ ② $\dfrac{Q_B}{Q_A}$

③ $\dfrac{Q_A}{Q_R - Q_A}$ ④ $\dfrac{Q_A}{Q_R}$

풀이

$$COP_R = \frac{q_L}{w_c} \Rightarrow COP_R = \frac{Q_A}{Q_R - Q_A}$$

정답 283. ② 284. ③ 285. ④ 286. ① 287. ③

288 저온실로부터 46.4 kW의 열을 흡수할 때 10 kW의 동력을 필요로 하는 냉동기가 있다면, 이 냉동기의 성능계수는?

① 4.64　② 5.65
③ 7.49　④ 8.82

풀이
$$COP_R = \frac{q_L}{q_H - q_L} = \frac{q_L}{w_c} = \frac{46.4}{10} = 4.64$$

289 압축기 입구온도가 -10℃, 압축기 출구온도가 100℃, 팽창기 입구온도가 5℃, 팽창기 출구온도가 -75℃로 작동되는 공기냉동기의 성능계수는? (단, 공기의 C_p는 1.0035 kJ/kg·℃로서 일정하다.)

① 0.56　② 2.17
③ 2.34　④ 3.17

풀이
$$q_L = C_p[(-10+273.15)-(-75+273.15)]$$
$$= 1.0035 \times 65 = 65.23\ kJ/kg$$
$$q_h = C_p[(100+273.15)-(5+273.15)]$$
$$= 1.0035 \times 95 = 95.33\ kJ/kg$$
$$COP_R = \frac{q_L}{w_c} = \frac{q_L}{q_H - q_L}$$
$$= \frac{65.23}{95.33 - 65.23} = 2.17$$

290 증기압축 냉동사이클로 운전하는 냉동기에서 압축기 입구, 응축기 입구, 증발기 입구의 엔탈피가 각각 387.2 kJ/kg, 435.1 kJ/kg, 241.8 kJ/kg일 경우 성능계수는 약 얼마인가?

① 3.0　② 4.0
③ 5.0　④ 6.0

풀이
$$COP_R = \frac{q_L}{q_H - q_L} = \frac{q_L}{w_c}$$
$$= \frac{h_1 - h_4}{h_2 - h_1} = \frac{387.2 - 241.8}{435.1 - 387.2} = 3.03$$

291 다음 P-h 선도를 이용한 증기압축 냉동기의 성능계수는 얼마인가?

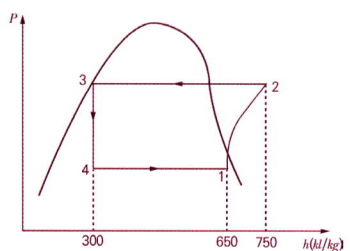

① 3.5　② 4.5
③ 5.5　④ 6.5

풀이
$$COP_R = \frac{q_L}{q_H - q_L} = \frac{q_L}{w_c}$$
$$= \frac{(650-300)}{(750-650)} = 3.5$$

292 어떤 냉매를 사용하는 냉동기의 압력-엔탈피선도(P-h 선도)가 다음과 같다. 여기서 각각의 엔탈피는 $h_1 = 1638\ kJ/kg$, $h_2 = 1983\ kJ/kg$, $h_3 = h_4 = 559\ kJ/kg$일 때 성적계수는 약 얼마인가? (단, h_1, h_2, h_3, h_4는 P-h 선도에서 각각 1, 2, 3, 4에서의 엔탈피를 나타낸다.)

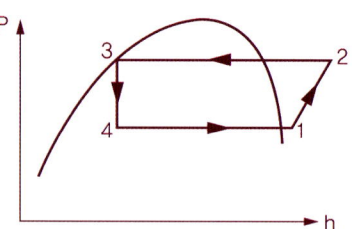

① 1.5　② 3.1
③ 5.2　④ 7.9

정답　288. ①　289. ②　290. ①　291. ①　292. ②

풀이

$$COP_R = \frac{q_L}{q_H - q_L} = \frac{q_L}{w_c}$$

$$= \frac{h_1 - h_4}{h_2 - h_1} = \frac{1638 - 559}{1983 - 1638} = 3.13$$

293 R-12를 작동유체로 사용하는 이상적인 증기압축 냉동사이클이 있다. 여기서 증발기 출구 엔탈피는 229 kJ/kg, 팽창밸브 출구 엔탈피는 81 kJ/kg, 응축기 입구 엔탈피는 255 kJ/kg일 때 이 냉동기의 성적계수는 약 얼마인가?

① 4.1 ② 4.9
③ 5.7 ④ 6.8

풀이

$$COP_R = \frac{q_L}{q_H - q_L} = \frac{q_L}{w_c}$$

$$\Rightarrow COP_R = \frac{229 - 81}{255 - 229} = 5.69$$

294 냉동기의 효율은 성능계수로 나타낸다. 냉동기의 성능계수에 대한 설명 중 잘못된 것은?

① 성능계수는 증발기에서 흡수된 열량과 압축기에 공급된 일량의 비로 정의된다.
② 성능계수는 일반적으로 1보다 작다.
③ 냉동기의 작동 온도에 따라 성능계수는 변한다.
④ 동일한 작동 온도에서 운전되는 냉동기라도 사용되는 냉매에 따라 성능계수는 달라질 수 있다.

풀이
② 성능계수는 일반적으로 1보다 크다.

295 성능계수(COP)가 0.8인 냉동기로서 7200 kJ/h로 냉동하려면, 이에 필요한 동력은?

① 약 0.9 kW ② 약 1.6 kW
③ 약 2.0 kW ④ 약 2.5 kW

풀이

$$COP_R = \frac{q_L}{q_H - q_L} = \frac{q_L}{w_c}$$

$$\Rightarrow 0.8 = \frac{7200 \, kJ/h}{w_c}$$

$$\Rightarrow w_c = \frac{7200 \, kJ/h}{0.8} \times \frac{1 \, h}{3600 \, s}$$

$$= 2.5 \, kW$$

296 성능계수가 3.2인 냉동기가 시간당 20 MJ의 열을 흡수한다. 이 냉동기를 작동하기 위한 동력은 몇 kW인가?

① 2.25 ② 1.74
③ 2.85 ④ 1.45

풀이

$$P = \frac{Q_R}{3600 \times COP_R} = \frac{20 \times 10^3}{3600 \times 3.2} \fallingdotseq 1.74 \, kW$$

297 어떤 냉장고에서 엔탈피 17 kJ/kg의 냉매가 질량유량 80 kg/hr로 증발기에 들어가 엔탈피 36 kJ/kg가 되어 나온다. 이 냉장고의 냉동능력은?

① 1220 kJ/hr ② 1800 kJ/hr
③ 1520 kJ/hr ④ 2000 kJ/hr

풀이

$$\dot{Q}_L = \dot{m} q_L = 80 \times (36 - 17)$$

$$= 1520 \, kJ/hr$$

298 일반적으로 증기압축식 냉동기에서 사용되지 않는 것은 무엇인가?

① 응축기   ② 압축기

정답 293. ③ 294. ② 295. ④ 296. ② 297. ③ 298. ③

③ 터빈　　④ 팽창밸브

풀이
증기압축식 냉동기 구성요소
증발기 , 압축기 , 응축기 , 팽창밸브

299 과열과 과냉이 없는 증기압축 냉동사이클에서 응축온도가 일정할 때 증발온도가 높을수록 성능계수는?

① 증가한다.
② 감소한다.
③ 증가할 수도 있고, 감소할 수도 있다.
④ 증발온도는 성능계수와 관계없다.

풀이
응축온도 일정 시, 증발온도가 높을수록 압축일이 감소하므로 압축비가 감소되어 냉동기 성능계수는 증가한다.

300 과열과 과냉이 없는 증기압축 냉동사이클에서 응축온도가 일정하고 증발온도가 낮을수록 성능계수는 어떻게 되겠는가?

① 증가한다.
② 감소한다.
③ 일정하다.
④ 성능계수와 응축온도는 무관하다.

풀이
응축온도 일정 시, 증발온도가 낮아지면 냉동효과의 증가량보다 압축일이 상대적으로 더 증가하므로 냉동기 성능계수는 감소한다.

$$\Rightarrow \ COP_R = \frac{q_L}{q_H - q_L} = \frac{q_L}{w_c}$$

301 증기압축 냉동기에서 냉매가 순환되는 경로를 올바르게 나타낸 것은?

① 증발기 → 팽창밸브 → 응축기 → 압축기
② 증발기 → 압축기 → 응축기 → 팽창밸브
③ 팽창밸브 → 압축기 → 응축기 → 증발기
④ 응축기 → 증발기 → 압축기 → 팽창밸브

풀이
냉매기준 명칭 : 증발기 → 압축기 → 응축기 → 팽창밸브

302 냉매 R-134a를 사용하는 증기압축 냉동사이클에서 냉매의 엔트로피가 감소하는 구간은 어디인가?

① 팽창구간　　② 압축구간
③ 증발구간　　④ 응축구간

풀이
응축구간

303 이상적인 증기압축 냉동사이클에서 엔트로피가 감소하는 과정은?

① 증발과정　　② 압축과정
③ 팽창과정　　④ 응축과정

풀이
엔트로피가 감소하는 과정 ⇨ 정압방열(응축)

304 증기압축 냉동기에는 다양한 냉매가 사용된다. 이러한 냉매의 특징에 대한 설명으로 틀린 것은?

① 냉매는 냉동기의 성능에 영향을 미친다.
② 냉매는 무독성, 안정성, 저가격 등의 조건을 갖추어야 한다.
③ 우수한 냉매로 알려져 널리 사용되던 염화불화 탄화수소(CFC) 냉매는 오존층을 파괴한다는 사실이 밝혀진 이후 사용이 제한되고 있다.
④ 현재 CFC냉매 대신에 R-12(CCl_2F_2)

정답 299. ① 300. ② 301. ② 302. ④ 303. ④ 304. ④

가 냉매로 사용되고 있다.

[풀이]
④ R-12(CCl_2F_2)는 CFC냉매이다.
(R-134a 등은 대체냉매)

305 냉동기 냉매의 일반적인 구비조건으로서 적합하지 않은 사항은?

① 임계온도가 높고, 응고온도가 낮을 것
② 증발열이 적고, 증기 비체적이 클 것
③ 증기 및 액체의 점성이 작을 것
④ 부식성이 없고, 안정성이 있을 것

[풀이]
② 증발열(냉동효과)이 크고, 증기의 비체적(부피)이 작을 것

306 냉매의 요구조건으로 옳은 것은?

① 비체적이 커야 한다.
② 증발압력이 대기압보다 낮아야 한다.
③ 응고점이 높아야 한다.
④ 증발열이 커야 한다.

[풀이]
④ 증발열이 클수록 냉동효과가 우수하다.

307 다음 냉동사이클에서 열역학 제1법칙과 제2법칙을 모두 만족하는 Q_1, Q_2, W는?

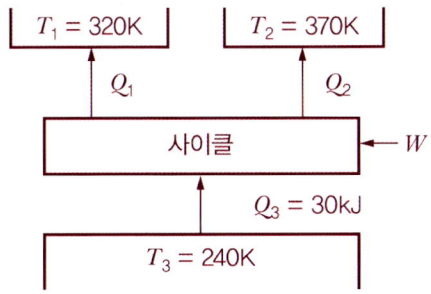

① $Q_1 = 20$ kJ, $Q_2 = 20$ kJ, $W = 20$ kJ
② $Q_1 = 20$ kJ, $Q_2 = 30$ kJ, $W = 20$ kJ
③ $Q_1 = 20$ kJ, $Q_2 = 20$ kJ, $W = 10$ kJ
④ $Q_1 = 20$ kJ, $Q_2 = 15$ kJ, $W = 5$ kJ

[풀이]
열역학 제1법칙은 $Q_3 + W = Q_1 + Q_2$이므로 모두 만족한다.

열역학 제2법칙(엔트로피 증가의 법칙)은 ②번만 만족한다.

저열원 $\dfrac{Q_3}{T_3} = \dfrac{30}{240} = 0.125$ kJ/K

$\dfrac{Q_1}{T_1} + \dfrac{Q_2}{T_2} = \dfrac{20}{320} + \dfrac{30}{370} = 0.144$ kJ/K 고열원

308 냉동실에서의 흡수열량이 5 냉동톤(RT)인 냉동기의 성능계수(COP)가 2, 냉동기를 구동하는 가솔린 엔진의 열효율이 20%, 가솔린의 발열량이 43000 kJ/kg일 경우, 냉동기 구동에 소요되는 가솔린의 소비율은 약 몇 kg/h인가? (단, 1 냉동톤(RT)은 약 3.86 kW이다.)

① 1.28 kg/h   ② 2.54 kg/h
③ 4.04 kg/h   ④ 4.85 kg/h

[풀이]
$m_{연료} \times 43000 \times 0.2 = 5 \times 3.86 \times \dfrac{1}{2}$

$\therefore m_{연료} = \dfrac{5 \times 3.86}{43000 \times 0.2 \times 2} \times 3600$
$= 4.04$ kg/h

309 난방용 열펌프가 저온물체에서 1500 kJ/h의 열

정답 305. ② 306. ④ 307. ② 308. ③ 309. ④

을 흡수하여 고온물체에 2100 kJ/h로 방출한다. 이 열펌프의 성능계수는?

① 2.0　② 2.5
③ 3.0　④ 3.5

풀이

$$COP_H = \frac{q_H}{q_H - q_L} = \frac{q_H}{w_c} = 1 + COP_R$$

⇒ $\frac{2100}{2100 - 1500} = 3.5$

310 그림의 증기압축 냉동사이클(온도(T)-엔트로피(s) 선도)이 열펌프로 사용될 때의 성능계수는 냉동기로 사용될 때의 성능계수의 몇 배인가? (단, 각 지점에서의 엔탈피는 $h_1 = 180\ kJ/kg$, $h_2 = 210\ kJ/kg$, $h_3 = h_4 = 50\ kJ/kg$ 이다.)

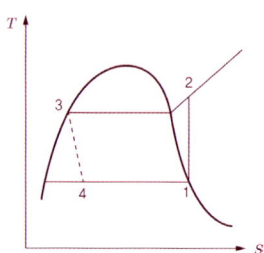

① 0.81　② 1.23
③ 1.63　④ 2.12

풀이

$$COP_R = \frac{q_L}{q_H - q_L} = \frac{q_L}{w_c}$$

$$= \frac{h_1 - h_4}{h_2 - h_1} = \frac{180 - 50}{210 - 180} = 4.33$$

$$COP_H = \frac{q_H}{q_H - q_L} = \frac{q_H}{w_c} = 1 + COP_R$$

$$= 1 + 4.33 = 5.33$$

$$\therefore \frac{COP_H}{COP_R} = 1.23$$

열역학의 적용사례

311 다음 장치들에 대한 열역학적 관점의 설명으로 옳은 것은?

① 노즐은 유체를 서서히 낮은압력으로 팽창하여 속도를 감속시키는 기구이다.
② 디퓨저는 저속의 유체를 가속하는 기구이며 그 결과 유체의 압력이 증가한다.
③ 터빈은 작동유체의 압력을 이용하여 열을 생성하는 회전식 기계이다.
④ 압축기의 목적은 외부에서 유입된 동력을 이용하여 유체의 압력을 높이는 것이다.

풀이
④

312 터빈, 압축기, 노즐과 같은 정상유동장치의 해석에 유용한 몰리에(Mollier) 선도를 옳게 설명한 것은?

① 가로축에 엔트로피, 세로축에 엔탈피를 나타내는 선도이다.
② 가로축에 엔탈피, 세로축에 온도를 나타내는 선도이다.
③ 가로축에 엔트로피, 세로축에 온도를 나타내는 선도이다.
④ 가로축에 비체적, 세로축에 압력을 나타내는 선도이다.

풀이
Mollier 선도는 건도가 비교적 높은 습증기와 과열증기의 열역학적 상태를 검토하기 쉽도록 하는 h-s 실무선도이다.

313 500 W의 전열기로 4 kg의 물을 20°C에서 90°C까지 가열하는데 몇 분이 소요되는가? (단, 전열

기에서 열은 전부 온도상승에 사용되고 물의 비열은 4180 J/kg·K이다.)

① 16 ② 27
③ 39 ④ 45

풀이

전열기 발생열량
$Q = 500\ W \times 60 = 30000\ J/min$
물의 가열량
$Q_{물} = mc\triangle t = 4 \times 4180 \times (90-20)$
$\qquad\qquad = 1170400\ J$
∴ 소요시간은
$\dfrac{1170400}{30000} = 39.013 ≒ 39\ min$

314 출력이 50 kW인 동력기관이 한 시간에 13 kg의 연료를 소모한다. 연료의 발열량이 45000 kJ/kg이라면, 이 기관의 열효율은 약 얼마인가?

① 25% ② 28%
③ 31% ④ 36%

풀이

$\eta = \dfrac{단위시간당의\ 정미일량}{공급연료의\ 발열량} = \dfrac{\dot{W}}{\dot{Q}}$

$= \dfrac{50\,[kWh]}{13 \times 45000\,[kJ]} \times \dfrac{3600\,[kJ]}{1\,[kWh]} \times 100$

$≒ 31\ \%$

315 14.33 W의 전등을 매일 7시간 사용하는 집이 있다. 1개월(30일) 동안 약 몇 kJ의 에너지를 사용하는가?

① 10830 ② 15020
③ 17420 ④ 22840

풀이

14.33 W = 0.01433 kW 이므로
$0.01433 \times 7 \times 30 = 3.0093\ kWh \times 3600\ kJ/kWh$
$\qquad\qquad\qquad = 10833.5\ kJ$

316 수증기가 정상과정으로 40 m/s의 속도로 노즐에 유입되어 275 m/s로 빠져나간다. 유입되는 수증기의 엔탈피는 3300 kJ/kg, 노즐로부터 발생되는 열손실은 5.9 kJ/kg일 때 노즐 출구에서의 수증기 엔탈피는 약 몇 kJ/kg인가?

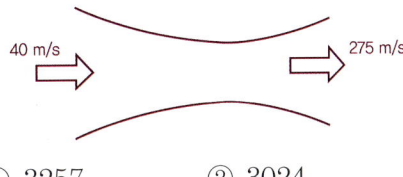

① 3257 ② 3024
③ 2795 ④ 2612

풀이

$q_{12} + h_1 + \dfrac{w_1^{\,2}}{2} + gz_1 = h_2 + \dfrac{w_2^{\,2}}{2} + gz_2 + w_T$

$\Rightarrow q_{12} + h_1 + \dfrac{w_1^{\,2}}{2} = h_2 + \dfrac{w_2^{\,2}}{2}$

$\Rightarrow h_2 = q_{12} + h_1 + \left(\dfrac{w_1^{\,2}}{2} - \dfrac{w_2^{\,2}}{2}\right)$

$\Rightarrow h_2 = -5.9 + 3300 + \left(\dfrac{40^2}{2} - \dfrac{275^2}{2}\right) \times 10^{-3}$

$≒ 3257\ kJ/kg$

317 한 시간에 3600 kg의 석탄을 소비하여 6050 kW를 발생하는 증기터빈을 사용하는 화력발전소가 있다면, 이 발전소의 열효율은 약 몇 %인가? (단, 석탄의 발열량은 29900 kJ/kg이다.)

① 약 20% ② 약 30%
③ 약 40% ④ 약 50%

풀이

$\eta = \dfrac{단위시간당의\ 정미일량}{공급연료의\ 발열량} = \dfrac{\dot{W}}{\dot{Q}}$

$= \dfrac{6050\,[kWh]}{29900 \times 3600\,[kJ]} \times \dfrac{3600\,[kJ]}{1\,[kWh]} \times 100$

$= 20.23\ \%$

정답 314. ③ 315. ① 316. ① 317. ①

기계열역학

318 천제연 폭포의 높이가 55 m이고 주위와 열교환을 무시한다면 폭포수가 낙하한 후 수면에 도달할 때까지 온도상승은 약 몇 K인가? (단, 폭포수의 비열은 4.2 kJ/(kg·K)이다.)

① 0.87 ② 0.31
③ 0.13 ④ 0.68

풀이

$$q_{12} + h_1 + \frac{w_1^2}{2} + gz_1 = h_2 + \frac{w_2^2}{2} + gz_2 + W_{12}$$

$$\Rightarrow q_{12} + gz_1 = gz_2 \Rightarrow q_{12} = C\Delta T$$

$$= 4.2 \times 1000 \times \Delta T = gz_2 - gz_1 = 9.8 \times 55$$

$$\therefore \Delta T = 0.13 \text{ K}$$

319 증기터빈 발전소에서 터빈입구의 증기엔탈피는 출구의 엔탈피보다 136 kJ/kg 높고, 터빈에서의 열손실은 10 kJ/kg이다. 증기속도는 터빈입구에서 10 m/s이고, 출구에서 110 m/s일 때 이 터빈에서 발생시킬 수 있는 일은 약 몇 kJ/kg인가?

① 10   ② 90
③ 120 ④ 140

풀이

$$q_{12} + h_1 + \frac{w_1^2}{2} + gz_1 = h_2 + \frac{w_2^2}{2} + gz_2 + w_T$$

$$w_T = q_{12} + (h_1 - h_2) + \left(\frac{w_1^2}{2} - \frac{w_2^2}{2}\right)$$

$$= -10 + 136 + \frac{1}{2}(10^2 - 110^2) \times 10^{-3}$$

$$= 120 \text{ kJ/kg}$$

320 보일러 입구의 압력이 9800 kN/m²이고, 응축기의 압력이 4900 N/m²일 때 펌프가 수행한 일은 약 몇 kJ/kg인가? (단, 물의 비체적은 0.001 m³/kg이다.)

① 9.79   ② 15.17
③ 87.25 ④ 180.52

풀이

$$w_p = \int v\, dp$$

$$= 0.001 \times (9800 - 4.9) = 9.79 \text{ [kJ/kg]}$$

321 효율이 30%인 증기동력 사이클에서 1 kW의 출력을 얻기 위하여 공급되어야 할 열량은 약 몇 kW인가?

① 1.25 ② 2.51
③ 3.33 ④ 4.60

풀이

$$\eta = \frac{\text{단위시간당의 정미일량}}{\text{공급연료의 발열량}} = \frac{\dot{W}}{\dot{Q}}$$

$$\Rightarrow 30 = \frac{\text{동력[kW]}}{\text{공급열량}} \times 100$$

$$\Rightarrow \text{공급열량} = \frac{1}{0.3} = 3.33 \text{ kW}$$

322 시간당 380000 kg의 물을 공급하여 수증기를 생산하는 보일러가 있다. 이 보일러에 공급하는 물의 엔탈피는 830 kJ/kg이고, 생산되는 수증기의 엔탈피는 3230 kJ/kg이라고 할 때, 발열량이 32000 kJ/kg인 석탄을 시간당 34000 kg씩 보일러에 공급한다면 이 보일러의 효율은 약 몇 %인가?

① 66.9% ② 71.5%
③ 77.3% ④ 83.8%

풀이

$$\eta = \frac{\text{단위시간당의 정미일량}}{\text{공급연료의 발열량}} = \frac{\dot{W}}{\dot{Q}}$$

$$\Rightarrow \eta = \frac{\frac{380000}{3600} \times (3230 - 830)}{32000 \times 34000 \times \frac{1}{3600}}$$

$$= 0.8382 \fallingdotseq 83.8\%$$

정답 318. ③ 319. ③ 320. ① 321. ③ 322. ④

323 시간당 380000 kg의 물을 공급하여 수증기를 생산하는 보일러가 있다. 이 보일러에 공급하는 물의 엔탈피는 830 kJ/kg이고, 생산되는 수증기의 엔탈피는 3230 kJ/kg이라고 할 때, 발열량이 32000 kJ/kg인 석탄을 시간당 34000 kg씩 보일러에 공급한다면 이 보일러의 효율은 얼마인가?

① 22.6% ② 39.5%
③ 72.3% ④ 83.8%

풀이

$$\eta = \frac{\text{단위시간당의 정미일량}}{\text{공급연료의 발열량}} = \frac{\dot{W}}{\dot{Q}}$$

$$= \frac{m(h_2 - h_1)}{H_L \times m_f} \times 100\%$$

$$= \frac{380000 \times (3230 - 830)}{32000 \times 34000} \times 100\% = 83.82\%$$

324 랭킨사이클에서 25°C, 0.01 MPa 압력의 물 1 kg을 5 MPa 압력의 보일러로 공급한다. 이 때 펌프가 가역단열과정으로 작용한다고 가정할 경우 펌프가 한 일은 약 몇 kJ인가? (단, 물의 비체적은 0.001 m³/kg이다.)

① 2.58 ② 4.99
③ 20.10 ④ 40.20

풀이

$$q_{12} + h_1 + \frac{w_1^2}{2} + gz_1 = h_2 + \frac{w_2^2}{2} + gz_2 + w_P$$

$$w_P = (h_1 - h_2) = v(p_2 - p_1)$$

$$= 0.001 \times (5 - 0.01) \times 10^6 = 4990 \text{ J/kg}$$

$$\therefore W_P = 4.99 \text{ kJ}$$

325 출력 10000 kW인 터빈플랜트의 시간당 연료소비량이 5000 kg/h이다. 이 플랜트의 열효율은 약 몇 %인가? (단, 연료의 발열량은 33440 kJ/kg이다.)

① 25.4% ② 21.5%
③ 10.9% ④ 40.8%

풀이

$$\eta = \frac{\text{단위시간당의 정미일량}}{\text{공급연료의 발열량}} = \frac{\dot{W}}{\dot{Q}}$$

$$= \frac{10000[kWh]}{5000 \times 33440[kJ]} \times \frac{3600[kJ]}{1[kWh]} \times 100$$

$$= 21.53\%$$

326 공기압축기에서 입구공기의 온도와 압력은 각각 27°C, 100 kPa이고, 체적유량은 0.01 m³/s이다. 출구에서 압력이 400 kPa이고, 이 압축기의 등엔트로피 효율이 0.8일 때, 압축기의 소요동력은 약 몇 kW인가? (단, 공기의 정압비열과 기체상수는 각각 1 kJ/(kg·K), 0.287 kJ(kg·K)이고, 비열비는 1.4이다.)

① 0.9 ② 1.7
③ 2.1 ④ 3.8

풀이

$$p\dot{V} = \dot{m}RT$$

$$100 \times 10^3 \times 0.01 = \dot{m} \times 0.287 \times 10^3 \times 300.15$$

$$\Rightarrow \dot{m} = 0.0116 \text{ kg/s}$$

$$w_c = h_{출구} - h_{입구} = C_p(T_2 - T_1)$$

$$= C_p T_1 \left(\frac{T_2}{T_1} - 1\right) = C_p T_1 \left[\left(\frac{p_2}{p_1}\right)^{\frac{k-1}{k}} - 1\right]$$

$$= 1 \times 300.15 \times \left[\left(\frac{400}{100}\right)^{\frac{1.4-1}{1.4}} - 1\right]$$

$$= 145.87 \text{ kJ/kg}$$

$$\dot{W}_c = \dot{m} w_c = 0.0116 \times 145.87 = 1.692 \text{ kW}$$

등 엔트로피(단열) 효율을 고려하면

$$\therefore \dot{W}_C = \frac{\dot{W}_c}{\eta} = \frac{1.692}{0.8} = 2.115 \text{ kW}$$

327 열병합발전시스템에 대한 설명으로 옳은 것은 무엇인가?

정답 323. ④ 324. ② 325. ② 326. ③ 327. ①

기계열역학

① 증기동력 시스템에서 전기와 함께 공정용 또는 난방용 스팀을 생산하는 시스템이다.
② 증기동력 사이클 상부에 고온에서 작용하는 수온 동력 사이클을 결합한 시스템이다.
③ 가스터빈에서 방출되는 폐열을 증기동력 사이클의 열원으로 사용하는 시스템이다.
④ 한 단의 재열사이클과 여러 단의 재생사이클 복합시스템이다.

풀이
열병합발전시스템(co-generation system)은 증기동력시스템으로 전기와 함께 공정용 또는 난방용 스팀을 생산하는 시스템이다.

328 대기압 100 kPa에서 용기에 가득 채운 프로판을 일정한 온도에서 진공펌프를 사용하여 2 kPa까지 배기하였다. 용기 내에 남은 프로판의 중량은 처음중량의 몇 %정도 되는가?

① 20%   ② 2%
③ 50%   ④ 5%

풀이
정적과정이면서 등온과정이며, 중량은 질량과 비례관계이고, 프로판은 이상기체로 간주하므로 $pV = mRT$ 식으로부터

$$\Rightarrow G \propto m = \frac{pV}{RT}$$

$$G \propto p$$

$$\Rightarrow \frac{G_{남은중량}}{G_{처음중량}} = \frac{p_{배기압력}}{p_{초기압력}}$$

$$= \frac{2}{100} \times 100 = 2\%$$

329 질량(質量) 50 kg인 계(系)의 내부에너지(u)가 100 KJ/kg이며, 계의 속도는 100 m/s이고, 중력장(重力場)의 기준면으로부터 50 m의 위치에 있다고 할 때, 계에 저장된 에너지(E)는?

① 3254.2 kJ   ② 4827.7 kJ
③ 5274.5 kJ   ④ 6251.4 kJ

풀이
단위환산에 유의할 것 $J \times 10^{-3} = kJ$

$$E = mu + \frac{1}{2}mV^2 + mgZ$$

$$= 50 \times 100 + \frac{1}{2} \times 50 \times (100)^2 \times 10^{-3}$$

$$+ 50 \times 9.8 \times 50 \times 10^{-3} = 5274.5 \, kJ$$

330 어느 증기터빈에 0.4 kg/s로 증기가 공급되어 260 kW의 출력을 낸다. 입구의 증기엔탈피 및 속도는 각각 3000 kJ/kg, 720 m/s, 출구의 증기 엔탈피 및 속도는 각각 2500 kJ/kg, 120 m/s이면, 이 터빈의 열손실은 약 몇 kW가 되는가?

① 15.9   ② 40.8
③ 20.0   ④ 104

풀이

$$Q_{12} + mh_1 + m\frac{w_1^2}{2} + mgz_1$$

$$= mh_2 + m\frac{w_2^2}{2} + mgz_2 + W_{12}$$

$$\Rightarrow Q_{12} + 0.4 \times 3000 + 0.4 \times \frac{720^2}{2 \times 1000}$$

$$= 0.4 \times 2500 + 0.4 \times \frac{120^2}{2 \times 1000} + 260$$

$$\therefore Q_{12} = -40.8 \, kW$$

331 위치에너지의 변화를 무시할 수 있는 단열노즐 내를 흐르는 공기의 출구속도가 600 m/s이고 노즐 출구에서의 엔탈피가 입구에 비해 179.2 kJ/kg 감소할 때 공기의 입구속도는 약 몇 m/s 인가?

① 16　　　　② 40
③ 225　　　④ 425

> **풀이**
>
> $q_{12} + h_1 + \dfrac{w_1^2}{2} + gz_1 = h_2 + \dfrac{w_2^2}{2} + gz_2 + W_{12}$
>
> $\Rightarrow h_1 + \dfrac{w_1^2}{2} = h_2 + \dfrac{w_2^2}{2}$
>
> $\Rightarrow h_1 + \dfrac{w_1^2}{2} = (h_1 - 172.9) \times 1000 + \dfrac{600^2}{2}$
>
> $\therefore w_1 = 40\ m/s$

332 증기터빈으로 질량 유량 1 kg/s, 엔탈피 $h_1 = 3500\ kJ/kg$의 수증기가 들어온다. 중간 단에서 $h_2 = 3100\ kJ/kg$의 수증기가 추출되며 나머지는 계속 팽창하여 $h_3 = 2500\ kJ/kg$ 상태로 출구에서 나온다면, 중간 단에서 추출되는 수증기의 질량유량은? (단, 열손실은 없으며, 위치에너지 및 운동에너지의 변화가 없고 총 터빈출력은 900 kW이다.)

① 0.167 kg/s　② 0.323 kg/s
③ 0.714 kg/s　④ 0.886 kg/s

> **풀이**
>
> 터빈 출력 중 일부를 빼내어 보일러 가열 량으로 이용하는 재생사이클이다.
>
> $\dot{W}_T = 1 \times (h_1 - h_2) + (1 - \dot{m}) \times (h_2 - h_3)$
>
> $\Rightarrow 900 = (3500 - 3100) + (1 - \dot{m}) \times (3100 - 2500)$
>
> $\Rightarrow 500 = (1 - \dot{m}) \times (3100 - 2500)$
>
> $\therefore \dot{m} = 0.167\ kg/s$

333 등 엔트로피 효율이 80%인 소형 공기터빈의 출력이 270 kJ/kg이다. 입구온도는 600K이며, 출구압력은 100 KPa이다. 공기의 정압비열은 1.004 KJ/(kg · K), 비열비는 1.4 일 때, 입구 압력은 약 몇 kPa인가? (단, 공기는 이상기체로 간주한다.)

① 1984　　② 1842
③ 1773　　④ 1621

> **풀이**
>
> 공기터빈은 연소과정이 없이 압축기 출구의 공기가 터빈에서 팽창하는 기관이다.
>
> 효율　$\dot{W}_c = \dfrac{\dot{W}_T}{\eta}$
>
> $\Rightarrow w_c = \dfrac{w_T}{\eta} = \dfrac{270}{0.8} = 337.5\ kJ/kg$
>
> 한편,　$w_T = h_3 - h_4 = C_p(T_3 - T_4)$
> 　　　$T_3 = T_2,\ T_4 = T_1,\ T_2 = 600\ K$
> 를 적용하면
> 　　　$w_c = C_p(T_2 - T_1)$
>
> $337.5 = 1.004 \times (600 - T_1)\quad \therefore T_1 = 263.85\ K$
>
> 단열과정 $\dfrac{T_2}{T_1} = \left(\dfrac{p_2}{p_1}\right)^{\frac{k-1}{k}}$
>
> $\Rightarrow p_1 = p_2 \left(\dfrac{T_2}{T_1}\right)^{\frac{k}{k-1}}$
>
> $= 100 \times \left(\dfrac{600}{263.85}\right)^{\frac{1.4}{1.4-1}}$
>
> $= 1773.3\ kPa$

제 **3** 장

유체역학
(Fluid dynamics)

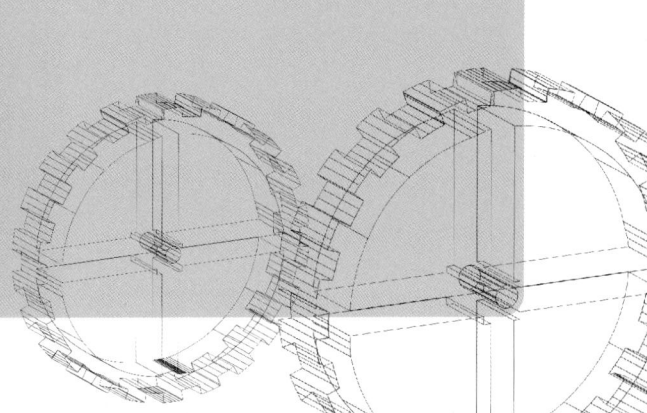

01 유체의 기본개념

01 차원 및 단위

① 유체의 정의
② 연속체의 개념
③ 뉴턴유체의 개념
④ 차원 및 단위

01 유체(Fluid)의 정의

① 내부에 전단응력이 작용하는 한 계속 변형하는(흘러가는) 물질
② 거시적 연속체로 모형화 ⇨ Hook's law의 적용이 가능
③ 실제유체 : 압축성유체(점성유체), 기체 ⇨ 힘이 가해졌을 때 밀도의 변화가 발생
④ 비압축성 유체 : 액체 ⇨ 힘이 가해졌을 때 밀도변화가 없음
⑤ 이상유체, 완전유체 : 점성이 없고 비압축성인 유체 ⇨ 비점성 비압축성 유체

02 뉴턴유체

① 물체에 외력이 작용하면, 작용하는 힘에 비례하는 가속도가 발생

$$F \propto a$$

② $F = ma$ 인 뉴턴의 운동 제 2법칙이 성립
③ 힘의 단위
  • 물리학 (절대단위)
      1 Newton : 1 kg의 물체에 1 m/sec^2 의 가속도를 발생하게 하는 힘
      1 dyne : 1 gr의 물체에 1 cm/sec^2 의 가속도를 발생하게 하는 힘

  • 공학 (중력단위)
      1 kg의 물체에 중력가속도(9.80m/sec^2)를 발생하게 하는 힘

1 N$_f$ (1 N force : 1 N의 힘)
1 N$_w$ (1 N weight : 1 N인 물체의 무게) = 중량
▶ 지구상에서의 1 N의 표현 ⇨ 1 N$_f$의 힘 또는 1 N$_w$의 무게를 1 N으로 사용
- 국제단위 (SI 단위) : 힘(N), 질량(kg), 길이(m), 시간(s)을 기본단위로 함
- 1 kg$_f$ = 9.8N

④ 질량과 중량(무게)
- 질량은 물체가 보유하는 고유의 양으로 위치에 따라 변하지 않음
- 중량(무게)은 물체에 작용하는 중력으로 위치에 따라 변함
- 중량은 위치에 따라 변하므로 질량 1[kg]의 중량은 1[kg$_f$]이고, 중력가속도가 지구의 1/6인 달에서는 질량 1[kg]의 중량은 1/6[kg$_f$]으로 변함

02 유체의 점성법칙

① 뉴턴의 점성법칙
② 점성계수, 동 점성계수
③ 전단응력 및 속도구배

01 뉴턴의 점성법칙

① 뉴턴의 점성법칙

$$F \propto A\frac{u}{h} \text{ 또는 } \tau = \frac{F}{A} = \mu\frac{u}{h}$$

$$\tau = \mu\frac{du}{dy} \, [\text{Pa}=\text{N/m}^2], \text{ 차원 } FL^{-2}, ML^{-1}T^{-2}$$

② 점성계수의 차원

FLT system : $\mu = \dfrac{\tau}{du/dy} = \dfrac{FL^{-2}}{LT^{-1}/L} = FL^{-2}T$

MLT system : $\mu = FL^{-2}T = (MLT^{-2})L^{-2}T = ML^{-1}T^{-1}$

③ 점성계수의 단위

    FLT system : [Pa · s], [dyne · s/cm^2]

    MLT system : kg/m · s

    CGS system : 실용단위 : 1 poise = 1 dyne · s/cm^2 = 1 g/cm · s

④ 동 점성계수(Kinematic viscosity) : $\nu = \dfrac{\mu}{\rho}$ [m^2/s]

⑤ 동점성계수의 차원 : $\nu = \dfrac{\mu}{\rho} = \dfrac{ML^{-1}T^{-1}}{ML^{-3}} = L^2T^{-1}$

⑥ 동점성계수의 단위 : [m^2/s], [cm^2/s]
    • CGS system : 실용단위 : 1 stokes = 1 cm^2/sec

03 유체의 기타특성

① 밀도, 비중, 압축률과 체적탄성계수
② 음속, 상태방정식
③ 표면장력
④ 모세관현상, 물방울 및 비누방울

01 밀도, 비중량, 비중, 압축률과 체적탄성계수

① 밀도(Density) : 단위 체적당의 질량 : $\rho = \dfrac{m}{V} = \dfrac{\gamma}{g}$ [kg/m^3] : ML^{-3}

② 비중량(Specific weight) : 단위 체적당의 중량 : $\gamma = \dfrac{F}{V} = \rho g$ [N/m^3] : FL^{-3}

③ 비중(Specific gravity) : 동일한 체적의 1기압, 4℃인 물에 대한 물질의 질량 또는 중량비 : s
    • 물의 밀도 : $\rho_w = 1,000$ [kg/m^3] $= 1,000$ [N · s^2/m^4] $= 102$ [kg$_f$ · s^2/m^4]

④ 압축률 : β

$$\beta = \dfrac{1}{E} = \dfrac{1}{V}\dfrac{dV}{dp} \ [\text{m}^2/\text{N} = \text{Pa}^{-1}]$$

⑤ 체적탄성계수 : K

$$K = \frac{1}{\beta} = -V\frac{dp}{dV} \ [\text{Pa} = \text{N/m}^2]$$

- 등온변화에서 $K = p$ 이고, 단열변화에서 $K = kp$ 가 되며 k 를 비열비라 한다.
- 유체 내에서 교란에 의하여 생긴 압력파의 전파속도 C 는,

$$C = \sqrt{dp/d\rho} = \sqrt{K/\rho} \ [\text{m/s}]$$

- 대기 중에서 단열 가역과정으로 가정하면 음속 a는,

$$C = \sqrt{kp/\rho} = \sqrt{kRT} \ (\text{여기서, } R\text{의 단위는 J/kg} \cdot \text{K이다.})$$

$$C = \sqrt{kgRT} \ (\text{여기서, } R\text{의 단위는 kg}_f \cdot \text{m/kg}_f \cdot \text{K이다.})$$

02 기체의 상태방정식

① 보일-샤를(Boyle-Charle's)의 법칙

$$Pv_s = RT \left(v = \frac{1}{\rho}\right), \quad \rho = \frac{1}{v_s} = \frac{P}{RT} \ [\text{kg/m}^3]$$

② 아보가드로(Avogadro)의 법칙

$$\frac{\gamma_1}{\gamma_2} = \frac{M_1}{M_2} = \frac{\dfrac{P}{R_1 T}}{\dfrac{P}{R_2 T}} = \frac{R_2}{R_1}$$

$$\therefore M_1 R_1 = M_2 R_2 = MR = \overline{R} = 8.314 \ [\text{kJ/kmol} \cdot \text{K}]$$

$$R = \frac{848}{M} \ [\text{kg}_f \cdot \text{m/kg} \cdot \text{K}] = \frac{8314}{M} \ [\text{J/kg} \cdot \text{K}]$$

공기의 기체상수 : $R = 29.27 \ [\text{kg}_f \cdot \text{m/kg} \cdot \text{K}]$
$= 287 \ [\text{J/kg} \cdot \text{K}] = 0.287 \ \text{kJ/kg} \cdot \text{K}$

03 표면장력과 모세관 현상

① 표면장력(Surface tension) σ : 액체표면의 분자응집력 ⇨ 표면적을 적게 유지하려는 장력

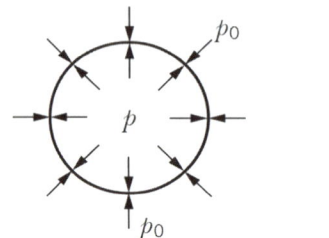 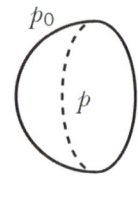 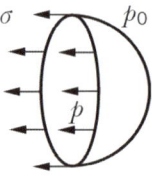

$$\triangle p = p - p_0, \quad \triangle p \frac{\pi d^2}{4} = \sigma(\pi d) \quad \therefore \sigma = \frac{\triangle p\, d}{4} \, [\text{N/m}]$$

② 모세관 현상 : 가는 관을 액체 속에 꽂으면 액체가 올라가거나 내려가는 현상

$$\sigma \pi d \cos\beta = \gamma h \frac{\pi d^2}{4}, \quad \therefore h = \frac{4\sigma \cos\beta}{\gamma d} \, [\text{mm}]$$

여기서, σ : 표면장력, β : 접촉각, γ : 유체의 비중량, d : 모세관의 지름

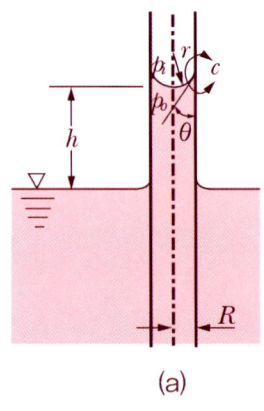 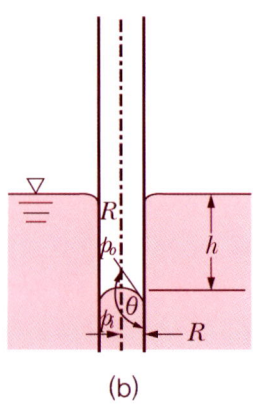 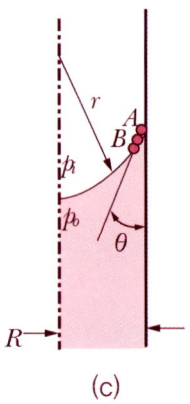

(a)　　　　　　　(b)　　　　　　　(c)

[유리벽과 액체의 접촉각]

액체	에틸알코올	물	수은	에테르	벤젠
$\beta\,[\text{℃}]$	0	0 ~ 9	130 ~ 150	16	0

02 유체정역학

01 유체정역학의 기초

① 유체정역학의 개념, 파스칼 원리
② 절대압력/계기압력, 대기압
③ 가속/회전시 압력분포
④ 부력

01 유체정역학의 개념

① 정지상태에 있는 유체내 압력분포
② 댐, 수문, 제방, 탱크로리, 부양체의 안정판정 및 기타 수력구조물 등에 적용
③ 수심이 같으면 유체정수압이 같다 ⇨ 파스칼의 원리

02 압력(Pressure) : p

① 단위면적당 작용하는 힘의 크기
② 유체내의 임의면적을 A, 이것에 작용하는 수직력의 크기를 F 라 하면

$$p = \frac{F}{A} \, [\text{Pa}]$$

- 압력의 차원 : $FL^{-2} = \dfrac{F}{L^2} = (MLT^{-2})L^{-2} = ML^{-1}T^{-2}$
- 압력의 단위 : [kgf/m^2], [N/m^2 = Pa], [mmHg], [mAq] 등
- 1 [N/m^2] = 1 [Pa]
- 1 [bar = 10^5 N/m^2] = 1,000 [mbar] = 0.1 [MPa]
- 1 [kgf/cm^2] = 10 [mAq]

③ 표준대기압 : 지구를 둘러싼 대기에 의하여 발생하는 압력
- 1 atm = 760 [mmHg] = 1,000×13.6×0.76 = 10332 [kgf/m²] = 1.0332 [kgf/cm²]
= 10.33 [mAq] = 101.325 [kPa] = 101325 [Pa] = 14.7psi [lb/in²]

④ 계기압력 : 국소대기압을 기준으로 하여 측정한 압력
⑤ 절대압력 : 완전진공을 기준으로 하여 측정한 압력
    절대압력 = 국소대기압 − 진공 = 국소대기압 + 계기압력

03 정지유체 내의 압력분포

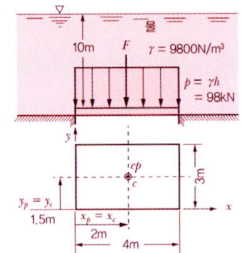
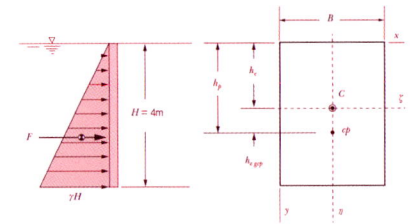
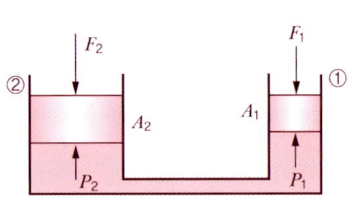

① 압력의 등방성 : 모든 방향에 대하여 동일함
② 수심이 같으면 유체정수압이 같다 ⇨ 파스칼의 원리

$$p_1 = p_2 \text{이므로, } \frac{F_1}{A_1} = \frac{F_2}{A_2}$$

$$p = \frac{F}{A} = \frac{\gamma V}{A} = \frac{\gamma A h}{A} = \gamma h = 9{,}800\,sh \ [\text{N/m}^2]$$

$$p = p_0 + \gamma h, \ h\left(= \frac{p}{\gamma}\right) : \text{수두 (head)}$$

- 대기압(p_0)은 게이지압으로는 0이 되므로 $p = \gamma h$ [Pa]
- 비중량(γ)이 일정할 때 압력의 크기(p)는 수두(h)의 크기와 비례
- $p = \gamma h$는 대기압이 작용하는 자유표면으로부터 수심 h 깊이에 있는 게이지 압력

04 상대평형

① 수평 등가속도 운동 : a_x [m/s²]
  - 수직방향의 압력변화

$$pA - \gamma h A = 0 \quad \therefore \ p = \gamma h \ [\text{kPa}]$$

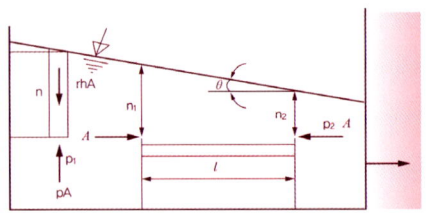

- 수평방향의 압력변화

$$p_1 A - p_2 A = \frac{\gamma A l}{g} a_x, \quad \gamma h_1 A - \gamma h_2 A = \frac{\gamma A l}{g} a_x$$

$$\frac{h_1 - h_2}{l} = \tan \theta = \frac{a_x}{g}$$

② 등속 회전원운동

- r 방향 : $\Sigma F_r = dm \cdot a_r = \frac{\gamma dV}{g}(-r\omega^2) = p\,dA_r - \left(p + \frac{\partial p}{\partial r} dr\right) dA_r$

  $dr \cdot dA_r$는 dV이므로 $\dfrac{\partial p}{\partial r} = \dfrac{\gamma r \omega^2}{g}$

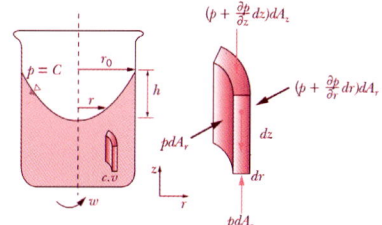

- z 방향 : $\Sigma F_z = p\,dA_z - \left(p + \frac{\partial p}{\partial z} dz\right) dA_z - dW = 0$

  $\dfrac{\partial p}{\partial z} = -\gamma$

- $p(r, z)$와 $p(r+dr, z+dz)$ 간의 압력차

$$dp = \frac{\partial p}{\partial r} dr + \frac{\partial p}{\partial z} dz \quad \Leftarrow \text{ 대입하면}$$

$$dp = \frac{\gamma r \omega^2}{g} dr - \gamma\, dz = 0 \Leftarrow p = const$$

$$\frac{dz}{dr} = \frac{r\omega^2}{g} \Rightarrow dz = \frac{\omega^2}{g} r\, dr$$

- 회전에 의한 상승높이 : $h = \dfrac{r_0^2\, \omega^2}{2g}\,[\text{m}]$

05 부력과 부양체

① 부력 : 정지유체 중에 잠겨있는 물체가 유체로부터 받는 전압력

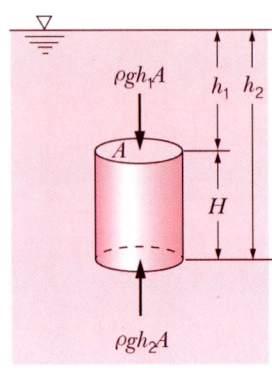

$$dF_B = (p_2 - p_1)dA = \gamma h\, dA = \gamma\, dV \Rightarrow F_B = \int \gamma\, dV = \gamma V\, [\text{kN}]$$

- 여기서, F_B : 부력, V : 물체의 잠긴 체적

② 부양체의 안정 : 경심(MC: Metacenter)이 물체의 무게중심보다 위에서 발생하면 안정

$$\text{경심의 높이} = \frac{I_0}{V} - \overline{CB}\, [\text{m}]$$

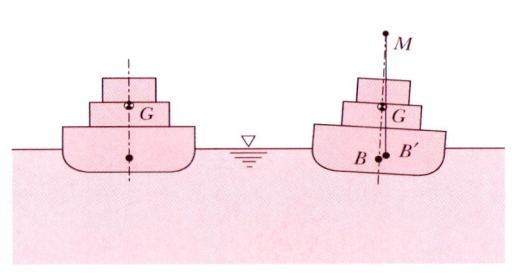 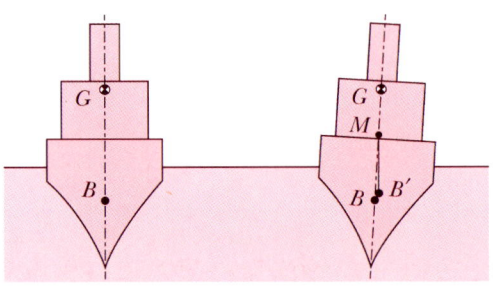

- 여기서, I_0 : 0점을 통과하는 축에 관한 2차 모멘트(m^4)
  V : 물에 잠긴 체적(m^3)
- 부양체가 MC > 0이면 안정, $\dfrac{I_0}{V} > \overline{CB}$

  MC = 0이면 중립, $\dfrac{I_0}{V} = \overline{CB}$

  MC < 0이면 불안정, $\dfrac{I_0}{V} < \overline{CB}$

02 정수압

① 액주계, 마노미터
② 용기, 해수 중 압력의 계산

01 액주계

① 압력원에 눈금이 새겨진 가는 관을 연결하여 액주의 높이로 압력을 측정하는 장치
② 피에조미터(Piezometer), U자형액주계, 시차액주계(Differential M.), 차압액주계, 미압계
③ 피에조미터 : U자형액주계 (탱크나 용기내의 압력을 측정하는 장치)

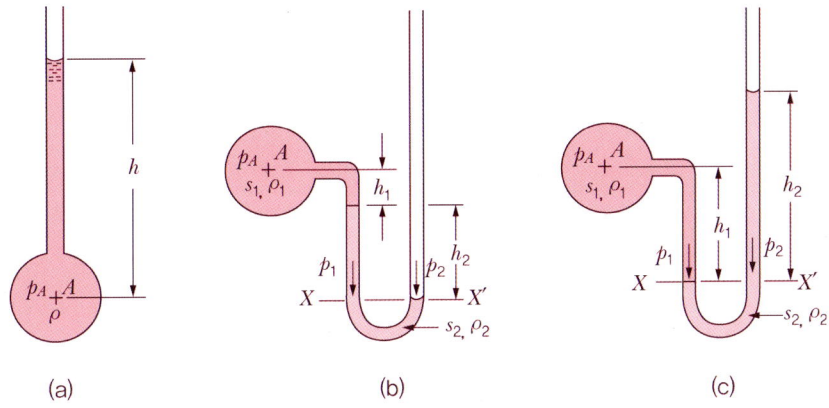

(a) (b) (c)

- (a)그림에서, 계기압력 $(p_A) = \gamma h$, $p_A + \gamma h = p_0 \Rightarrow 0$, p_0는 대기압
  $\therefore p_A = -\gamma h$

- (b)그림에서, 기준면 $X - X'$에 대하여 (즉, A점은 대기압보다 낮음)
  $p_A + \gamma_1 h_1 + \gamma_2 h_2 = p_0 \Rightarrow 0$, $\therefore p_A = -\gamma_1 h_1 - \gamma_2 h_2$

- (c)그림에서, 기준면 $X - X'$에 대하여 (즉, A점은 대기압보다 높음)
  $p_A + \gamma_1 h_1 = p_0 + \gamma_2 h_2$, $\therefore p_A = -\gamma_1 h_1 + \gamma_2 h_2 > 0$

④ 시차액주계 : 차압액주계 (2개의 탱크나 관내의 압력차를 측정하는 장치)

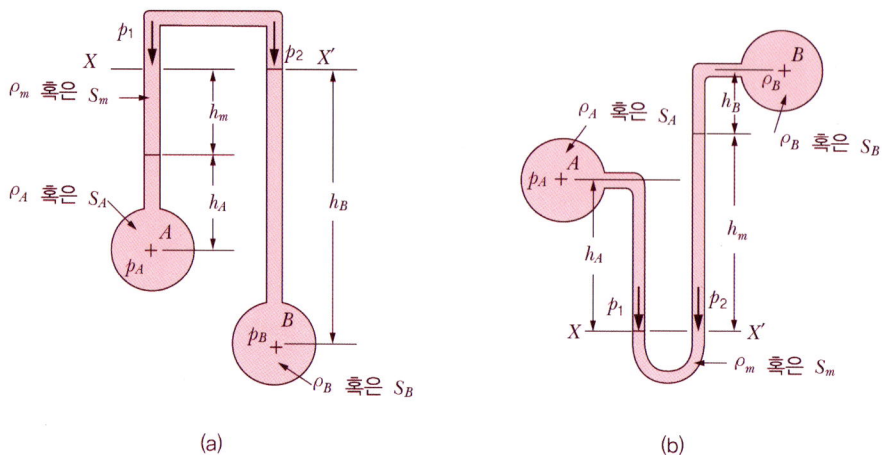

(a)　　　　　　　　　　　(b)

- (a)그림에서, 기준면 $X-X'$에 대하여

$$p_A - \gamma_A h_A - \gamma_m h_m = p_B - \gamma_B h_B \ \Rightarrow \ p_A - p_B = \gamma_A h_A + \gamma_m h_m - \gamma_B h_B \ [\text{kPa}]$$

- (b)그림에서, 기준면 $X-X'$에 대하여

$$p_A + \gamma_1 h_1 = p_B + \gamma_B h_B + \gamma_m h_m \ \Rightarrow \ p_A - p_B = \gamma_B h_B + \gamma_m h_m - \gamma_1 h_1 \ [\text{kPa}]$$

03 작용 유체력

① 작용점
② 평면과 곡면에 작용하는 힘 및 모멘트

01 평면에 작용하는 힘

① 유체중에 잠겨있는 평면도형의 중심을 도심, 전압력의 작용점을 압심이라 호칭함
② 유체중에 잠겨있는 평면도형의 상태에 따라 수평면, 연직면, 경사면으로 구분함
③ 수평면에 작용하는 힘
- $F = pA = \rho g h A = \gamma h A$ [kN]
  평면위에 놓이는 액체의 무게
- 도심과 압심은 일치함 : $x_c = x_p$, $y_c = y_p$
- γ : 유체의 비중량, h : 수심,
  A : 도형의 단면적
  x_c, x_p : 도심과 압심의 x 좌표

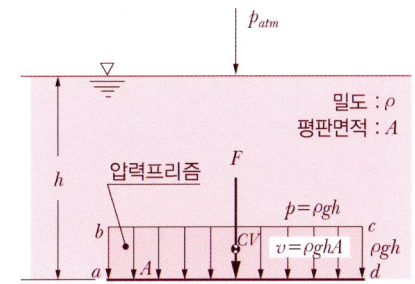

④ 연직면에 작용하는 힘 : 전압력
- $F = p_c A = \gamma h_c A$ [kN] 도심 점의 압력 × 액체 속에 잠긴 수압면적
- 압심 : $h_p = h_c + h_{cp} = h_c + \dfrac{I_{도심}}{A h_c}$
- h_c : 도심의 수심, h_p : 압심의 수심

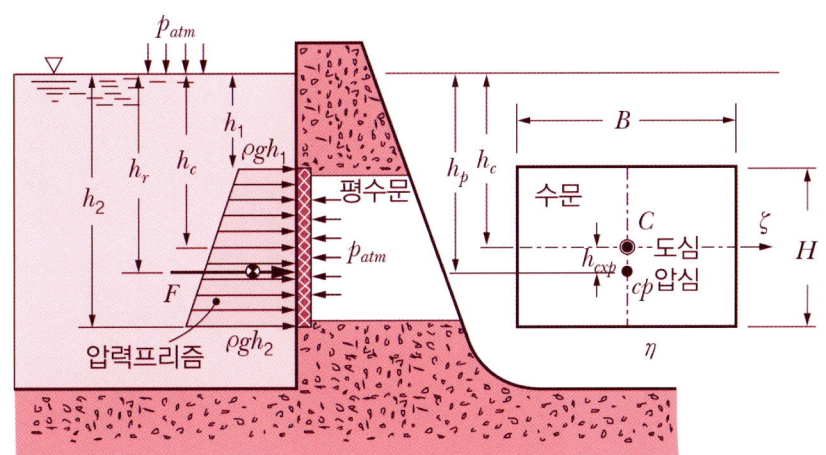

⑤ 경사면에 작용하는 힘 : 전압력
- $F = p_c A = \gamma y_c \sin\theta A = \gamma h_c A \;[\text{kN}]$
  도심 점의 압력 × 액체 속에 잠긴 수압면적
- h_c : 도심의 수심, h_p : 압심의 수심
- 압심좌표 : $x_p = x_c + \dfrac{I_{도심}}{A\,x_c}$, $y_p = y_c + \dfrac{I_{도심}}{A\,y_c}$
- $F = \gamma h_c A = \gamma \cdot y_c \sin\theta \cdot HB$
- 압력프리즘의 중심 $h_p = \dfrac{2}{3}H$
- 압심의 수심 h_p는 항상 도심보다 아래에 있음
- 압심의 수심 h_p는 압력프리즘의 도심과 일치
- y_p는 경사면 면적의 도심, $I_{도심}$은 도심에 관한 단면 2차 모멘트

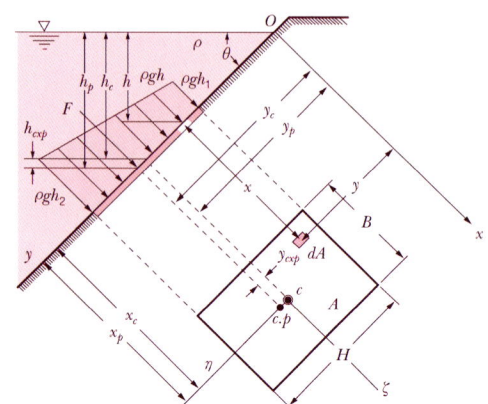

⑥ 액체 속에 잠겨있는 곡면에 작용하는 힘 : 전압력
- 선박표면, 액체 속에 잠겨있는 용기, 곡면이 있는 수력구조물 등에 적용
- 수평분력 ; F_H
  유체 속에 잠긴 곡면의 수직면에 수평으로 투영한 투영면적에 작용하는 힘
  작용선은 투영 면적의 압력 중심과 일치
- 연직분력 : F_V
  곡면 위의 $RSS'R'$ 부분을 점유한 유체의 무게
- 압심 : $h_{Vp} = h_{Vc} + \dfrac{I_{도심}}{A_V\,h_{Vc}}$
- 곡면에 작용하는 수평분력 : $F_H = \gamma h_{Vc} A \;[\text{N}]$
- 곡면에 작용하는 연직분력 : $F_V = W \;[\text{kN}]$
- 연직분력의 작용선은 체심을 통과함
- 전압력 : $F_R = \sqrt{F_H^{\,2} + F_V^{\,2}}$
- 방향 : $\theta = \tan^{-1}\left(\dfrac{F_V}{F_H}\right)$

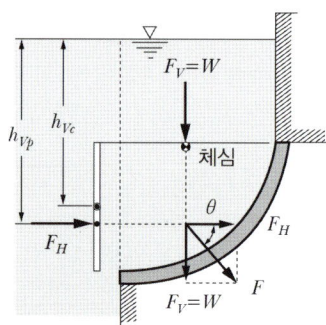

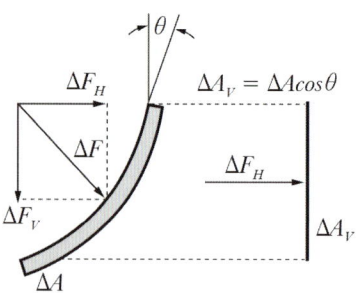

03 유체역학의 기본 물리법칙

01 연속방정식

① 질량보존의 법칙
② 평균유속, 유량

01 유체역학의 기본 물리법칙

① 질량보존, 운동량보존, 에너지보존, 열역학 제 2법칙
② 계와 검사체적 : 계, 경계, 외부(주위), 밀폐계, 개방계
③ 유체유동의 분류
- 유동질서 : 층류유동, 천이유동, 난류유동
- 시간의존 : 정상유동, 비정상유동
- 속도분포 : 등속유동, 비등속유동
- 속도크기 : 아음속유동, 음속유동, 초음속유동, 극초음속유동
- 속도성분 : 1차원 유동, 2차원 유동, 3차원 유동
- 밀도변화 : 압축성유동, 비압축성유동
- 점성   : 점성유동, 비점성유동
- 이상화   : 이상유동 (비점성 비압축성 유동)

④ 정상류(Steady flow)
- 임의의 위치에서 시간의 변화(∂t)에 따라 유동특성이 변화하지 않는 흐름

$$\frac{\partial \rho}{\partial t} = 0, \ \frac{\partial Q}{\partial t} = 0, \ \frac{\partial V}{\partial t} = 0, \ \frac{\partial \dot{m}}{\partial t} = 0$$

⑤ 비정상류(Unsteady flow)
- 임의의 위치에서 시간의 변화(∂t)에 유동특성이 변하는 흐름

$$\frac{\partial \rho}{\partial t} \neq 0, \ \frac{\partial Q}{\partial t} \neq 0, \ \frac{\partial V}{\partial t} \neq 0, \ \frac{\partial \dot{m}}{\partial t} \neq 0$$

⑥ 등속유동(Uniform flow)
　• 유동장의 위치에 따라 속도벡터가 동일한 흐름

$$\frac{\partial V}{\partial x} = 0, \ \frac{\partial V}{\partial y} = 0, \ \frac{\partial V}{\partial z} = 0$$

⑦ 비등속유동(Non-Uniform flow)
　• 유동장의 위치에 따라 속도벡터가 변하는 흐름

$$\frac{\partial V}{\partial x} \neq 0, \ \frac{\partial V}{\partial y} \neq 0, \ \frac{\partial V}{\partial z} \neq 0$$

⑧ 1차원, 2차원, 3차원 유동(One, Two, Three Dimensional flow)
　• $N = N(x, t), \ N = N(x, y, t), \ N = N(x, y, z, t)$

02 연속방정식(질량보존의 법칙)

① 유체가 관내를 정상유동 할 때, 임의단면에서의 단위시간당 통과한 유량은 같다는 법칙
② 연속방정식(Continuity Equation)

　체적유량율 : $\dot{Q} = A_1 V_1 = A_2 V_2 = Const. \ [\text{m}^3/\text{s}]$

　질량유량율 : $\dot{m} = \rho_1 A_1 V_1 = \rho_2 A_2 V_2 = Const. \ [\text{kg/s}]$

　중량유량율 : $\dot{G} = \gamma_1 A_1 V_1 = \gamma_2 A_2 V_2 = Const. \ [\text{kg}_f/\text{s}]$

02 베르누이 방정식

① 정압, 정체압, 동압, 수두
② 베르누이 방정식의 응용

01 정압, 동압, 정체압, 수두

① 비압축성 비점성 유동계의 단위질량당 정상에너지방정식 : 수력학 ⇨ 수두 [m]

$$\frac{p_1}{\rho g} + \frac{V_1^2}{2g} + z_1 = \frac{p_2}{\rho g} + \frac{V_2^2}{2g} + z_2$$

② 비압축성 비점성 유동계의 단위체적당 정상에너지방정식 : 기체역학 ⇨ 압력에너지 [N/m²]

$$p_1 + \frac{\rho V_1^2}{2} + \rho g z_1 = p_2 + \frac{\rho V_2^2}{2} + \rho g z_2$$

③ 정압, 정체압, 동압, 수두의 정의
- 정압(Static pressure) : p_1, p_2
- 동압(Dynamic pressure) : $\dfrac{\rho V_1^2}{2}$, $\dfrac{\rho V_2^2}{2}$
- 전압, 정체압(Total pressure) : 정압 + 동압 ⇨ $p_T = p + \dfrac{\rho V^2}{2}$
- 수두(Head) : 피에조미터의 수두 ⇨ 정압, 피토관 수두 ⇨ 전압

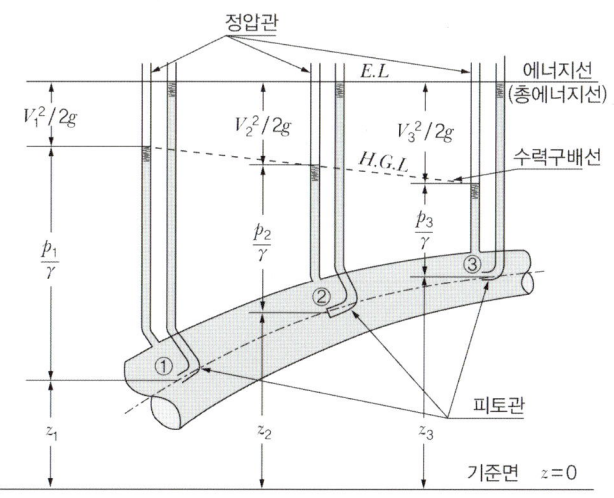

02 베르누이 방정식(Bernoullis equation) ⇨ 에너지 보존법칙

① 오일러의 운동방정식을 적분하면 베르누이 방정식을 얻는다.
② 베르누이 방정식 적용조건
- 베르누이 방정식이 적용되는 임의의 2점은 동일 유선상에 존재함
- 정상상태 $\left(\dfrac{\partial V}{\partial t}\right) = 0$
- 비점성유동 (마찰이 없는 유동 ⇨ $\mu = 0$)
- 비압축성 유동 ($\rho = Const.$, $\gamma = Const.$)

$$\dfrac{dp}{\gamma} + d\left(\dfrac{V^2}{2g}\right) + dz = 0 \quad \Rightarrow \quad \dfrac{p}{\gamma} + \dfrac{V^2}{2g} + z = H \text{ (일정)}$$

여기서, $\dfrac{p}{\gamma}$: 압력수두, $\dfrac{V^2}{2g}$: 속도수두, z : 위치수두, H : 전 수두

$H.G.L = \dfrac{p}{\gamma} + z$ 를 수력구배선

$E.L = \dfrac{p}{\gamma} + \dfrac{V}{2g} + z$: 총 수두 또는 에너지선(energy line)이라 함

③ 수정 베르누이 방정식 (축일이 없는 유동에너지방정식)

$$\dfrac{p_1}{\gamma} + \dfrac{V_1^2}{2g} + z_1 = \dfrac{p_2}{\gamma} + \dfrac{V_2^2}{2g} + z_2 + h_L$$

03 베르누이 방정식의 응용

① 토리첼리 정리 ⇨ 노즐 분출속도 : V

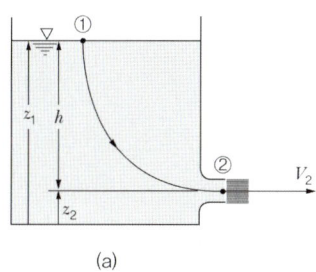 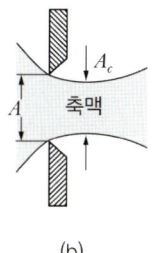

(a)　　　　　　　　　(b)

$$\frac{p_1}{\gamma} + \frac{V_1^2}{2g} + z_1 = \frac{p_2}{\gamma} + \frac{V_2^2}{2g} + z_2$$

② $p_1 = p_2 = p_{atm}$, $V_1 \fallingdotseq 0$, $z_1 - z_2 = h$를 적용

$$V_2 = V_{ideal} = V = \sqrt{2gh}$$

③ 속도계수의 정의 : $C_v = \dfrac{실제속도}{이상속도}$ ⇨ $V_2 = C_v\sqrt{2gh}$

④ 수축계수의 정의 : $C_c = \dfrac{A_c}{A}$ ⇨ $\dot{Q} = A_c V = C_c C_v A\sqrt{2gh} = C_d A\sqrt{2gh}$

- $C_d = C_c C_v$는 유량계수라 호칭함
- 전형적인 오리피스의 계수는 표를 참조

전형적인 몇가지 오리피스에 대한 표준계수				
	예리한 모서리	둥근 모서리	짧은 관	borda
C_d	0.61	0.98	0.80	0.51
C_v	0.62	1.00	1.00	0.52
C_c	0.98	0.98	0.80	0.98

03 운동량 방정식

① 선운동량 방정식의 응용
② 각운동량 방정식의 응용

01 운동량과 역적(Momentum & Impulse)

$$F = ma = m\frac{dV}{dt} = \frac{d(mV)}{dt} \Rightarrow Fdt = d(mV)$$

Fdt : 역적, $d(mV)$: 운동량의 변화량

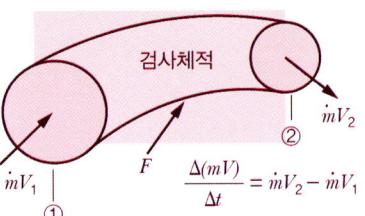

① 운동량방정식(Momentum equation)

$$\int_0^t F\,dt = \int_{V_1}^{V_2} d(mV)$$

$$Ft = m(V_2 - V_1) \Rightarrow F = \dot{m}(V_2 - V_1) = \rho Q(V_2 - V_1)$$

② 정상유동에 대한 운동량 방정식

$$F_x = \rho Q(V_{2x} - V_{1x}), \quad F_y = \rho Q(V_{2y} - V_{1y})$$

02 선운동량 방정식의 응용

① 수력구조물에 작용하는 힘, 분사추진력 계산 등에 응용

② 분류와 수직 충돌하는 고정평판에 작용하는 힘 : F
- 지지력 : 구조물을 지지하는 힘 : $\vec{R} = R_x \vec{i} + R_y \vec{j}$
- 구조물의 무게(체력) : W
- $V_{1x} = V_1$, $V_{1y} = 0$, $V_{2x} = 0$

$$\sum F_x = R_x = \rho Q(V_{2x} - V_{1x}) = -\rho Q V_1$$
$$\sum F_y = R_y - W = \rho Q(V_{2y} - V_{1y}) = 0 \Rightarrow R_y = W$$

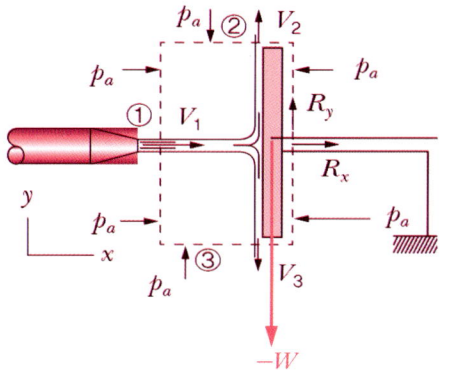

③ 분류와 수직 충돌하는 이동평판에 작용하는 힘 : F
- 평판의 이동속도 : U
- $Q' = A(V - U)$
- 지지력 : $R_x = \rho Q'(V - U)$, $R_y = 0$

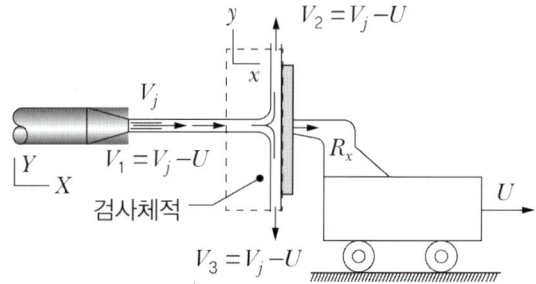

④ 분류와 경사 충돌하는 고정평판에 작용하는 힘 : F

$$\sum F_x = R_x - W\sin\theta, \quad \sum F_y = R_y - W\cos\theta$$

- 지지력 R : 운동량방정식 - 1
$R_x - W\sin\theta = [\rho Q_2 V_2 + \rho Q_3(-V_3)] - \rho Q_1 V_1 \cos\theta$
$R_y - W\cos\theta = -\rho Q_1(-V_1 \sin\theta)$
- 위치수두 무시 $\Rightarrow V_1 = V_2 = V_3$,
 전단응력 무시 $\Rightarrow R_x = 0$
- 지지력 R : 운동량방정식 - 2
 x성분 : $-W\sin\theta$
 $= \rho V_1 (Q_2 - Q_3 - Q_1 \cos\theta)$
 y성분 : $R_y - W\cos\theta = \rho Q_1 V_1 \sin\theta$
- 연속방정식(중력항 무시)

$$Q_1 = Q_2 + Q_3 \Rightarrow Q_2 = \frac{1 + \cos\theta}{2} Q_1, \quad Q_3 = \frac{1 - \cos\theta}{2} Q_1$$

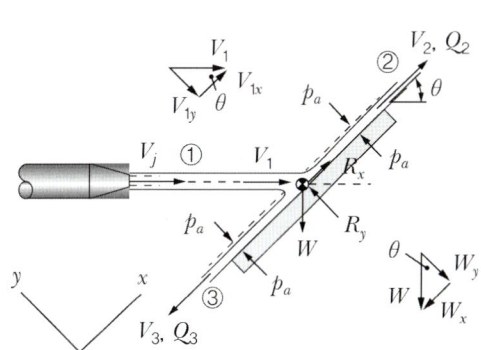

⑤ 분류가 단일 고정날개에 작용하는 힘 : F
- $R_x = \rho Q V_1 (\cos\theta - 1)$
- $R_y = \rho Q V_1 \sin\theta + W$
- 지지력 : $R = \sqrt{R_x^2 + R_y^2}$, $\tan\alpha = \dfrac{R_x}{R_y}$

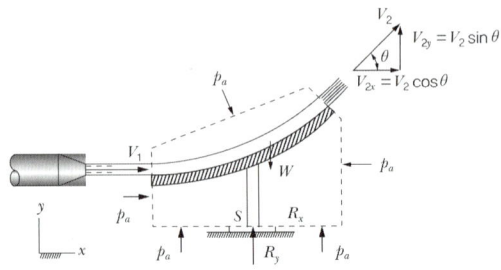

⑥ 분류가 단일 이동날개에 작용하는 힘 : F
- 날개의 이동속도 : U
- $Q' = A(V - U)$
- $R_x = \rho Q'(V_1 - U)(\cos\theta - 1)$
- $R_y = \rho Q'(V_1 - U)\sin\theta + W$
- 지지력 : $R = \sqrt{R_x^2 + R_y^2}$, $\tan\alpha = \dfrac{R_x}{R_y}$

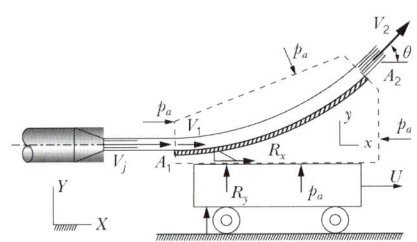

⑦ 분류가 곡관에 작용하는 힘 : F
- $R_x = \rho Q(V_2\cos\theta - V_1) - (p_1 A_1 - p_2 A_2 \cos\theta)$
- $R_y = \rho Q V_2 \sin\theta + (p_2 A_2 \sin\theta + W)$
- 지지력 : $R = \sqrt{R_x^2 + R_y^2}$, $\tan\alpha = \dfrac{R_x}{R_y}$

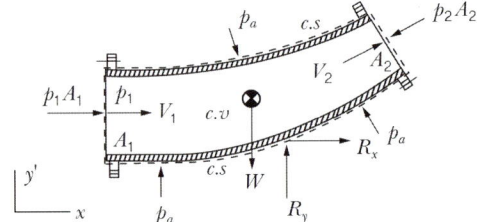

03 각운동량 방정식의 응용(Angular momentum)

① T : 시간에 대한 각운동량 변화율

② $T = Fr = \dfrac{d(mVr)}{dt} \Rightarrow T\,dt = d(mVr) \Rightarrow T\,dt = d(\dot{m}\,dt\,Vr)$

$T(t_2 - t_1) = \dot{m}(t_2 - t_1)(V_2 r_2 - V_1 r_1) = \rho Q(t_2 - t_1)(V_2 r_2 - V_1 r_1)$

$\therefore T = \rho Q (V_2 r_2 - V_1 r_1)$

04 에너지 방정식

① 에너지 방정식 응용, 마찰
② 펌프 및 터빈동력, 효율
③ 수력 및 에너지 기울기선

01 프로펠러(Propeller)

① 통과하는 유체의 선운동량을 변화시켜 그 반력으로 추진력을 얻는 회전장치
② $\sum F_x = R_x, \quad \sum F_y = R_y - W$
③ 연속방정식 : $\dot{m} = \rho V_1 A_1 = \rho V_2 A_2 = \rho \dot{Q}$
④ 운동량방정식 : $R_x = \rho Q(V_4 - V_1)$,
$\qquad\qquad\qquad R_y = -W = 0$
⑤ 추력 : $F_{th} = -R_x = -\rho Q(V_4 - V_1)$
⑥ 에너지방정식 :

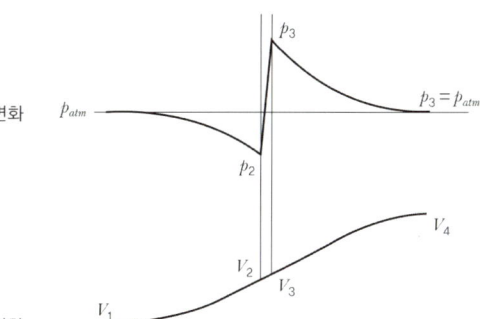

$$\frac{p_1}{\gamma} + \frac{V_1^2}{2g} + z_1 = \frac{p_4}{\gamma} + \frac{V_4^2}{2g} + z_4 + \ell_T$$

- $p_1 = p_4 = p_{atm}, \quad z_1 = z_4$ 적용

$$\ell_T = \frac{1}{2g}(V_4^2 - V_1^2) : \text{단위중량의 유체에 행한 공업일}$$

- 단위시간당 프로펠러가 유체에 한 일

$$L_T = \rho g Q \ell_T = \frac{\rho Q}{2}(V_4^2 - V_1^2) : \text{운동에너지의 증가}$$

- 평균속도 : $V = \dfrac{V_1 + V_4}{2}$

⑦ 프로펠러 동력 : $P = \dot{m}(V_4 - V_1)V_1 = \rho \dot{Q}(V_4 - V_1)V_1$

⑧ 프로펠러 효율 : $\eta = \dfrac{\text{추진동력}}{\text{프로펠러가 유체에 가한 동력}} = \dfrac{P}{L_T} = \dfrac{V_1}{V} = \dfrac{2V_1}{V_1 + V_4}$

02 분사추진

① 터보제트, 터보프롭(터보제트+프로펠러), 램제트(초음속비행), 로켓

② 탱크에 붙어 있는 노즐에 의한 추력

$$F_{th} = \rho A V^2 [= \rho A (2gh)] = 2\gamma A h$$

③ 비행기 추력

$$F_{th} = \rho_2 Q_2 V_2 - \rho_1 Q_1 V_1 = \rho Q (V_2 - V_1)$$

④ 로켓 추력

$$F_{th} = \rho Q V = \dot{m} V$$

04 유체운동학

01 운동학기초

① 속도장, 가속도장
② 유선, 유적선
③ 오일러 방정식
④ 나비에-스톡스 방정식

01 유동의 가시화

① 유선(Stream line) : Euler적 관점(절대관측)에서의 유동궤적
  - 유동하고 있는 유체입자의 순간적인 속도가 접선방향과 일치되도록 하는 가상곡선
  - 유선은 서로 교차할 수 없으며 유선의 다발을 유관이라 함
  - $\dfrac{dx}{V_x} = \dfrac{dy}{V_y} = \dfrac{dz}{V_z}$ (3차원 유선의 미분방정식)

② 유적선(Path line) : Lagrange적 관점(상대관측)의 공간상에서 유동하는 유체입자의 유동궤적
③ 유맥선(Streak line) : 한 공간 점을 통과한 유체입자들의 연속적인 선 예) 담배연기

02 오일러 방정식

① 오일러 운동방정식(Euler's equation of motion) : 미소체적에 뉴턴의 제 2법칙을 적용
② 기본가정 : 유선을 따라 유동, 마찰없음, 정상유동
  - 유선방향 힘의 성분

$$\sum F_s = ma \Rightarrow dF = d(ma)$$

  - $dm = \rho\, dv = \rho\, dA\, ds$

$$dW = \gamma\, dv = \gamma\, dA\, ds = \rho g\, dA\, ds$$

$$\Rightarrow pdA - \left(p + \frac{\partial p}{\partial s}ds\right)dA - \rho g\, dA\, ds \cos\theta = \rho\, dA\, ds\, \frac{dV}{dt}$$

$$\Rightarrow \frac{\partial p}{\partial s}dA\, ds + \rho g \cos\theta\, dA\, ds + \rho\, dA\, ds\, \frac{dV}{dt} = 0$$

- 양변 ÷ $\rho\, dA\, ds$, $\cos\theta = \dfrac{dz}{ds}$ 적용

$$\frac{1}{\rho}\frac{\partial p}{\partial s} + g\cos\theta + \frac{dV}{dt} = 0 \;\Rightarrow\; \frac{1}{\rho}\frac{\partial p}{\partial s} + g\frac{dz}{ds} + \frac{\partial V}{\partial s}V + \frac{\partial V}{\partial t} = 0$$

- 정상류 : $\dfrac{\partial V}{\partial t} = 0 \;\Rightarrow\; \dfrac{dp}{\rho} + V\, dV + g\, dz = 0$

- 양변 ÷ g $\;\Rightarrow\; \dfrac{dp}{\gamma} + \dfrac{1}{g}V\, dV + dz = 0$

05 차원해석 및 상사법칙

01 차원해석

① 무차원수, 차원해석, 파이정리

01 차원해석

① 유동관련 물리량을 기본차원으로 표기 : MLT, FLT system
② 차원의 동차성 원리를 적용

[물리량 차원]

물리량	기호	차원 FLT계	차원 MLT계	물리량	기호	차원 FLT계	차원 MLT계
비중량	γ	FL^{-3}	$ML^{-2}T^{-2}$	유량율	$\dot{Q}$	L^3T^{-1}	L^3T^{-1}
밀도	ρ	FT^2L^{-4}	ML^{-3}	전단응력	τ	FL^{-2}	$ML^{-1}T^{-2}$
압력	p	FL^{-2}	$ML^{-1}T^{-2}$	표면장력	σ	FL^{-1}	MT^{-2}
절대점성계수	μ	FLT^{-2}	$ML^{-1}T^{-1}$	무게	W	F	MLT^{-2}
동점성계수	ν	L^2T^{-1}	L^2T^{-1}	중량유동률	$\dot{G}$	FT^{-1}	MLT^{-3}
체적탄성계수	K	FL^{-2}	$ML^{-1}T^{-2}$	속도	V	LT^{-1}	LT^{-1}
동력(일률)	P	FLT^{-1}	ML^2T^{-3}	가속도	a	LT^{-2}	LT^{-2}
회전력	T	FL	ML^2T^{-2}	각속도	ω	T^{-1}	T^{-1}

02 버킹엄의 파이정리(Buckingham's Π theorem)

① $\Pi = n - m$: n 물리량의 총 수, m 기본차원의 총 수
② 독립적인 물리량변수가 3개 이상에서 적용함
③ m개의 기본차원 조합으로 표시되는 n개 물리량 $f(x_1, x_2, \cdots x_n) = 0$은 $(n-m)$개의 무차원 항 $(\Pi_1, \Pi_2, \cdots \Pi_{n-m}) = 0$ 으로 치환할 수 있으며 이를 버킹엄의 Π정리라 함

무차원 항의 총 수 = 독립적 물리량의 총 수 - 기본차원의 총 수

02 상사법칙

① 모형과 원형, 상사법칙

01 상사법칙

① 기하학적 상사

- 길이 : $\dfrac{L_m}{L_p} = \lambda$ ⇔ m 모형(model), p 실형(원형, prototype)

- 넓이 : $\dfrac{A_m}{A_p} = \dfrac{L_m^{\,2}}{L_p^{\,2}} = \lambda^2$

② 운동학적 상사

- 속도 : $\dfrac{V_m}{V_p} = \dfrac{L_m/T_m}{L_p/T_p} = \dfrac{L_m}{L_p} \div \dfrac{T_m}{T_p} = \dfrac{L_\lambda}{T_\lambda}$

③ 역학적 상사

[자주 이용되는 무차원수]

명칭	정의	물리적 의미
레이놀즈수(Reynolds number)	$Re = \dfrac{\rho VL}{\mu}$	관성력 / 점성력
프루드수(Froude number)	$Fr = \dfrac{V}{\sqrt{Lg}}$	관성력 / 중력
오일러수(Euler number)	$Eu = \dfrac{\rho V^2}{p}$	관성력 / 압력
코시수(Cauchy number)	$Ca = \dfrac{\rho V^2}{K}$	관성력 / 탄성력
웨버수(Weber number)	$We = \dfrac{\rho L V^2}{\sigma}$	관성력 / 표면장력
마하수(Mach number)	$Ma = \dfrac{V}{C}$	속도 / 음속
압력계수(pressure number)	$Pr = \dfrac{\triangle p}{\rho V^2/2}$	압력 / 동압

06 관내유동

01 관내유동의 개념

① 층류/난류 판별

01 층류와 난류

① 층류(Laminar flow)란 질서정연한 유체입자의 유동
② 층류유체의 전단응력

$$\tau = \mu \frac{du}{dy} \quad \Leftarrow \quad \mu : 절대점성계수$$

③ 난류(Turbulent flow)란 불규칙한 유체입자의 유동
④ 난류유체의 전단응력

$$\tau = \eta \frac{du}{dy} \quad \Leftarrow \quad \eta : 와(eddy)점성계수$$

⑤ 레이놀즈수(Reynold's number)
    층류와 난류 구분척도의 무차원수

$$Re = \frac{\rho VL}{\mu} = \frac{\rho Vd}{\mu} = \frac{Vd}{\nu}$$

층류 : $Re < 2100$, 천이 : $2100 < Re < 4000$, 난류 : $Re > 4000$

02 층류점성유동

① 하겐-포아젤 유동

01 수평원관 내에서의 층류점성유동

① 정상류, 층류, 등속류($V_1 = V_2$), 점성, 압력강하

② 운동량방정식 : $\sum F_x = \rho Q(V_2 - V_1) = 0$ (등속류)

③ $\sum F_x = p\pi r^2 - (p+dp)\pi r^2 - \tau 2\pi r\,dl = 0$ (운동량보존)

$$\Rightarrow \tau = -\frac{dp}{2dl}r = -\frac{r}{2}\frac{dp}{dl} \text{ (압력강하)} \cdots\cdots\cdots \text{①}$$

④ $\tau = \mu\dfrac{du}{dy} \Rightarrow \tau = -\mu\dfrac{du}{dr}$ (층류, 점성) $\cdots\cdots\cdots\cdots\cdots\cdots$ ②

⑤ ①, ②식으로부터 $\dfrac{r}{2}\dfrac{dp}{dl} = \mu\dfrac{du}{dr} \Rightarrow du = -\dfrac{1}{2\mu}\dfrac{dp}{dl}r\,dr$

⑥ 속도분포

$$u = -\frac{1}{4\mu}\frac{dp}{dl}(r_o^2 - r^2) \text{ (경계조건 } r \to r_o \quad u \to 0)$$

⑦ 최대속도 ($r = 0$)

$$u_{max} = -\frac{1}{4\mu}\frac{dp}{dl}r_o^2$$

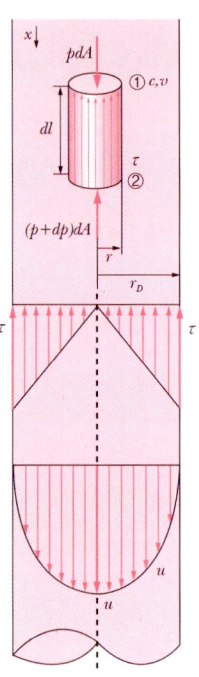

⑧ 속도비

$$\frac{u}{u_{max}} = 1 - \frac{r^2}{r_o^2} = \left[1 - \left(\frac{r}{r_o}\right)^2\right]$$

⑨ 유량 : $Q = \dfrac{\triangle p \pi r_0^4}{8\mu L} = \dfrac{\triangle p \pi d^4}{128\mu L}$ (하겐-포아젤 방정식)

⑩ 평균속도 : $V_m = \dfrac{Q}{A} = \dfrac{\triangle p \pi r_0^4 / 8\mu L}{\pi r_0^2} = \dfrac{1}{8\mu}\dfrac{\triangle p}{L}r_0^2$

$$u_{max} = 2V_m = 2\left(\frac{Q}{A}\right)$$

⑪ 수평원관 내에서의 층류 점성유동 최대유속(관 중심)은 평균속도의 2배

02 수평원관 내에서의 난류점성유동

① 난류유체의 전단응력

$$\tau = \eta \frac{du}{dy} = \rho l^2 \frac{du}{dy} \Leftarrow \eta = \rho l^2 : \text{와(eddy)점성계수}, \ l : \text{플란틀의 혼합거리}$$

② $u = \overline{u} + u' \Leftarrow \overline{u}$: 평균속도, u' : 난동속도

③ 전단응력 : $\tau = \rho l^2 \left(\dfrac{\overline{du}}{dy}\right)^2$

[관내 점성유동의 비교]

층류	구분	난류
$\tau = -\dfrac{r}{2}\dfrac{dp}{dl}$	전단응력	$\tau = \eta \dfrac{du}{dy}$
$h = \dfrac{p_1 - p_2}{\gamma} = \dfrac{128\mu l Q}{\pi \gamma d^4}$	압력손실 수두	$h = f\dfrac{l}{d}\dfrac{v^2}{2g}$ (층류와 난류)
$Q = \dfrac{\pi \triangle p \, \pi r_o^{\,4}}{8\mu L} = \dfrac{\triangle p \, \pi d^4}{128\mu L}$	유량	
$V = \dfrac{Q}{A} = \dfrac{\triangle p \pi \cdot r_o^{\,2}}{8\mu L} = \dfrac{u_{\max}}{2}$	평균속도	와점성계수 $\eta = \rho l^2 \left|\dfrac{du}{dy}\right|$

03 관로내 손실

① 난류에서의 직관손실
② 부차적 손실
③ 비원형관 유동

01 관로 내 손실(직관 마찰손실) : 압력강하

① 달시-바이스바하(Darcy-Weisbach) 식

$$h_L = f \frac{L}{d} \frac{V^2}{2g}, \quad \triangle p = \gamma h_L = f \frac{L}{d} \frac{\gamma V^2}{2g}$$

② 관 마찰계수의 차원해석

$$f = F\left(Re, \frac{e}{d}\right) \quad \Leftarrow \quad e : 절대조도, \ \frac{e}{d} : 상대조도$$

③ 관 마찰계수 : f

- $f = \dfrac{64}{Re}$: 층류구역 $(Re < 2100)$: f는 상대조도와 관계없는 레이놀즈수만의 함수

    : 천이구역 $(2100 < Re < 4000)$: f는 상대조도와 레이놀즈수의 함수

    : 난류구역 $(Re > 4000)$: f는 매끈한 관에서는 레이놀즈수만의 함수

    관에서는 상대 조도 $\dfrac{e}{d}$ 의 함수

- 매끈한 신관

$$f = 0.3164 \, Re^{-\frac{1}{4}} \ : \ 3000 < Re < 100000 \quad \Leftarrow \quad 블라지우스(Blasius)의 실험식$$

- 거친 관(상업용 관)

$$\frac{1}{\sqrt{f}} + 0.86 \ln \frac{e}{d} = 1.14 \quad \Leftarrow \quad 무디선도(Moody\ diagram)\ 활용$$

02 부차적 손실

① 직관손실(마찰손실)을 제외한 배관부품 제 손실을 부차적 손실이라 함 : K_L

② 부차적 손실의 종류 : 유로방향변화(2차유동), 단면변화(속도, 장애물, 교축교란 등)
③ 배관부품 : 엘보우, 리턴벤드, 티, 리듀서, 유니언, 밸브 등

$$\text{부차 손실수두} : h_K = K\frac{V^2}{2g} \quad \Leftarrow \quad K : \text{부차 손실계수}$$

• 단면적이 확대되는 경우

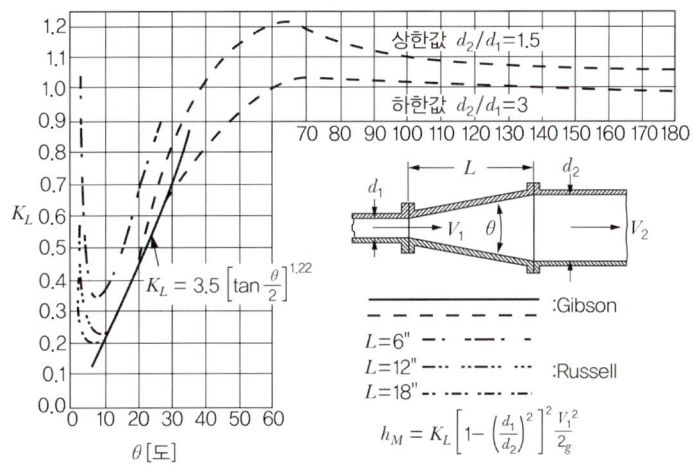

$$h_K = K\frac{(V_1 - V_2)^2}{2g} = K\left[1 - \left(\frac{d_2}{d_1}\right)^2\right]\frac{V_1^2}{2g} \quad \Leftarrow \quad A_1V_1 = A_2V_2$$

• 단면적이 축소되는 경우

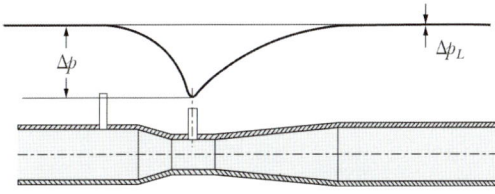

$$h_K = \left(\frac{1}{C_c} - 1\right)^2 \frac{V_2^2}{2g} \quad \Leftarrow \quad \text{수축계수} \; C_c = \frac{\text{수축후의 면적}(A_c)}{\text{수축전의 면적}(A)}$$

$$\text{부차 손실계수} : K = \left(\frac{1}{C_c} - 1\right)^2$$

• 부차손실 항은 일일이 손실계산식에 적용시키지 않고, 배관부품의 전체에서 발생하는 손실과 등가인 직관손실 길이(상당길이)를 계산하여 직관손실 길이에 가산하는 방식을 적용함

- 상당길이 : $L_{Eq} = \dfrac{K_{Eq}\, d}{f}$

- 직관손실과 부차손실을 모두 고려하는 전체 손실수두 : $h_L = f\, \dfrac{L + \sum L_{Eq}}{d}\, \dfrac{V^2}{2g}$

03 비 원형 관내에서의 직관손실 : h_L

- 수력반지름 : $R_h = \dfrac{A}{P} = \dfrac{\pi d^2/4}{\pi d} = \dfrac{d}{4}$ ⇐ P : 접수길이
- 달시-바이스바하 식 ⇐ $d = 4R_h$

$$h_L = f\, \dfrac{L}{4R_h}\, \dfrac{V^2}{2g}$$

- 레이놀즈수와 상대조도 : $Re = \dfrac{\rho V(4R_h)}{\mu},\ \dfrac{e}{d} = \dfrac{e}{4R_h}$
- 단면적 A, 접수길이 P인 비 원형 관내를 유동할 때의 마찰특성은 계산한 수력지름을 직경으로 하는 원형 관내에서의 마찰특성과 같음

04 펌프와 배관계통의 설계

① 공업일(h_T)은 실 양정 외에 흡입손실과 배기손실을 포함
② 손실수두 : $h_L = h_{흡입} + h_{배기}$
③ 전 양정 : $H = h_T = H_a + (h_{흡입} + h_{배기})$ ⇐ H_a : 실 양정
④ 펌프동력 : $P = \dfrac{\gamma Q H}{1000}$ [kW], $P = \dfrac{\gamma H Q}{735.6}$ [ps]

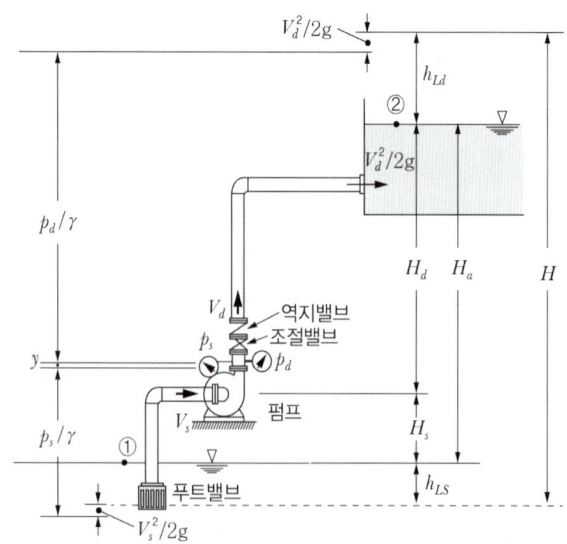

07 개수로 유동

01 개수로

① 경계의 일부가 자유표면을 가지는(대기와 접하는) 유체유동(중력) ⟺ 폐수로 유동($\triangle p$)
② 대상유체는 액체만 가능하며, 실제형상이 복잡하여 마찰계수의 선정기준이 모호
③ 자유표면의 수면은 항상 대기압($\frac{p}{\rho g} = 0$)이며, 수력구배선(HGL)이 수면과 일치

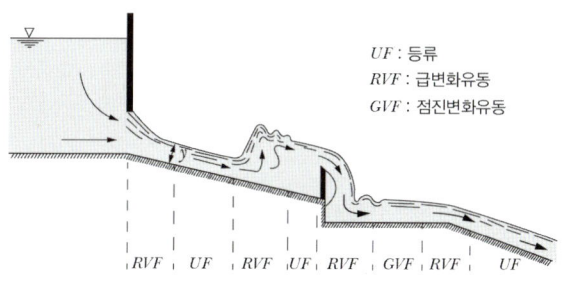

UF : 등류
RVF : 급변화유동
GVF : 점진변화유동

[개수로 유동의 유동 Pattern 변화]

④ 층류와 난류

$$R_h = \frac{A}{P} = \frac{d}{4}, \quad Re = \frac{\rho V R_h}{\mu} = 500, \quad \text{층류} : Re < 500, \text{난류} : Re > 500$$

⑤ 정상유동과 비정상유동
⑥ 등류(등속류)와 비등류(비등속류)
- 등류 : 유동단면과 수심이 일정하게 유지되며 유속이 일정한 유동
- 비등류 : 유동단면과 수심이 변화하면서 유속이 변하는 유동 ⇐ 점진변화유동, 급변화유동

⑦ 상류(Tranquil flow)와 사류(Rapid flow)
- 프루드 수 : $Fr = \frac{V}{\sqrt{Lg}} = \frac{\text{유체의 유동속도}}{\text{기본파의 속도}}$
- 상류 : 유동속도가 기본파의 진행 속도보다 느린 유동, 프루드 수가 $Fr < 1$일 때 발생
  하류에서 생긴 교란이 상류로 전달
- 사류 : 유동속도가 기본파의 진행 속도보다 빠른 유동, 프루드 수가 $Fr > 1$일 때 발생
  하류에서 생긴 교란이 상류로 전달되지 않음

02 등류유동 – 체지 식, 체지–만닝 식

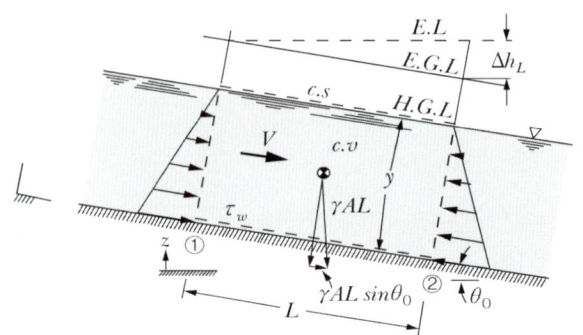
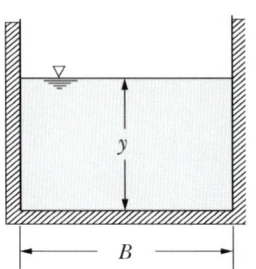

① 수로기울기 : $S = \sin\theta = \dfrac{h_L}{L}$

② 벽면에서의 마찰저항력 : $F_{fric} = -\tau_{wall} \times (PL)$

③ 중력의 유동방향성분 : $F_h = \rho g A L \sin\theta$

④ 개수로 검사체적(표면)

$$\sum F_x = F_{fric} + F_h = -\tau_{wall} PL - \rho g A L \sin\theta = 0 \Rightarrow \tau_w = \rho g \frac{A}{P}\sin\theta$$

$$\Rightarrow \tau_w = \rho g R_h S$$

⑤ 비 원형관의 비교 : $\tau_w = \dfrac{R_h}{L}\rho g \left(f \dfrac{L}{4R_h}\dfrac{V^2}{2g}\right) = \dfrac{f}{4}\dfrac{\rho V^2}{2}$

⑥ 개수로 = 비 원형관 : $\rho g R_h S = \dfrac{f}{4}\dfrac{\rho V^2}{2} \Rightarrow V = \sqrt{\dfrac{8g}{f}}\sqrt{R_h S}$

⑦ 체지방정식의 속도

$$V = \sqrt{\dfrac{2g}{C_{fric}}} \cdot \sqrt{R_h S} = C\sqrt{R_h S} \quad \Leftrightarrow \quad C : \text{체지계수}$$

⑧ 체지 – 만닝의 식(속도, 유량)

$$V = C\sqrt{R_h S} = \dfrac{1}{n} R_h^{\frac{2}{3}} S^{\frac{1}{2}} \quad \Leftrightarrow \quad C = \dfrac{1}{n} R_h^{\frac{1}{6}} \text{ 만닝의 실험식 } (n:\text{조도계수})$$

$$Q = CA\sqrt{R_h S} = \dfrac{1}{n} A R_h^{\frac{2}{3}} S^{\frac{1}{2}} \quad \Leftrightarrow \quad A : \text{유동단면적}$$

⑨ 수력학적 최대효율 단면 : 유동 단면적과 상면기울기에 대하여 최대유량을 얻을 수 있는 단면
  ⇨ 접수길이가 최소이면서 유량은 최대가 되는 단면(수력 반지름이 최대인 단면)

⑩ 체지 – 만닝의 식으로부터

$$Q = \frac{1}{n} A R_h^{\frac{2}{3}} S^{\frac{1}{2}} \quad \Leftarrow Q, n, S : Const.$$

$$R_h^{\frac{2}{3}} = \frac{C}{A} \quad \Leftarrow C = nQ/S^{\frac{1}{2}}$$

$$\left(\frac{A}{P}\right)^{\frac{2}{3}} = \frac{C}{A} \quad \Rightarrow \quad A^{\frac{5}{3}} = CP^{\frac{2}{3}} \quad \Rightarrow \quad A = CP^{\frac{2}{5}}.$$

• 구형단면(사각형 단면)

$$P = b + 2y, \quad A = by \quad \Rightarrow P = 2y + \frac{A}{y} \quad \Rightarrow \quad \frac{dP}{dy} = 2 - \frac{A}{y^2} = 2 - \frac{b}{y} = 0$$

$$\therefore b = 2y$$

• 사다리꼴 단면

$$P = 2\sqrt{3}\, y, \quad b = \frac{2\sqrt{3}}{3} y, \quad A = \sqrt{3}\, y^2 \quad \therefore b = \frac{P}{3}, \quad \theta = 60°$$

03 비에너지와 임계수심

① 비 등류유동 : 상면기울기의 변화, 단면 기하학의 변화, 장애물의 돌출
② 비 등류유동의 유형 : 점진변화 유동, 급 변화 유동
③ 변화유동의 에너지방정식

$$\frac{V_1^2}{2g} + y_1 + d_1 = \frac{V_2^2}{2g} + y_2 + d_2$$

④ 비에너지의 정의 : 수로 바닥면에서 에너지선(EL)까지의 높이 E

$$E = \frac{V^2}{2g} + y = \frac{q^2}{2gy^2} + y$$

⇦ $q = yV$: 단위 폭 당 유량

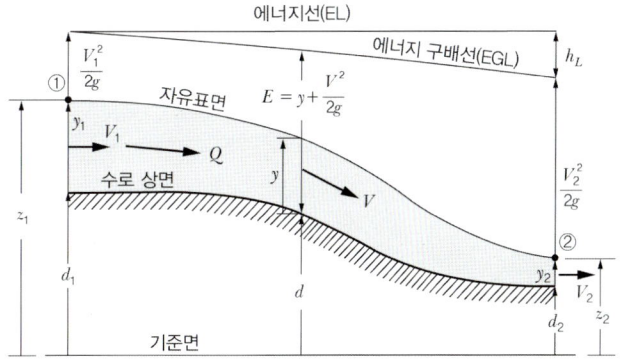

⑤ 임계수심의 정의 : 최소 비에너지 단면 수심 $y_c = \dfrac{3}{2} E_{\min}$

$$y_c = \sqrt[3]{\dfrac{q^2}{g}}, \quad \text{임계속도} \quad V_c = \sqrt{g y_c}$$

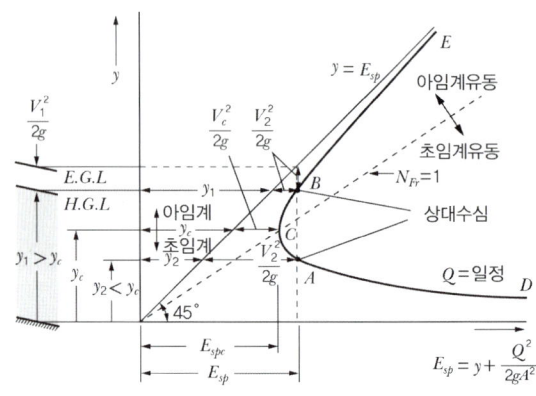

04 수력도약(Hydraulic jump)

① 초 임계유동으로부터 아 임계유동으로 급변할 때 수면이 상승하는 현상
② 운동에너지가 위치에너지로 전환되는 이러한 현상을 수력도약(Hydraulic jump)이라 함
③ 수력도약 후의 깊이 $y_2 = \dfrac{y_1}{2}\left(-1 + \sqrt{1 + \dfrac{8 V_1^2}{g y_1}}\right)$
④ 수력도약 손실

$$h_{L_{1-2}} = \dfrac{(y_2 - y_1)^3}{4 y_1 y_2}$$

- $\dfrac{V_1^2}{g y_1} = 1$이면 $y_1 = y_2$

- $\dfrac{V_1^2}{g y_1} > 1$이면 $y_1 < y_2$: 수력도약

- $\dfrac{V_1^2}{g y_1} < 1$이면 $y_1 > y_2$

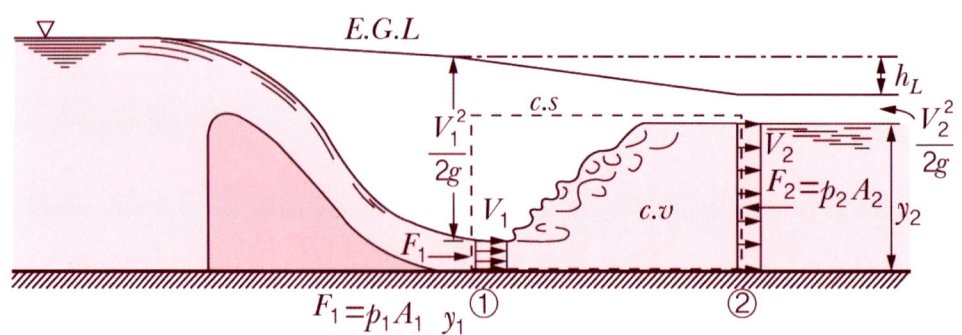

08 압축성유체 유동

01 유로 단면적의 변화가 없는 단열유동

① 검사체적에 대한 에너지방정식

$$\dot{Q}_{cv} + \sum \dot{m}_i \left(h_i + \frac{V_i^2}{2} + gZ_i\right) = \frac{dF}{dt} + \sum \dot{m}_e \left(h_e + \frac{V_e^2}{2} + gZ_e\right) + \dot{W}_{cv}$$

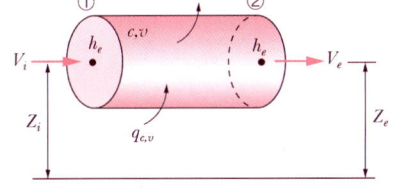

② 정상유동 : $\dfrac{dm_{cv}}{dt} = 0$, $\dfrac{dF_{cv}}{dt} = 0$, $\dot{m}_i = \dot{m}_e = \dot{m}$ 적용

양변 ÷ $\dot{m}$ ⇨ $q_{cv} + h_i + \dfrac{V_i^2}{2} + gZ_1 = h_e + \dfrac{V_e^2}{2} + gZ_1 + w_{cv}$

③ 이상기체에 대한 열역학 관계식

$$\delta q = du + p\,dv = dh - v\,dp, \quad H = U + pV \Rightarrow h = u + pv$$

$$\delta W = p\,dv, \; \delta W_t = -v\,dp, \quad pV = mRT \Rightarrow pv = RT$$

$$du = C_v dt = \frac{1}{k-1}R, \quad dh = C_p dt = \frac{k}{k-1}R$$

$$C_p - C_v = R, \quad k = \frac{C_p}{C_v}$$

④ 가역 단열과정에 대한 열역학 관계식

$$\frac{T_2}{T_1} = \left(\frac{p_2}{p_1}\right)^{\frac{k-1}{k}} = \left(\frac{\rho_2}{\rho_1}\right)^{k-1} = \left(\frac{v_1}{v_2}\right)^{k-1}$$

02 음속 · 마하수 · 마하각

① 음속 : $C = \sqrt{\dfrac{kp}{\rho}} = \sqrt{kRT}$ ⇦ $R\,[\text{J/kg}\cdot\text{k}]$

② 마하수 : $Ma = \dfrac{V}{C} = \dfrac{\text{물체 속도}}{\text{음속}}$

③ 마하각 : $\alpha = \sin^{-1}\dfrac{C}{V}$ $\left(\sin\alpha = \dfrac{1}{Ma}\right)$

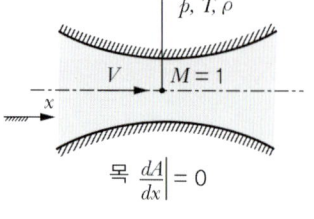

단면적이 변화하는 관내(노즐, 디퓨저)에서의 아음속과 초음속 유동

④ 검사체적, 단위질량에 대한 에너지방정식

$$q_{cv} + h_i + \dfrac{V_i^{\,2}}{2} + gZ_i = h_e + \dfrac{V_e^{\,2}}{2} + gZ_e + w_{cv}$$

⑤ 단열, 공업일 없음, $Z_i = Z_e$ 적용 : $q_{cv} = 0$, $w_{cv} = 0$, $Z_i = Z_e$

$$h + \dfrac{V^2}{2} = (h + dh) + \dfrac{(V + dV)^2}{2}$$

⇨ $dh + VdV = 0$ ·· ①

⑥ 열역학 제 1법칙 제 2 기초식의 변형

$$\delta q = dh - v\,dp \;\Rightarrow\; dh - \dfrac{dp}{\rho} = 0 \;\Rightarrow\; dh = \dfrac{dp}{\rho} \quad \cdots\cdots\;②$$

⑦ ①, ②식으로부터 ⇨ $\dfrac{dp}{\rho} + VdV = 0$ ·· ③

⑧ 음속 : $C = \sqrt{\dfrac{dp}{d\rho}}$ ⇨ $C^2 = \dfrac{dp}{d\rho}$ ⇨ $dp = C^2 d\rho$ ············ ④

⑨ ③, ④식으로부터 ⇨ $\dfrac{C^2 d\rho}{\rho} + VdV = 0$ ·································· ⑤

⑩ 연속방정식

$\rho AV = \dot{m} = Const$ ⇨ $\dfrac{d\rho}{\rho} + \dfrac{dA}{A} + \dfrac{dV}{V} = 0$ ⇨ $\dfrac{d\rho}{\rho} = -\dfrac{dA}{A} - \dfrac{dV}{V}$ ······ ⑥

⑪ ⑤, ⑥식으로부터 ⇨ $C^2\left(-\dfrac{dA}{A} - \dfrac{dV}{V}\right) + VdV = 0$

⑫ 양변에 $-AV$를 곱해주고 정리하면

$$\frac{dA}{dV} = \frac{A}{V}\left(\frac{V^2}{C^2} - 1\right) = \frac{A}{V}(Ma^2 - 1)$$

⑬ 고찰

- 아음속유동 $(Ma < 1) : \frac{dA}{dV} < 0$
- 음속유동 $(Ma = 1) \;\; : \frac{dA}{dV} = 0$
- 초음속유동 $(Ma > 1) : \frac{dA}{dV} > 0$

03 이상기체의 등엔트로피(단열) 노즐유동

① 등엔트로피, 검사체적, 단위질량에 대한 에너지방정식

$$q_{cv} + h_i + \frac{V_i^2}{2} + gZ_i = h_e + \frac{V_e^2}{2} + gZ_e + w_{cv}$$

② 단열, 공업일 없음, $Z_i = Z_e$ 적용 : $q_{cv} = 0$, $w_{cv} = 0$, $Z_i = Z_e$

$$h_i - h_e = \frac{1}{2}(V_e^2 - V_i^2)$$

$$C_p(T_i - T_e) = \frac{1}{2}(V_e^2 - V_i^2) \Leftarrow dh = C_p dT$$

③ 압축성유체의 유동속도가 0으로 정지되었을 때, 상태와 상태량을 정체조건과 정체상태량이라 함

정체온도 : $T_0 = T + \frac{k-1}{kR}\frac{V^2}{2g}$

$$\frac{T_0}{T} = 1 + \frac{k-1}{2}Ma^2$$

$$\frac{p_0}{p} = \left(1 + \frac{k-1}{2}Ma^2\right)^{\frac{k}{k-1}}$$

$$\frac{\rho_0}{\rho} = \left(1 + \frac{k-1}{2}Ma^2\right)^{\frac{1}{k-1}}$$

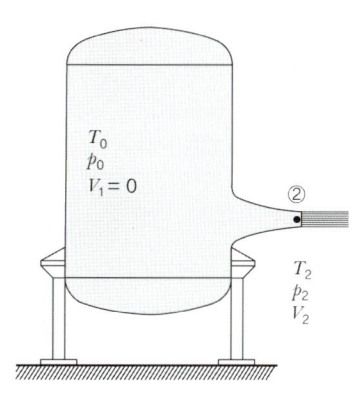

④ 유동속도가 노즐 목에서 음속에 도달할 때, 상태와 상태량을 임계조건과 임계상태량이라 함

$$\frac{T_c}{T_0} = \frac{2}{k+1} \qquad \Leftarrow Ma = 1$$

$$\frac{p_c}{p_0} = \left(\frac{2}{k+1}\right)^{\frac{k}{k-1}}$$

$$\frac{\rho_c}{\rho} = \left(\frac{2}{k+1}\right)^{\frac{1}{k-1}}$$

09 물체 주위의 유동

01 외부유동의 개념

① 경계층 유동
② 박리, 후류

01 경계층 유동

① 물체근방의 유체점성 전단응력이 작용하는 얇은 층 cf. Free stream 지역
② 평판의 레이놀즈수

$$Re_x = \frac{\rho u_\infty x}{\mu} = \frac{u_\infty x}{\nu} \quad \Leftarrow Re_c = 5 \times 10^5 \text{ (평판의 임계레이놀즈수)}$$

③ 층류저층, 완충영역, 완전난류영역
④ 경계층의 두께 : δ

$Re_x < Re_c$: 층류, $\quad\quad\quad\quad Re_x > Re_c$: 난류

$\dfrac{\delta}{x} = \dfrac{5}{Re_x^{1/2}} \quad\quad\quad\quad\quad \dfrac{\delta}{x} = \dfrac{0.376}{Re_x^{1/5}}$

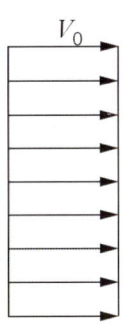
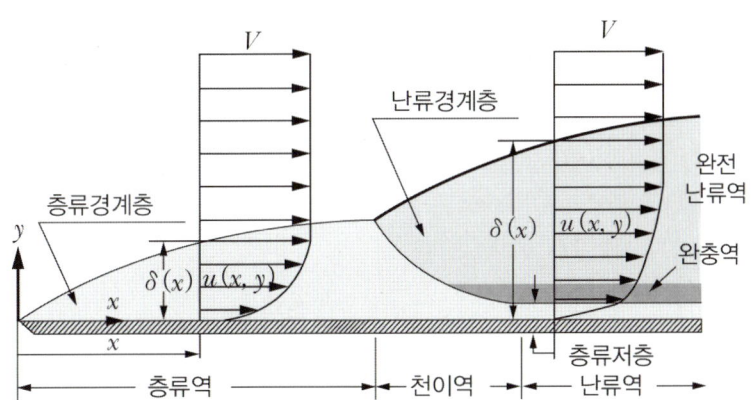

02 박리유동과 후류

① 역 압력구배가 발생하는 지역
② 후류지역의 Vortex Shedding

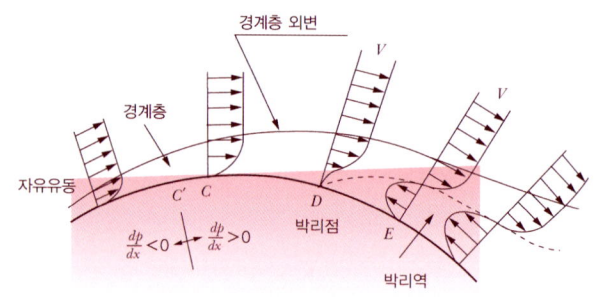

02 항력 및 양력

① 항력, 양력

01 항력, 양력

① 스토크스의 법칙

$$항력 \ F_D = 3\pi\mu VD \quad \Leftarrow Re < 1$$

② 항력

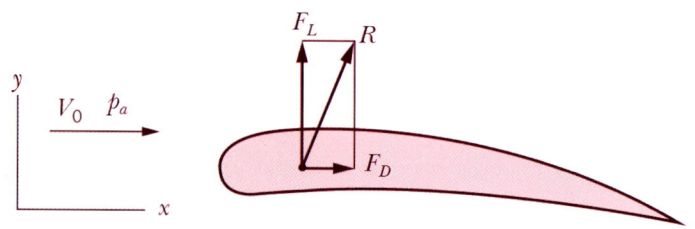

$$F_D = C_D A \frac{\rho V^2}{2} \quad \Leftarrow C_D : 항력계수, \ A : 투영면적$$

③ 양력

$$F_L = C_L A \frac{\rho V^2}{2} \quad \Leftarrow C_L : 양력계수$$

10 유체계측

① 벤투리, 노즐
② 오리피스 유량계
③ 유량계수, 송출계수
④ 점도계, 압력계 등

01 비중과 비중량의 계측

① 비중병을 이용

$$\gamma_1 = \rho_1 g = \frac{W_2 - W_1}{V} \Leftarrow W_2 : 액체+비중병, \; W_1 : 비중병, \; V : 액체체적$$

② 부력을 이용

$$\gamma_l = \frac{W - W_l}{V} \Leftarrow W = W_l + F_v = W_l + \gamma_l V$$

W : 공기 중 추의 무게, W_l : 유체 중 추의무게, V : 추의 배제체적

③ 비중계를 이용 : 비중계가 평형을 이루는 자유표면
④ U자관을 이용 : 비중을 알고 있는 유체와 측정하고자 하는 유체의 경계면 압력 비교

$$S_2 = \frac{S_1 \, l_1}{l_2} \Leftarrow \gamma_2 h_2 = \gamma_1 h_1$$

01 정압의 계측

① 피에조미터 : 교란이 없는 유체의 정압계측(벽면에 reference 설정)
② 정압관 : 내부벽면이 거친 관의 정압계측(관의 중심부에 reference 설정)

02 유속계측

① 피토관 : 베르누이 방정식을 ①과 ②에 적용(관의 중심부와 대기의 비교설정)

$$\frac{V_1^2}{2g} + \frac{p_1}{\gamma} = \frac{p_0}{\gamma} \Rightarrow V_0 = \sqrt{2g\triangle h}\,[\text{m/s}]$$

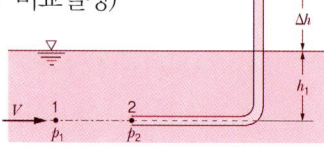

② 시차액주계 : 베르누이 방정식을 ①과 ②에 적용

$$V = \sqrt{2g\triangle h\left(\frac{\rho_m}{\rho} - 1\right)} = \sqrt{2g\triangle h\left(\frac{S_m}{S} - 1\right)}$$

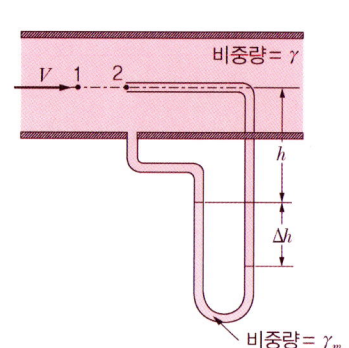

③ 피토정압관 : 베르누이 방정식을 ①과 ②에 적용

$$V = C_v\sqrt{2g\triangle h\left(\frac{S_0}{S} - 1\right)} \Leftarrow C_v : \text{속도계수}$$

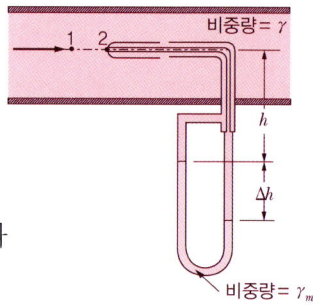

④ 열선유속계(Hot-wire Anemometer) : 열선저항의 냉각을 유속과 calibration하여 이용

03 유량계측

① 벤투리미터

$$Q = C_v A_2 \sqrt{\frac{2g \triangle h \left(\frac{S_0}{S} - 1\right)}{1 - (d_2/d_1)^4}} \quad \Leftarrow \quad C_v : 속도계수$$

② 오리피스

$$Q = C_v A_0 \sqrt{2g \triangle h \left(\frac{S_0}{S} - 1\right)}$$

C_v : 속도계수, A_0 : 오리피스 단면적

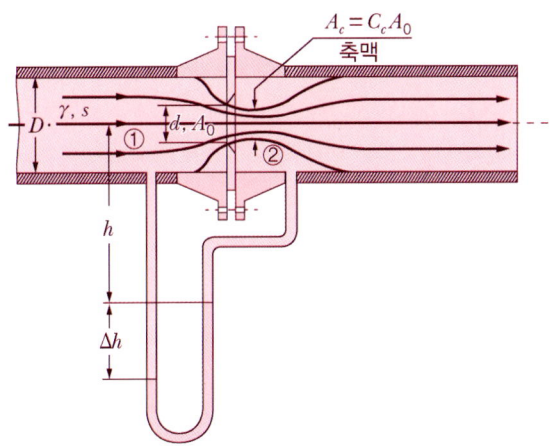

③ 위어 : 개수로 유량계측
- 예봉위어, 광봉위어(대 유량계측)
- 사각 위어(중간 유량계측)
- V-노치 위어(소 유량계측)
- 로터미터

04 점성계수의 계측

① 낙구식 점도계 : Stoke's 법칙 식 이용($D = 3\pi \mu V d$)

② 오스왈드, 세이볼트 점도계 : 하겐-포아젤 식 이용($Q = \frac{\triangle p \pi d^4}{128 \mu L}$)

③ 맥미첼, 스토머 점도계 : 뉴턴의 점성법칙 식 이용($\tau = \mu \frac{du}{dy}$)

기계유체역학 실전문제

유체역학의 기본개념

001 유체의 정의를 가장 올바르게 나타낸 것은?

① 아무리 작은 전단응력에도 저항할 수 없어 연속적으로 변형하는 물질
② 탄성계수가 0을 초과하는 물질
③ 수직응력을 가해도 물체가 변하지 않는 물질
④ 전단응력이 가해질 때 일정한 양의 변형이 유지되는 물질

[풀이]
① 내부에 전단응력이 작용하는 한 연속적으로 변형하는(흘러가는) 물질

002 다음과 같이 유체의 정의를 설명할 때 괄호속에 가장 알맞은 용어는 무엇인가?

> 유체란 아무리 작은 (　　)에도 저항할 수 없어 연속적으로 변형하는 물질이다.

① 수직응력　② 중력
③ 압력　　　④ 전단응력

[풀이]
내부에 전단응력이 작용하는 한 연속적으로 변형하는 (흘러가는) 물질

003 뉴턴유체(Newtonian fluid)에 대한 설명으로 가장 옳은 것은?

① 유체 유동에서 마찰 전단응력이 속도구배에 비례하는 유체이다.
② 유체 유동에서 마찰 전단응력이 속도구배에 반비례하는 유체이다.
③ 유체 유동에서 마찰 전단응력이 일정한 유체이다.
④ 유체 유동에서 마찰 전단응력이 존재하지 않는 유체이다.

[풀이]
① 유체 유동에서 마찰 전단응력이 속도구배에 비례하는 유체이다.

004 일반적으로 뉴턴유체에서 온도상승에 따른 액체의 점성계수 변화를 가장 바르게 설명한 것은 무엇인가?

① 분자의 무질서한 운동이 커지므로 점성계수가 증가한다.
② 분자의 무질서한 운동이 커지므로 점성계수가 감소한다.
③ 분자간의 응집력이 약해지므로 점성계수가 증가한다.
④ 분자간의 응집력이 약해지므로 점성계수가 감소한다.

[풀이]
액체인 경우 온도상승에 따라 응집력이 약화되므로 점성은 감소한다.

005 대기압을 측정하는 기압계에서 수은을 사용하는 가장 큰 이유는?

① 수은의 점성계수가 작기 때문에
② 수은의 동점성계수가 크기 때문에
③ 수은의 비중량이 작기 때문에
④ 수은의 비중이 크기 때문에

[풀이]
④ 수은의 비중이 크기 때문에
  ⇨ 상승높이가 작다.

006 동점성계수가 10 cm²/s이고 비중이 1.2인 유체의 점성계수는 몇 Pa·s인가?

[정답] 001. ① 002. ④ 003. ① 004. ④ 005. ④ 006. ③

기계유체역학

① 0.12   ② 0.24
③ 1.2   ④ 2.4

풀이

$$\mu = \rho \nu = \rho_w s \nu$$
$$= 1000 \times 1.2 \times 10^{-4} = 1.2 \; Pa \cdot s$$

007 어떤 윤활유의 비중이 0.89이고 점성계수가 0.29 kg/m·s이다. 이 윤활유의 동점성계수는 몇 m^2/s인지 구하시오.

① 3.26×10^{-5} ② 3.26×10^{-4}
③ 0.258   ④ 2.581

풀이

$$\nu = \frac{\mu}{\rho} = \frac{\mu}{\rho_w \times s} = \frac{0.29}{1000 \times 0.89}$$
$$= 3.26 \times 10^{-4} \; m^2/s$$

008 국소대기압이 710 mmHg일 때, 절대압력 50 kPa은 게이지 압력으로 약 얼마인가?

① 44.7Pa 진공   ② 44.7 Pa
③ 44.7 kPa 진공   ④ 44.7 kPa

풀이

$$p_{abs} = p_{atm} \pm p_{gauge}$$
$$\Rightarrow 50 \; kPa$$
$$= \frac{710 \; mmHg}{760 \; mmHg} \times 101.325 \; kPa + p_{gauge}$$
$$\therefore p_{gauge} = -44.7 \; kPa$$

009 비중 0.85인 기름의 자유표면으로부터 10 m 아래에서의 계기압력은 약 몇 kPa인가?

① 83   ② 830
③ 98   ④ 980

풀이

$$p_{gauge} = p_{정수압} = \gamma h = (\gamma_w \; s) h$$
$$= (9.8 \times 0.85) \times 10 = 83 \; kPa$$

010 압력용기에 장착된 게이지 압력계의 눈금이 400 kPa를 나타내고 있다. 이 때 실험에 놓여진 수은 기압계에서 수은의 높이는 750 mm이었다면 압력용기의 절대압력은 약 몇 kPa인가? (단, 수은의 비중은 13.6이다)

① 300   ② 500
③ 410   ④ 620

풀이

$$p_{abs} = p_{atm} \pm p_{gauge}$$
$$= 101.325 \times \frac{750}{760} + 400 = 500 \; kPA$$

011 그림과 같이 용기에 물과 휘발유가 주입되어 있을 때, 용기바닥면에서의 게이지 압력은 약 몇 kPa인가? (단, 휘발유의 비중은 0.70이다.)

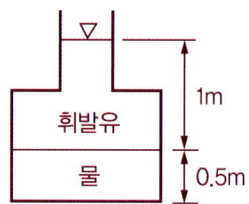

① 1.59   ② 3.64
③ 6.86   ④ 11.77

풀이

$$p_{gauge} = p_{바닥면} = \gamma h = 9800 s h$$
$$= (9800 \times 0.7 \times 1 + 9800 \times 1 \times 0.5) \times 10^{-3}$$
$$= 11.76 \; kPa$$

012 바닷물 밀도는 수면에서 1025 kg/m^3이고 깊이 100 m마다 0.5 kg/m^3씩 증가한다. 깊이 1000 m에서 압력은 계기압력으로 약 몇 kPa인가?

① 9560   ② 10080
③ 10240   ④ 10800

풀이

수심 1000m에서의 바닷물 밀도

정답 007. ② 008. ③ 009. ① 010. ② 011. ④ 012. ②

$$\rho_{1000m} = 1025 + 10 \times 0.5 = 1030\ kg/m^3$$
$$\therefore\ p = \gamma h = \rho g h$$
$$= 1030 \times 9.8 \times 1000 \times 10^{-3}$$
$$= 10094\ kPa$$

013 펌프로 물을 양수할 때 흡입측에서의 압력이 진공압력계로 75 mmHg(부압)이다. 이 압력은 절대압력으로 약 몇 kPa인가? (단, 수은의 비중은 13.6이고, 대기압은 760 mmHg이다.)

① 91.3   ② 10.4
③ 84.5   ④ 23.6

풀이

$p_{abs} = p_{atm} \pm p_{oil}$
$\Rightarrow p_{abs} = 760 - 75$
$= 685\ mmHg \times \dfrac{101.325\ kPa}{760\ mmHg}$
$= 91.33\ kPa$

014 개방된 탱크 내에 비중이 0.8인 오일이 가득 차 있다. 대기압이 101 kPa라면, 오일탱크 수면으로부터 3 m 깊이에서 절대압력은 약 몇 kPa인가?

① 25   ② 249
③ 12.5 ④ 125

풀이

$p_{abs} = p_{atm} \pm p_{oil}$
$= 101 + (9800 \times 0.8 \times 3) \times 10^{-3}$
$= 124.52\ kPa$

015 점성계수는 0.3 poise, 동점성계수는 2 stokes 인 유체의 비중은?

① 6.7   ② 1.5
③ 0.67 ④ 0.15

풀이

1 poise = 1 g/cm·s

1 stokes = 1 cm^2/s
$\mu = \rho \nu$
$\Rightarrow 0.3 \times 10^{-3} \times 10^2\ kg/m\cdot s$
$= \rho \times 2 \times 10^{-4}\ m^2/s$
$\Rightarrow \rho = 150\ kg/m^3$
$\therefore$ 비중 $s = 0.15$

016 그림과 같은 수압기에서 피스톤의 지름이 $d_1 = 300\ mm$, 이것과 연결된 램(ram)의 지름이 $d_2 = 200\ mm$이다. 압력 p_1이 1 MPa의 압력을 피스톤에 작용시킬 때 주 램의 지름이 $d_3 = 400\ mm$이면 주 램에서 발생하는 힘(W)은 약 몇 kN인가?

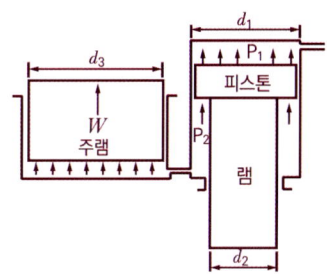

① 226   ② 284
③ 334   ④ 438

풀이

우측 램에서 $W = p_1 A_1 = p_2 A_2$
$\Rightarrow p_2 = \dfrac{A_1}{A_2} p_1$
$= \dfrac{\pi/4 \times d_1^2}{\pi/4 \times (d_1^2 - d_2^2)} \times p_1$
$= \dfrac{0.3^2}{(0.3^2 - 0.2^2)} \times 1 \times 10^6$
$= 1.8 \times 10^6$

좌측 주 램에서
$W = p_2 A_3 = 1.8 \times 10^6 \times \dfrac{\pi}{4} \times 0.4^2 \times 10^{-3}$
$= 226.2\ kN$

정답 013. ① 014. ④ 015. ④ 016. ①

기계유체역학

017 체적탄성계수가 2.086 GPa인 기름의 체적을 1% 감소시키려면 가해야 할 압력은 몇 Pa인가?

① 2.086×10^7 ② 2.086×10^4
③ 2.086×10^3 ④ 2.086×10^2

풀이

$K = -V\dfrac{dp}{dV}$

$\Rightarrow dp = -K\dfrac{dV}{V} = -2.086 \times 10^9 \times 0.01$
$\qquad\qquad\qquad = 2.086 \times 10^7$

018 체적탄성계수가 2×10^9 N/m²인 유체를 2%압축하는데 필요한 압력은?

① 1 GPa   ② 10 MPa
③ 4 GPa   ④ 40 MPa

풀이

$K = -V\dfrac{dp}{dV} \Rightarrow dp = K\dfrac{dV}{V}$

$\Rightarrow p = 2 \times 10^6 \times 0.02 = 40\ MPa$

019 어떤 액체가 800 kPa의 압력을 받아 체적이 0.05% 감소한다면, 이 액체의 체적탄성계수는 얼마인가?

① 1265 kPa   ② 16×10^4 kPa
③ 1.6×10^6 kPa   ④ 2.2×10^6 kPa

풀이

$K = \dfrac{1}{\beta} = -V\dfrac{dp}{dV}\ [\ Pa = N/m^2\ ]$

$\Rightarrow K = -V\dfrac{dp}{dV} = \dfrac{1}{0.0005} \times 800$
$\qquad\qquad\quad = 1.6 \times 10^6\ kPa$

020 다음 중 유체에 대한 일반적인 설명으로 틀린 것은?

① 점성은 유체의 운동을 방해하는 저항의 척도로서 유속에 비례한다.
② 비점성유체 내에서는 전단응력이 작용하지 않는다.
③ 정지유체 내에서는 전단응력이 작용하지 않는다.
④ 점성이 클수록 전단응력이 크다.

풀이

① 점성계수는 유속과 무관하여, 속도기울기 $\dfrac{du}{dy}$ 와 관계없이 일정하다.

021 다음 4가지의 유체 중에서 점성계수가 가장 큰 뉴턴유체는?

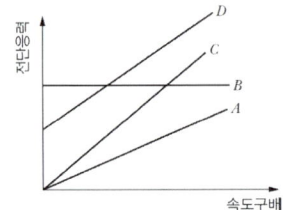

① A   ② B
③ C   ④ D

풀이

$\tau = \mu\dfrac{du}{dy}$ ③ C : 기울기가 가장 크다.

022 다음 중 유체의 속도구배와 전단응력이 선형적으로 비례하는 유체를 설명한 가장 알맞은 용어는 무엇인가?

① 점성유체   ② 뉴턴유체
③ 비압축성 유체   ④ 정상유동 유체

풀이

뉴턴유체 : 유체의 속도구배와 전단응력이 선형적으로 비례하는 유체

실전문제

023 일반적으로 뉴턴유체에서 온도상승에 따른 액체의 점성계수 변화에 대한 설명으로 옳은 것은?

① 분자의 무질서한 운동이 커지므로 점성계수가 증가한다.
② 분자의 무질서한 운동이 커지므로 점성계수가 감소한다.
③ 분자간의 결합력이 약해지므로 점성계수가 증가한다.
④ 분자간의 결합력이 약해지므로 점성계수가 감소한다.

[풀이]
④ 뉴턴유체의 온도가 상승하면 분자간의 결합력이 약해지며 점성계수가 감소한다.

024 간격이 10 mm인 평행 평판사이에 점성계수가 14.2 poise인 기름이 가득 차 있다. 아래 쪽 판을 고정하고 위의 평판을 2.5 m/s인 속도로 움직일 때, 평판 면에 발생되는 전단응력은?

① 316 N/cm²   ② 316 N/m²
③ 355 N/m²   ④ 355 N/cm²

[풀이]
$\mu = 14.2\ poise = 14.2 \times 10^{-1}\ N \cdot s/m^2$
$\tau = \mu \dfrac{du}{dy} = 14.2 \times \dfrac{1}{10} \times \dfrac{2.5}{0.01}$
$= 355\ N/m^2$

025 그림과 같은 원통형 축 틈새에 점성계수가 0.51 Pa·s인 윤활유가 채워져 있을 때, 축을 1800 rpm으로 회전시키기 위해서 필요한 동력은 약 몇 W인가? (단, 틈새에서의 유동은 Couette 유동이라고 간주한다.)

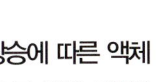

① 45.3   ② 128
③ 4807   ④ 13610

[풀이]
회전속도
$\omega = u = \dfrac{\pi DN}{60} = \dfrac{\pi \times 0.03 \times 1800}{60}$
$= 2.83\ m/s$
뉴턴의 점성법칙
$F = \tau A = \mu \dfrac{u}{h} A$
$= 0.51 \times \dfrac{2.83}{0.0003} \times \pi \times 0.03 \times 0.1 = 45.32\ N$
동력 $P = F\omega = 45.32 \times 2.83 = 128.3\ W$

026 뉴턴의 점성법칙은 어떤 변수(물리량)들의 관계를 나타낸 것인가?

① 압력, 속도, 점성계수
② 압력, 속도기울기, 동점성계수
③ 전단응력, 속도기울기, 점성계수
④ 전단응력, 속도, 동점성계수

[풀이]
$\tau = \dfrac{F}{A} = \mu \dfrac{u}{h} \Rightarrow \tau = \mu \dfrac{du}{dy}$

τ : 전단응력, μ : 점성계수, $\dfrac{du}{dy}$: 속도기울기(구배)

027 벽면에 평행한 방향의 속도(u) 성분만이 있는 유동장에서 전단응력을 τ, 점성계수를 μ, 벽면으로부터의 거리를 y로 표시하면 뉴턴의 점성법칙을 옳게 나타낸 식은?

① $\tau = \mu \dfrac{dy}{du}$ ② $\tau = \mu \dfrac{du}{dy}$
③ $\tau = \dfrac{1}{\mu} \dfrac{du}{dy}$ ④ $\mu = \tau \sqrt{\dfrac{du}{dy}}$

[풀이]
$\tau = \dfrac{F}{A} = \mu \dfrac{u}{y} \Rightarrow \tau = \mu \dfrac{du}{dy}$

기계유체역학

028 정지상태의 거대한 두 평판 사이로 유체가 흐르고 있다. 이 때 유체의 속도분포(u)가 $u = V\left[1 - \left(\dfrac{y}{h}\right)^2\right]$일 때, 벽면 전단응력은 약 몇 N/m²인가? (단, 유체의 점성계수는 4 N·s/m² 이며, 평균속도 V는 0.5 m/s, 유로중심으로부터 벽면까지의 거리 h는 0.01 m이며, 속도분포는 유체중심으로부터의 거리(y)의 함수이다.)

① 200   ② 300
③ 400   ④ 500

풀이

문제에 주어진 속도분포 식을 y에 대하여 미분
$\dfrac{du}{dy} = -\dfrac{V}{h^2}2y$

벽면($y = h$)에서의 전단응력은
$\dfrac{du}{dy} = -\dfrac{V}{h^2}2h = -\dfrac{2V}{h}$

뉴턴의 점성법칙은
$\tau = -\mu\dfrac{du}{dy} = -\mu\dfrac{-2V}{h} = 4 \times \dfrac{2 \times 0.5}{0.01}$

↑ 음의부호는 전단응력이 유동과 반대 방향으로 발생함을 의미함.

$= 400 \, N/m^2$

029 2h 떨어진 두 개의 평행평판 사이의 뉴턴유체 속도분포가 $u = u_0[1 - (y/h)^2]$와 같을 때 밑판에 작용하는 전단응력은? (단, μ는 점성계수이고, $y = 0$은 두 평판의 중앙이다.)

① $\dfrac{2\mu u_0}{h}$ ② $\dfrac{\mu u_0}{h}$
③ $2\mu u_0 h$ ④ $\mu u_0 h$

풀이

2 평판의 중앙이 $y = 0$이므로 밑면은 $y = -h$
전단응력
$\tau = \mu\dfrac{du}{dy}\Big|_{y=-h} = \mu\left[-u_0\dfrac{2y}{h^2}\right]_{y=-h}$

$= \dfrac{2\mu u_o}{h}$

030 직경 30 mm이고, 틈새가 0.2 mm인 슬라이딩 베어링이 1800 rpm으로 회전할 때 윤활유에 작용하는 전단응력은 약 몇 Pa인가? (단, 윤활유의 점성계수는 $\mu = 0.38 \, N \cdot s/m^2$이다.)

① 5372   ② 8550
③ 10744   ④ 17100

풀이

$\tau = \mu\dfrac{du}{dy} = \mu\dfrac{\dfrac{\pi d N}{60}}{dy}$

$= 0.38 \times \dfrac{\dfrac{\pi \times 0.03 \times 1800}{60}}{0.2 \times 10^{-3}}$

$= 5372 \, Pa$

031 다음 중 기체상수가 가장 큰 기체는?

① 산소   ② 수소
③ 질소   ④ 공기

풀이

$\overline{R} = MR = C = 8.3143 \, [kJ/kmol \cdot K]$

$8.3143 = M_{분자량}R \Rightarrow R = \dfrac{8.3143}{M_{분자량}}$

기체상수는 분자량과 반비례   ∴ $M_{수소}$

032 산 정상에서의 기압은 93.8 kPa이고, 온도는 11°C이다. 이때 공기의 밀도는 약 몇 kg/m³인가? (단, 공기의 기체상수는 287 J/kg·°C이다.)

① 0.00012   ② 1.15
③ 29.7   ④ 1150

풀이

$pv = RT \Rightarrow \dfrac{p}{\rho} = RT$

$$\Rightarrow \rho = \frac{p}{RT} = \frac{93.8 \times 10^3}{287 \times (11+273.15)}$$
$$= 1.15 \ kg/m^3$$

033 검사체적에 대한 설명으로 옳은 것은?
① 검사체적은 항상 직육면체로 이루어진다.
② 검사체적은 공간상에서 등속 이동하도록 설정해도 무방하다.
③ 검사체적내의 질량은 변화하지 않는다.
④ 검사체적을 통해서 유체가 흐를 수 없다.

풀이
② 검사체적(control volume)은 등속 이동하도록 설정해도 무방하다.

034 액체의 표면장력에 관한 일반적인 설명으로 틀린 것은 무엇인가?
① 표면장력은 온도가 증가하면 감소한다.
② 표면장력의 단위는 N/m이다.
③ 표면장력은 분자력에 의해 생긴다.
④ 구형 액체방울의 내·외부 압력차는 $P = \frac{\sigma}{R}$ 이다. (단, 여기서 σ는 표면장력이고, R은 반지름이다.)

풀이
표면장력 $\sigma = \frac{\Delta p \, d}{4}$ 이므로
$\Rightarrow \Delta p = \frac{4\sigma}{d} = \frac{2\sigma}{R}$ 이다.

035 평균 반지름이 R인 얇은 막 형태의 작은 비누방울의 내부압력을 p_i, 외부압력을 p_o라고 할 경우, 표면장력(σ)에 의한 압력차($|p_i - p_o|$)는?

① $\frac{\sigma}{4R}$
② $\frac{\sigma}{R}$
③ $\frac{4\sigma}{R}$
④ $\frac{2\sigma}{R}$

풀이
$\triangle p = p - p_0$, $\triangle p \frac{\pi d^2}{4} = \sigma(\pi d)$,
$\sigma = \frac{\Delta p \, d}{4}$ ∴ $\Delta p = \frac{4\sigma}{d} = \frac{2\sigma}{R}$

036 지름의 비가 1:2인 2개의 모세관을 물속에 수직으로 세울 때, 모세관 현상으로 물이 관 속으로 올라가는 높이의 비는?
① 1 : 4
② 1 : 2
③ 2 : 1
④ 4 : 1

풀이
$h = \frac{4\sigma \cos\beta}{\gamma d}$ ∴ 2 : 1

037 밀도가 ρ인 액체와 접촉하고 있는 기체 사이의 표면장력이 σ라고 할 때 그림과 같은 지름 d의 원통모세관에서 액주의 높이 h를 구하는 식은? (단, g는 중력가속도이다.)

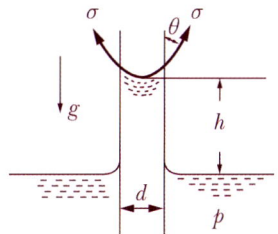

① $\frac{\sigma \sin\theta}{\rho g d}$
② $\frac{\sigma \cos\theta}{\rho g d}$
③ $\frac{4\sigma \sin\theta}{\rho g d}$
④ $\frac{4\sigma \cos\theta}{\rho g d}$

풀이
$h = \frac{4\sigma \cos\beta}{\gamma d} = \frac{4\sigma \cos\beta}{\rho g d}$

정답 033. ② 034. ④ 035. ④ 036. ③ 037. ④

기계유체역학

038 지름비가 1 : 2 : 3인 모세관의 상승높이 비는 얼마인가? (단, 다른조건은 모두 동일하다고 가정한다.)

① 1 : 2 : 3 ② 1 : 4 : 9
③ 3 : 2 : 1 ④ 6 : 3 : 2

풀이

$h = \dfrac{4\sigma \cos\beta}{\gamma d}$ [mm]

$\therefore 1/1 : 1/2 : 1/3 = 6 : 3 : 2$

039 안지름 20 cm의 원통형 용기의 축을 수직으로 놓고 물을 넣어 축을 중심으로 300 rpm의 회전수로 용기를 회전시키면 수면의 최고점과 최저점의 높이차(H)는 약 몇 cm인가?

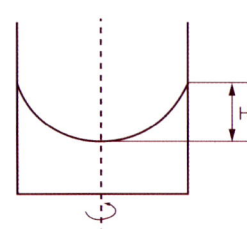

① 40.3 cm   ② 50.3 cm
③ 60.3 cm   ④ 70.3 cm

풀이

$h = \dfrac{r_0^2 \omega^2}{2g}$

$\Rightarrow H = \dfrac{0.1^2 \times \left(\dfrac{\pi \times 0.2 \times 300}{60}\right)^2}{2 \times 9.8} \times 10^4$

$\fallingdotseq 50.3 \, cm$

040 안지름이 20 cm, 높이가 60 cm인 수직 원통형 용기에 밀도 850 kg/m³인 액체가 밑면으로부터 50 cm 높이만큼 채워져 있다. 원통형 용기가 액체가 일정한 각속도로 회전할 때, 액체가 넘치기 시작하는 각속도는 약 몇 rpm인가?

① 134   ② 189
③ 276   ④ 392

풀이

수심차이가 20 cm이므로
회전에 의한 상승높이

$h = \dfrac{r_0^2 \omega^2}{2g}$

$= \dfrac{0.1^2 \times (2\pi \times N \div 60)^2}{2 \times 9.8} \times 100 = 20$

$\therefore N = 189 \, rpm$

041 물을 담은 그릇을 수평방향으로 4.2 m/s²으로 운동시킬 때 물은 수평에 대하여 약 몇 도(°) 기울어지겠는가?

① 18.4°   ② 23.2°
③ 35.6°   ④ 42.9°

풀이

$\tan\theta = \dfrac{a_x}{g} = \dfrac{4.2}{9.8} \Rightarrow \theta = 23.2°$

042 그림과 같이 U자관 액주계가 x 방향으로 등가속 운동하는 경우 x 방향 가속도 a_x는 약 몇 m/s^2인가? (단, 수은의 비중은 13.6이다.)

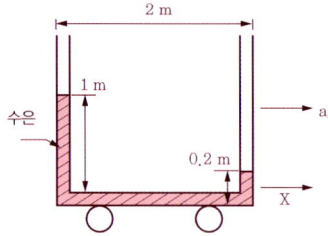

① 0.4   ② 0.98
③ 3.92   ④ 4.9

풀이

수평 등가속도 운동 : a_x [m/s²]

$\dfrac{h_1 - h_2}{l} = \tan\theta = \dfrac{a_x}{g}$

정답 038. ④ 039. ② 040. ② 041. ② 042. ③

$$\therefore a_x = \frac{g(h_1 - h_2)}{l} = \frac{9.8 \times (1 - 0.2)}{2}$$
$$= 3.92 \, m/s^2$$

043 한 변의 길이가 3 m인 뚜껑이 없는 정육면체 통에 물이 가득 담겨있다. 이 통을 수평방향으로 9.8 m/s² 로 잡아끌어 물이 넘쳤을 때, 통에 남아 있는 물의 양은 몇 m³인가?

① 13.5　　② 27.0
③ 9.0　　　④ 18.5

풀이
등가속도 운동
$\tan\theta = \dfrac{a_x}{g} \Rightarrow \theta = \tan^{-1}\left(\dfrac{9.8}{9.8}\right) = 45°$
∴ 통에 남아있는 물은 $13.5 \, m^3$ 이다.

044 한 변이 2 m인 위가 열려있는 정육면체 통에 물을 가득 담아 수평방향으로 9.8 m/s² 의 가속도로 잡아 끌 때 통에 남아있는 물의 양은 얼마인가?

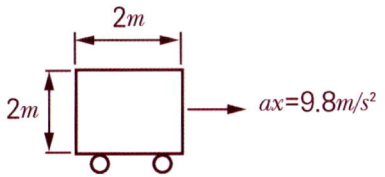

① 8 m³　　② 4 m³
③ 2 m³　　④ 1 m³

풀이
등가속도 운동
$\tan\theta = \dfrac{a_x}{g} \Rightarrow \theta = \tan^{-1}\left(\dfrac{9.8}{9.8}\right) = 45°$
∴ 통에 남아있는 물은 1/2 (4 m^3) 이다.

045 그림과 같이 지름이 D 인 물방울을 지름 d 인 N 개의 작은 물방울로 나누려고 할 때 요구되는 에너지양은? (단, $D \gg d$ 이고, 물방울의 표면장력은 σ 이다.)

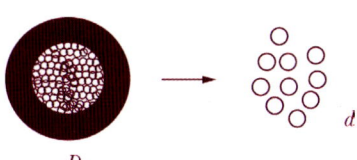

① $4\pi D^2 \left(\dfrac{D}{d} - 1\right)\sigma$

② $2\pi D^2 \left(\dfrac{D}{d} - 1\right)\sigma$

③ $\pi D^2 \left(\dfrac{D}{d} - 1\right)\sigma$

④ $2\pi D^2 \left[\left(\dfrac{D}{d}\right)^2 - 1\right]\sigma$

풀이
(표면장력×표면길이) × 대표길이 = 전압력 E
$\Delta p \dfrac{\pi D^2}{4} \times D = \sigma(\pi D) \times D,$
$\Delta p \dfrac{\pi d^2}{4} \times \left(\dfrac{D}{d} - 1\right) = \sigma(\pi d) \times \left(\dfrac{D}{d} - 1\right)$
대표길이가 D 인 물방울의 전압력 Energy :
$E_D = \sigma(\pi D) \times D = \pi D^2 \sigma$
대표길이가 d 인 물방울의 전압력 Energy :
$E_d = E_D \times \left(\dfrac{D}{d} - 1\right) = \pi D^2 \left(\dfrac{D}{d} - 1\right)\sigma$

유체정역학(전압력, 부력)

046 그림과 같은 (1), (2), (3), (4)의 용기에 동일한 액체가 동일한 높이로 채워져 있다. 각 용기의 밑바닥에서 측정한 압력에 관한 설명으로 옳은 것은? (단, 가로방향 길이는 모두 다르나, 세로방향 길이는 모두 동일하다.)

 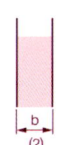  

정답 043. ① 044. ② 045. ③ 046. ②

기계유체역학

① (2)의 경우가 가장 낮다.
② 모두 동일하다.
③ (3)의 경우가 가장 높다.
④ (4)의 경우가 가장 낮다.

풀이
② 수심이 모두 같으므로 압력은 같다.

047 원통 속의 물이 중심축에 대하여 ω 의 각속도로 강체와 같이 등속회전하고 있을 때 가장 압력이 높은 지점은?

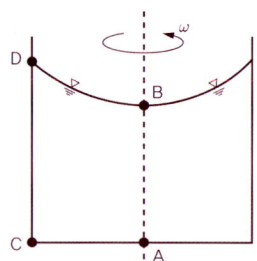

① 바닥면의 중심점 A
② 액체 표면의 중심점 B
③ 바닥면의 가장자리 C
④ 액체 표면의 가장자리 D

풀이
수심이 가장 깊은 C 위치의 압력(수압)이 가장 높다.

048 분수에서 분출되는 물줄기 높이를 2배로 올리려면 노즐로 공급되는 게이지 압력을 몇 배로 올려야 하는가? (단, 이곳에서의 동압은 무시한다.)

① 1.414   ② 2
③ 2.828   ④ 4

풀이
수압(게이지 압)은 물줄기 높이와 비례
∴ $\dfrac{p_2}{p_1} = \dfrac{2h}{h} = 2$ 배

049 물의 높이 8 cm와 비중 2.94인 액주계 유체의 높이 6 cm를 합한 압력은 수은주(비중 13.6)높이의 약 몇 cm에 상당하는가?

① 1.03   ② 1.89
③ 2.24   ④ 3.06

풀이
$p = \gamma h = s\gamma_w h$
⇨ $8 + 2.94 \times 6 = 13.6 \times h_{수은}$
∴ $h_{수은} = 1.89\ cm$

050 바다 속 임의의 한 지점에서 측정한 계기압력이 98.7 MPa이다. 이 지점의 깊이는 몇 m인가? (단, 해수의 비중량은 10 kN/m^3 이다.)

① 9540   ② 9635
③ 9680   ④ 9870

풀이
수압은 계기압력
$p = \gamma h$
⇨ $h = \dfrac{p}{\gamma} = \dfrac{98.7 \times 10^6}{10 \times 10^3} = 9870\ m$

051 비중 0.85인 기름의 자유표면으로부터 10 m 아래에서의 계기압력은 약 몇 kPa인가?

① 83   ② 830
③ 98   ④ 980

풀이
$p = \gamma h = 9800 sh$
$= 9800 \times 0.85 \times 10 \times 10^{-3} = 83.3\ kPa$

052 그림에서 h = 100 cm이다. 액체의 비중이 1.50일 때 A점의 계기압력은 몇 kPa인가?

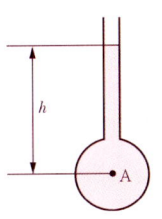

① 9.8 ② 14.7
③ 9800 ④ 14700

풀이

$p = \gamma h = 9800\,s\,h$
$= 9800 \times 1.5 \times 1 \times 10^{-3}$
$= 14.7\,kPa$

053 수두 차를 읽어 관내유체의 속도를 측정할 때 U자관(U tube) 액주계 대신 역 U자관(inverted U tube) 액주계가 사용되었다면 그 이유로 가장 적절한 것은?

① 계기유체(gauge fluid)의 비중이 관내 유체보다 작기 때문에
② 계기유체(gauge fluid)의 비중이 관내 유체보다 크기 때문에
③ 계기유체(gauge fluid)의 점성계수가 관내 유체보다 작기 때문에
④ 계기유체(gauge fluid)의 점성계수가 관내 유체보다 크기 때문에

풀이

① 관내의 유체보다 가벼워야(비중이 작아야) 압력차를 볼 수 있으므로

054 그림에서 압력차($p_x - p_y$)는 약 몇 kPa인가?

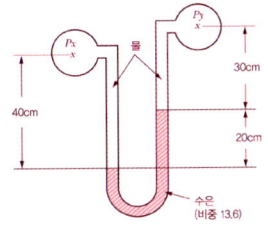

① 25.67 ② 2.57
③ 51.34 ④ 5.13

풀이

수은경계를 기준면으로 하면
$p_x + 9800 \times 0.4 = p_y + 9800 \times 0.3$
$\qquad\qquad\qquad\qquad + 13.6 \times 9800 \times 0.2$
$\therefore p_x - p_y = (13.6 \times 9800 \times 0.2 - 9800 \times 0.1)$
$\qquad\qquad\qquad \times 10^{-3} = 25.67\,kPa$

055 다음 그림에서 A점과 B점의 압력차는 약 얼마인지 구하시오. (단, A는 비중 1의 물, B는 비중 0.8899의 벤젠이고, 그 중간에 비중 13.6의 수은이 있다.)

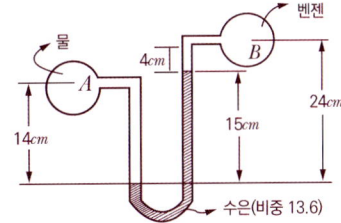

① 22.17 kPa ② 19.4 kPa
③ 278.7 kPa ④ 191.4 kPa

풀이

하단부분을 기준으로 하면
$p_A + \gamma_{물} h_1 = p_B + \gamma_{벤젠}(h_3 - h_2) + \gamma_{수은} h_2$
$\Rightarrow$
$p_A - p_B = \gamma_{벤젠}(h_3 - h_2) + \gamma_{수은} h_2 - \gamma_{물} h_1$
$\qquad\quad = 9.8 \times 0.8899 \times (0.24 - 0.15)$
$\qquad\quad + 9.8 \times 13.6 \times 0.15 - 9.8 \times 0.14$
$\qquad\quad = 19.4\,kPa$

056 그림과 같은 밀폐된 탱크 안에 각각 비중이 0.7, 1.0인 액체가 채워져 있다. 여기서 각도 θ가 20°로 기울어진 경사 관에서 3 m 길이까지 비중 1.0인 액체가 채워져 있을 때 점 A의 압력과 점 B의 압력차이는 약 몇 kPa인가?

정답 053. ① 054. ① 055. ② 056. ④

기계유체역학

① 0.8　　② 2.7
③ 5.8　　④ 7.1

풀이
탱크바닥을 기준면으로 하면
$p_A + \gamma_1 h_1 = p_B + \gamma_1 \ell \sin\theta$
⇨ $p_A + 9800 \times 0.3 = p_B + 9800 \times 3 \sin 20°$
⇨ $p_A - p_B = 9800 \times (3\sin 20° - 0.3)$
　　　　　　 $= 7115.4\ Pa ≒ 7.1\ kPa$

057 2m × 2m × 2m의 정육면체로 된 탱크 안에 비중이 0.8인 기름이 가득 차 있고, 위 뚜껑이 없을 때 탱크의 한 옆면에 작용하는 전체압력에 의한 힘은 약 몇 kN인가?

① 7.6　　② 15.7
③ 31.4　　④ 62.8

풀이
$F = pA = \gamma h A = 9800\,s\,h\,A$
　　$= 9800 \times 0.8 \times 1 \times 4 \times 10^{-3} = 31.36\ kPa$

058 2m×2m×2m의 정육면체로 된 탱크 안에 비중이 0.8인 기름이 가득 차 있고, 위 뚜껑이 없을 때 탱크의 옆 한 면에 작용하는 전체압력에 의한 힘은 약 몇 kN인가?

① 1.6　　② 15.7
③ 31.4　　④ 62.8

풀이
전압력
$F = \gamma h A = s\gamma_w h_c A$
　　$= 0.8 \times 9800 \times 1 \times 4 \times 10^{-3}$
　　$= 31.4\ kN$

059 정지된 액체 속에 잠겨있는 평면이 받는 압력에 의해 발생하는 합력에 대한 설명으로 옳은 것은?

① 크기가 액체의 비중량에 반비례한다.
② 크기는 도심에서의 압력에 전체면적을 곱한 것과 같다.
③ 경사진 평면에서의 작용점은 평면의 도심과 일치한다.
④ 수직평면의 경우 작용점이 도심보다 위쪽에 있다.

풀이
전압력 $F = p_c A = \gamma h_c A$ ⇐ h_c : 도심의 수심

060 액체 속에 잠긴 경사면에 작용되는 힘의 크기는? (단, 면적을 A, 액체의 비중량을 γ, 면의 도심까지의 깊이를 h_c라 한다.)

① $\dfrac{1}{3}\gamma h_c A$　　② $\dfrac{1}{2}\gamma h_c A$
③ $\gamma h_c A$　　④ $2\gamma h_c A$

풀이
경사진 평면에 작용하는 전압력 :
$F = p_c A = \gamma h_c A$

061 그림과 같은 통에 물이 가득차 있고 이것이 공중에서 자유낙하 할 때, 통에서 A점의 압력과 B점의 압력은?

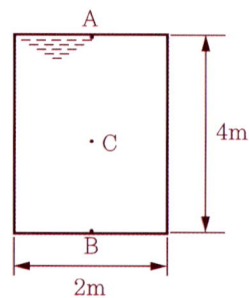

① A점의 압력은 B점의 압력의 1/2이다.

정답 057. ③　058. ③　059. ②　060. ③　061. ④

② A점의 압력은 B점의 압력의 1/4이다.
③ A점의 압력은 B점의 압력의 2배이다.
④ A점의 압력은 B점의 압력과 같다.

풀이
자유낙하 하는 경우에는 압력차가 없다.

062 한 변이 30 cm인 윗면이 개방된 정육면 기체용기에 물을 가득 채우고 일정 가속도($9.8 m/s^2$)로 수평으로 끌 때 용기밑면의 좌측 끝단(A 부분)에서의 게이지 압력은?

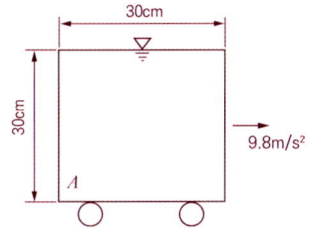

① $1470 \ N/m^2$ ② $2079 \ N/m^2$
③ $2940 \ N/m^2$ ④ $4158 \ N/m^2$

풀이
A점의 압력
$p = \gamma h = 9800 \times 0.3 = 2940 \ N/m^2$

063 정지된 액체 속에 잠겨있는 평면이 받는 압력에 의해 발생하는 합력에 대한 설명으로 옳은 것은?

① 크기가 액체의 비중량에 반비례한다.
② 크기는 도심에서의 압력에 면적을 곱한 것과 같다.
③ 작용점은 평면의 도심과 일치한다.
④ 수직평면의 경우 작용점이 도심보다 위쪽에 있다.

풀이
정지된 액체 속에 잠겨있는 평면이 받는 압력에 의해 발생하는 합력은
● 크기가 액체의 비중량에 비례한다.
● 크기는 도심에서의 압력에 면적을 곱한 것과 같다.
● 작용점은 평면의 도심보다 $\dfrac{I_{도심}}{A h_c}$ 만큼 아래쪽에 있다.

064 정지유체 속에 잠겨있는 평면이 받는 힘에 관한 내용 중 틀린 것은?

① 깊게 잠길수록 받는 힘이 커진다.
② 크기는 도심에서의 압력에 전체면적을 곱한 것과 같다.
③ 수평으로 잠긴 경우, 압력중심은 도심과 일치한다.
④ 수직으로 잠긴 경우, 압력중심은 도심보다 약간 위쪽에 있다.

풀이
④ 수직으로 잠긴 경우, 압력중심은 도심보다 $\dfrac{I_{도심}}{A h_c}$ 만큼 아래쪽에 있다.

065 유체 내에 수직으로 잠겨있는 원형 판에 작용하는 정수력학적 힘의 작용점에 관한 설명으로 옳은 것은?

① 원형 판의 도심에 위치한다.
② 원형 판의 도심 위쪽에 위치한다.
③ 원형 판의 도심 아래쪽에 위치한다.
④ 원형 판의 최하단에 위치한다.

풀이
유체 내에 수직으로 잠겨있는 원형 판에 작용하는 정수력학적 힘의 작용점은
● 원형 판의 도심보다 $\dfrac{I_{도심}}{A h_c}$ 만큼 아래쪽에 위치한다.

066 그림과 같은 수문(폭×높이 = 3m × 2m)이 있을 경우 수문에 작용하는 힘의 작용점은 수면에서

기계유체역학

몇 m 깊이에 있는가?

① 약 0.7 m   ② 약 1.1 m
③ 약 1.3 m   ④ 약 1.5 m

풀이
연직면에 작용하는 힘 : 전압력
• 작용위치 : 압심

$$h_p = h_c + h_{cp} = h_c + \frac{I_{도심}}{A h_c}$$

$$= 1 + \frac{3 \times 2^3}{3 \times 2 \times 1 \times 12} = 1.33 \, m$$

067 유체 속에 잠겨있는 경사진 판의 윗면에 작용하는 압력힘의 작용점에 대한 설명 중 맞는 것은?

① 판의 도심보다 위에 있다.
② 판의 도심에 있다.
③ 판의 도심보다 아래에 있다.
④ 판의 도심과는 관계가 없다.

풀이
판의 도심보다 $\frac{I_{도심}}{A h_c}$ 만큼 아래에 있다.

068 반지름 R 인 원형수문이 수직으로 설치되어 있다. 수면으로부터 수문에 작용하는 물에 의한 전압력의 작용점까지의 수직거리는? (단, 수문의 최상단은 수면과 동일위치에 있으며 h는 수면으로부터 원판의 중심(도심)까지의 수직 거리이다.)

① $h + \dfrac{R^2}{16h}$ ② $h + \dfrac{R^2}{8h}$
③ $h + \dfrac{R^2}{4h}$ ④ $h + \dfrac{R^2}{2h}$

풀이
압심의 y 좌표(전압력의 작용점)는

$$h_p = h_c + h_{cp} = h_c + \frac{I_{도심}}{A h_c}$$

$$= h + \frac{\dfrac{\pi (2R)^4}{64}}{\pi R^2 \times h} = h + \frac{R^2}{4h}$$

069 그림과 같이 폭이 2 m, 길이가 3 m인 평판이 물속에 수직으로 잠겨있다. 이 평판의 한쪽 면에 작용하는 전체압력에 의한 힘은 약 얼마인가?

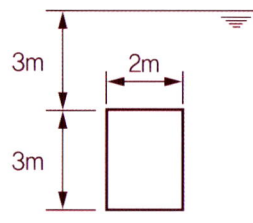

① 88 kN   ② 176 kN
③ 265 kN   ④ 353 kN

풀이
전압력
$$F = p_c A = \gamma h_c A$$
$$= 9800 \times 4.5 \times (2 \times 3) \times 10^{-3} ≒ 265 \, kN$$

070 그림과 같은 수문에서 멈춤장치 A가 받는 힘은 약 몇 kN인가? (단, 수문의 폭은 3 m이고, 수은의 비중은 13.6이다.)

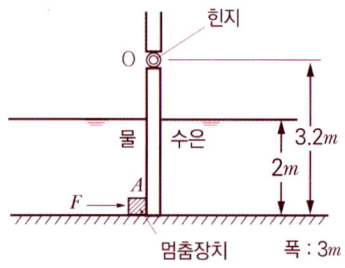

① 37   ② 510
③ 586   ④ 879

풀이

문제의 조건에서 좌측부분 물의 전압력

$$F_{물} = p_c A = \gamma h_c A$$
$$= 9800 \times 1 \times (3 \times 2) \times 10^{-3} = 58.8 \, kN$$
(단, $h_c = 1 \, m$, $A = 3 \times 2 \, m^2$ 적용)

우측부분 수은의 전압력

$$F_{수은} = \gamma_{수은} h_c A = 13.6 \times 9800 \times 1 \times (3 \times 2) \times 10^{-3}$$
$$= 799.7 \, kN$$

압심의 y 좌표 ⇐ 전압력의 작용점

$$h_p = h_c + h_{cp} = h_c + \frac{I_{도심}}{A h_c}$$
$$= 1 + \frac{\frac{3 \times 2^3}{12}}{(3 \times 2) \times 1} = 1.33 \, m$$

$\sum M_{힌지} = 0$ 을 만족하는 하단의 작용력은

$$F \times 3.2 = (F_{수은} - F_{물}) \times (1.2 + 1.33)$$
$$\Rightarrow F = \frac{(799.7 - 58.8) \times (1.2 + 1.33)}{3.2}$$
$$\fallingdotseq 586 \, kN$$

071 수평면과 60° 기울어진 벽에 지름이 4 m인 원형 창이 있다. 창의 중심으로부터 5 m 높이에 물이 차있을 때 창에 작용하는 합력의 작용점과 원형 창의 중심(도심)과의 거리(C)는 약 몇 m인가? (단, 원의 2차 면적모멘트는 $\frac{\pi R^4}{4}$ 이고, 여기서 R은 원의 반지름이다.)

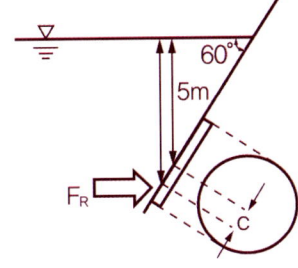

① 0.0866 ② 0.173
③ 0.866   ④ 1.73

풀이

경사면에 작용하는 힘 : 전압력

• 크기 : $F = p_c A = \gamma h_c A$ [kN]
$$F = p_c A = \gamma y_c \sin\theta A = \gamma h_c A$$

• 작용위치 : 압심의 y 좌표는

$$y_p = y_c + \frac{I_{도심}}{A y_c}$$
$$= 5 + \frac{\pi \times 4^4}{64} \times \frac{1}{\pi \times 2^2 \times 5} = 5.2 \, m$$

∴ 압심과 도심과의 거리는

$$0.2 \times \sin 60° = 0.173 \, m$$

072 그림과 같이 경사관 마노미터의 직경 D = 10d 이고 경사관은 수평면에 대해 θ 만큼 기울어져 있으며 대기 중에서 노출되어 있다. 대기압보다 $\triangle p$ 큰 입력이 작용할 때, L 과 $\triangle p$ 의 관계로 옳은 것은? (단, 점선은 압력이 가해지기 전 액체의 높이이고, 액체의 밀도는 p, $\theta = 30°$ 이다.)

① $L = \frac{201}{2} \frac{\triangle p}{pg}$ ② $L = \frac{100}{51} \frac{\triangle p}{pg}$

③ $L = \frac{51}{100} \frac{\triangle p}{pg}$ ④ $L = \frac{2}{201} \frac{\triangle p}{pg}$

풀이

용기 내의 감소량 = 마노미터의 증가량

$$\Rightarrow \frac{\pi D^2}{4} h = \frac{\pi d^2}{4} L$$
$$\Rightarrow \frac{\pi (10d)^2}{4} h = \frac{\pi d^2}{4} L \Rightarrow h = \frac{L}{100}$$

초기수면의 위치를 기준으로 하면

$$\triangle p - \gamma h = \gamma L \sin\theta$$
$$\triangle p = \gamma h + \gamma L \sin\theta$$
$$= \gamma (h + L \sin\theta)$$
$$= \gamma \left(\frac{L}{100} + L \sin\theta\right)$$
$$= \gamma L \left(\frac{1}{100} + \sin 30°\right)$$

$$\therefore L = \frac{\triangle p}{\gamma \left(\frac{1}{100} + \frac{1}{2}\right)} = \frac{\triangle p}{\gamma \left(\frac{51}{100}\right)}$$
$$= \frac{100}{51} \frac{\triangle p}{\rho g}$$

073 아래 그림과 같이 직경이 2 m, 길이가 1 m인 관에 비중량 9800 N/m³인 물이 반 차있다. 이 관의 아래쪽 사분면 AB 부분에 작용하는 정수력의 크기는?

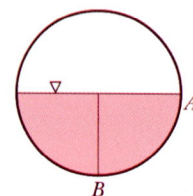

① 4900 N   ② 7700 N
③ 9120 N   ④ 12600 N

풀이

AB 부분에 대한 FBD로부터 x 방향에 대한 투영면적은 $A = 1\ m^2$ 이므로

$$F_x = \gamma h_c A = \gamma \frac{R}{2} A$$

$$= 9800 \times \frac{1}{2} \times 1 = 4900\ N$$

$$F_y = \gamma_w V = \gamma_w \frac{\pi R^2}{4} b$$

$$= 9800 \times \frac{\pi \times 1^2}{4} \times 1 = 7696.9\ N$$

$$\therefore F_R = \sqrt{F_x^2 + F_y^2} \fallingdotseq 9120\ N$$

074 비중이 0.65인 물체를 물에 띄우면 전체체적의 몇 %가 물속에 잠기는가?

① 12   ② 35
③ 42   ④ 65

풀이

$\sum F_y = 0 : F_B - W = 0$

$\Rightarrow \gamma_w V_{잠긴체적} = s \gamma_w V$

$\Rightarrow \dfrac{V_{잠긴체적}}{V} = \dfrac{s \gamma_w}{\gamma_w} = 0.65$

075 체적 $2 \times 10^{-3}\ m^2$ 의 돌이 물속에서 무게가 40 N이었다면 공기 중에서의 무게는 약 몇 N인가?

① 2   ② 19.6
③ 42   ④ 59.6

풀이

$F_D + F_B - W = 0$

$\Rightarrow 40 + \gamma_w V_{돌} - W$

$\quad = 40 + 9800 \times 2 \times 10^{-6} - W = 0$

$\therefore W = 59.6\ N$

076 60 N의 무게를 가진 물체를 물속에서 측정하였을 때 무게가 10 N이었다. 이 물체의 비중은 약 얼마인가? (단, 물속에서 측정할 시 물체는 완전히 잠겼다고 가정한다.)

① 1.0   ② 1.2
③ 1.4   ④ 1.6

풀이

$\sum F_y = 0$

$\Rightarrow F_D + F_B - W = 0$

$\Rightarrow 10 + F_B - 60 = 0 \Rightarrow F_B = 50\ N$

$F_B = 50\ N = \gamma_w V_B = 9800 \times V_B$

$\Rightarrow V_B = 0.0051\ m^3$

물체무게(W) $= 60N = \gamma_B V_B = s_{물체} \gamma_w V_B$

$\therefore s_{물체} = \dfrac{60}{\gamma_w V_B} = \dfrac{60}{9800 \times 0.0051} = 1.2$

077 지름 0.1 mm, 비중 2.3인 작은 모래알이 호수바닥으로 가라앉을 때, 잔잔한 물 속에서 가라앉는 속도는 약 몇 mm/s인가? (단, 물의 점성계수는 $1.12 \times 10^{-3}\ N \cdot s/m^2$이다.)

① 6.32   ② 4.96
③ 3.17   ④ 2.24

풀이

모래알의 체적

$V_{모래알} = \dfrac{4}{3}\pi r^3 = \dfrac{4}{3}\pi \left(\dfrac{d}{2}\right)^3 = \dfrac{\pi d^3}{6}$

정답 073. ③ 074. ④ 075. ④ 076. ② 077. ①

$\sum F_y = 0 \Rightarrow F_D + F_B - W = 0 \Rightarrow$
$3\pi\mu v d + \gamma_w V_{모래알} - s_{모래알} \gamma_w V_{모래알} = 0$
$\Rightarrow v = \dfrac{\gamma_w V_{모래알}(s_{모래알}-1)}{3\pi\mu d}$
$= \dfrac{9800 \times \pi/6 \times 0.0001^3 \times (2.3-1)}{3\pi \times 1.12 \times 10^{-3} \times 0.0001} \times 10^3$
$= 6.32 \text{ mm/s}$

078 공기로 채워진 0.189 m³의 오일 드럼통을 사용하여 잠수부가 해저 바닥으로부터 오래된 배의 닻을 끌어올리려 한다. 바닷물 속에서 닻을 들어 올리는데 필요한 힘은 1780 N이고, 공기 중에서 드럼통을 들어 올리는데 필요한 힘은 222 N이다. 공기로 채워진 드럼통을 닻에 연결한 후 잠수부가 이 닻을 끌어올리는 데 필요한 최소 힘은 약 몇 N인가? (단, 바닷물의 비중은 1.025이다.)

① 72.8   ② 83.4
③ 92.5   ④ 103.5

풀이
끌어올리는 힘을 F_D 라 하면
$\sum F_y = 0 \Rightarrow F_D + F_B - W = 0$
$\Rightarrow$ 문제의 의미에서 $F_D + F_B - W = 1780$
$\Rightarrow F_D = 1780 + 222 - F_B$
$F_B = \gamma_{바닷물} V_{드럼통} = 1.025 \times 9800 \times 0.189$
$= 1898.5 \text{ N}$
$\therefore F_D = 1780 + 222 - 1898.5 = 103.5 \text{ N}$

079 밀도가 ρ_1, ρ_2 인 두 종류의 액체 속에 완전히 잠긴 물체의 무게를 스프링 저울로 측정한 결과 각각 W_1, W_2 이었다. 공기 중에서 이 물체의 무게 G는?

① $G = \dfrac{W_1 \rho_2 + W_2 \rho_1}{\rho_2 - \rho_1}$

② $G = \dfrac{W_1 \rho_2 - W_2 \rho_1}{\rho_2 - \rho_1}$

③ $G = \dfrac{W_1 \rho_2 + W_2 \rho_1}{\rho_2 + \rho_1}$

④ $G = \dfrac{W_1 \rho_2 - W_2 \rho_1}{\rho_2 + \rho_1}$

풀이
공기 중의 무게 = 물속에서의 무게 + 부력
$\Rightarrow G = W + F_B$
$\Rightarrow F_B = \gamma V = G - W$
$\Rightarrow V = \dfrac{G - W_1}{\rho_1 g} = \dfrac{G - W_2}{\rho_2 g}$
$\Rightarrow \rho_2 G - \rho_2 W_1 = \rho_1 G - \rho_1 W_2$
$\Rightarrow G(\rho_2 - \rho_1) = W_1 \rho_2 - W_2 \rho_1$
$\therefore G = \dfrac{W_1 \rho_2 - W_2 \rho_1}{\rho_2 - \rho_1}$

080 공기 중에서 질량이 166 kg인 통나무가 물에 떠있다. 통나무에 납을 매달아 통나무가 완전히 물속에 잠기게 하고자 하는 데 필요한 납(비중 : 11.3)의 최소질량이 34 kg이라면 통나무의 비중은 얼마인가?

① 0.600   ② 0.670
③ 0.817   ④ 0.843

풀이
$W_{통나무} = m_{통나무} \times g = 166 \times 9.8 = 1626.8 \text{ N}$,
$W_{납} = m_{납} \times g = 34 \times 9.8 = 333.2 \text{ N}$
$W = \gamma V$
$\Rightarrow V_{납} = \dfrac{W_{납}}{\rho_{납} \times g} = \dfrac{333.2}{11.3 \times 1000 \times 9.8}$
$= 0.003 \text{ m}^3$
$W_{전체} = W_{통나무} + W_{납}$
$\Rightarrow W = \gamma V$
$\Rightarrow F_B = \gamma_w (V_{통나무} + V_{납}) = 1960 \text{ N}$
$V_{통나무} = \dfrac{F_B}{\gamma_w} - V_{납} = \dfrac{1960}{9800} - 0.003$
$= 0.197 \text{ m}^3$
$\Rightarrow \gamma_{통나무} = \dfrac{W_{통나무}}{V_{통나무}} = \dfrac{1626.8}{0.197}$
$= 8257.87 \text{ N/m}^3$

정답 078. ④ 079. ② 080. ④

$$\therefore s_{통나무} = \frac{\gamma_{통나무}}{\gamma_w} = 0.843$$

081 지름이 0.1 mm이고 비중이 7인 작은입자가 비중이 0.8인 기름 속에서 0.01 m/s의 일정한 속도로 낙하하고 있다. 이 때 기름의 점성계수는 약 몇 kg/(m·s)인가? (단, 이 입자는 기름속에서 Stokes 법칙을 만족한다고 가정한다.)

① 0.003379 ② 0.009542
③ 0.02486   ④ 0.1237

풀이

$\sum F_y = 0 \Rightarrow F_D + F_B - W = 0$
$\Rightarrow$
$3\pi\mu_{oil} V d + s_{oil}\gamma_w \frac{4}{3}\pi\left(\frac{d}{2}\right)^3 - s_{입자}\gamma_w \frac{4}{3}\pi\left(\frac{d}{2}\right)^3 = 0$

$\Rightarrow \mu_{oil} = \dfrac{\gamma_w \dfrac{\pi d^3}{6}(s_{입자} - s_{oil})}{3\pi V}$

$= \dfrac{9800 \times \pi/6 \times 0.0001^2 \times (7-0.8)}{3\pi \times 0.01}$

$= 0.003376 \text{ kg/m·s}$

082 비중 8.16의 금속을 비중 13.6의 수은에 담근다면 수은 속에 잠기는 금속의 체적은 전체체적의 약 몇 %인가?

① 40%   ② 50%
③ 60%   ④ 70%

풀이

금속과 수은의 비중량을 $\gamma_{금속}$, $\gamma_{수은}$이라 하고, 금속의 전 체적을 $V_{금속}$, 수은 속에 잠기는 금속의 체적을 $V_{잠긴체적}$이라 하면
$F_B = W$ (부력 = 중량) 이므로
$\Rightarrow \gamma_{수은} V_{잠긴체적} = \gamma_{금속} V_{금속}$
$\Rightarrow s_{수은} V_{잠긴체적} = s_{금속} V_{금속}$
$\Rightarrow \dfrac{V_{잠긴체적}}{V_{금속}} = \dfrac{s_{금속}}{s_{수은}} = \dfrac{8.16}{13.6} \times 100$
$= 60\%$

083 한 변이 1 m인 정육면체 나무토막의 아랫면에 1080 N의 납을 매달아 물속에 넣었을 때, 물 위로 떠오르는 나무토막의 높이는 몇 cm인가? (단, 나무토막의 비중은 0.45, 납의 비중은 11이고 나무토막은 밑면의 수평을 유지한다.)

① 55   ② 48
③ 45   ④ 42

풀이

나무의 비중량과 체적을 $\gamma_{나무}$, $V_{나무}$
납의 비중량과 체적을 $\gamma_{납}$, $V_{납}$

잠긴 나무의 체적은
$V_{잠긴나무} = Ah = 1^2 \times h$ …… ①
납의체적 $W_{납} = \gamma_{납} V$
$\Rightarrow V_{납} = \dfrac{W_{납}}{\gamma_{납}} = \dfrac{1080}{11 \times 1000 \times 9.8}$
$= 0.01 \text{ m}^3$
$W_{나무} + W_{납} = $ 부력 이므로
$\Rightarrow \gamma_{나무} V_{나무} + \gamma_{납} V_{납}$
$= \gamma_w (V_{잠긴나무} + V_{납})$
$\Rightarrow s_{나무} \gamma_w V_{나무} + s_{납} \gamma_w V_{납}$
$= \gamma_w (V_{잠긴나무} + V_{납})$
$\Rightarrow s_{나무} V_{나무} + s_{납} V_{납}$
$= V_{잠긴나무} + V_{납}$
$\therefore V_{잠긴나무} = s_{나무} V_{나무} + s_{납} V_{납} - V_{납}$
$= s_{나무} V_{나무} + V_{납}(s_{납} - 1)$
$= 0.45 \times 1 + 0.01 \times (11-1)$
$= 0.55 \text{ m}^3$

① 식과의 비교에서
$V_{잠긴나무} = 1^2 \times h = 0.55 \text{ m}^3$
잠긴 깊이 $h = 0.55 \text{ m}$

∴ 물 위로 떠오르는 나무토막의 높이는
$1 - 0.55 = 0.45 \text{ m} = 45 \text{ cm}$

유체의 기본 물리법칙(연속, 베르누이)

084 다음 중 질량보존을 표현한 것으로 가장 거리가 먼 것은? (단, ρ는 유체의 밀도, A는 관의 단면적, V는 유체의 속도이다.)

① $\rho A V = 0$
② $\rho A V = $ 일정
③ $d(\rho A V) = 0$
④ $\dfrac{d\rho}{\rho} + \dfrac{dA}{A} + \dfrac{dV}{V} = 0$

풀이
①

085 다음 중 질량보존의 법칙과 가장 관련이 깊은 방정식은 어느 것인가?

① 연속 방정식   ② 상태 방정식
③ 운동량 방정식   ④ 에너지 방정식

풀이
① 연속 방정식

086 그림과 같이 안지름이 2 m인 원관의 하단에 0.4 m/s의 평균속도인 물이 흐를 때, 체적유량은 약 몇 m³/s인가? (단, 그림에서 θ는 120°이다.)

① 0.25   ② 0.36
③ 0.61   ④ 0.83

풀이
부채꼴의 면적 $\dfrac{1}{2} r^2 \theta$

이등변삼각형의 면적 $\dfrac{1}{2} r^2 \sin\theta$

$\therefore \dot{Q} = AV = \dfrac{1}{2} r^2 (\theta - \sin\theta)$
$= \dfrac{1}{2} \times 1^2 \times (120 \times \dfrac{\pi}{180} - \sin 120°) \times 0.4$
$= 0.25 \ m^3/s$

087 30명의 흡연가가 피우는 담배연기를 처리할 수 있는 흡연실에서 1인당 최소 30 L/s의 신선한 공기를 필요로 할 때, 공급되어야 할 공기의 최소 유량은 몇 m^3/s인가?

① 0.9   ② 1.6
③ 2.0   ④ 2.3

풀이
$Q = $ 흡연자 수 × 1인당 최소 신선공기량
$= 30 \times 30 \times 10^{-3} = 0.9 \ m^3/s$

088 그림과 같은 노즐에서 나오는 유량이 0.078 m³/s일 때 수위(H)는 얼마인가? (단, 노즐출구의 안지름은 0.1 m이다.)

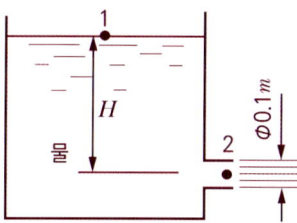

① 5 m   ② 10 m
③ 0.5 m   ④ 1 m

풀이
유속 $\dot{Q} = AV$
$\Rightarrow V = \dfrac{\dot{Q}}{A} = \dfrac{0.078}{\dfrac{\pi}{4} \times 0.1^2} = 9.93 \ m/s$

분출속도 $V = \sqrt{2gH}$
$\Rightarrow H = \dfrac{V^2}{2g} = \dfrac{9.93^2}{2 \times 9.8} \fallingdotseq 5 \ m$

정답 084. ① 085. ① 086. ① 087. ① 088. ①

기계유체역학

089 수면의 높이가 지면에서 h인 물통 벽의 측면에 구멍을 뚫고 물을 지면으로 분출시킬 때 지면을 기준으로 물이 가장 멀리 떨어지게 하는 구멍의 높이는?

① $\dfrac{3}{4}h$　② $\dfrac{1}{2}h$
③ $\dfrac{1}{4}h$　④ $\dfrac{1}{3}h$

풀이
② $\dfrac{1}{2}h$

090 그림과 같은 원형 관에 비압축성 유체가 흐를 때 A 단면의 평균속도가 V_1일 때 B단면에서의 평균속도 V는?

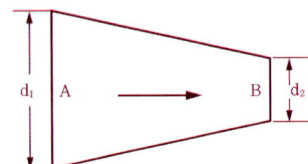

① $V = \left(\dfrac{d_1}{d_2}\right)^2 V_1$　② $V = \dfrac{d_1}{d_2} V_1$
③ $V = \left(\dfrac{d_2}{d_1}\right)^2 V_1$　④ $V = \dfrac{d_2}{d_1} V_1$

풀이
$\dot{Q} = AV \Rightarrow A_1 V_1 = A_2 V_2$
$\Rightarrow \dfrac{\pi}{4} d_1^2 V_1 = \dfrac{\pi}{4} d_2^2 V$
$\therefore V = \left(\dfrac{d_1}{d_2}\right)^2 \times V_1$

091 안지름 10 cm의 원관 속을 0.0314 m³/s의 물이 흐를 때 관 속의 평균유속은 약 몇 m/s인가?

① 1.0　② 2.0
③ 4.0　④ 8.0

풀이
$\dot{Q} = AV$
$\Rightarrow V = \dfrac{\dot{Q}}{A} = \dfrac{0.0314}{\pi/4 \times 0.1^2} = 4.0 \text{ m/s}$

092 흐르는 물의 속도가 1.4 m/s일 때 속도수두는 약 몇 m인가?

① 0.2　② 10
③ 0.1　④ 1

풀이
$\dfrac{V^2}{2g} = \dfrac{1.4^2}{2 \times 9.8} = 0.1 \, m$

093 입구 단면적이 20 cm²이고 출구 단면적이 10 cm²인 노즐에서 물의 입구속도가 1 m/s일 때, 입구와 출구의 압력차이 $p_{입구} - p_{출구}$는 약 몇 kPa 인가? (단, 노즐은 수평으로 놓여 있고 손실은 무시할 수 있다.)

① −1.5　② 1.5
③ −2.0　④ 2.0

풀이
$\dot{Q} = A_1 V_1 = A_2 V_2 = Const.$
$\Rightarrow 20 \times 10^{-4} \times 1 = 10 \times 10^{-4} \times V_2$
$\Rightarrow \therefore V_2 = 2$
$\dfrac{p_{입구}}{\gamma} + \dfrac{V_1^2}{2g} = \dfrac{p_{출구}}{\gamma} + \dfrac{V_2^2}{2g}$
$\Rightarrow p_{입구} - p_{출구}$
$= \dfrac{9800 \times (2^2 - 1^2)}{2 \times 9.8} \times 10^{-3} = 1.5 \text{ kPa}$

094 안지름이 각각 2 cm, 3 cm인 두 파이프를 통하여 속도가 같은 물이 유입되어 하나의 파이프로 합쳐져서 흘러나간다. 유출되는 속도가 유입속도와 같다면 유출 파이프의 안지름은 약 몇 cm인가?

정답 089. ② 090. ① 091. ③ 092. ③ 093. ② 094. ①

① 3.61 ② 4.24
③ 5.00 ④ 5.85

풀이
$\dot{Q} = A_1 V_1 + A_2 V_2 = A_3 V_3$ …… ①
문제의 조건에서 $V_1 = V_2 = V_3 = V$ 이므로

① 식에서 $\frac{\pi}{4} \times 2^2 + \frac{\pi}{4} \times 3^2 = \frac{\pi}{4} \times D^2$
∴ $D = 3.61$ cm

095 $\frac{p}{\gamma} + \frac{v^2}{2g} + z = Const$ 로 표시되는 베르누이의 방정식에서 우변의 상수 값에 대한 설명으로 가장 옳은 것은?

① 지면에서 동일한 높이에서는 같은 값을 가진다.
② 유체흐름의 단면상의 모든 점에서 같은 값을 가진다.
③ 유체 내의 모든 점에서 같은 값을 가진다.
④ 동일 유선에 대해서는 같은 값을 가진다.

풀이
④

096 노즐을 통하여 풍량 $Q = 0.8 \ m^3/s$ 일 때 마노미터 수두 높이차 h는 약 몇 m 인가? (단, 공기의 밀도는 1.2kg/m^3, 물의 밀도는 1000 kg/m^3 이며, 노즐 유량계의 송출계수는 1 로 가정한다.)

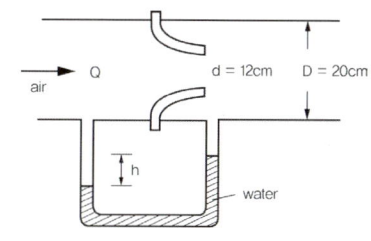

① 0.13 ② 0.27

③ 0.48 ④ 0.62

풀이
$\dot{Q} = AV \Rightarrow 0.8 = \frac{\pi}{4} \times 0.2^2 \times V_1$
$\Rightarrow V_1 = \frac{0.8 \times 4}{\pi \times 0.2^2} = 25.5$ m/s
$\Rightarrow V_2 = \frac{0.8 \times 4}{\pi \times 0.12^2} = 70.8$ m/s

정압차(△p) = 수두차이므로
$\frac{p_1}{\gamma} + \frac{V_1^2}{2g} = \frac{p_2}{\gamma} + \frac{V_2^2}{2g}$
$\Rightarrow h_1 + \frac{V_1^2}{2g} = h_2 + \frac{V_2^2}{2g}$
∴ $\Delta h = h_1 - h_2$
$= \frac{V_2^2 - V_1^2}{2g} \times \frac{1.2}{1000} = 0.267$ m

097 다음과 같은 베르누이 방정식을 적용하기 위해 필요한 가정과 관계가 먼 것은? (단, 식에서 p 는 압력, ρ 는 밀도, V 는 유속, γ 는 비중량, Z 는 유체의 높이를 나타낸다.)

$$p_1 + \frac{1}{2}\rho V_1^2 + \gamma Z_1 = p_2 + \frac{1}{2}\rho V_2^2 + \gamma Z_2$$

① 정상유동 ② 압축성 유체
③ 비점성 유체 ④ 동일한 유선

풀이
베르누이 방정식을 적용하기 위해 필요한 가정
● 정상유동, 비압축성 유동, 비점성 유체, 동일한 유선

098 다음과 같은 수평으로 놓인 노즐이 있다. 노즐의 입구는 면적이 0.1 m^2 이고 출구의 면적은 0.02 m^2 이다. 정상, 비압축성이며 점성의 영향이 없다면 출구의 속도가 50 m/s일 때 입구와 출구의 압력차($p_1 - p_2$)는 약 몇 kPa인가? (단, 이 공기의 밀도는 1.23 kg/m^3 이다.)

① 1.48 ② 14.8

정답 095. ④ 096. ② 097. ② 098. ①

③ 2.96　　　④ 29.6

[풀이]

$$\dot{Q} = A_1 V_1 = A_2 V_2 \ [\text{m}^3/\text{s}]$$

$$\Rightarrow V_1 = V_2 \left(\frac{A_2}{A_1}\right) = 50 \left(\frac{0.02}{0.1}\right) = 10 \ \text{m/s}$$

$$\frac{p_1}{\gamma} + \frac{V_1^2}{2g} + z_1 = \frac{p_2}{\gamma} + \frac{V_2^2}{2g} + z_2$$

$$\Rightarrow$$

$$(p_1 - p_2) = \frac{\gamma}{2g}(V_2^2 - V_1^2) = \frac{\rho}{2}(V_2^2 - V_1^2)$$

$$= \frac{1.23}{2} \times (50^2 - 10^2) = 1475 \ \text{Pa}$$

$$\therefore \ p_1 - p_2 = 1.48 \ \text{kPa}$$

099 다음 그림에서 벽 구멍을 통해 분사되는 물의 속도(V)는? (단, 그림에서 S는 비중을 나타낸다.)

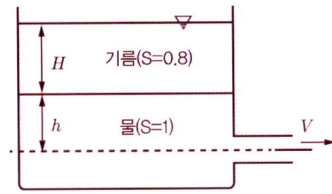

① $\sqrt{2gH}$
② $\sqrt{2g(H+h)}$
③ $\sqrt{2g(0.8H+h)}$
④ $\sqrt{2g(H+0.8h)}$

[풀이]

$$\frac{p_1}{\gamma} + \frac{V_1^2}{2g} + 0.8H + h = \frac{p_2}{\gamma} + \frac{V^2}{2g}$$

$$\Rightarrow 0.8H + h = \frac{V^2}{2g}$$

$$\Rightarrow V = \sqrt{2g(0.8H+h)}$$

100 물 제트가 연직 하 방향으로 떨어지고 있다. 높이 12 m 지점에서의 제트지름은 5 cm, 속도는 24 m/s였다. 높이 4.5 m 지점에서의 물 제트의 속도

는 약 몇 m/s인가? (단, 손실수두는 무시한다.)

① 53.9　　　② 42.7
③ 35.4　　　④ 26.9

[풀이]

$$\frac{p}{\gamma} + \frac{V^2}{2g} + z = H \ (일정)$$

$$\Rightarrow \frac{V_1^2}{2g} + z_1 = \frac{V_2^2}{2g} + z_2$$

$$\Rightarrow \frac{24^2}{2 \times 9.8} + 12 = \frac{V_2^2}{2 \times 9.8} + 4.5$$

$$\therefore V_2 = 26.9 \ \text{m/s}$$

101 그림과 같은 물탱크에 Q 의 유량으로 물이 공급되고 있다. 물탱크의 측면에 설치한 지름 10 cm 의 파이프를 통해 물이 배출될 때, 배출구로부터의 수위 h를 3 m로 일정하게 유지하려면 유량 Q 는 약 몇 ㎥/s이어야 하는가? (단, 물탱크의 지름은 3 m이다.)

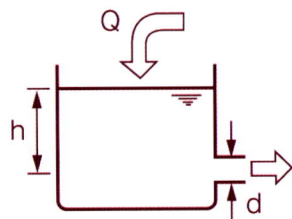

① 0.03　　　② 0.04
③ 0.05　　　④ 0.06

[풀이]

$$\frac{p_1}{\gamma} + \frac{V_1^2}{2g} + z_1 = \frac{p_2}{\gamma} + \frac{V_2^2}{2g} + z_2$$

$$\Rightarrow h = \frac{V_2^2}{2g}$$

$$V_2 = \sqrt{2gh} = \sqrt{2 \times 9.8 \times 3} = 7.67 \ \text{m/s}$$

$$\therefore \dot{Q} = AV = \frac{\pi}{4} \times 0.1^2 \times 7.67 = 0.06 \ \text{m}^3/\text{s}$$

102 연직하방으로 내려가는 물 제트에서 높이 10 m

인 곳에서 속도는 20 m/s였다. 높이 5 m인 곳에서 물의 속도는 약 몇 m/s인가?

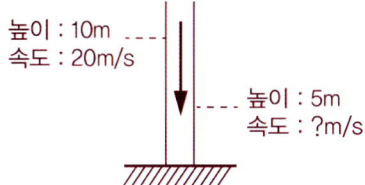

① 29.45 ② 26.34
③ 23.88 ④ 22.32

풀이

$\dfrac{p_1}{\gamma} + \dfrac{V_1^2}{2g} + z_1 = \dfrac{p_2}{\gamma} + \dfrac{V_2^2}{2g} + z_2$

$\Rightarrow \dfrac{V_1^2}{2g} + z_1 = \dfrac{V_2^2}{2g} + z_2$

$\therefore V_2 = \sqrt{V_1^2 + 2g(z_1 - z_2)}$
$= \sqrt{20^2 + 2 \times 9.8 \times (10-5)}$
$= 22.32 \text{ m/s}$

103 분수에서 분출되는 물줄기 높이를 2배로 올리려면 노즐 입구에서의 게이지 압력을 약 몇 배로 올려야 하는가? (단, 노즐 입구에서의 동압은 무시한다.)

① 1.414 ② 2
③ 2.828 ④ 4

풀이

분수 물줄기 하부(첨자 1)로부터 상부(첨자 2)까지의 높이를 h 라 하고 2 위치에 대한 베르누이 식을 이용한다.

$\dfrac{p_1}{\gamma} + \dfrac{V_1^2}{2g} + z_1 = \dfrac{p_2}{\gamma} + \dfrac{V_2^2}{2g} + z_2$

문제의 의미에서
$\dfrac{V_1^2}{2g} = 0, \quad \dfrac{p_2}{\gamma} = 0(\text{대기압}), \quad \dfrac{V_2^2}{2g} = 0$
이므로

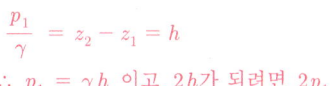

$\dfrac{p_1}{\gamma} = z_2 - z_1 = h$

$\therefore p_1 = \gamma h$ 이고 $2h$가 되려면 $2p_1$

104 그림과 같은 사이펀에 물이 흐르고 있다. 사이펀의 안지름 5 cm이고, 물탱크의 수면은 항상 일정하게 유지된다고 가정한다. 수면으로부터 출구 사이의 총 손실수두가 1.5 m이면, 사이펀을 통해 나오는 유량은 약 몇 $m^3/\min$인가?

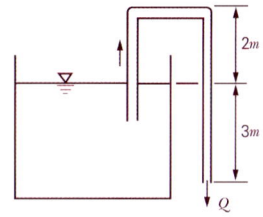

① 0.38 ② 0.41
③ 0.64 ④ 0.92

풀이

$\dfrac{p_1}{\gamma} + \dfrac{V_1^2}{2g} + z_1 = \dfrac{p_2}{\gamma} + \dfrac{V_2^2}{2g} + z_2 + h_{\text{사이펀}}$

$p_1 = p_2 = $ 대기압. $V_2 \gg V_1$이므로 $V_1 = 0$

$\Rightarrow (z_1 - z_2) - h_{\text{사이펀}} = \dfrac{V_2^2}{2g}$

$\Rightarrow 3 - 1.5 = \dfrac{V_2^2}{2 \times 9.8}$

$\therefore V_2 = 5.42 \text{ m/s}$

$Q = AV = \dfrac{\pi}{4}d^2 \times V = \dfrac{\pi}{4} \times 0.05^2 \times 5.42 \times 60$
$= 0.64 \text{ } m^3/\min$

유체 작용력, 운동량(유체기계)

105 스프링 상수가 10 N/cm인 4개의 스프링으로 평판 A를 벽 B에 그림과 같이 장착하였다. 유량 0.01 m^3/s, 속도 10 m/s인 물 제트가 평판 A의

기계유체역학

중앙에 직각으로 충돌할 때, 평판과 벽 사이에서 줄어드는 거리는 약 몇 cm인가?

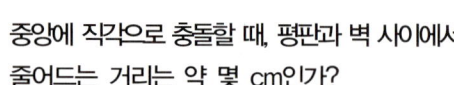

① 2.5   ② 1.25
③ 10.0 ④ 5.0

풀이
$F = \rho Q V = 1000 \times 0.01 \times 10 = 100 \text{ N}$
$\Rightarrow F = 4kx = 40x = 100$
$\therefore x = 2.5 \text{ cm}$

106 그림과 같이 45° 꺾어진 관에 물이 평균속도 5 m/s로 흐른다. 유체의 분출에 의해 지지점 A가 받는 모멘트는 약 몇 N·m인가? (단, 출구 단면적은 $10^{-3} m^2$ 이다.)

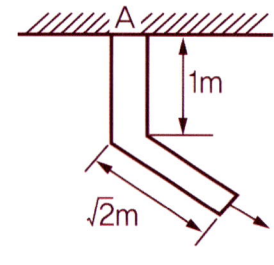

① 3.5   ② 5
③ 12.5   ④ 17.7

풀이
$F = \rho Q V = \rho A V^2 = 1000 \times 10^{-3} \times 5^2 = 25 \text{ N}$
수직거리는 $\dfrac{1}{\sqrt{2}}$ 이므로
$M_A = F \times 수직거리 = 25 \times \dfrac{1}{\sqrt{2}} = 17.7 \text{ N} \cdot \text{m}$

107 그림과 같이 속도 V 인 유체가 속도 U 로 움직이는 곡면에 부딪혀 90°의 각도로 유동방향이 바뀐다. 다음 중 유체가 곡면에 가하는 힘의 수평방향 성분크기가 가장 큰 것은? (단, 유체의 유동 단면적은 일정하다.)

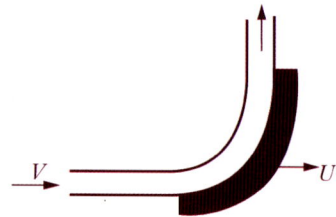

① V = 10 m/s, U = 5 m/s
② V = 20 m/s, U = 15 m/s
③ V = 10 m/s, U = 4 m/s
④ V = 25 m/s, U = 20 m/s

풀이
$F_x = \rho Q (V - U) \Rightarrow F_x \propto (V - U)$

108 지름 20 cm, 속도 1 m/s인 물 제트가 그림과 같은 넓은 평판에 60° 경사하여 충돌한다. 분류가 평판에 작용하는 수직방향 힘 F_N은 약 몇 N인가? (단, 중력에 대한 영향은 고려하지 않는다.)

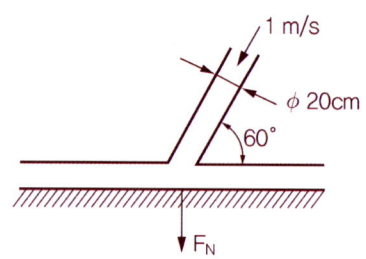

① 27.2   ② 31.4
③ 2.72   ④ 3.14

풀이
$F_N = \rho Q V \sin\theta = \rho A V^2 \sin\theta$
$= 1000 \times \pi/4 \times 0.2^2 \times 1^2 \times \sin 60° = 27.2 \text{ N}$

109 그림과 같이 유량 Q = 0.03m³/s의 물 분류가 V = 40m/s의 속도로 곡면판에 충돌하고 있다. 판은 고정되어 있고 휘어진 각도가 135°일 때 분류로부터 판이 받는 총 힘의 크기는 약 몇 N인가?

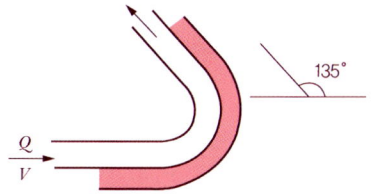

① 2049　　② 2217
③ 2638　　④ 2898

풀이

$R_x = \rho Q V(1 - \cos\theta)$
$\quad = 1000 \times 0.03 \times 40(1 - \cos 135°) = 2048 \text{ N}$

$R_y = \rho Q V \sin\theta$
$\quad = 1000 \times 0.03 \times 40 \sin 135° = 848 \text{ N}$

$\therefore R = \sqrt{R_x^2 + R_y^2} = 2216.6 \text{ N}$

110 안지름이 50 mm인 180° 곡관(bend)을 통하여 물이 5 m/s의 속도와 0의 계기압력으로 흐르고 있다. 물이 곡관에 작용하는 힘은 약 몇 N인가?

① 0　　② 24.5
③ 49.1　　④ 98.2

풀이

들어오고 나가는 속력은 동일하며 방향은 반대이므로 검사체적내의 운동량 변화를 고려한다.
곡관에 작용하는 힘
$F = \rho Q(V_2 - V_1) = \rho Q[V_2 - (-V_2)]$
$\quad = 2\rho Q V_2 = 2\rho A V_2^2$
$\quad = 2 \times 1000 \times \pi/4 \times 0.05^2 \times 5^2$
$\quad = 98.2 \text{ N}$

111 그림과 같이 속도 3 m/s로 운동하는 평판에 속도 10 m/s인 물 분류가 직각으로 충돌하고 있다. 분류의 단면적이 0.01 m²이라고 하면 평판이 받는 힘은 몇 N이 되겠는가?

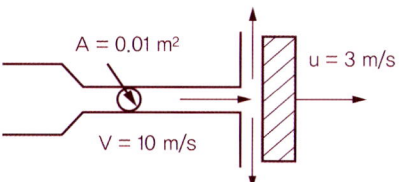

① 295　　② 490
③ 980　　④ 16900

풀이

$F = \rho Q(V - U) = \rho A(V - U)^2$
$\quad = 1000 \times 0.01 \times (10 - 3)^2 = 490 \text{ N}$

112 그림과 같이 유속 10 m/s인 물 분류에 대하여 평판을 3 m/s의 속도로 접근하기 위하여 필요한 힘은 약 몇 N인가? (단, 분류의 단면적은 0.01 m²이다.)

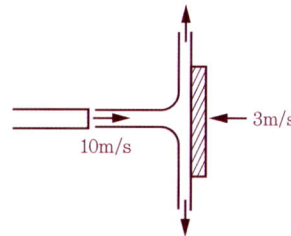

① 130　　② 490
③ 1350　　④ 1690

풀이

$F = \rho Q[V - (-u)] = \rho A[V - (-u)]^2$
$\quad = 1000 \times 0.01 \times (10 + 3)^2 = 1690 N$

113 속도 3 m/s로 움직이는 평판에 이것과 같은 방향으로 수직하게 10 m/s의 속도를 가진 제트가 충돌한다. 이 제트가 평판에 미치는 힘 F는 얼마인가? (단, 유체의 밀도를 ρ라 하고 제트의 단면적을 A라 한다.)

① $F = 10\rho A$ ② $F = 100\rho A$
③ $F = 49\rho A$ ④ $F = 7\rho A$

풀이

$F = \rho A(V-u)^2 = \rho A(3-10)^2 = 49\rho A$

114 물이 지름이 0.4 m인 노즐을 통해 20 m/s의 속도로 맞은편 수직 벽에 수평으로 분사된다. 수직 벽에는 지름 0.2 m의 구멍이 있으며 뚫린 구멍으로 유량의 25%가 흘러나가고 나머지 75%는 반경방향으로 균일하게 유출된다. 이때 물에 의해 벽면이 받는 수평방향의 힘은 약 몇 kN인가?

① 0   ② 9.4
③ 18.9   ④ 37.7

풀이

25%의 유체는 수직력과 무관하므로
$Q = 0.75 AV$
$= 0.75 \times \dfrac{\pi}{4} \times 0.4^2 \times 20 = 1.884\ m^3/s$
$F_x = \rho Q(V_{2x} - V_{1x}) = \rho Q[0-(-20)]$
$= 1000 \times 1.884 \times 20 \times 10^3 = 37.68\ kN$

115 그림과 같은 노즐을 통하여 유량 Q 만큼의 유체가 대기로 분출될 때, 노즐에 미치는 유체의 힘 F는? (단, A_1, A_2는 노즐의 단면 1, 2에서의 단면적이고 ρ는 유체의 밀도이다.)

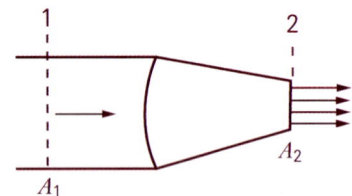

① $F = \dfrac{\rho A_2 Q^2}{2}\left(\dfrac{A_2 - A_1}{A_1 A_2}\right)^2$

② $F = \dfrac{\rho A_2 Q^2}{2}\left(\dfrac{A_2 + A_1}{A_1 A_2}\right)^2$

③ $F = \dfrac{\rho A_1 Q^2}{2}\left(\dfrac{A_1 + A_2}{A_1 A_2}\right)^2$

④ $F = \dfrac{\rho A_1 Q^2}{2}\left(\dfrac{A_1 - A_2}{A_1 A_2}\right)^2$

풀이

분출하는 방향을 x 방향으로 하면 노즐에 미치는 유체의 힘 F_x는
$F_x = p_1 A_1 - p_2 A_2 - \rho Q(V_{2x} - V_{1x})$
여기서 $p_2 A_2 = 0$ 이고
$V_{2x} = V_2$, $V_{1x} = V_1$이며
$V_1 = \dfrac{Q}{A_1}$, $V_2 = \dfrac{Q}{A_2}$ 이므로
$F_x = p_1 A_1 - \rho Q(V_2 - V_1)$
$= p_1 A_1 - \rho Q^2 \left(\dfrac{1}{A_2} - \dfrac{1}{A_1}\right)$ …… ①

단면 1과 2간에 베르누이 식을 적용하고 정리하면
$\dfrac{p_1}{\gamma} + \dfrac{V_1^2}{2g} = \dfrac{p_2}{\gamma} + \dfrac{V_2^2}{2g}$
$\Rightarrow p_1 = \dfrac{\rho}{2}(V_2^2 - V_1^2)$
$= \dfrac{\rho}{2}\left[\left(\dfrac{Q}{A_2}\right)^2 - \left(\dfrac{Q}{A_1}\right)^2\right]$
$= \dfrac{\rho Q^2}{2}\left[\left(\dfrac{1}{A_2}\right)^2 - \left(\dfrac{1}{A_1}\right)^2\right]$ …… ②

②를 ①에 대입하고 정리하면 … …
$F_x = F = \dfrac{\rho A_1 Q^2}{2}\left(\dfrac{A_1 - A_2}{A_1 A_2}\right)^2$

116 프로펠러 이전 유속을 u_0, 이후 유속을 u_2라 할때 프로펠러의 추진력 F는 얼마인가? (단, 유체의 밀도와 유량 및 비중량을 ρ, Q, γ라 한다.)

① $F = \rho Q(u_2 - u_0)$
② $F = \rho Q(u_0 - u_2)$
③ $F = \gamma Q(u_2 - u_0)$
④ $F = \gamma Q(u_0 - u_2)$

정답 **114.** ④ **115.** ④ **116.** ①

실전문제

풀이
프로펠러 추력
$F_{th} = \rho_2 Q_2 V_4 - \rho_1 Q_1 V_1 = \rho Q(u_2 - u_0)$

117 시속 800 km의 속도로 비행하는 제트기가 400 m/s의 상대속도로 배기가스를 노즐에서 분출할 때의 추진력은? (단, 이때 흡기량은 25 kg/s이고, 배기되는 연소가스는 흡기량에 비해 2.5% 증가하는 것으로 본다.)

① 3922 N ② 4694 N
③ 4875 N ④ 6346 N

풀이
$F_{th} = \rho Q(V_2 - V_1) = \rho A V(V_2 - V_1)$
문제의 조건에서
$m = \rho A V = 25 \text{ kg/s}$, $V_2 = 400 \text{ m/s}$,
$V_1 = 800 \text{ km/h} = \dfrac{800 \times 1000}{3600} = 222.2 \text{ m/s}$
$F_{th} = 25 \times (400 \times 1.025 - 222.2) = 4694.4 \text{ N}$

118 여객기가 888 km/h로 비행하고 있다. 엔진의 노즐에서 연소가스를 375 m/s로 분출하고, 엔진의 흡기량과 배출되는 연소가스의 양은 같다고 가정한다면 엔진의 추진력은 약 몇 N인가? (단, 엔진의 흡기량은 30 kg/s이다.)

① 3850 N ② 5325 N
③ 7400 N ④ 11250 N

풀이
$F_{th} = \rho_2 Q_2 V_2 - \rho_1 Q_1 V_1$
$= \rho Q(V_2 - V_1) = \rho A V(V_2 - V_1)$
문제의 조건에서
$m = \rho A V = 30 \text{ kg/s}$, $V_2 = 375 \text{ m/s}$,
$V_1 = 888 \text{ km/h} = \dfrac{888 \times 1000}{3600} = 246.6 \text{ m/s}$
$\therefore F_{th} = 30 \times (375 - 246.6) = 3852 \text{ N}$

119 그림과 같은 펌프를 이용하여 0.2 m³/s의 물을 퍼 올리고 있다. 흡입부①와 배출부②의 고도 차이는 3 m이고, ①에서의 압력은 -20 kPa, ②에서의 압력은 150 kPa이다. 펌프의 효율이 70%이면 펌프에 공급해야 할 동력(kW)은? (단, 흡입관과 배출관의 지름은 같고 마찰손실을 무시한다.)

① 34 ② 40
③ 49 ④ 57

풀이
$\dfrac{p_1}{\gamma} + \dfrac{V_1^2}{2g} + z_1 + E_P = \dfrac{p_2}{\gamma} + \dfrac{V_2^2}{2g} + z_2$
$\Rightarrow \dfrac{p_1}{\gamma} + z_1 + E_P = \dfrac{p_2}{\gamma} + z_2$ ($V_1 = V_2$)
$E_P = \dfrac{p_2}{\gamma} - \dfrac{p_1}{\gamma} + (z_2 - z_1)$
$= \dfrac{(150 - (-20))}{9.8} + 3 = 20.35 \text{ m}$
$\therefore P_P = \dfrac{\gamma H Q}{\eta_P} = \dfrac{9.8 \times 20.35 \times 0.2}{0.7}$
$\fallingdotseq 57 \text{ kW}$

120 물 펌프의 입구 및 출구의 조건이 아래와 같고 펌프의 송출유량이 0.2 m³/s이면 펌프의 동력은 약 몇 kW인가? (단, 손실은 무시한다.)

> 입구 : 계기압력 -3 kPa, 안지름 0.2 m, 기준면으로부터 높이 +2 m
> 출구 : 계기압력 250 kPA, 안지름 0.15 m, 기준면으로부터 높이 +5 m

① 45.7 ② 53.5

정답 117. ② 118. ① 119. ④ 120. ④

기계유체역학

③ 59.3 ④ 65.2

풀이
$\dot{Q} = A_1 V_1 = A_2 V_2$
$\Rightarrow V_1 = \dfrac{\dot{Q}}{A_1} = \dfrac{4 \times 0.2}{\pi \times 0.2^2} = 6.37 \, \text{m/s}$
$\Rightarrow V_2 = \dfrac{\dot{Q}}{A_2} = \dfrac{4 \times 0.2}{\pi \times 0.15^2} = 11.32 \, \text{m/s}$

$\dfrac{p_1}{\gamma} + \dfrac{V_1^2}{2g} + z_1 + H_P = \dfrac{p_2}{\gamma} + \dfrac{V_2^2}{2g} + z_2$

$\Rightarrow H_P = \dfrac{p_2 - p_1}{\gamma} + \dfrac{V_2^2 - V_1^2}{2g} + (z_2 - z_1)$

$= \dfrac{(250 + 3)}{9800} \times 10^{-3} + \dfrac{(11.32^2 - 6.37^2)}{2 \times 9.8}$
$+ (5 - 2) = 33.284 \, \text{m}$

$\therefore P_P = \gamma H_P Q$
$= (9800 \times 33.284 \times 0.2) \times 10^{-3}$
$= 65.2 \, \text{kW}$

121 수면의 높이차가 10 m인 두 개의 호수사이에 손실수두가 2 m인 관로를 통해 펌프로 물을 양수할 때 3 kW의 동력이 필요하다면 이 때 유량은 약 몇 L/s인가?

① 18.4 ② 25.5
③ 32.3 ④ 45.8

풀이
펌프양정과 손실을 합한 수두가 필요하다.
$P = \dfrac{\gamma H Q}{1000}$
$\Rightarrow Q = \dfrac{P \times 1000}{\gamma H} = \dfrac{3 \times 1000}{9800 \times 12}$
$= 0.0255 \, m^3/s = 25.5 \, \ell/s$

122 그림과 같이 물이 고여 있는 큰 댐 아래에 터빈이 설치되어 있고, 터빈의 효율이 85%이다. 터빈 이외에서의 다른 모든 손실을 무시할 때 터빈 출력은 약 몇 kW인가? (단, 터빈 출구관의 지름은 0.8 m, 출구속도 V는 10 m/s이고 출구압력은 대기압이다.)

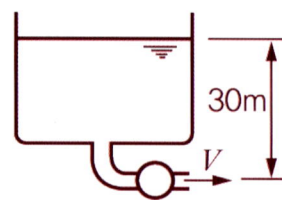

① 1043 ② 1227
③ 1470 ④ 1732

풀이
$\dfrac{p_1}{\gamma} + \dfrac{V_1^2}{2g} + z_1 = \dfrac{p_2}{\gamma} + \dfrac{V_2^2}{2g} + z_2 + H_T$

$H_T = (z_1 - z_2) - \dfrac{V_2^2}{2g} = 30 - \dfrac{10^2}{2 \times 9.8}$
$= 24.9 \, \text{m}$

$P_T = \dfrac{\gamma H Q}{1000} = \dfrac{9800 \times 24.9 \times \pi/4 \times 0.8^2 \times 10}{1000}$
$= 1226.0 \, \text{kW}$

$\therefore P_T = \eta_{\text{터빈}} \times 1226.0 = 1042.1 \, \text{kW}$

123 시속 800 km의 속도로 비행하는 제트기가 400 m/s의 상대속도로 배기가스를 노즐에서 분출할 때의 추진력은? (단, 이 때 흡기량은 25 kg/s이고, 배기되는 연소가스는 흡기량에 비해 2.5% 증가하는 것으로 본다.)

① 7340 N ② 4694 N
③ 4870 N ④ 3920 N

풀이
추력
$F_{th} = \dot{m}_2 v_2 - \dot{m}_1 v_1$
$= (25 \times 1.025) \times 400 - 25 \times \left(\dfrac{800 \times 10^3}{3600}\right)$
$\fallingdotseq 4694 \, N$

124 낙차가 100 m이고 유량이 500 m^3/s인 수력발전소에서 얻을 수 있는 최대 발전용량은?

실전문제

① 50 kW　　② 50 MW
③ 490 kW　　④ 490 MW

풀이
$P = \gamma H Q$
$= (9800 \times 100 \times 500) \times 10^{-6}$
$= 490 \text{ MW}$

125 유효낙차가 100 m인 댐의 유량이 10 m³/s일 때 효율 90%인 수력터빈의 출력은 약 몇 MW인가?

① 8.83　　② 9.81
③ 10.9　　④ 12.4

풀이
$P = \eta \times \gamma H Q$
$= 0.9 \times (9800 \times 100 \times 10) \times 10^{-6}$
$= 8.82 \text{ MW}$

126 물을 사용하는 원심펌프의 설계점에서의 전 양정이 30 m이고 유량은 1.2 m³/min이다. 이 펌프를 설계점에서 운전할 때 필요한 축 동력이 7.35 kW라면 이 펌프의 효율은 약 얼마인가?

① 75%　　② 80%
③ 85%　　④ 90%

풀이
$P = \gamma H Q = 9800 \times 30 \times \dfrac{1.2}{60} \times 10^{-3}$
$= 5.88 \text{ } kW$
$\eta = \dfrac{P}{P_{shaft}} = \dfrac{5.88}{7.35} \times 100 = 80\%$

127 100 m 높이에 있는 물의 낙차를 이용하여 20 MW의 발전을 하기 위해서 필요한 유량은 약 m³/s인지 구하시오. (단, 터빈의 효율은 90%이고, 모든 마찰손실은 무시한다.)

① 18.4　　② 22.7

③ 180　　④ 222

풀이
터빈출력 $P = \eta \times \gamma H Q$
$\Rightarrow Q = \dfrac{P}{\eta \gamma H} = \dfrac{20 \times 10^6}{0.9 \times 9800 \times 100}$
$\fallingdotseq 22.7 \text{ } m^3/s$

128 그림과 같이 큰 댐 아래에 터빈이 설치되어 있을 때, 마찰손실 등을 무시한 최대 발생가능한 터빈의 동력은 약 얼마인가? (단, 터빈출구관의 안지름은 1 m이고, 수면과 터빈출구 관중심까지의 높이차는 20 m이며, 출구 속도는 10 m/s이고, 출구압력은 대기압이다.)

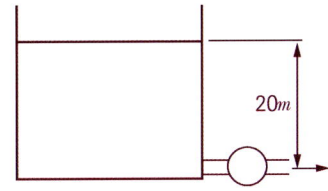

① 1150 kW　　② 1930 kW
③ 1540 kW　　④ 2310 kW

풀이
$\dfrac{p_1}{\gamma} + \dfrac{V_1^2}{2g} + z_1 = \dfrac{p_2}{\gamma} + \dfrac{V_2^2}{2g} + z_2 + H_T$
$\Rightarrow H_T = (z_1 - z_2) - \dfrac{V_2^2}{2g} = 20 - \dfrac{10^2}{2 \times 9.8}$
$= 14.9 \text{ } m$
터빈동력은
$P = \gamma H_T Q = 9800 \times 14.9 \times \dfrac{\pi}{4} \times 1^2 \times 10$
$= 1146.3 \text{ } kW$

유체운동학

129 지름 2 cm의 노즐을 통하여 평균속도 0.5 m/s로 자동차의 연료탱크에 비중 0.9인 휘발유 20 kg

기계유체역학

을 채우는데 걸리는 시간은 약 몇 s인가?
① 66   ② 78
③ 102 ④ 141

풀이
$m = \dot{m} \times t = \rho A V \times t = \rho_w s A V \times t$

$\Rightarrow t = \dfrac{20}{1000 \times 0.9 \times \pi/4 \times 0.02^2 \times 0.5}$

$= 141.5\ sec$

130 용기에 너비 4 m, 깊이 2 m인 물이 채워져 있다. 이 용기가 수직 상 방향으로 9.8 m²/s로 가속될 때, B점과 A점의 압력차 $p_B - p_A$는 약 몇 kPa인가?

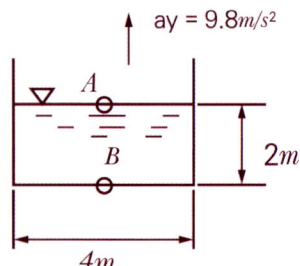

① 9.8   ② 19.6
③ 39.2 ④ 78.4

풀이
$\sum F_y$ 에 대한 FBD로부터
$(P_B - P_A)A - W = m a_y$

$\Rightarrow (P_B - P_A)A = W + m a_y$

$\Rightarrow (P_B - P_A)A = mg + m a_y$

$\Rightarrow (P_B - P_A)A = mg + mg = 2mg$

$\therefore (P_B - P_A) = \dfrac{2mg}{A} = \dfrac{2\rho A h g}{A} = 2\rho h g$

$= 2 \times 1000 \times 2 \times 9.8 \times 10^{-3} = 39.2\ kPa$

131 단면적이 10cm²인 관에, 매분 6kg의 질량유량으로 비중 0.8인 액체가 흐르고 있을 때 액체의 평균속도는 약 몇 m/s인가?

① 0.075 ② 0.125
③ 6.66   ④ 7.50

풀이
$\dot{m} = 6\ kg/m = 6/60\ kg/m = 0.1\ kg/s$

$\Rightarrow \dot{m} = \rho A V = \rho_w s A V$

$= 1000 \times 0.8 \times 10^{-4} V$

$\therefore V = 0.125\ m/s$

132 유체(비중량 10N/m³)가 중량유량 6.28N/s로 지름 40cm인 관을 흐르고 있다. 이 관 내부의 평균 유속은 약 몇 m/s인가?

① 50.0   ② 5.0
③ 0.2   ④ 0.8

풀이
$\dot{G} = \gamma A V$

$\Rightarrow V = \dfrac{\dot{G}}{\gamma A} = \dfrac{6.28 \times 4}{10 \times \pi/4 \times 0.4^2} = 5.0\ m/s$

133 스프링클러의 중심축을 통해 공급되는 유량은 총 3 L/s이고 네 개의 회전이 가능한 관을 통해 유출된다. 출구부분은 접선방향과 30°의 경사를 이루고 있으며 회전반지름은 0.3 m이고 각 출구지름은 1.5 cm로 동일하다. 작동과정에서 스프링클러의 회전에 대한 저항토크가 없을 때 회전각속도는 약 몇 rad/s인가? (단, 회전축상의 마찰은 무시한다.)

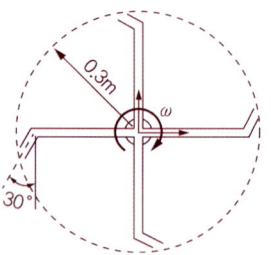

① 1.225 ② 42.4
③ 4.24   ④ 12.25

풀이

$\dot{Q} = AV$

$\Rightarrow V = \dfrac{\dot{Q}}{A} = \dfrac{(3 \times 10^{-3}) \div 4}{\pi/4 \times 0.0015} = 4.24 \text{ m/s}$

$V_{접선} = V\cos 30° = rw$

$\Rightarrow w = \dfrac{V\cos 30°}{r} = \dfrac{4.24 \times \cos 30°}{0.3}$

$\qquad = 12.24 \text{ rad/s}$

134. 지면에서 계기압력이 200 kPa인 급수관에 연결된 호스를 통하여 임의의 각도로 물이 분사될 때, 물이 최대로 멀리 도달할 수 있는 수평거리는 약 몇 m인가? (단, 공기저항은 무시하고, 발사점과 도달점의 고도는 같다.)

① 20.4　　② 40.8
③ 61.2　　④ 81.6

풀이

초기분출 속도는

$v_0 = \sqrt{2g\triangle h} = \sqrt{2g\dfrac{p}{\gamma}}$

$\quad = \sqrt{2 \times 9.8 \times \dfrac{200 \times 10^3}{9800}} = 20 \text{ m/s}$

가속도를 a, 도달거리를 S 라 하면
$v = v_0 + at$
$S - S_0 = v_0 t + \dfrac{1}{2}at^2$ ………①

분출 각이 45°인 경우가 물이 최대로 멀리 도달할 수 있으므로

$v_{x_0} = 20\cos 45° = 14.14 \text{ m/s}$
$v_{y_0} = 20\sin 45° = 14.14 \text{ m/s}$
$v_y = v_{y_0} + at$ 이므로 최대높이 도달시간은
$0 = 14.14 - 9.8t \Rightarrow t = 1.44$초

∴ 도달거리 $S_x = S_{x_0} + v_{x_0}t + \dfrac{1}{2}at^2$
$\qquad = 0 + 14.14 \times 2.88 = 40.72 \text{ m}$

유체에너지

135. 관로내 물(밀도 1000 kg/m³)이 30 m/s로 흐르고 있으며 그 지점의 정압이 100 kPa일 때, 정체압은 몇 kPa인가?

① 0.45　　② 100
③ 450　　④ 550

풀이

정체압 = 정압 + 동압

$\dfrac{p_2}{\gamma} = \dfrac{p_1}{\gamma} + \dfrac{V_1^2}{2g}$

$\Rightarrow p_2 = p_1 + \dfrac{\rho V_1^2}{2}$

$\qquad = 100 + \dfrac{1000 \times 30^2}{2} \times 10^{-3}$

$\qquad = 550 \text{ } kPa$

136. 다음 중 수력기울기선(Hydraulic Grade Line)은 에너지구배선(Energy Line)에서 어떤 것을 뺀 값인가?

① 위치수두 값
② 속도수두 값
③ 압력수두 값
④ 위치수두와 압력수두를 합한 값

풀이

$E.L = \dfrac{p}{\gamma} + \dfrac{V}{2g} + z = H.G.L + \dfrac{V}{2g}$

137. 수력기울기선과 에너지 기울기선에 관한 설명 중 틀린 것은?

① 수력기울기선의 변화는 총 에너지의 변화를 나타낸다.
② 수력기울기선은 에너지 기울기선의 크기보다 작거나 같다.
③ 정압은 수력기울기선과 에너지기울기

정답 134. ② 135. ④ 136. ② 137. ①

선에 모두 영향을 미친다.
④ 관의 진행방향으로 유속이 일정한 경우 부차적 손실에 의한 수력기울기선과 에너지 기울기선의 변화는 같다.

풀이
① 수력 구배선은 에너지 구배선보다 항상 $\dfrac{V^2}{2g}$ 만큼 하단에 위치한다.

138 물이 흐르는 어떤 관에서 압력이 120 kPa 속도가 4 m/s 일 때, 에너지선 (Energy Line)과 수력기울기선(Hydraulic Grade Line)의 차이는 약 몇 cm인가?

① 41 ② 65
③ 71 ④ 82

풀이
$E.L = H.G.L + \dfrac{V}{2g}$

∴ $\dfrac{V}{2g} = \dfrac{4^2}{2 \times 9.8} = 0.82\,\text{m} = 82\,\text{cm}$

139 물이 5 m/s로 흐르는 관에서 에너지선(E.L)과 수력기울기선(H.G.L)의 높이차이는 약 몇 m인가?

① 1.27 ② 2.24
③ 3.82 ④ 6.45

풀이
$E.L = H.G.L + \dfrac{V}{2g}$

∴ $\dfrac{V}{2g} = \dfrac{5^2}{2 \times 9.8} = 1.27\,\text{m}$

140 수력기울기선(Hydraulic Grade Line ; HGL)이 관보다 아래에 있는 곳에서의 압력은?

① 완전 진공이다. ② 대기압보다 낮다.
③ 대기압과 같다. ④ 대기압보다 높다.

풀이
관 위치를 기준으로 하면 $p_{atm} - \gamma h$ 인 경우에 해당하므로 대기압보다 낮다.

141 어떤 온도의 공기가 50 m/s의 속도로 흐르는 곳에서 정압(static pressure)이 120 kPa이고, 정체압(stagnation pressure)이 121 kPa일 때, 이곳을 흐르는 공기의 온도는 약 몇 ℃인가? (단, 공기의 기체상수는 287 J/kg·K이다.)

① 249 ② 278
③ 522 ④ 556

풀이
$p_{stag.} = p + \dfrac{\rho V^2}{2}$

$\Rightarrow \rho = \dfrac{2(p_{stag.} - p)}{V^2} = \dfrac{2(121-120) \times 10^3}{50^2}$

$= 0.8\,kg/m^3$

$pv = RT \Rightarrow \dfrac{p}{\rho} = RT$

$\Rightarrow T = \dfrac{p}{\rho R} = \dfrac{120 \times 10^3}{0.8 \times 2.87}$

$= 522.65\,K - 273.15K = 249.5\,℃$

유체동역학

142 유선(streamlne)에 관한 설명으로 틀린 것은?

① 유선으로 만들어지는 관을 유관(stream tube)이라 부르며, 두께가 없는 관벽을 형성한다.
② 유선 위에 있는 유체의 속도벡터는 유선의 접선방향이다.
③ 비정상유동에서 속도는 유선에 따라 시간적으로 변화 할 수 있으나, 유선 자체는 움직일 수 없다.

④ 정상유동일 때 유선은 유체의 입자가 움직이는 궤적이다.

풀이
③ 비정상 유동에서 속도는 유선에 따라 시간적으로 변화 할 수 있으며, 유선 자체도 시간에 따라 바뀐다.

143 다음 중 유선(stream line)에 대한 설명으로 옳은 것은?

① 유체의 흐름에 있어서 속도벡터에 대하여 수직한 방향을 갖는 선이다.
② 유체의 흐름에 있어서 유동단면의 중심을 연결한 선이다.
③ 유체의 흐름에 있어서 모든 점에서 접선방향이 속도벡터의 방향을 갖는 연속적인 선이다.
④ 비정상류 흐름에서만 유동의 특성을 보여주는 선이다.

풀이
③ 유체유동의 모든 점에서 접선방향이 속도벡터의 방향을 갖는 연속적인 선

144 다음 중 유선(stream line)을 가장 올바르게 설명한 것은?

① 에너지가 같은 점을 이은 선이다.
② 유체입자가 시간에 따라 움직인 궤적이다.
③ 유체입자의 속도벡터와 접선이 되는 가상곡선이다.
④ 비정상유동 때의 유동을 나타내는 곡선이다.

풀이
유선(Stream line)은 유체입자의 속도벡터와 접선이 되는 가상곡선이다.

145 다음 중 유선의 방정식은 어느 것인가? (단, ρ : 밀도, A : 단면적, V : 평균속도, u, v, w는 각각 x, y, z 방향의 속도이다.)

① $\dfrac{d\rho}{\rho} + \dfrac{dA}{A} + \dfrac{dV}{V} = 0$

② $\dfrac{\partial u}{\partial x} + \dfrac{\partial u}{\partial y} + \dfrac{\partial w}{\partial z} = 0$

③ $\dfrac{dx}{u} = \dfrac{dy}{v} = \dfrac{dz}{w}$

④ $d\left(\dfrac{v^2}{2} + \dfrac{p}{\rho} + gy\right) = 0$

풀이
유선의 방정식 $\dfrac{dx}{u} = \dfrac{dy}{v} = \dfrac{dz}{w}$

146 2차원 비압축성 정상류에서 x, y의 속도성분이 각각 u = 4y, v = 6x로 표시될 때, 유선의 방정식은 어떤 형태를 나타내는가?

① 직선　　② 포물선
③ 타원　　④ 쌍곡선

풀이
유선의 방정식은 $\dfrac{dx}{u} = \dfrac{dy}{v}$ ⇒ $\dfrac{dx}{4y} = \dfrac{dy}{6x}$
⇒ $6xdx - 4ydy = 0$ ⇒ $3x^2 - 2y^2 = C$
⇒ $\dfrac{x^2}{\frac{C}{3}} - \dfrac{y^2}{\frac{C}{2}} = 0$ ∴ 쌍곡선

147 2차원 정상유동의 속도 방정식이 $V = 3(-x\vec{i} + y\vec{j})$라고 할 때, 이 유동의 유선방정식은? (단, C는 상수를 의미한다.)

① $xy = C$　　② $y/x = C$
③ $x^2y = C$　　④ $x^3y = C$

풀이
$u = -3x$, $v = 3y$ 이므로

정답 143. ③　144. ③　145. ③　146. ④　147. ①

기계유체역학

$$\frac{dx}{u} = \frac{dy}{v} \Rightarrow \frac{dx}{-3x} = \frac{dy}{3y}$$
$$\Rightarrow \frac{dx}{3x} + \frac{dy}{3y} = 0$$
$$\Rightarrow \ln x + \ln y = \ln C$$
$$\Rightarrow xy = C$$

148 정상, 비압축성 상태의 2차원 속도장이 (x, y) 좌표계에서 다음과 같이 주어졌을 때 유선의 방정식으로 옳은 것은? (단, u 와 v 는 각각 x, y 방향의 속도성분이고, C 는 상수이다.)

$$u = -2x, \quad v = 2y$$

① $x^2 y = C$ ② $xy^2 = C$
③ $xy = C$ ④ $\frac{x}{y} = C$

풀이
문제의 조건으로부터 $\frac{dx}{u} = \frac{dy}{v}$
$$\Rightarrow \frac{dx}{-2x} = \frac{dy}{2y} \Rightarrow \frac{dx}{2x} + \frac{dy}{2y} = 0$$
$$\Rightarrow \text{적분하면} \quad \frac{1}{2}\ln x + \frac{1}{2}\ln y = \frac{1}{2}\ln C$$
$$\Rightarrow xy = C$$

149 정상 2차원 속도장 $\vec{V} = 2x\vec{i} - 2y\vec{j}$ 내의 한 점 (2, 3)에서 유선의 기울기 $\frac{dy}{dx}$ 는?

① $-3/2$ ② $-2/3$
③ $2/3$ ④ $3/2$

풀이
$\vec{V}_{(2,3)} = 4\vec{i} - 6\vec{j}$
유선의 방정식은 $\frac{dx}{u} = \frac{dy}{v} \Rightarrow \frac{dx}{4} = \frac{dy}{-6}$
$$\therefore \frac{dy}{dx} = -\frac{3}{2}$$

150 2차원 속도장이 다음 식과 같이 주어졌을 때 유선의 방정식은 어느 것인가? (단, 직각 좌표계에서 u, v 는 x, y 방향의 속도성분을 나타내며 C는 임의의 상수이다.)

$$u = x, \quad v = -y$$

① $xy = C$ ② $\frac{x}{y} = C$
③ $x^2 y = C$ ④ $xy^2 = C$

풀이
$$\frac{dx}{u} = \frac{dy}{v} \Rightarrow \frac{dx}{x} = \frac{dy}{-y}$$
$$\Rightarrow \frac{dx}{x} + \frac{dy}{y} = 0 \Rightarrow \ln x + \ln y = \ln C$$
$$\Rightarrow xy = C$$

151 2차원 유동장에서 속도벡터가 $\vec{V} = 6y\vec{i} + 2x\vec{j}$ 일 때 점(3, 5)을 지나는 유선의 기울기는? (단, $\vec{i}, \vec{j}$ 는 x, y방향의 단위벡터이다)

① $\frac{1}{3}$ ② $\frac{1}{5}$
③ $\frac{1}{9}$ ④ $\frac{1}{12}$

풀이
$$\frac{dx}{u} = \frac{dy}{v}$$
$$\Rightarrow \frac{dy}{dx} = \frac{v}{u} = \frac{2x}{6xy} = \frac{2 \times 3}{6 \times 5} = \frac{6}{30} = \frac{1}{5}$$

152 x, y평면의 2차원 비압축성 유동장에서 유동함수 (stream function) ψ 는 $\psi = 3xy$ 로 주어진다. 점(6, 2)과 점 (4, 2)사이를 흐르는 유량은?

① 6   ② 12
③ 16   ④ 24

풀이
유동함수 $\psi_{(6,2)} = 3 \times 6 \times 2 = 36$

정답 148. ③ 149. ① 150. ① 151. ② 152. ②

$$\psi_{(4,2)} = 3 \times 4 \times 2 = 24$$
$$\therefore Q = 36 - 24 = 12$$

153 극좌표계 (r, θ)로 표현되는 2차원 퍼텐셜유동(potential flow)에서 속도퍼텐셜(velocity potential, ϕ)이 다음과 같을 때 유동함수(stream function, Ψ)로 가장 적절한 것은? (단, A, B, C는 상수이다.)

$$\phi = A \ln r + Br \cos \theta$$

① $\Psi = \dfrac{A}{r} \cos \theta + Br \sin \theta + C$

② $\Psi = \dfrac{A}{r} \cos \theta - Br \sin \theta + C$

③ $\Psi = A\theta + Br \sin \theta + C$

④ $\Psi = A\theta - Br \cos \theta + C$

풀이

극 좌표계에 대한 stream function과 velocity potential

$\Psi(r, \theta, t)$, $V_r = -\dfrac{1}{r}\dfrac{\partial \psi}{\partial \theta}$, $V_\theta = -\dfrac{\partial \psi}{\partial \theta}$

문제의 조건에서 2차원 potential flow
$\phi = A \ln r + Br \cos \theta$

$\Rightarrow \dfrac{\partial \phi}{\partial r} = A \dfrac{1}{r} + B \cos \theta$

$\Rightarrow -\dfrac{\partial \phi}{\partial r} = -A\dfrac{1}{r} - B \cos \theta = -\dfrac{1}{r}\dfrac{\partial \psi}{\partial \theta}$

$\Rightarrow \dfrac{\partial \psi}{\partial \theta} = A + Br \cos \theta$

$\Rightarrow \partial \psi = (A + Br \cos \theta) \partial \theta$

$\Rightarrow \Psi = A\theta + Br \sin \theta + C$

154 속도 퍼텐셜이 $\phi = x^2 - y^2$인 2차원 유동에 해당하는 유동함수로 가장 옳은 것은?

① $x^2 + y^2$ ② $2xy$
③ $-3xy$ ④ $2x(y-1)$

풀이

$u = \dfrac{\partial \Psi}{\partial y} = \dfrac{\partial \phi}{\partial x}$

$\Rightarrow u = \dfrac{\partial \phi}{\partial x} = 2x = \dfrac{\partial \Psi}{\partial y}$

$\Rightarrow \partial \Psi = 2x \, \partial y$

$\Rightarrow \Psi = 2xy + C = 2xy$

$v = -\dfrac{\partial \Psi}{\partial x} = \dfrac{\partial \phi}{\partial y}$

$\Rightarrow v = \dfrac{\partial \phi}{\partial y} = -2y = -\dfrac{\partial \Psi}{\partial x}$

$\Rightarrow \partial \Psi = 2y \, \partial x$

$\Rightarrow \Psi = 2xy + C = 2xy$

$\therefore \Psi = 2xy$

155 정상, 2차원, 비압축성 유동장의 속도성분이 아래와 같이 주어질 때 가장 간단한 유동함수(Ψ)의 형태는? (단, u는 x 방향, v는 y 방향의 속도성분이다.)

$$u = 2y, \ v = 4x$$

① $\Psi = -2x^2 + y^2$
② $\Psi = -x^2 + y^2$
③ $\Psi = -x^2 + 2y^2$
④ $\Psi = -4x^2 + 4y^2$

풀이

$u = \dfrac{\partial \Psi}{\partial y} = 2y$, $v = -\dfrac{\partial \Psi}{\partial x} = 4x$

2 식을 만족하는 유동함수는 ①

156 속도성분이 $u = 2x$, $v = -2y$인 2차원 유동의 속도퍼텐셜 함수 ϕ로 옳은 것은? (단, 속도퍼텐셜 ϕ는 $\vec{V} = \nabla \phi$로 정의된다.)

① $2x - 2y$ ② $x^3 - y^3$
③ $-2xy$ ④ $x^2 - y^2$

정답 153. ③ 154. ② 155. ① 156. ④

기계유체역학

풀이

④ $\dfrac{\partial \phi}{\partial x} = 2x$, $\dfrac{\partial \phi}{\partial y} = -2y$

157 (x, y)좌표계의 비회전 2차원 유동장에서 속도퍼텐셜(potential) ϕ 는 $\phi = 2x^2 y$로 주어졌다. 이 때 점(3, 2)인 곳에서 속도벡터는? (단, 속도퍼텐셜 ϕ 는 $\vec{V} = \nabla \phi = \operatorname{grad} \phi$로 정의된다.)

① $24\vec{i} + 18\vec{j}$ ② $-24\vec{i} + 18\vec{j}$
③ $12\vec{i} + 9\vec{j}$ ④ $-12\vec{i} + 9\vec{j}$

풀이

$\phi = 2x^2 y$ 이므로
$\vec{V} = \nabla \phi$
$= \dfrac{\partial \phi}{\partial x}\vec{i} + \dfrac{\partial \phi}{\partial y}\vec{j} = 4xy\vec{i} + (2x^2)\vec{j}$
$= (4 \times 3 \times 2)\vec{i} + (2 \times 3^2)\vec{j}$
$= 24\vec{i} + 18\vec{j}$

158 다음과 같은 비회전 속도장의 속도퍼텐셜을 옳게 나타낸 것은? (단, 속도퍼텐셜 Φ 는 $\vec{V} = \nabla \Phi = \operatorname{grad}\Phi$로 정의되며, a 와 C는 상수이다.)

$$u = a(x^2 - y^2),\ v = -2axy$$

① $\Phi = \dfrac{ax^4}{4} - axy^2 + C$
② $\Phi = \dfrac{ax^3}{3} - \dfrac{axy^2}{2} + C$
③ $\Phi = \dfrac{ax^4}{4} - \dfrac{axy^2}{2} + C$
④ $\Phi = \dfrac{ax^3}{3} - axy^2 + C$

풀이

④ $\dfrac{\partial \phi}{\partial x} = u = ax^2 - ay^2 = a(x^2 - y^2)$

$\dfrac{\partial \phi}{\partial y} = v = -2axy$

159 다음 중 2차원 비압축성 유동이 가능한 유동은 어떤 것인가? (단, u 는 x 방향 속도성분이고, v 는 y 방향 속도성분이다.)

① $u = x^2 - y^2$, $v = -2xy$
② $u = 2x^2 - y^2$, $v = 4xy$
③ $u = x^2 + y^2$, $v = 3x^2 - 2y^2$
④ $u = 2x + 3xy$, $v = -4xy + 3y$

풀이

2차원 비압축성 유동 $\dfrac{\partial u}{\partial x} + \dfrac{\partial v}{\partial y} = 0$

$\vec{V} = u\vec{i} + v\vec{j} = \dfrac{\partial u}{\partial x}\vec{i} + \dfrac{\partial v}{\partial y}\vec{j} = 0$ 을 만족하는 것은   ① $2x - 2x = 0$

160 2차원 유동 중 속도퍼텐셜이 존재하는 것은? (단, $\vec{V} = (u, v)$이다.)

① $\vec{V} = (x^2 - y^2,\ 2xy)$
② $\vec{V} = (x^2 - y^2,\ -2xy)$
③ $\vec{V} = (x^2 + y^2,\ -2xy)$
④ $\vec{V} = (x^2 + y^2,\ 2xy)$

풀이

$\vec{V} = (u, v)$ 이므로

$\dfrac{\partial u}{\partial x} + \dfrac{\partial v}{\partial y} = 0$ 을 만족하는 함수를 구하면

② $\dfrac{\partial}{\partial x}(x^2 - y^2) + \dfrac{\partial}{\partial y}(-2xy) = 0$

161 2차원 직각좌표계(x, y)에서 속도장이 다음과 같은 유동이 있다. 유동장 내의 점(L, L)에서의 유속의 크기는? (단, $\vec{i}$, $\vec{j}$ 는 각각 x, y 방향의 단위벡터를 나타낸다.)

정답 157. ① 158. ④ 159. ① 160. ② 161. ④

실전문제

$$V(x, y) = \frac{U}{L}(-x\vec{i} + y\vec{j})$$

① 0   ② U
③ 2U   ④ $\sqrt{2}\,U$

풀이

$\vec{V}(L, L) = \dfrac{U}{L}(-L\vec{i} + L\vec{j})$

유속의 크기는 $|\vec{V}(L, L)| = \sqrt{2}\,U$

162 다음 중 2차원 비압축성 유동의 연속방정식을 만족하지 않는 속도벡터는?

① $V = (16y - 12x)i + (12y - 9x)j$
② $V = -5xi + 5yj$
③ $V = (2x^2 + y^2)i + (-4xy)j$
④ $V = (4xy + y)i + (6xy + 3x)j$

풀이

① $\vec{V} = \dfrac{\partial u}{\partial x} + \dfrac{\partial v}{\partial y} = -12 + 12 = 0$

② $\vec{V} = \dfrac{\partial u}{\partial x} + \dfrac{\partial v}{\partial y} = -5 + 5 = 0$

③ $\vec{V} = \dfrac{\partial u}{\partial x} + \dfrac{\partial v}{\partial y} = 4x - 4x = 0$

④ $\vec{V} = \dfrac{\partial u}{\partial x} + \dfrac{\partial v}{\partial y} = 4y + 6x \neq 0$

163 비점성, 비압축성 유체가 그림과 같이 작은 구멍을 향해 쐐기모양의 벽면 사이를 흐른다. 이 유동을 근사적으로 표현하는 무차원 속도퍼텐셜이 $\phi = -2\ln r$로 주어질 때, $r = 1$인 지점에서 유속 V는 몇 m/s인가? (단, $\vec{V} = \nabla\phi = grad\,\phi$로 정의한다.)

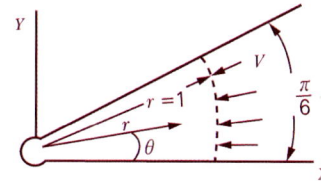

① 0   ② 1
③ 2   ④ π

풀이

$\vec{V}_{r=1} = grad\,\phi|_{r=1} = \dfrac{\partial \phi}{\partial r}\bigg)_{r=1}$

$= -2 \times \dfrac{1}{r}\bigg)_{r=1} = -2\,m/s$

164 비압축성 유체의 2차원유동 속도성분이 $u = x^2t$, $v = x^2 - 2xyt$ 이다. 시간(t)이 2일 때, $(x, y) = (2, -1)$에서 x 방향 가속도 (a_x)는 약 얼마인가? (단, u, v는 각각 x, y 방향 속도성분이고, 단위는 모두 표준단위이다.)

① 32   ② 34
③ 64   ④ 68

풀이

$u_{(2,-1),\,t=2} = x^2t = 4 \times 2 = 8$,

$v_{(2,-1),\,t=2} = x^2 - 2xyt$
$\qquad\qquad = 4 - 2 \times 2 \times (-1) \times 2 = 12$

$a_x = \dfrac{dV}{dt} = \dfrac{\partial V}{\partial x}V + \dfrac{\partial V}{\partial t}$

$\quad = 4x \times 8 + x^2$

$\quad = 4 \times 2 \times 8 + 2^2 = 68$

165 2차원 유동장이 $\vec{V}(x, y) = cx\vec{i} - cy\vec{j}$ 로 주어질 때, 가속도장 $\vec{a}(x, y)$는 어떻게 표시되는가? (단, 유동장에서 c는 상수를 나타낸다.)

① $\vec{a}(x, y) = cx^2\vec{i} - cy^2\vec{j}$
② $\vec{a}(x, y) = cx^2\vec{i} + cy^2\vec{j}$
③ $\vec{a}(x, y) = c^2x\vec{i} - c^2y\vec{j}$
④ $\vec{a}(x, y) = c^2x\vec{i} + c^2y\vec{j}$

풀이

$u = cx$, $v = -cy$ 이므로

정답 162. ④   163. ③   164. ④   165. ④

기계유체역학

$$a_x = \frac{dV}{dt} = \frac{\partial V}{\partial x}V + \frac{\partial V}{\partial t} = u\frac{\partial V}{\partial x} + v\frac{\partial V}{\partial t}$$

$$a = \frac{dV}{dt} = cx \times c - cy \times (-c) = c^2 x + c^2 y$$

$$\therefore \vec{a}(x,y) = c^2 x \vec{i} + c^2 y \vec{j}$$

166 2차원 속도장이 $\vec{V} = y^2\vec{i} - xy\vec{j}$ 로 주어질 때 (1, 2)위치에서 가속도의 크기는 약 얼마인가?

① 4 ② 6
③ 8 ④ 10

풀이

$\vec{V} = u\vec{i} + v\vec{j} = \frac{\partial u}{\partial x}\vec{i} + \frac{\partial v}{\partial y}\vec{j} = 0 \Rightarrow u = y^2$,
$v = -xy$

$$a = \frac{DV}{Dt} = u\frac{\partial \vec{V}}{\partial x} + v\frac{\partial \vec{V}}{\partial y} + \frac{\partial \vec{V}}{\partial t}$$

$$= y^2(-y\vec{j}) - xy(2y\vec{i} - x\vec{j})$$
$$= -y^3\vec{j} - xy(2y\vec{i} - x\vec{j})$$

$$a = \frac{DV}{Dt}\bigg|_{(1,2)} = -8\vec{j} - 2(4\vec{i} - \vec{j})$$
$$= -8\vec{i} - 6\vec{j}$$

$$\therefore |\vec{a}| = \sqrt{8^2 + 6^2} = 10$$

167 그림과 같이 비점성, 비압축성 유체가 쐐기모양의 벽면사이를 흘러 작은 구멍을 통해 나간다. 이 유동을 극 좌표계(r, θ)에서 근사적으로 표현한 속도퍼텐셜은 $\phi = 3\ln r$ 일 때 원호 $r = 2(0 \leq \theta \leq \pi/2)$를 통과하는 단위길이 당 체적유량은 얼마인가?

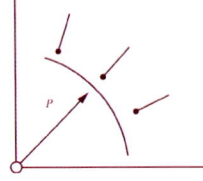

① $\frac{\pi}{4}$ ② $\frac{3}{4}\pi$
③ π ④ $\frac{3}{2}\pi$

풀이

$$\vec{V} = \nabla \phi = grad\,\phi = \frac{3}{r}$$

$$Q = r\theta V = r \times \pi/2 \times \frac{3}{r} = \frac{3}{2}\pi$$

168 퍼텐셜 유동 중 2차원 자유와류(free vortex)의 속도퍼텐셜은 $\phi = K\theta$로 주어지고, K는 상수이다. 중심에서의 거리 $r = 10\,m$에서의 속도가 20 m/s이라면 r = 5m에서의 계기압력은 몇 Pa인가? (단, 중심에서 멀리 떨어진 곳에서의 압력은 대기압이며 이 유체의 밀도는 1.2 kg/m³이다.)

① -60 ② -240
③ -960 ④ 240

풀이

$\phi = K\theta$, $V_\theta = \frac{1}{r} = \frac{\partial \phi}{\partial \theta}$

문제의 의미에서

$20 = \frac{1}{10} \times K \Rightarrow K = 200$ 이므로

$V_\theta = \frac{1}{r}K = \frac{1}{5} \times 200 = 40\,m/s$

$p_{gauge} = -\frac{\rho V_\theta^2}{2} = -\frac{1.2 \times 40^2}{2}$

169 퍼텐셜 함수가 $K\theta$ 인 선 와류유동이 있다. 중심에서 반지름 1 m인 원주를 따라 계산한 순환(circulation)은? (단, $\vec{V} = \nabla \phi = \frac{\partial \phi}{\partial r}\vec{i_r} + \frac{1}{r}\frac{\partial \phi}{\partial \theta}\vec{i_\theta}$ 이다.)

① 0 ② K
③ πK ④ $2\pi K$

정답 166. ④ 167. ④ 168. ③ 169. ④

실전문제

풀이
$\phi = K\theta$
$\Rightarrow \vec{V} = V_r \vec{i_r} + V_\theta \vec{j_\theta}$
$\vec{V_r} = \frac{\partial \phi}{\partial r} = 0, \vec{V_\theta} = \frac{1}{r}\frac{\partial \phi}{\partial \theta} = \frac{1}{r}\frac{\partial(K\theta)}{\partial \theta} = \frac{K}{r}$

순환
$\Gamma = \oint \vec{V} \cdot \vec{ds} = \int_0^{2\pi} V_\theta \, ds$
$= \int_0^{2\pi} \frac{K}{r} r \, d\theta = [K\theta]_0^{2\pi} = 2\pi K$

170 비압축성 유동에 대한 Navier-Stokes 방정식에서 나타나지 않는 힘은?
① 체적력(중력)   ② 압력
③ 점성력   ④ 표면장력

풀이
④ 표면장력

171 2차원 공간에서 속도장이 $\vec{V} = 2xt\vec{i} - 4y\vec{j}$ 로 주어질 때, 가속도 $\vec{a}$ 는 어떻게 나타내는가? (여기서, t 는 시간을 나타낸다.)
① $4xt\vec{i} - 16y\vec{j}$
② $4xt\vec{i} + 16y\vec{j}$
③ $2x(1+2t^2)\vec{i} - 16y\vec{j}$
④ $2x(1+2t^2)\vec{i} + 16y\vec{j}$

풀이
가속도
$\vec{a} = \frac{dV}{dt} = \frac{\partial V}{\partial t} + u\frac{\partial V}{\partial x} + v\frac{\partial V}{\partial y}$
$= 2x\vec{i} + (2xt)\times(2t)\vec{i} + (-4y)\times(-4)\vec{j}$
$= 2x(1+2t^2)\vec{i} + 16y\vec{j}$

172 유속 V의 균일 운동장에 놓인 물체둘레의 순환이 Γ 일 때, 이 물체에 발생하는 $L^{(Kutta-Joukowski의\ 정리)}$은? (단, 유체의 밀도는 ρ 라 한다.)
① $L = \frac{\Gamma}{\rho V}$ ② $L = \frac{\rho \Gamma}{V}$
③ $L = \frac{V\Gamma}{\rho}$ ④ $L = \rho V \Gamma$

풀이
쿠타 - 조우코우스키 가설의 양력 $= \rho V \Gamma$

173 Navier-Stokes 방정식을 이용하여, 정상, 2차원, 비압축성 속도장 $V = axi - ayj$ 에서 압력을 x, y 의 방정식으로 옳게 나타낸 것은? (단, a는 상수이고, 원점에서의 압력은 0이다.)
① $P = -\frac{\rho a^2}{2}(x^2 + y^2)$
② $P = -\frac{\rho a}{2}(x^2 + y^2)$
③ $P = \frac{\rho a^2}{2}(x^2 + y^2)$
④ $P = \frac{\rho a}{2}(x^2 + y^2)$

풀이
2차원, 비압축성 N-S Eqn.
x방향 : $\rho\left(\frac{\partial u}{\partial t} + u\frac{\partial u}{\partial x} + v\frac{\partial u}{\partial y}\right)$
$= \rho g_x - \frac{\partial p}{\partial x} + \mu\left(\frac{\partial^2 u}{\partial x^2} + \frac{\partial^2 u}{\partial y^2}\right)$ …… ①
y방향 : $\rho\left(\frac{\partial v}{\partial t} + u\frac{\partial v}{\partial x} + v\frac{\partial v}{\partial y}\right)$
$= \rho g_y - \frac{\partial p}{\partial y} + \mu\left(\frac{\partial^2 v}{\partial x^2} + \frac{\partial^2 v}{\partial y^2}\right)$ …… ②

속도장 조건 : $V = axi - ayj$
$\Rightarrow u = ax$
$\Rightarrow \frac{\partial u}{\partial x} = a, \frac{\partial^2 u}{\partial x^2} = 0, \frac{\partial u}{\partial y} = 0$
$\Rightarrow v = -ay$

정답 170. ④ 171. ④ 172. ④ 173. ①

기계유체역학

$$\Rightarrow \frac{\partial v}{\partial y} = -a, \quad \frac{\partial^2 v}{\partial y^2} = 0, \quad \frac{\partial v}{\partial x} = 0$$

정상유동 : $\dfrac{\partial u}{\partial t} = \dfrac{\partial v}{\partial t} = 0$

가속도 : $g_x = g_y = 0$

이상의 모든조건을 ①과 ②식에 대입하고 정리하면

x방향 : $\rho(0 + u \times a + 0)$

$= 0 - \dfrac{\partial p}{\partial x} + \mu(0+0)$

$\dfrac{\partial p}{\partial x} = -\rho a u = -\rho a a x = -\rho a^2 x$

$\therefore p_x = -\rho a^2 \times \dfrac{x^2}{2}$

y방향 : $\rho(0 + 0 + v \times (-a))$

$= 0 - \dfrac{\partial p}{\partial x} + \mu(0+0)$

$\dfrac{\partial p}{\partial y} = \rho a v = \rho a(-ay) = -\rho a^2 y$

$\therefore p_y = -\rho a^2 \times \dfrac{y^2}{2}$

$P = p_x + p_y = -\dfrac{pa^2}{2}(x^2 + y^2)$

차원해석과 상사법칙

174 다음 물리량을 질량, 길이, 시간의 차원을 이용하여 나타내고자 한다. 이 중 질량의 차원을 포함하는 물리량은?

㉠ 속도	㉡ 가속도
㉢ 동점성계수	㉣ 체적탄성계수

① ㉠ ② ㉡
③ ㉢ ④ ㉣

풀이

④ ㉣ 체적탄성계수 $K = \dfrac{1}{\beta} = -V\dfrac{dp}{dV}$

$[\text{Pa} = N/m^2 = kg \cdot m/s^2/m^2]$

175 다음 변수 중에서 무차원수는 어느 것인가?

① 가속도 ② 동 점성계수
③ 비중   ④ 비중량

풀이

③ 비중 ⇨

$\dfrac{\text{임의 물체의 질량}(kg)}{4℃ \text{ 물의 질량}(1000\,kg)} = \dfrac{\text{임의 물체의 중량}(N)}{4℃ \text{ 물의 중량}(9800\,N)}$

176 다음 중 무차원에 해당하는 것은?

① 비중   ② 비중량
③ 점성계수 ④ 동 점성계수

풀이

비중은 동일한 질량 또는 중량의 상대 값으로서 단위가 없다. (무차원수)

177 다음 중 체적탄성계수와 차원이 같은 것은?

① 체적
② 힘
③ 압력
④ 레이놀즈(Reynolds) 수

풀이

③ 압력

178 다음 중 체적탄성계수와 차원이 같은 것은?

① 힘   ② 체적
③ 속도 ④ 전단응력

풀이

④ 전단응력 N/m^2

179 다음 중 단위계(System of Unit)가 다른 것은?

① 항력(Drag)
② 응력(Stress)

정답 174.④ 175.③ 176.① 177.③ 178.③ 179.①

③ 압력(Pressure)
④ 단위면적 당 작용하는 힘

풀이
① 항력 (Drag)의 단위 ⇨ N

180 일률(power)을 기본차원인 M(질량), L(길이), T(시간)로 나타내면?

① L^2T^{-2}
② $MT^{-2}L^{-1}$
③ ML^2T^{-2}
④ ML^2T^{-3}

풀이
일률(동력) = $\dfrac{일}{시간}$ = J/s = $N \cdot m/s$
= $MLT^{-2} \times L \times T^{-1} = ML^2T^{-3}$

181 점성계수의 차원으로 옳은 것은? (단, F는 힘, L은 길이, T는 시간의 차원이다.)

① FLT^{-2}
② FL^2T
③ $FL^{-1}T^{-1}$
④ $FL^{-2}T$

풀이
$\mu = \dfrac{\tau}{du/dy} = \dfrac{FL^{-2}}{LT^{-1}/L} = FL^{-2}T$
= $(MLT^{-2})L^{-2}T = ML^{-1}T^{-1}$

182 다음 중 점성계수 μ의 차원으로 옳은 것은? (단, M : 질량, L : 길이, T : 시간이다.)

① $ML^{-1}T^2$
② $ML^{-2}T^2$
③ $ML^{-1}T$
④ $ML^{-2}T$

풀이
$\mu = \dfrac{\tau}{du/dy} = \dfrac{FL^{-2}}{LT^{-1}/L} = FL^{-2}T$
= $(MLT^{-2})L^{-2}T = ML^{-1}T^{-1}$

183 동점성계수의 차원을 $[M]^a[L]^b[T]^c$로 나타낼 때, a + b + c의 값은?

① −1
② 0
③ 1
④ 3

풀이
동점성계수 차원해석
m^2/s ⇨ $m^2/s = L^2T^{-1} = M^aL^bT^c$

184 다음 중 동 점성계수(kinematic viscosity)의 단위는?

① N・s/m²
② kg/(m・s)
③ m²/s
④ m/s²

풀이
$\mu = \rho \nu$
⇨ $\nu = \dfrac{\mu}{\rho} = \dfrac{ML^{-1}T^{-1}}{ML^{-3}}$
= L^2T^{-1}

185 압력과 밀도를 각각 p, ρ라 할 때 $\sqrt{\dfrac{\triangle p}{\rho}}$의 차원은? (단, M, L, T는 각각 질량, 길이, 시간의 차원을 나타낸다.)

① $\dfrac{M}{LT}$
② $\dfrac{M}{L^2T}$
③ $\dfrac{L}{T}$
④ $\dfrac{L}{T^2}$

풀이
$\sqrt{\dfrac{\triangle p}{\rho}} = \left(\dfrac{\triangle p}{\rho}\right)^{\frac{1}{2}} = \left(\dfrac{ML^{-1}T^{-2}}{ML^{-3}}\right)^{\frac{1}{2}}$
= $(L^2T^{-2})^{\frac{1}{2}} = LT^{-1} = \dfrac{L}{T}$

186 표면장력의 차원으로 맞는 것은? (단, M : 질량, L : 길이, T : 시간)

정답 180. ④ 181. ④ 182. ③ 183. ③ 184. ③ 185. ③ 186. ④

기계유체역학

① M L T $^{-2}$ ② M L^2 T
③ M L^{-1} T^{-2} ④ M T^{-2}

풀이

$$\sigma = \frac{\Delta p \, d}{4} \, [\text{N/m}]$$

$$\Rightarrow [FL^{-1}] = [MT^{-2}]$$

187 선운동량의 차원으로 옳은 것은? (단, M : 질량, L : 길이, T : 시간이다.)

① MLT ② ML^{-1}T
③ MLT^{-1} ④ MLT^{-2}

풀이
③
선운동량의 차원
$mv \, [kg \cdot m/s] \Rightarrow [MLT\,-1]$

188 다음 〈보기〉중 무차원수를 모두 고른 것은?

〈보기〉
a. Reynolds수 b. 관 마찰계수
c. 상대조도 d. 일반기체상수

① a, c ② a, b
③ a, b, c ④ b, c, d

풀이
일반적으로 계수 및 상사 수는 무차원수이며, 차원해석 후에 단위가 없다.

189 역학적 상사성(相似性)이 성립하기 위해 프루드(Froude)수를 같게 해야 되는 흐름은?

① 점성계수가 큰 유체의 흐름
② 표면장력이 문제가 되는 흐름
③ 자유표면을 가지는 유체의 흐름
④ 압축성을 고려해야 되는 유체의 흐름

③ 중력 항을 포함하는 무차원수 이어야 한다.

190 다음 무차원수 중 역학적 상사(inertia foece) 개념이 포함되어 있지 않은 것은?

① Froude number
② Reynolds number
③ Mach number
④ Fourier number

풀이
④ Fourier number : 뿌리에 수는 역학의 무차원수가 아니다.

191 동점성계수가 1.5×10^{-5} m^2/s인 공기 중에서 30 m/s의 속도로 비행하는 비행기의 모형을 만들어, 동점성계수가 1.0×10^{-6} m^2/s인 물속에서 6 m/s의 속도로 모형시험을 하려한다. 모형(L_m)과 실형(L_p)의 길이비(L_m / L_p)를 얼마로 해야 되는가?

① $\frac{1}{75}$ ② $\frac{1}{15}$
③ $\frac{1}{5}$ ④ $\frac{1}{3}$

풀이

$$\left(\frac{Vd}{\nu}\right)_p = \left(\frac{Vd}{\nu}\right)_m \Rightarrow \left(\frac{VL}{\nu}\right)_p = \left(\frac{VL}{\nu}\right)_m$$

$$\Rightarrow \frac{L_m}{L_p} = \frac{\nu_m}{\nu_p} \times \frac{V_p}{V_m} = \frac{1.0 \times 10^6}{1.5 \times 10^6} \times \frac{30}{6} = \frac{1}{3}$$

192 길이 125 m, 속도 9 m/s인 선박의 모형실험을 길이 5 m인 모형선으로 프루드(Froude) 상사가 성립되게 실험하려면 모형선의 속도는 약 몇 m/s로 해야 하는가?

정답 187. ③ 188. ③ 189. ③ 190. ④ 191. ④ 192. ①

① 1.80　　② 4.02
③ 0.36　　④ 36

풀이
Froude 상사
$\left(\dfrac{V}{\sqrt{Lg}}\right)_p = \left(\dfrac{V}{\sqrt{Lg}}\right)_m$
$\Rightarrow V_m = V_p\sqrt{\dfrac{L_m}{L_p}} = 9\sqrt{\dfrac{5}{125}} = 1.8\ m/s$

193 중력은 무시할 수 있으나 관성력과 점성력 및 표면장력이 중요한 역할을 하는 미세구조물 중 마이크로채널 내부의 유동을 해석하는데 중요한 역할을 하는 무차원수만으로 짝지어진 것은?

① Reynolds 수, Froude 수
② Reynolds 수, Mach 수
③ Reynolds 수, Weber 수
④ Reynolds 수, Cauchy 수

풀이
③ Reynolds 수, Weber 수

194 Buckingham의 파이(pi)정리를 바르게 설명한 것은 무엇인가? (단, k는 변수의 개수, r 은 변수를 표현하는데 필요한 최소한의 기준차원의 개수이다.)

① (k − r)개의 독립적인 무차원수의 관계식으로 만들 수 있다.
② (k + r)개의 독립적인 무차원수의 관계식으로 만들 수 있다.
③ (k − r + 1)개의 독립적인 무차원수의 관계식으로 만들 수 있다.
④ (k + r + 1)개의 독립적인 무차원수의 관계식으로 만들 수 있다.

풀이
버킹엄의 파이정리
무 차원 항의 총 수 =
독립적 물리량의 총 수 − 기본차원의 총 수
$\Rightarrow \pi = k - r$ 개

195 어느 물리법칙이 $F(a, V, \nu, L) = 0$과 같은 식으로 주어졌다. 이 식을 무차원수의 함수로 표시하고자 할 때 이에 관계되는 무차원수는 몇 개인가? (단, a, V, ν, L은 각각 가속도, 속도, 동점성계수, 길이이다.)

① 4　　② 3
③ 2　　④ 1

풀이
무 차원 항의 총 수 =
독립적 물리량의 총 수 − 기본차원의 총 수
∴ 4 − 2 = 2개

196 함수 $f(a, V, t, \nu, L) = 0$을 무차원 변수로 표시하는데 필요한 독립 무차원수 π는 몇 개인가? (단, a는 음속, V는 속도, t는 시간, ν는 동점성계수, L은 특성길이이다.)

① 1　　② 2
③ 3　　④ 4

풀이
무 차원 항의 총수 =
독립적 물리량의 총수 − 기본차원의 총수
∴ 5 − 2 = 3개

197 다음 $\Delta p, L, Q, \rho$ 변수들을 이용하여 만든 무차원수로 옳은 것은? (단, Δp : 압력차, ρ : 밀도, L : 길이, Q : 유량)

① $\dfrac{\rho \cdot Q}{\Delta p \cdot L^2}$　　② $\dfrac{\rho \cdot L}{\Delta p \cdot Q^2}$
③ $\dfrac{\Delta p \cdot L \cdot Q}{\rho}$　　④ $\dfrac{Q}{L^2}\sqrt{\dfrac{\rho}{\Delta p}}$

정답 193. ③　194. ①　195. ③　196. ③　197. ④

기계유체역학

풀이

모든 지수차원의 합은 0

$Q \; [m^3/s] \;\Rightarrow\; L^3 T^{-1}$

$\Delta p \; [N/m^2]$
$\Rightarrow F L^{-2} = MLT^{-2} L^{-2} = ML^{-1}T^{-2}$
$\therefore (\Delta p)^\alpha = [ML^{-1}T^{-2}]^\alpha$

$\rho \; [kg/m^3] \;\Rightarrow\; ML^{-3}$
$\therefore (\rho)^\beta = [ML^{-3}]^\beta$

$L \; [m] \;\Rightarrow\; L$
$\therefore (L)^\gamma = [L]^\gamma$

M 의 차원 : $\alpha + \beta = 0$
L 의 차원 : $3 - \alpha - 3\beta + \gamma = 0$
T 의 차원 : $-1 - 2\alpha = 0$
$\therefore \alpha = -\dfrac{1}{2},\; \beta = \dfrac{1}{2},\; \gamma = -2$

무차원수

$\Pi = Q^1 (\Delta p)^{-\frac{1}{2}} \rho^{\frac{1}{2}} L^{-2} = \dfrac{Q \sqrt{\rho}}{\sqrt{\Delta p} \, L^2}$

$= \dfrac{Q}{L^2} \sqrt{\dfrac{\rho}{\Delta p}}$

198 점성력에 대한 관성력의 비로 나타내는 무차원수의 명칭은?

① 레이놀즈 수 ② 웨버 수
③ 푸루드 수   ④ 코우시 수

풀이

가. 레이놀즈 수

$Re = \dfrac{\text{관성력}}{\text{점성력}} = \dfrac{\rho V d}{\mu} = \dfrac{V d}{\nu}$

199 안지름이 50 cm인 원관에 물이 2 m/s의 속도로 흐르고 있다. 역학적 상사를 위해 관성력과 점성력만을 고려하여 $\dfrac{1}{5}$로 축소된 모형에서 같은 물로 실험할 경우 모형에서의 유량은 약 몇 L/s인가? (단, 물의 동점성계수는 $1 \times 10^{-6}\, m^2/s$ 이다.)

① 34   ② 79
③ 118   ④ 256

풀이

$Re = \dfrac{\rho V L}{\mu} = \dfrac{V d}{\nu} \;\Rightarrow\; V_p d_p = V_m d_m$

$\Rightarrow 2 \times 50 = V_m \times 10$
$\Rightarrow V_m = 10 \; m/s$

$\dot{Q}_m = A_m V_m = \dfrac{\pi}{4} \times 0.1^2 \times 10 = 0.0785 \; m^3/s$
$= 78.5 \; L/s$

200 속도 15 m/s로 항해하는 길이 80 m의 화물선의 조파저항에 관한 성능을 조사하기 위하여 수조에서 길이 3.2 m인 모형 배로 실험을 할 때 필요한 모형 배의 속도는 몇 m/s인가?

① 9.0   ② 3.0
③ 0.33   ④ 0.11

풀이

$\left(\dfrac{V}{\sqrt{Lg}}\right)_p = \left(\dfrac{V}{\sqrt{Lg}}\right)_m$

$\Rightarrow V_m = V_p \left(\dfrac{\sqrt{L_m}}{\sqrt{L_p}}\right)$

$= 15 \times \sqrt{\dfrac{3.2}{80}} = 3 \; m/s$

201 길이 150 m의 배가 10 m/s의 속도로 항해하는 경우를 길이 4 m의 모형 배로 실험하고자 할 때 모형 배의 속도는 약 몇 m/s로 해야 하는가?

① 0.133   ② 0.534
③ 1.068   ④ 1.633

풀이

$\left(\dfrac{V}{\sqrt{Lg}}\right)_p = \left(\dfrac{V}{\sqrt{Lg}}\right)_m \;\Rightarrow\; \dfrac{V_p}{\sqrt{L_p}} = \dfrac{V_m}{\sqrt{L_m}}$

$V_m = V_p \sqrt{\dfrac{L_m}{L_p}} = 10 \times \sqrt{\dfrac{4}{150}}$
$= 1.633 \; m/s$

실전문제

202 중력과 관성력의 비로 정의되는 무차원수는? (단, ρ : 밀도, V : 속도, l : 특성길이, μ : 점성계수, p : 압력, g : 중력가속도, c : 소리의 속도)

① $\dfrac{\rho V l}{\mu}$ ② $\dfrac{V}{\sqrt{g l}}$

③ $\dfrac{p}{\rho V^2}$ ④ $\dfrac{V}{c}$

풀이
② $\dfrac{V}{\sqrt{g l}}$: Froude 수

203 수면에 떠 있는 배의 저항문제에 있어서 모형과 원형 사이에 역학적상사(相似)를 이루려면 다음 중 어느 것이 중요한 요소가 되는가?

① Reynolds number, Mach number
② Reynolds number, Froude number
③ Weber number, Euler number
④ Mach number, Weber number

풀이
조파저항 상사 무차원수 :
Reynolds number, Froude number

204 길이 150 m의 배가 8 m/s의 속도로 항해한다. 배가 받는 조파저항을 연구하는 경우, 길이 1.5 m의 기하학적으로 닮은 모형의 속도는 몇 m/s인지 구하시오.

① 12   ② 80
③ 1   ④ 0.8

풀이
Froude수 상사
$\left(\dfrac{V}{\sqrt{Lg}}\right)_p = \left(\dfrac{V}{\sqrt{Lg}}\right)_m$

$\Rightarrow V_m = V_p \left(\sqrt{\dfrac{l_m}{l_p}}\right) = 8 \times \left(\sqrt{\dfrac{1.5}{150}}\right)$
$= 0.8 \, m/s$

205 길이 100 m인 배가 10 m/s의 속도로 항해한다. 길이 1 m인 모형 배를 만들어 조파저항을 측정한 후 원형 배의 조파저항을 구하고자 동일한 조건의 해수에서 실험할 경우 모형 배의 속도를 약 몇 m/s로 하면 되겠는가?

① 1   ② 10
③ 100   ④ 200

풀이
조파저항은 Froude 상사
$\left(\dfrac{V}{\sqrt{Lg}}\right)_p = \left(\dfrac{V}{\sqrt{Lg}}\right)_m$

$\Rightarrow V_m = V_p \sqrt{\dfrac{L_m}{L_p}} = 10 \sqrt{\dfrac{1}{100}} = 1 \, m/s$

206 $\dfrac{1}{20}$ 로 축소한 모형 수력발전 댐과, 역학적으로 상사한 실제 수력발전 댐이 생성할 수 있는 동력의 비(모형 : 실제)는 약 얼마인가?

① 1 : 1800   ② 1 : 8000
③ 1 : 35800   ④ 1 : 160000

풀이
자유표면 유동과 관계되는 무차원수에는 중력 항이 포함되므로 Froude 수의 상사가 필요하다.
$\left(\dfrac{V}{\sqrt{Lg}}\right)_p = \left(\dfrac{V}{\sqrt{Lg}}\right)_m$

$\Rightarrow V_p = V_m \left(\dfrac{\sqrt{L_p}}{\sqrt{L_m}}\right) = \sqrt{20} \, V_m \, m/s$

또한 동력의 상사로부터
$P = \gamma H Q = \gamma H A V$, $\gamma_p = \gamma_m$ 이므로
$\left(\dfrac{H}{V L^3}\right)_p = \left(\dfrac{H}{V L^3}\right)_m$

정답 202. ② 203. ② 204. ④ 205. ① 206. ③

기계유체역학

$$\Rightarrow \frac{H_p}{\sqrt{20}\, V_m \times 20^3} = \frac{H_m}{V_m \times 1^3}$$

$$\Rightarrow H_m : H_p = 1 : 20^3\sqrt{20} = 1 : 35777.1$$

207 무차원수인 스트라홀 수(Strouhal number)와 가장 관계가 먼 항목은?

① 점도　　② 속도
③ 길이　　④ 진동흐름의 주파수

풀이

스트라홀 수 : 주파수와 대표길이에 비례하고 유동속도에는 반비례하는 무차원수.

$St = \dfrac{w\,l}{V}$, w : 진동흐름의 주파수

208 레이놀즈수가 매우작은 느린 유동(creeping flow)에서 물체의 항력 F는 속도 V, 크기 D, 그리고 유체의 점성계수 μ에 의존한다. 이와 관계하여 유도되는 무차원수는?

① $\dfrac{F}{\mu V D}$　　② $\dfrac{VD}{F\mu}$
③ $\dfrac{FD}{\mu V}$　　④ $\dfrac{F}{\mu D V^2}$

풀이

Creeping flow에서 작용하는 스토크스의 법칙 ($Re < 1$)에 따른 항력은 $F_D = 3\pi\mu V D$ 이므로 무차원 계수는 $\dfrac{F}{\mu V D}$ 이다.

209 높이 1.5 m의 자동차가 108 km/h의 속도로 주행할 때의 공기흐름 상태를 높이 1 m의 모형을 사용해서 풍동실험 하여 알아보고자 한다. 여기서 상사법칙을 만족시키기 위한 풍동의 공기속도는 약 몇 m/s인가? (단, 그 외의 조건은 동일하다고 가정한다.)

① 20　　② 30

③ 45　　④ 67

풀이

풍동장치에서 작용하는 힘은 마하수이며, 기하학적 상사를 만족해야 하므로

$\left(\dfrac{L}{C}\right)_p = \left(\dfrac{L}{C}\right)_m$

$\Rightarrow C_m = C_p \left(\dfrac{L_p}{L_m}\right)$

$= 108 \times 1000/3600 \times \left(\dfrac{1.5}{1}\right) = 45$ m/s

210 어뢰의 성능을 시험하기 위해 모형을 만들어서 수조 안에서 24.4 m/s의 속도로 끌면서 실험하고 있다. 원형(proto type)의 속도가 6.1 m/s라면 모형과 원형의 크기비는 얼마인가?

① 1 : 2　　② 1 : 4
③ 1 : 8　　④ 1 : 10

풀이

역학적 상사

$\left.\dfrac{\rho V d}{\mu}\right|_m = \left.\dfrac{\rho V d}{\mu}\right|_p$

$\Uparrow$ ρ, μ 는 일정하므로

$\Rightarrow V_m d_m = V_p d_p$

$\Rightarrow d_m : d_p = V_p : V_m = 6.1 : 24.4$

$\therefore d_m : d_p = 1 : 4$

211 새로 개발한 스포츠카의 공기역학적 항력을 기온 25°C(밀도는 1.184 kg/m³, 점성계수는 1.849 x 10⁻⁵ kg/(m·s)), 100 km/h 속력에서 예측하고자 한다. 1/3 축척모형을 사용하여 기온이 5°C(밀도는 1.269 kg/m³, 점성계수는 1.754 x 10⁻⁵ kg/(m·s))인 풍동에서 항력을 측정할 때 모형과 원형 사이의 상사를 유지하기 위해 풍동 내 공기의 유속은 약 몇 km/h가 되어야 하는가?

정답 207. ①　208. ①　209. ③　210. ②　211. ②

① 153   ② 266
③ 442   ④ 549

[풀이]

역학적 상사인 Reynolds 수가 같아야 하므로

$$\left(\frac{\rho VL}{\mu}\right)_p = \left(\frac{\rho VL}{\mu}\right)_m$$

$$V_m = \frac{\mu_m \rho_p V_p L_p}{\mu_p \rho_m L_m}$$

$$= \frac{1.754 \times 10^{-5} \times 1.184 \times 100 \times 3}{1.849 \times 10^{-5} \times 1.269}$$

$$= 265.52 \text{ km/s}$$

212 잠수함의 거동을 조사하기 위해 바닷물 속에서 모형으로 실험을 하고자 한다. 잠수함의 실형과 모형의 크기비율은 7 : 1 이며, 실제 잠수함이 8 m/s로 운전한다면 모형의 속도는 약 몇 m/s인가?

① 28   ② 56
③ 87   ④ 132

[풀이]

잠수함에서 작용하는 힘은 관성력과 점성력이며 역학적 상사인 Reynolds 수가 같아야 하므로

$$\left(\frac{VL}{\nu}\right)_p = \left(\frac{VL}{\nu}\right)_m \Rightarrow \frac{\nu_m}{\nu_p} = 1 = \frac{(VL)_p}{(VL)_m}$$

$$\Rightarrow V_m = V_p\left(\frac{L_p}{L_m}\right) = 8 \times \left(\frac{7}{1}\right) = 56 \text{ m/s}$$

213 1/10 크기의 모형잠수함을 해수에서 실험한다. 실제 잠수함을 2 m/s로 운전하려면 모형잠수함은 약 몇 m/s 의 속도로 실험하여야 하는가?

① 20   ② 5
③ 0.2   ④ 0.5

[풀이]

$$\left(\frac{VL}{\nu}\right)_p = \left(\frac{VL}{\nu}\right)_m$$

$$\Rightarrow \frac{\nu_m}{\nu_p} = 1 = \frac{(VL)_p}{(VL)_m}$$

$$\Rightarrow V_m = V_p\left(\frac{L_p}{L_m}\right) = 2 \times \left(\frac{10}{1}\right)$$

$$= 20 \text{ m/s}$$

214 실제 잠수함 크기의 1/25인 모형 잠수함을 해수에서 실험하고자 한다. 만일 실형 잠수함을 5 m/s로 운전하고자 할 때 모형 잠수함의 속도는 몇 m/s로 실험해야 하는가?

① 0.2   ② 3.3
③ 50   ④ 125

[풀이]

$$\left(\frac{VL}{\nu}\right)_p = \left(\frac{VL}{\nu}\right)_m \Rightarrow \frac{\nu_m}{\nu_p} = 1 = \frac{(VL)_p}{(VL)_m}$$

$$\Rightarrow V_m = V_p\left(\frac{L_p}{L_m}\right) = 5 \times \left(\frac{25}{1}\right) = 125 \text{ m/s}$$

215 물(비중량 9800 N/m³) 위를 3 m/s의 속도로 항진하는 길이 2 m인 모형선에 작용하는 조파저항이 54 N이다. 길이 50 m인 실선을 이것과 상사한 조파상태인 해상에서 항진시킬 때 조파저항은 약 얼마인가? (단, 해수의 비중량은 10075 N/m³이다.)

① 43 kN   ② 433 kN
③ 87 kN   ④ 867k N

[풀이]

● Froude 상사

$$\left(\frac{V}{\sqrt{Lg}}\right)_p = \left(\frac{V}{\sqrt{Lg}}\right)_m$$

$$\Rightarrow V_p = \sqrt{\frac{L_p}{L_m}} \; V_m = \sqrt{\frac{50}{2}} \times 3 = 15 \; m/s$$

● 항력계수 상사

$$D = C_D A \frac{\rho V^2}{2}$$

$$\Rightarrow C_D = \frac{2D}{\rho V^2 A} = \frac{D}{\rho V^2 L^2}$$

기계유체역학

$$\left(\frac{D}{\rho V^2 L^2}\right)_p = \left(\frac{D}{\rho V^2 L^2}\right)_m$$

$$\Rightarrow D_p = \frac{\rho_p V_p^2 L_p^2}{\rho_m V_m^2 L_m^2} D_m$$

$$= \frac{10075/9.8 \times 15^2 \times 50^2}{1000 \times 3^2 \times 2^2} \times 54$$

$$\therefore D_p \fallingdotseq 867 \, kN$$

관내유동, 손실수두

216 파이프 내에 점성유체가 흐른다. 다음 중 파이프 내의 압력분포를 지배하는 힘은?

① 관성력과 중력
② 관성력과 표면장력
③ 관성력과 탄성력
④ 관성력과 점성력

풀이
④ Δp 가 지배하는 힘

217 원관(pipe) 내에 유체가 완전 발달한 층류유동일 때 유체유동에 관계한 가장 중요한 힘은 다음 중 어느 것인가?

① 관성력과 점성력
② 압력과 관성력
③ 중력과 압력
④ 표면장력과 점성력

풀이
Re 수가 가장 중요하므로
① 관성력과 점성력이다.

218 평행한 평판 사이의 층류흐름을 해석하기 위해서 필요한 무차원수와 그 의미를 바르게 나타낸 것은?

① 레이놀즈수 = 관성력 / 점성력
② 레이놀즈수 = 관성력 / 탄성력
③ 프루드수 = 중력 / 관성력
④ 프루드수 = 관성력 / 점성력

풀이
층류흐름 해석을 위한 무 차원 수는 Re 수(관성력 / 점성력)이다.

219 파이프 내 유동에 대한 설명 중 틀린 것은?

① 층류인 경우 파이프 내에 주입된 염료는 관을 따라 하나의 선을 이룬다.
② 레이놀즈수가 특정범위를 넘어가면 유체 내의 불규칙한 혼합이 증가한다.
③ 입구길이란 파이프 입구부터 완전 발달된 유동이 시작하는 위치까지의 거리이다.
④ 유동이 완전 발달되면 속도분포는 반지름 방향으로 균일(Uniform)하다.

풀이
④ 속도분포는 포물선의 형태이다.

220 지름은 200 mm에서 지름 100 mm로 단면적이 변하는 원형관 내의 유체흐름이 있다. 단면적 변화에 따라 유체밀도가 변경 전 밀도의 106 %로 커졌다면, 단면적이 변한 후의 유체속도는 약 몇 m/s인가? (단, 지름 200 mm에서 유체의 밀도는 800 kg/m^3, 속도는 20 m/s이다.)

① 52
② 66
③ 75
④ 89

풀이
$\dot{m} = \rho_1 A_1 V_1 = \rho_2 A_2 V_2 = Const.$

$$\Rightarrow V_2 = \frac{\rho_1 A_1 V_1}{\rho_2 A_2} = \frac{800 \times 0.2^2 \times 20}{1.06 \times 800 \times 0.1^2}$$

$$= 75.5 \, m/s$$

정답 216. ④ 217. ① 218. ① 219. ④ 220. ③

실전문제

221 안지름 D_1, D_2의 관이 직렬로 연결되어 있다. 비압축성 유체가 관 내부를 흐를 때 지름 D_1인 관과 D_2인 관에서 평균유속이 각각 V_1, V_2이면 D_1/D_2은?

① V_1/V_2 ② $\sqrt{V_1/V_2}$
③ V_2/V_1 ④ $\sqrt{V_2/V_1}$

풀이

$\dot{Q} = AV = A_1V_1 = A_2V_2$

$\Rightarrow \dfrac{\pi D_1^2}{4} \times V_1 = \dfrac{\pi D_2^2}{4} \times V_2$

$\therefore \dfrac{D_1}{D_2} = \sqrt{\dfrac{V_2}{V_1}}$

222 비중이 0.8인 기름이 지름 80 mm인 곧은 원관 속을 90 L/min로 흐른다. 이때의 레이놀즈수는 약 얼마인가? (단, 이 기름의 점성계수는 5×10^{-4} kg/(s·m)이다.)

① 38200   ② 19100
③ 3820   ④ 1910

풀이

비중 0.8인 유체의 밀도
$\rho_{0.8} = s\rho_w = 0.8 \times 1000 = 800\ kg/m^3$

문제의 조건에서 유량
$\dot{Q} = 90 l/min = \dfrac{90 \times 10^{-3}}{60} = 0.0015\ m^3/s$

유속 $\dot{Q} = AV$

$\Rightarrow V = \dfrac{\dot{Q}}{A} = \dfrac{0.0015}{\dfrac{\pi}{4} \times 0.08^2} = 0.298\ m/s$

$\therefore Re = \dfrac{\rho VL}{\mu} = \dfrac{800 \times 0.298 \times 0.08}{5 \times 10^{-4}}$
$= 38144$

223 지름이 0.01 m인 관 내로 점성계수 0.005 N·s/m^2, 밀도 800 kg/m^3인 유체가 1 m/s의 속도로 흐를 때 이 유동의 특성은?

① 층류유동
② 난류유동
③ 천이유동
④ 위 조건으로는 알 수 없다.

풀이

$Re = \dfrac{\rho VL}{\mu} = \dfrac{\rho Vd}{\mu}$
$= \dfrac{800 \times 1 \times 0.01}{0.005} = 1600 < 2100$

$\therefore$ 층류

224 지름 200 mm 원형관에 비중 0.9, 점성계수 0.52 poise인 유체가 평균속도 0.48 m/s로 흐를 때 유체흐름의 상태는? (단, 레이놀즈수(Re)가 $2100 \leq Re \leq 4000$일 때 천이구간으로 한다.)

① 층류   ② 천이
③ 난류   ④ 맥동

풀이

$\mu = 0.52\ poise = 0.52\ dyne \cdot s/cm^2 = 0.52 \times 10^{-5} \times 10^4\ N \cdot s/m^2$

$Re = \dfrac{\rho VL}{\mu} = \dfrac{\rho Vd}{\mu} = \dfrac{0.9 \times 1000 \times 0.48 \times 0.2}{0.052}$
$= 1661.5 < 2100$

$\therefore$ 층류

225 동점성계수가 $1.5 \times 10^{-5}\ m^2/s$인 유체가 안지름이 10 cm인 관 속을 흐르고 있을 때 층류 임계속도(cm/s)는? (단, 층류 임계레이놀즈수는 2100이다.)

① 24.7   ② 31.5
③ 43.6   ④ 52.3

풀이

$Re = \dfrac{\rho VL}{\mu} = \dfrac{Vd}{\nu}$

정답 221. ④ 222. ① 223. ① 224. ① 225. ②

기계유체역학

$$\Rightarrow V = \frac{Re \times \nu}{d} = \frac{2100 \times 1.5 \times 10^{-5}}{0.1} \times 10^2$$
$$= 31.5 \ cm/s$$

∴ 파이프 중심에서의 최고속도는 경우 ⓐ가 더 빠르다.

226 점성계수가 0.3 N·s/m²이고, 비중이 0.9인 뉴턴유체가 지름 30 mm인 파이프를 통해 3 m/s의 속도로 흐를 때 Reynolds 수는?

① 24.3 ② 270
③ 2700 ④ 26460

풀이

$$Re = \frac{\rho V L}{\mu} = \frac{\rho_w s V d}{\mu}$$
$$= \frac{1000 \times 0.9 \times 3 \times 0.3}{0.3} = 270$$

227 안지름 10 cm인 파이프에 물이 평균속도 1.5 cm/s로 흐를 때(경우 ⓐ)와 비중이 0.6이고 점성계수가 물의 1/5인 유체 A가 물과 같은 평균속도로 동일한 관에 흐를 때(경우 ⓑ), 파이프 중심에서 최고속도는 어느 경우가 더 빠른가? (단, 물의 점성계수는 0.001 kg/(m·s)이다.)

① 경우 ⓐ
② 경우 ⓑ
③ 두 경우 모두 최고속도가 같다.
④ 어느 경우가 더 빠른지 알 수 없다.

풀이

경우 ⓐ: $Re = \frac{\rho V L}{\mu} = \frac{\rho V d}{\mu}$
$$= \frac{1000 \times 0.015 \times 0.1}{0.001} = 1500 < 2300$$
∴ 층류

경우 ⓑ: $Re = \frac{\rho V L}{\mu} = \frac{\rho V d}{\mu}$
$$= \frac{0.6 \times 1000 \times 0.015 \times 0.1}{1/5 \times 0.001} = 4500 > 2300$$
∴ 난류

228 비중 0.9, 점성계수 5×10^2 N·s/m²의 기름이 안지름 15 cm의 원형관 속을 0.6 m/s의 속도로 흐를 경우 레이놀즈수는 약 얼마인가?

① 16200 ② 2755
③ 1651   ④ 3120

풀이

$$Re = \frac{\rho V L}{\mu} = \frac{\rho V d}{\mu} = \frac{\rho_w s V d}{\mu}$$
$$= \frac{1000 \times 0.9 \times 0.6 \times 0.15}{5 \times 10^{-2}} \times 9.81$$
$$= 16200$$

229 수평 원관(圓管)내에서 유체가 완전 발달한 층류유동할 때의 유량은?

① 압력강하에 반비례한다.
② 관 안지름의 4승에 반비례한다.
③ 점성계수에 반비례한다.
④ 관의 길이에 비례한다.

풀이

유량 $Q = \frac{\triangle p \pi d^4}{128 \mu L}$

230 원관 내의 완전발달 층류유동에서 유량에 대한 설명으로 옳은 것은?

① 관의 길이에 비례한다.
② 관 지름의 제곱에 반비례한다.
③ 압력강하에 반비례한다.
④ 점성계수에 반비례한다.

풀이

④ $Q = \frac{\triangle p \pi d^4}{128 \mu L}$
⇨ 점성계수에 반비례한다.

정답 226. ② 227. ① 228. ① 229. ③ 230. ④

231 지름 D인 파이프 내에 점성 μ인 유체가 층류로 흐르고 있다. 파이프 길이가 L일 때, 유량과 압력 손실 △p의 관계로 옳은 것은?

① $Q = \dfrac{\pi \triangle p D^2}{128 \mu L}$

② $Q = \dfrac{\pi \triangle p D^2}{256 \mu L}$

③ $Q = \dfrac{\pi \triangle p D^4}{128 \mu L}$

④ $Q = \dfrac{\pi \triangle p D^4}{256 \mu L}$

풀이

$Q = \dfrac{\triangle p \pi d^4}{128 \mu L} \Rightarrow Q = \dfrac{\pi \triangle p D^4}{128 \mu L}$

232 점성계수 $\mu = 1.1 \times 10^{-3} N \cdot s/m^2$인 물이 직경 2 cm인 수평 원관 내를 층류로 흐를 때, 관의길이가 1000 m, 압력 강하는 8800 Pa이면 유량 Q는 약 몇 m^3/s 인가?

① 3.14×10^{-5} ② 3.14×10^{-2}
③ 3.14 ④ 314

풀이

관내유동 유량

$Q = \dfrac{\triangle p \pi d^4}{128 \mu L} = \dfrac{8800 \times \pi \times 0.02^4}{128 \times 1.1 \times 10^{-3} \times 1000}$
$= 3.14 \times 10^{-5} \ m^3/s$

233 점성계수(μ)가 0.005Pa·s인 유체가 수평으로 놓인 안지름이 4 cm인 곧은 관을 30 cm/s의 평균속도로 흘러가고 있다. 흐름상태가 층류일 때 수평길이 800 cm 사이에서의 압력강하(Pa)는?

① 120 ② 240
③ 360 ④ 480

풀이

유량

$Q = \dfrac{\triangle p \pi d^4}{128 \mu L}$

$\Rightarrow \triangle p = \dfrac{128 \mu L Q}{\pi d^4}$

$= \dfrac{128 \times 0.005 \times 8 \times \pi \times 0.04^2 \times 0.3}{\pi \times 0.04^4 \times 4}$

$= 240 \ Pa$

234 자동차의 브레이크 시스템의 유압장치에 설치된 피스톤과 실린더 사이의 환형 틈새사이를 통한 누설유동은 두 개의 무한평판 사이의 비압축성, 뉴턴유체의 층류유동으로 가정할 수 있다. 실린더 내 피스톤의 고압측과 저압측과의 압력차를 2배로 늘렸을 때, 작동유체의 누설유량은 몇 배가 될 것인가?

① 2 배 ② 4 배
③ 8 배 ④ 16 배

풀이

$Q = \dfrac{\triangle p \pi d^4}{128 \mu L}$

$\Rightarrow$ 문제의 조건에서 $\triangle p = 2 \triangle p$ 이므로
$Q = 2 Q$

235 안지름이 20 mm인 수평으로 높인 곧은 파이프 속에 점성계수 0.4 N·s/m², 밀도 900 kg/m³인 기름이 유량 $2 \times 10^{-5} \ m^3/s$로 흐르고 있을 때, 파이프 내의 10 m 떨어진 두 지점 간의 압력강하는 약 몇 kPa 인가?

① 10.2 ② 20.4
③ 30.6 ④ 40.8

풀이

$Q = \dfrac{\triangle p \pi d^4}{128 \mu L}$

정답 231. ③ 232. ① 233. ② 234. ① 235. ②

기계유체역학

$$\Rightarrow \triangle p = Q \times \frac{128\mu L}{\pi d^4}$$
$$= 2 \times 10^3 \times \frac{128 \times 0.4 \times 10}{\pi \times 0.02^4} \times 10^{-3}$$
$$= 20.38 \text{ kPa}$$

236 길이 20 m의 매끈한 원관에 비중 0.8의 유체가 평균속도 0.3 m/s로 흐를 때, 압력손실은 약 얼마인가? (단, 원관의 안지름은 50 mm, 점성계수는 8×10^{-3} $Pa \cdot s$ 이다.)

① 614 Pa   ② 734 Pa
③ 1235 Pa ④ 1440 Pa

풀이
$$Q = \frac{\triangle p \pi d^4}{128 \mu L}, \quad Q = AV$$
$$\Rightarrow \triangle p = \frac{128 \mu L Q}{\pi d^4}$$
$$= \frac{128 \times 8 \times 10^{-3} \times 20 \times \pi/4 \times 0.05^2 \times 0.3}{\pi \times 0.05^4}$$
$$\fallingdotseq 614 \, Pa$$

237 관내의 층류유동에서 관 마찰계수 f 는?
① 조도만의 함수이다.
② 레이놀즈수만의 함수이다.
③ 상대조도와 레이놀즈수의 함수이다.
④ 오일러수의 함수이다.

풀이
층류유동의 관 마찰계수는 레이놀즈수만의 함수
$f = \frac{64}{Re}$

238 관 마찰계수가 거의 상대조도(relative roughness)에만 의존하는 경우는?
① 완전난류유동 ② 완전층류유동
③ 임계유동   ④ 천이유동

풀이
① 완전난류유동

239 동점성계수가 0.1×10^{-2} m^2/s 인 유체가 안지름 10cm인 원관 내에 1 m/s로 흐르고 있다. 관 마찰계수가 0.022이며 관의 길이가 200 m일 때의 손실수두는 약 몇 m인가? (단, 유체의 비중량은 9800 N/m^3 이다.)

① 22.2   ② 11.0
③ 6.58   ④ 2.24

풀이
$$h_L = f \frac{L}{d} \frac{V^2}{2g}$$
$$= 0.022 \times \frac{200}{0.1} \times \frac{1^2}{2 \times 9.8} = 2.24 \text{ m}$$

240 안지름 100 mm인 파이프 안에 2.3 m^3/min의 유량으로 물이 흐르고 있다. 관 길이가 15 m라고 할 때 이 사이에서 나타나는 손실수두는 약 몇 m인가? (단, 관 마찰계수는 0.01로 한다.)

① 0.92   ② 1.82
③ 2.13   ④ 1.22

풀이
$$\dot{Q} = AV$$
$$\Rightarrow V = \frac{\dot{Q}}{A} = \frac{2.3/60}{\pi/4 \times 0.1^2} = 4.88 \text{ m/s}$$
$$h_L = f \frac{L}{d} \frac{V^2}{2g} = 0.01 \times \frac{15}{0.1} \times \frac{4.88^2}{2 \times 9.8}$$
$$= 1.823 \text{ m}$$

241 지름이 10 mm의 매끄러운 관을 통해서 유량 0.02 L/s의 물이 흐를 때 길이 10 m에 대한 압력손실은 약 몇 Pa인가?

① 1,140 Pa   ② 1,819 Pa

정답 236. ① 237. ② 238. ① 239. ④ 240. ② 241. ③

③ 1140 Pa ④ 1819 Pa

풀이

$\dot{Q} = AV$

$\Rightarrow V = \dfrac{\dot{Q}}{A} = \dfrac{0.02 \times 10^{-3}}{\pi/4 \times 0.01^2} = 0.255 \ m/s$

$Re = \dfrac{\rho VL}{\mu} = \dfrac{Vd}{\nu} = \dfrac{0.255 \times 0.01}{1.4 \times 10^{-6}}$

$= 1821.4 < 2300 \quad \therefore \ 층류$

$h_L = f \dfrac{L}{d} \dfrac{V^2}{2g} = \dfrac{64}{1821.4} \times \dfrac{10}{0.01} \times \dfrac{0.255^2}{2 \times 9.8}$

$= 1.137 \ m$

$\therefore \triangle p = \gamma h_L = 1.137 \ Pa$

242 원관에서 난류로 흐르는 어떤 유체의 속도가 2배로 변하였을 때, 마찰계수가 변경 전 마찰계수의 $\dfrac{1}{\sqrt{2}}$ 로 줄었다. 이때 압력손실은 몇 배로 변하는가?

① $\sqrt{2}$ 배   ② $2\sqrt{2}$ 배
③ 2 배   ④ 4 배

풀이

$h_L = f \dfrac{L}{d} \dfrac{V^2}{2g}$

$p = \gamma h$

$\Rightarrow \triangle p_1 = \gamma h_L = \gamma f \dfrac{L}{d} \dfrac{V^2}{2g}$

$\Rightarrow \triangle p_2 = \gamma \dfrac{1}{\sqrt{2}} f \dfrac{L}{d} \dfrac{(2V)^2}{2g}$

$= \dfrac{4}{\sqrt{2}} \gamma f \dfrac{L}{d} \dfrac{V^2}{2g} = 2\sqrt{2} \triangle p_1$

243 점도가 0.101 N·s/m², 비중이 0.85인 기름이 내경 300 mm 길이 3 km의 주철관 내부를 흐르며, 유량은 0.0444 m³/s이다. 이 관을 흐르는 동안 기름유동이 겪은 수두손실은 약 몇 m인가?

① 7.14   ② 8.12
③ 7.76   ④ 8.44

풀이

$Q = AV$

$\Rightarrow V = \dfrac{Q}{A} = \dfrac{Q}{\dfrac{\pi d^2}{4}} = \dfrac{4Q}{\pi d^2}$

$= \dfrac{4 \times 0.0444}{\pi (0.3)^2} ≒ 0.63 \ m/s$

$Re = \dfrac{\rho vd}{\mu} = \dfrac{(1000 \times 0.85) \times 0.628 \times 0.3}{0.101}$

$= 1586 < 2100 \ (층류)$

관마찰계수 $f = \dfrac{64}{Re} = \dfrac{64}{1586} = 0.04$

수두손실

$h_L = f \dfrac{L}{d} \dfrac{V^2}{2g} = 0.04 \times \dfrac{3000}{0.3} \times \dfrac{0.63^2}{2 \times 9.8}$

$= 8.12 \ m$

244 비중이 0.8인 오일을 직경이 10 cm인 수평원관을 통하여 1 km 떨어진 곳까지 수송하려고 한다. 유량이 0.02 m³/s, 동점성계수가 $2 \times 10^{-4} \ m^2/s$ 라면 관 1 km에서의 손실수두는 약 얼마인가?

① 33.2 m   ② 332 m
③ 16.6 m   ④ 166 m

풀이

$Q = \dfrac{\triangle p \ \pi d^4}{128 \mu L} \Rightarrow \triangle p = \dfrac{128 \mu LQ}{\pi d^4} = \gamma h_L$

$\Rightarrow$ 손실수두

$h_L = \dfrac{128 \mu LQ}{\gamma \pi d^4} = \dfrac{128 \mu LQ}{\rho g \ \pi d^4} = \dfrac{128 \nu LQ}{g \ \pi d^4}$

$= \dfrac{128 \times 2 \times 10^{-4} \times 1000 \times 0.02}{9.8 \times \pi \times 0.1^4}$

$= 166.3 \ m$

245 그림과 같이 수평원관 속에서 완전히 발달된 층류유동이라고 할 때 유량 Q의 식으로 옳은 것은? (단, μ는 점성계수, Q는 유량, p_1과 p_2는 1과 2지점에서의 압력을 나타낸다.)

정답 242. ② 243. ② 244. ④ 245. ①

기계유체역학

245. [그림: 수평관, p_1, p_2, l, R]

① $Q = \dfrac{\pi R^4}{8\mu\ell}(p_1 - p_2)$

② $Q = \dfrac{\pi R^3}{8\mu\ell}(p_1 - p_2)$

③ $Q = \dfrac{8\pi R^4}{\mu\ell}(p_1 - p_2)$

④ $Q = \dfrac{6\pi R^2}{\mu\ell}(p_1 - p_2)$

풀이

$Q = \dfrac{\triangle p \pi d^4}{128\mu L} = \dfrac{\triangle p \pi r_0^4}{8\mu L}$

⇨ $Q = \dfrac{\pi R^4}{8\mu l}(p_1 - p_2)$

246 지름이 2 cm인 관에 밀도 1000 kg/m^3 점성계수 0.4 $N \cdot s/m^2$인 기름이 수평면과 일정한 각도로 기울어진 관에서 아래로 흐르고 있다. 초기유량 측정위치의 유량이 $1 \times 10^{-5} \, m^3/s$이었고, 초기 측정위치에서 10 m 떨어진 곳에서의 유량도 동일하다고 하면, 이 관은 수평면에 대해 약 몇 ° 기울어져 있는가? (단, 관 내 흐름은 완전발달 층류유동이다.)

① 6° ② 8°
③ 10° ④ 12°

풀이

$Q = \dfrac{\triangle p \pi d^4}{128\mu L}$ ⇨ $\triangle p = \dfrac{128\mu LQ}{\pi d^4}$

⇨ $\triangle p = \gamma h_L = \gamma L \sin\theta$

$\sin\theta = \dfrac{128\mu Q}{\gamma \pi d^3} = \dfrac{128 \times 0.4 \times 1 \times 10^{-5}}{9800 \times \pi \times 0.02^4}$

$= 0.104$ ∴ $\theta = 6°$

247 안지름 35 cm인 원관으로 수평거리 2000 m 떨어진 곳에 물을 수송하려고 한다. 24시간 동안 15000 m^3을 보내는 데 필요한 압력은 약 몇 kPa인가? (단, 관 마찰계수는 0.032이고, 유속은 일정하게 송출한다고 가정한다.)

① 296 ② 423
③ 537 ④ 351

풀이

$\dot{Q} = \dfrac{15000}{24 \times 3600} = 0.174 \, m^3/s$

⇨ $V = \dfrac{\dot{Q}}{A} = \dfrac{0.174}{\pi/4 \times 0.35^2} = 1.81 \, m/s$

$h_L = f\dfrac{L}{d}\dfrac{V^2}{2g} = 0.032 \times \dfrac{2000}{0.35} \times \dfrac{1.81^2}{2 \times 9.8}$

$= 30.56 \, m$

$\triangle p = \gamma h_L = 9800 \times 30.56 \times 10^{-3}$

$= 299.5 \, kPa$

248 원관내 완전한 층류로 흐를 경우 관 마찰계수 f는?

① 상대조도만의 함수가 된다.
② 마하수만의 함수이다.
③ 오일러수만의 함수이다.
④ 레이놀즈수만의 함수이다.

풀이

원관 내 층류유동인 경우 관 마찰계수는 레이놀즈수만의 함수. ⇨ $f = \dfrac{64}{Re}$

249 관로 내에 흐르는 완전발달 층류유동에서 유속을 1/2로 줄이면 관로 내 마찰손실수두는 어떻게 되는가?

① 1/4로 줄어든다.
② 1/2로 줄어든다.
③ 변하지 않는다.

정답 246. ① 247. ① 248. ④ 249. ②

④ 2배로 늘어난다.

[풀이]

$$h_L = f\frac{L}{d}\frac{V^2}{2g} = \frac{64}{Re}\frac{L}{d}\frac{V^2}{2g}$$

$$= \frac{64}{\frac{\rho V d}{\mu}}\frac{L}{d}\frac{V^2}{2g}, \quad Re = \frac{\rho V d}{\mu}$$

문제의 조건에서 $V \to \frac{V}{2}$, $Re = \frac{\rho \frac{V}{2} d}{\mu}$,

$$h_L' = \frac{64}{\frac{\rho \frac{V}{2} d}{\mu}}\frac{L}{d}\frac{\left(\frac{V}{2}\right)^2}{2g} = \frac{1}{2}h_L$$

250 반지름 3 cm, 길이 15 m, 관 마찰계수 0.025인 수평원관 속을 물이 난류로 흐를 때 관 출구와 입구의 압력차가 9810 Pa이면 유량은?

① 5.0 m³/s ② 5.0 L/s
③ 5.0 cm³/s ④ 0.5 L/s

[풀이]

손실수두는 $h_L = f\frac{L}{d}\frac{V^2}{2g}$

압력강하는 $\Delta p = \gamma h_L = \gamma f\frac{L}{d}\frac{V^2}{2g}$ 이므로

속도는 $V = \sqrt{\frac{2gd\Delta p}{\gamma f L}} = \sqrt{\frac{2\times 9.8 \times 0.06 \times 9.81}{9800 \times 0.025 \times 15}}$

$= 1.77\ m/s$

∴ 유량

$Q = AV = \frac{\pi d^2}{4} \times V = \frac{\pi \times 0.06^2}{4} \times 1.77$

$= 0.005\ m^3/s = 5\ L/s$

251 5℃의 물(밀도 1000 kg/m³, 점성계수 1.5 × 10⁻³ kg/(m·s))이 안지름 3 mm, 길이 9 m인 수평파이프 내부를 평균속도 0.9 m/s로 흐르게 하는데 필요한 동력은 약 몇 W인가?

① 0.14 ② 0.28
③ 0.42 ④ 0.56

[풀이]

$$Re = \frac{\rho V L}{\mu} = \frac{\rho V d}{\mu}$$

$$= \frac{1000 \times 0.9 \times 0.003}{1.5} = 1080 < 2300$$

∴ 층류

$$h_L = f\frac{L}{d}\frac{V^2}{2g} = \frac{64}{1080} \times \frac{9}{0.003} \times \frac{0.9^2}{2 \times 9.8}$$

$= 4.46\ m$

∴ $P = \gamma H Q = \gamma h_L Q$

$= 9800 \times 4.46 \times \pi/4 \times 0.003^2 \times 0.9$

$≒ 0.28\ W$

252 원관 내부의 흐름이 층류 정상유동일 때 유체의 전단응력 분포에 대한 설명으로 알맞은 것은?

① 중심축에서 0 이고, 반지름방향 거리에 따라 선형적으로 증가한다.
② 관 벽에서 0 이고, 중심축까지 선형적으로 증가한다.
③ 단면에서 중심축을 기준으로 포물선 분포를 가진다.
④ 단면적 전체에서 일정하다.

[풀이]

① 중심축에서 0이고, 반지름방향 거리에 따라 선형적으로 증가한다.

253 원관 내 완전발달 층류유동에 관한 설명으로 옳지 않은 것은?

① 관 중심에서 속도가 가장 크다.
② 평균속도는 관 중심속도의 절반이다.
③ 관 중심에서 전단응력이 최대값을 갖는다.
④ 전단응력은 반지름 방향으로 선형적

정답 250. ② 251. ② 252. ① 253. ③

으로 변화한다.

풀이
③ 전단응력이 최대인 위치는 벽면이다.

254 다음 중 원관 내 층류운동의 전단응력분포로 옳은 것은?

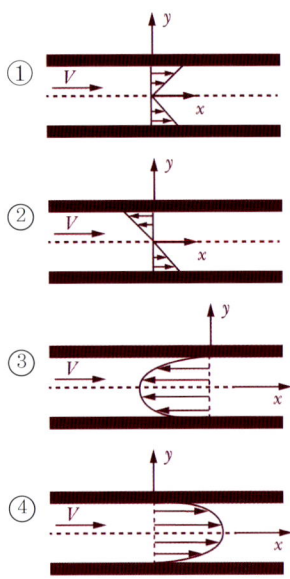

풀이
① $\tau = -\left(\dfrac{dp}{dl}\right)\dfrac{r}{2}$

255 반지름 R 인 파이프 내에 점도 μ인 유체가 완전발달 층류유동으로 흐르고 있다. 길이 L 을 흐르는데 압력손실이 $\triangle p$ 만큼 발생했을 때, 파이프 벽면에서의 평균전단응력은 얼마인가?

① $\mu \dfrac{R}{4}\dfrac{\triangle p}{L}$ ② $\mu \dfrac{R}{2}\dfrac{\triangle p}{L}$
③ $\dfrac{R}{4}\dfrac{\triangle p}{L}$ ④ $\dfrac{R}{2}\dfrac{\triangle p}{L}$

풀이
$\tau = -\dfrac{r}{2}\dfrac{dp}{dl} \Rightarrow \tau = -\dfrac{R}{2}\dfrac{\triangle p}{L}$

256 일정간격의 두 평판 사이에 흐르는 완전 발달된 비압축성 정상유동에서 x 는 유동방향, y 는 평판 중심을 0 으로 하여 x 방향에 직교하는 방향의 좌표를 나타낼 때 압력강하와 마찰손실의 관계로 옳은 것은? (단, p 는 압력, τ 는 전단응력, μ 는 점성계수(상수)이다.)

① $\dfrac{dp}{dy} = \mu \dfrac{d\tau}{dx}$ ② $\dfrac{dp}{dy} = \dfrac{d\tau}{dx}$
③ $\dfrac{dp}{dx} = \dfrac{d\tau}{dy}$ ④ $\dfrac{dp}{dx} = \dfrac{1}{\mu}\dfrac{d\tau}{dy}$

풀이
$\dfrac{d\tau}{dy} = \dfrac{dp}{dx} \Rightarrow \dfrac{dp}{dx} = \dfrac{d\tau}{dy}$
x가 증가할수록 $\triangle p$도 증가하며,
y가 증가할수록 τ도 증가한다.

257 원관 내의 완전발달된 층류유동에서 유체의 최대 속도(V_e)와 평균속도(V)의 관계는?

① $V_e = 1.5V$ ② $V_e = 2V$
③ $V_e = 4V$ ④ $V_e = 8V$

풀이
② $V_e = 2V$

258 안지름이 250 mm인 원형관 속을 평균속도 1.2 m/s로 유체가 흐르고 있다. 흐름상태가 완전 발달된 층류라면 단면 최대유속은 몇 m/s인가?

① 1.2 ② 2.4
③ 1.8 ④ 3.6

풀이
원형 관내유동 $V_{max} = 2V$
$= 2 \times 1.2 = 2.4 \ m/s$

259 수평으로 놓인 안지름 5 cm인 곧은 원관 속에서 점성계수 0.4 Pa·s의 유체가 흐르고 있다. 관의

실전문제

길이 1 m당 압력강하가 8 kPa이고 흐름상태가 층류일 때 관 중심부에서의 최대유속(m/s)은?

① 3.125　　② 5.217
③ 7.312　　④ 9.714

풀이

$Q = AV = \dfrac{\pi}{4} \times d^2 \times V$,

$Q = \dfrac{\Delta p \pi d^4}{128 \mu L} = \dfrac{\pi}{4} \times d^2 \times V$

$V = \dfrac{\Delta p \pi d^4}{128 \mu L} \times \dfrac{4}{\pi d^2} = \dfrac{\Delta p d^2 \times 4}{128 \mu L}$

$= \dfrac{8000 \times 0.05^2 \times 4}{128 \times 0.4 \times 1} = 1.5625$ m/s

∴ 관 중심부에서의 최대 유속
$V_{\max} = 2 \times 1.5625 = 3.125$ m/s

260 나란히 놓인 두 개의 무한한 평판사이의 층류유동에서 속도분포는 포물선 형태를 보인다. 이 때 유동의 평균속도(V_{av})와 중심에서의 최대속도($V_{\max}$)의 관계는?

① $V_{av} = \dfrac{1}{2} V_{\max}$

② $V_{av} = \dfrac{2}{3} V_{\max}$

③ $V_{av} = \dfrac{3}{4} V_{\max}$

④ $V_{av} = \dfrac{\pi}{4} V_{\max}$

풀이

평판간의 간격을 a 라 할 때

$V_{av} = -\dfrac{1}{12\mu}\left(\dfrac{\partial p}{\partial x}\right)a^2$　$V_{\max} = -\dfrac{1}{8\mu}\left(\dfrac{\partial p}{\partial x}\right)a^2$

∴ $V_{av} = \dfrac{8}{12} V_{\max} = \dfrac{2}{3} V_{\max}$

261 원관에서 난류로 흐르는 어떤 유체의 속도가 2배

가 되었을 때, 마찰계수가 $\dfrac{1}{\sqrt{2}}$ 배로 줄었다.
이때 압력손실은 몇 배인가?

① $2^{\frac{1}{2}}$ 배　　② $2^{\frac{3}{2}}$ 배
③ 2배　　④ 4배

풀이

$h_L = f \dfrac{L}{d} \dfrac{V^2}{2g}$

⇨ $\Delta p_1 = \gamma h_L = \gamma f \dfrac{L}{d} \dfrac{V^2}{2g}$

문제의 의미에서 $V = 2V$, $f = \dfrac{1}{\sqrt{2}} f$

⇨ $\Delta p_2 = \gamma \dfrac{1}{\sqrt{2}} f \dfrac{L}{d} \dfrac{(2V)^2}{2g}$

$= \dfrac{4}{\sqrt{2}} f \dfrac{L}{d} \dfrac{V^2}{2g}$

$= 2^{2 - \frac{1}{2}} f \dfrac{L}{d} \dfrac{V^2}{2g}$

$= 2^{\frac{3}{2}} \Delta p_1$

262 안지름 0.1 m의 물이 흐르는 관로에서 관 벽의 마찰손실수두가 물의 속도수두와 같다면 그 관로의 길이는 약 몇 m인가? (단, 관 마찰계수는 0.03이다.)

① 1.58　　② 2.54
③ 3.33　　④ 4.52

풀이

$h_L = f \dfrac{L}{d} \dfrac{V^2}{2g}$

⇨ 문제의 의미에서

$h_L = \dfrac{V^2}{2g}$　∴ $L = \dfrac{d}{f} = \dfrac{0.1}{0.03} = 3.33$ m

263 안지름 0.1 m인 파이프 내를 평균유속 5 m/s로 어떤 액체가 흐르고 있다. 길이 100 m 사이의 손실수두는 약 몇 m인가? (단, 관내의 흐름으로

정답 260. ② 261. ② 262. ③ 263. ①

기계유체역학

레이놀즈수는 1000이다.)

① 81.6　② 50
③ 40　④ 16.32

풀이

레이놀즈수 1000 < 2100 이므로 층류.

$$h_L = f \frac{L}{d} \frac{V^2}{2g} = \frac{64}{Re} \frac{L}{d} \frac{V^2}{2g}$$

$$= \frac{64}{1000} \times \frac{100}{0.1} \times \frac{5^2}{2 \times 9.8} \fallingdotseq 81.6 \, m$$

264 그림과 같이 노즐이 달린 수평관에서 압력계 읽음이 0.49 MPa이었다. 이 관의 안지름이 6 cm이고 관의 끝에 달린 노즐의 출구지름이 2 cm라면 노즐출구에서 물의 분출속도는 약 몇 m/s인가? (단, 노즐에서의 손실은 무시하고, 관 마찰계수는 0.025로 한다.)

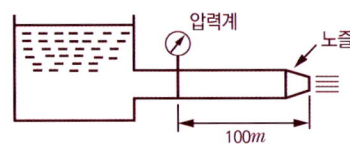

① 16.8　② 20.4
③ 25.5　④ 28.4

풀이

압력계가 위치한 단면을 1, 노즐출구를 2로 하면 연속된 관이므로
연속방정식

$$\dot{Q} = AV \Rightarrow V_1 = \frac{1}{9} V_2$$

관 마찰 손실수두

$$h_L = f \frac{L}{d} \frac{V^2}{2g}$$

$$= 0.025 \times \frac{100}{0.02} \times \frac{\left(\frac{1}{9} V_2\right)^2}{2 \times 9.8}$$

$$= 0.0266 \, V_2^2 \quad \cdots\cdots\cdots ①$$

베르누이 방정식

$$\frac{p_1}{\gamma} + \frac{V_1^2}{2g} = \frac{V_2^2}{2g} + h_L$$

⇑ p_2, z_1, z_2 무시

$$\Rightarrow \frac{p_1}{\gamma} + \frac{1}{2g}\left(\frac{1}{9} V_2\right)^2 = \frac{V_2^2}{2g} + h_L$$

$$\Rightarrow h_L = \frac{p_1}{\gamma} - \frac{40 \, V_2^2}{81g} \quad \cdots\cdots\cdots ②$$

①, ②를 연립하면

$$\frac{p_1}{\gamma} - \frac{40 \, V_2^2}{81g} = 0.0266 \, V_2^2$$

$$\frac{0.49 \times 10^6}{9800} - \frac{40 \, V_2^2}{81 \times 9.8} = 0.0266 \, V_2^2$$

$$\therefore V_2 \fallingdotseq 25.5 \, m/s$$

265 안지름 0.25 m, 길이 100 m인 매끄러운 수평강관으로 비중 0.8, 점성계수 0.1 Pa·s인 기름을 수송한다. 유량이 100 L/s일 때의 관 마찰손실 수두는 유량이 50 L/s 일 때의 몇 배 정도가 되는가? (단, 층류의 관 마찰계수는 64/Re이고, 난류일 때의 관 마찰계수는 $0.3164 \, Re^{-1/4}$ 이며, 임계 레이놀즈수는 2300이다.)

① 1.55　② 2.12
③ 4.13　④ 5.04

풀이

$$V_{100\,L/s} = \frac{\dot{Q}}{A} = \frac{100 \times 10^{-3}}{\pi/4 \times 0.25^2} = 2.04 \, m/s$$

$$Re = \frac{\rho V L}{\mu} = \frac{\rho V d}{\mu}$$

$$= \frac{0.8 \times 1000 \times 2.04 \times 0.25}{0.1}$$

$$= 4080 > 2300 \quad \therefore 난류$$

$$h_{L,\,100\,L/s} = f \frac{L}{d} \frac{V^2}{2g}$$

$$= 0.3164 \times 4080^{-1/4} \times \frac{100}{0.25} \times \frac{2.04^2}{2 \times 9.8} = 3.362$$

$$V_{50\,L/s} = \frac{\dot{Q}}{A} = \frac{50 \times 10^{-3}}{\pi/4 \times 0.25^2} = 1.02 \, m/s$$

$$Re = \frac{\rho V L}{\mu} = \frac{\rho V d}{\mu}$$

$$= \frac{0.8 \times 1000 \times 1.02 \times 0.25}{0.1}$$

$$= 2040 < 2300 \quad \therefore 층류$$

$$h_{L,50L/s} = f\frac{L}{d}\frac{V^2}{2g}$$
$$= \frac{64}{2040} \times \frac{100}{0.25} \times \frac{1.02^2}{2 \times 9.8} = 0.666$$
$$\therefore \frac{h_{L,100L/s}}{h_{L,50L/s}} = \frac{3.362}{0.666} ≒ 5.048$$

266 부차적 손실계수가 4.5인 밸브를 관 마찰계수가 0.02이고, 지름이 5 cm인 관으로 환산한다면 관의 상당길이는 약 몇 m인가?

① 9.34　　② 11.25
③ 15.37　　④ 19.11

[풀이]
$$L_{Eq} = \frac{K_{Eq}\,d}{f} = \frac{4.5 \times 0.05}{0.02} = 11.25 \text{ m}$$

267 지름 2 cm인 관에 부착되어 있는 밸브의 부차적 손실계수 K가 5일 때 이것을 관 상당길이로 환산하면 몇 m인가? (단, 관 마찰계수 f = 0.025이다.)

① 2　　② 2.5
③ 4　　④ 5

[풀이]
상당길이
$$L_{Eq} = \frac{Kd}{f} = \frac{5 \times 0.02}{0.025} = 4 \text{ m}$$

268 수평으로 놓인 지름 10 cm, 길이 200 m인 파이프에 완전히 열린 글로브밸브가 설치되어 있고, 흐르는 물의 평균속도는 2 m/s이다. 파이프의 관 마찰계수가 0.02이고, 전체 수두손실이 10 m이면, 글로브 밸브의 손실계수는?

① 0.4　　② 1.8
③ 5.8　　④ 9.0

[풀이]
$$h_L = f\frac{L}{d}\frac{V^2}{2g} + K\frac{V^2}{2g}$$
$$\Rightarrow K = \left(h_L - f\frac{L}{d}\frac{V^2}{2g}\right)\frac{2g}{V^2}$$
$$= \left(10 - 0.02 \times \frac{200}{0.1} \times \frac{2^2}{2 \times 9.8}\right) \times \frac{2 \times 9.8}{2^2}$$
$$= 9$$

269 다음 그림에서 관입구의 부차적 손실계수 K는? (단, 관의 안지름은 20 mm, 관 마찰계수는 0.0188이다.)

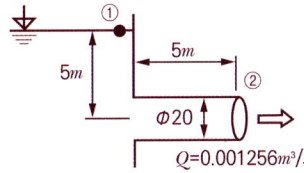

① 0.0188　　② 0.273
③ 0.425　　④ 0.621

[풀이]
$$Q = AV = \frac{\pi d^2}{4} V$$
$$\Rightarrow V = \frac{Q}{A} = \frac{4Q}{\pi d^2} = \frac{4 \times 0.001256}{\pi (0.02)^2}$$
$$= 4 \text{ m/s}$$
전체수두
$H_T = z_2 - z_1 = 5$ 이므로
$$\Rightarrow 5 = \frac{4^2}{2g} + K\frac{4^2}{2g} + 0.018 \times \frac{5}{0.02} \times \frac{4^2}{2g}$$
$$\therefore K = 0.425$$

270 수면의 높이차가 H인 두 저수지 사이에 지름 d, 길이 ℓ인 관로가 연결되어 있을 때 관로에서의 평균유속(V)을 나타내는 식은? (단, f는 관 마찰계수이고, g는 중력가속도이며, K_1, K_2는 관입구와 출구에서 부차적 손실계수이다.)

기계유체역학

① $V = \sqrt{\dfrac{2gdH}{K_1 + f\ell + K_2}}$

② $V = \sqrt{\dfrac{2gH}{K_1 + f + K_2}}$

③ $V = \sqrt{\dfrac{2gH}{K_1 + \dfrac{f}{\ell} + K_2}}$

④ $V = \sqrt{\dfrac{2gH}{K_1 + f\dfrac{\ell}{d} + K_2}}$

풀이

$h_L = K_1 \dfrac{V^2}{2g} + f \dfrac{L}{d} \dfrac{V^2}{2g} + K_2 \dfrac{V^2}{2g}$

$\Rightarrow H = K_1 \dfrac{V^2}{2g} + f \dfrac{\ell}{d} \dfrac{V^2}{2g} + K_2 \dfrac{V^2}{2g}$

$\therefore V = \sqrt{\dfrac{2gH}{K_1 + f\dfrac{\ell}{d} + K_2}}$

271 수면차가 15 m인 두 물탱크를 지름 300 mm, 길이 1500 m인 원관으로 연결하고 있다. 관로의 도중에 곡관이 4개 연결되어 있을 때 관로를 흐르는 유량은 몇 L/s인가? (단, 관 마찰계수는 0.032, 입구손실계수는 0.45, 출구손실계수는 1, 곡관의 손실계수는 0.17이다.)

① 89.6   ② 92.3
③ 95.2   ④ 98.5

풀이

$H_L = \left(k_{입구} + f \dfrac{l}{d} + k_{출구} + 4 \times k_{곡관} \right) \dfrac{V^2}{2g}$

$\Rightarrow V = \sqrt{\dfrac{2gH_L}{\left(k_{입구} + f \dfrac{l}{d} + k_{출구} + 4 \times k_{곡관} \right)}}$

$= \sqrt{\dfrac{2 \times 9.8 \times 15}{\left(0.45 + 0.032 \times \dfrac{1500}{0.3} + 1 + 4 \times 0.17 \right)}}$

$≒ 1.35\ m/s$

$\therefore Q = AV$

$= \dfrac{\pi \times 0.3^2}{4} \times 1.35 \times 10^3 = 95.4\ L/s$

272 지름 5 cm인 원관 내 완전발달 층류유동에서 벽면에 걸리는 전단응력이 4 Pa이라면 중심축과 거리가 1 cm인 곳에서의 전단응력은 몇 Pa인가?

① 0.8   ② 1
③ 1.6   ④ 2

풀이

원관 내의 전단응력

$\tau = -\mu \dfrac{du}{dr}$ ……… ①

$u = -\dfrac{1}{4\mu} \dfrac{dp}{dl} (r_0^2 - r^2)$

$\Rightarrow \dfrac{du}{dr} = -\dfrac{1}{4\mu} \dfrac{dp}{dl} (-2r) = \dfrac{r}{2\mu} \dfrac{dp}{dl}$

① 식에 대입하면

$\tau = -\mu \dfrac{r}{2\mu} \dfrac{dp}{dl} = -\dfrac{r}{2} \dfrac{dp}{dl}$

문제의 조건에서

$\tau_{max} = \tau_{r_0 = \frac{d}{2}} = 4\ Pa$ 이므로

$4 = -\dfrac{0.05}{2} \dfrac{dp}{dl} \Rightarrow \dfrac{dp}{dl} = -320$

$\therefore \tau_{r=0.01} = \dfrac{0.01}{2} \times 320 = 1.6\ Pa$

273 온도 27℃, 절대압력 380 kPa인 기체가 6 m/s로 지름 5 cm인 매끈한 원관 속을 흐르고 있을 때 유동상태는? (단, 기체상수는 187.8 N·m/(kg·K), 점성계수는 1.77×10⁻⁵ kg/(m·

정답 271. ③ 272. ③ 273. ③

s), 상, 하임계 레이놀즈수는 각각 4000, 2100이라 한다.)

① 층류영역　　② 천이영역
③ 난류영역　　④ 포텐셜영역

풀이

$Re = \dfrac{\rho VL}{\mu} = \dfrac{\rho Vd}{\mu} = \dfrac{pVd}{\mu RT} \Leftarrow \dfrac{p}{\rho} = RT$

$\Rightarrow Re = \dfrac{380 \times 10^3 \times 6 \times 0.05}{1.77 \times 10^{-5} \times 187.8 \times (27 + 273.15)}$
$= 114318 \geq 4100 \quad$ 난류영역

개수로유동, 압축성유동

274 경사가 30°인 수로에 물이 흐르고 있다. 유속이 12 m/s로 흐름이 균일하다고 가정하며 연직방향으로 측정한 수심이 60 cm이다. 수로의 폭을 1 m로 한다면 유량은 약 몇 m³/s인가?

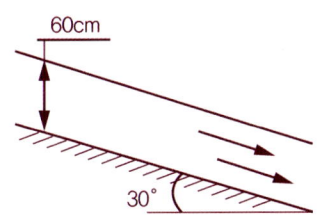

① 5.87　　② 6.24
③ 6.82　　④ 7.26

풀이

$\dot{Q} = AV = bH \times V = 1 \times 0.6\cos 30° \times 12$
$= 6.235 \, m^3/s$

275 높이가 0.7 m, 폭이 1.8 m인 직사각형 닥트에 유체가 가득차서 흐른다. 이때 수력직경은 약 몇 m인가?

① 1.01　　② 2.02
③ 3.14　　④ 5.04

풀이

수력반경 $R_h = \dfrac{A}{P} = \dfrac{\pi d^2/4}{\pi d} = \dfrac{d}{4}$

수력직경 $d = 4R_h$
$= 4 \times \dfrac{A}{P} = 4 \times \dfrac{1.8 \times 0.7}{2 \times (1.8 + 0.7)}$
$= 1.01 \, m$

276 30 m의 폭을 가진 개수로(open channel)에 20 cm의 수심과 5 m/s의 유속으로 물이 흐르고 있다. 이 흐름의 Froude수는 얼마인가?

① 0.57　　② 1.57
③ 2.57　　④ 3.57

풀이

$Fr = \dfrac{V}{\sqrt{Lg}} = \dfrac{5}{\sqrt{0.2 \times 9.8}} = 3.57$

277 다음의 무차원수 중 개수로와 같은 자유표면 유동과 가장 밀접한 관련이 있는 것은?

① Euler 수　　② Froude 수
③ Mach 수　　④ Plantl 수

풀이

개수로와 같은 자유표면 유동과 관계되는 무차원수는 중력 항이 포함되는 Froude 수

278 공기가 기압 200 kPa일 때, 20℃에서의 공기의 밀도는 약 몇 kg/m³인가? (단, 이상기체이며, 공기의 기체상수 R = 287 J/kg·K이다.)

① 1.2　　② 2.38
③ 1.0　　④ 999

풀이

$pv = RT \Rightarrow p\dfrac{1}{\rho} = RT$

정답 274. ② 275. ① 276. ④ 277. ② 278. ②

기계유체역학

$$\Rightarrow \rho = \frac{p}{RT} = \frac{200 \times 10^3}{287 \times (20+273.15)}$$
$$= 2.38 \ kg/m^3$$

279 4℃ 물의 체적탄성계수는 2.0×10^9 N/m²이다. 이 물에서의 음속은 약 몇 m/s 인가?

① 141　　② 341
③ 19300　④ 1414

풀이
$$C = \sqrt{\frac{E}{\rho_w}} = \sqrt{\frac{2 \times 10^9}{1000}} = 1414.2 \ m/s$$

280 어떤 액체의 밀도는 890 kg/m³, 체적탄성계수는 2200 MPa이다. 이 액체 속에서 전파되는 소리의 속도는 약 몇 m/s인가?

① 1572　② 1483
③ 981　　④ 345

풀이
$$C = \sqrt{\frac{k}{\rho}} = \sqrt{\frac{2200 \times 10^6}{890}}$$
$$= 1572.23 \ m/s$$

281 기온이 27℃인 여름날 공기 속에서의 음속은 -3℃인 겨울날에 비해 몇 배나 빠른가? (단, 공기의 비열비의 변화는 무시한다.)

① 1.00　② 1.05
③ 1.11　④ 1.23

풀이
음속 $C = \sqrt{\frac{kp}{\rho}} = \sqrt{kRT}$
$\Rightarrow C \propto \sqrt{T}$
$$\therefore \frac{C_2}{C_1} = \sqrt{\frac{T_2}{T_1}} = \sqrt{\frac{27+273}{-3+273}} = 1.05$$

282 온도 25℃인 공기에서의 음속은 약 몇 m/s인가? (단, 공기의 비열비는 1.4, 기체상수는 287 J/(kg·K)이다.)

① 312　② 346
③ 388　④ 433

풀이
$$C = \sqrt{\frac{kp}{\rho}} = \sqrt{kRT}$$
$$= \sqrt{1.4 \times 287 \times (25+273)} = 346.1 \ m/s$$

283 절대압력 700 kPa의 공기를 담고 있는 체적은 0.1 m^3, 온도는 20℃인 탱크가 있다. 순간적으로 공기는 밸브를 통해 바깥으로 단면적 75 mm^2를 통해 방출되기 시작한다. 이 공기의 유속은 310 m/s이고, 밀도는 6 kg/m^3이며 탱크 내의 모든 물성치는 균일한 분포를 갖는다고 가정한다. 방출하기 시작하는 시각에 탱크 내 밀도의 시간에 따른 변화율은 몇 $kg/(m^3 \cdot s)$인가?

① -12.338　② -2.582
③ -20.381　④ -1.395

풀이
탱크의 전체체적은 일정이므로
$t=0$ 에서 밀도의 변화율
$$\frac{\partial \rho}{\partial t} = \frac{\partial \dot{m}}{\partial t} = -\frac{\rho_1 A_1 V_1}{V_{tank}}$$
$$= -\frac{6 \times 75 \times 10^{-6} \times 310}{0.1}$$
$$= -1.395 \ kg/m^3 \cdot s$$

외부유동(경계층, 항력, 양력)

284 경계층 밖에서 퍼텐셜 흐름의 속도가 10 m/s일 때, 경계층의 두께는 속도가 얼마일 때의 값으로

정답　279. ④　280. ①　281. ②　282. ②　283. ④　284. ④

잡아야 하는가? (단, 일반적으로 정의하는 경계층 두께를 기준으로 삼는다.)

① 10 m/s ② 7.9 m/s
③ 8.9 m/s ④ 9.9 m/s

풀이
일반적으로 정의하는 경계층 두께는
$0.99\, u_\infty = 9.9$ m/s

285 평판 위에서 이상적인 층류경계층 유동을 해석하고자 할 때 다음 중 옳은 설명을 모두 고른 것은?

⑦ 속도가 커질수록 경계층 두께는 커진다.
④ 경계층 밖의 외부유동은 비 점성 유동으로 취급할 수 있다.
⑤ 동일한 속도 및 밀도일 때 점성계수가 커질수록 경계층 두께는 커진다.

① 나 ② 가, 나
③ 가, 다 ④ 나, 다

풀이
④ 나, 다

286 Blasius의 해석결과에 따라 평판주위의 유동에 있어서 경계층 두께에 관한 설명으로 틀린 것은?

① 유체속도가 빠를수록 경계층 두께는 작아진다.
② 밀도가 클수록 경계층 두께는 작아진다.
③ 평판길이가 길수록 평판 끝단부의 경계층 두께는 커진다.
④ 점성이 클수록 경계층 두께는 작아진다.

풀이
④ 점성이 클수록 경계층두께는 커진다.

287 경계층(boundary layer)에 관한 설명 중 틀린 것은?

① 경계층 바깥의 흐름은 퍼텐셜 흐름에 가깝다.
② 균일속도가 크고, 유체의 점성이 클수록 경계층의 두께는 얇아진다.
③ 경계층 내에서는 점성의 영향이 크다.
④ 경계층은 평판 선단으로부터 하류로 갈수록 두꺼워진다.

풀이
② 균일속도(free stream)가 작고, 유체의 점성이 클수록 경계층의 두께는 증가한다.

288 압력구배가 0 인 평판위의 경계층 유동과 관련된 설명 중 틀린 것은?

① 표면조도가 천이에 영향을 미친다.
② 경계층 외부유동에서의 교란정도가 천이에 영향을 미친다.
③ 층류에서 난류로의 천이는 거리를 기준으로 하는 Reynolds수의 영향을 받는다.
④ 난류의 속도분포는 층류보다 덜 평평하고 층류경계층보다 다소 얇은 경계층을 형성한다.

풀이
④ 경계층의 두께는 난류에서 더 두텁다.
또한 층류영역에서 속도(free stream)는 느릴수록, 유체의 점성은 클수록 경계층의 두께는 증가한다.

289 경계층 내의 무차원 속도분포가 경계층 끝에서 속도구배가 없는 2차원함수로 주어졌을 때 경계층의 배제두께(δ)의 관계로 올바른 것은?

① $\delta_t = \delta$ ② $\delta_t = \dfrac{\delta}{2}$

정답 285. ④ 286. ④ 287. ② 288. ④ 289. ③

기계유체역학

③ $\delta_t = \dfrac{\delta}{3}$ ④ $\delta_t = \dfrac{\delta}{4}$

풀이
③ 문제의 배제두께(δ) 정의로부터
$$\dfrac{u}{U} = \dfrac{y^2}{\delta^2}$$
$$\delta_t = \int_0^\delta \dfrac{y^2}{\delta^2}\, dy = \left[\dfrac{y^3}{3\delta^2}\right]_0^\delta = \dfrac{\delta}{3}$$

290 정상, 균일유동장 속에 유동방향과 평행하게 놓인 평판위에 발생하는 층류경계층의 두께 δ는 X를 평판 선단으로부터의 거리라 할 때, 비례값은?

① x^1 ② $x^{\frac{1}{2}}$
③ $x^{\frac{1}{3}}$ ④ $x^{\frac{1}{4}}$

풀이
층류 $\dfrac{\delta}{x} = \dfrac{5.0}{Re_x^{1/2}}$
$\Rightarrow \delta = \dfrac{5.0 \times x}{\sqrt{\dfrac{\rho V x}{\mu}}} = \dfrac{5.0 \times x^{\frac{1}{2}}}{\sqrt{\dfrac{\rho V}{\mu}}}$
$\therefore \delta \propto x^{\frac{1}{2}}$

291 평판에서 층류경계층의 두께는 다음 중 어느 값에 비례하는가? (단, 여기서 x는 평판의 선단으로부터의 거리이다.)

① $x^{-\frac{1}{2}}$ ② $x^{\frac{1}{4}}$
③ $x^{\frac{1}{7}}$ ④ $x^{\frac{1}{2}}$

풀이
$Re_x = \dfrac{\rho u_\infty x}{\mu}$, $\dfrac{\delta}{x} = \dfrac{5}{Re_x^{1/2}}$
$\Rightarrow \delta \propto x \times x^{-\frac{1}{2}} = x^{\frac{1}{2}}$

292 평판 위를 어떤유체가 층류로 흐를 때, 선단으로부터 10 cm 지점에서 경계층두께가 1 mm일 때, 20 cm 지점에서의 경계층두께는 얼마인가?

① 1 mm   ② $\sqrt{2}$ mm
③ $\sqrt{3}$ mm   ④ 2 mm

풀이
$\dfrac{\delta}{x} = \dfrac{4.65}{Re_x^{1/2}} \Rightarrow \delta = \dfrac{4.65}{\left(\dfrac{\rho u_\infty x}{\rho}\right)^{1/2}} x$
$\Rightarrow$ 즉, $\delta \propto x^{1/2}$ 이므로
$$\sqrt{10} : 1 = \sqrt{20} : \delta$$
$$\therefore \delta = \sqrt{2}\ mm$$

293 동 점성계수가 $15.68 \times 10^{-6}\ m^2/s$인 공기가 평판 위를 길이방향으로 0.5 m/s의 속도로 흐르고 있다. 선단으로부터 10 cm 되는 곳의 경계층 두께의 2배가 되는 경계층의 두께를 가지는 곳은 선단으로부터 몇 cm 되는 곳인가?

① 14.14   ② 20
③ 40   ④ 80

풀이
$Re_x = \dfrac{\rho u_\infty x}{\mu} = \dfrac{u_\infty x}{\nu} = \dfrac{0.5 \times 0.1}{15.68 \times 10^{-6}}$
$= 3188.78 < 5 \times 10^5$ $\therefore$ 층류
층류인 경우, 경계층의 두께는 $\delta \propto x^{\frac{1}{2}}$에 비례하므로
$\dfrac{2\delta}{\delta} = 2 = \sqrt{\dfrac{x}{10}} \Rightarrow \therefore x = 40\ cm$

294 평판 위의 경계층 내에서의 분포속도(u)가 $\dfrac{u}{U} = \left(\dfrac{y}{\delta}\right)^{1/7}$일 때 경계층 배제두께(boundary layer displacement thickness)는 얼마인가? (단, y는 평판에서 수직한 방향으로의 거리이며, U는 자유유동의 속도, δ는 경계층의 두께이다.)

정답 290. ② 291. ④ 292. ② 293. ③ 294. ①

① $\dfrac{\delta}{8}$ ② $\dfrac{\delta}{7}$

③ $\dfrac{6}{7}\delta$ ④ $\dfrac{7}{8}\delta$

풀이

경계층 배제두께

$$\delta^* = \int_0^\delta \left(1 - \dfrac{u}{U}\right)dy = \int_0^\delta \left(1 - \left(\dfrac{y}{\delta}\right)^{1/7}\right)dy$$
$$= [y]_0^\delta + \dfrac{1}{\delta^{1/7}}\left[\dfrac{1}{1/7+1}y^{1/7+1}\right]_0^\delta dy = \dfrac{\delta}{8}$$

295 평판을 지나는 경계층 유동에서 속도분포를 경계층 내에서는 $u = U\dfrac{y}{\delta}$, 경계층 밖에서는 $u = U$로 가정할 때, 경계층 운동량 두께(boundary layer momentum thickness)는 경계층 두께 δ의 몇 배인가? (단, U : 자유흐름속도, y : 평판으로부터의 수직거리)

① 1/6   ② 1/3
③ 1/2   ④ 7/6

풀이

경계층 내에서의 속도분포

$u = U\dfrac{y}{\delta}$ ⇨ $\dfrac{u}{U} = \dfrac{y}{\delta}$ ………①

운동량 두께

$$\delta_m = \int \dfrac{u}{U}\left(1 - \dfrac{u}{U}\right)dy$$
⇧ ① 식을 대입
$$= \int \dfrac{y}{\delta}dy - \int \dfrac{y^2}{\delta^2}dy$$
$$= \dfrac{1}{\delta}\left[\dfrac{y^2}{2}\right]_0^\delta - \dfrac{1}{\delta^2}\left[\dfrac{y^3}{3}\right]_0^\delta dy$$
$$= \dfrac{1}{\delta} \times \dfrac{\delta^2}{2} - \dfrac{1}{\delta^2} \times \dfrac{\delta^3}{3} = \dfrac{\delta}{6}$$

296 평판으로부터의 거리를 y라고 할 때 평판에 평행한 방향의 속도분포(u (y))가 아래와 같은 식으로 주어지는 유동장이 있다. 여기에서 U와 L은 각각 유동장의 특성속도와 특성길이를 나타낸다. 유동장에서는 속도 u (y)만 있고, 유체는 점성계수가 μ인 뉴턴유체일 때 $y = L/8$에서의 전단응력은?

$$u(y) = U\left(\dfrac{y}{L}\right)^{2/3}$$

① $\dfrac{2\mu U}{3L}$ ② $\dfrac{4\mu U}{3L}$

③ $\dfrac{8\mu U}{3L}$ ④ $\dfrac{16\mu U}{3L}$

풀이

$\tau = \mu \dfrac{du}{dy}$

⇨ $\dfrac{du}{dy} = u' = \dfrac{\dfrac{2}{3}U \cdot y^{-\frac{1}{3}}}{L^{\frac{2}{3}}} = \dfrac{2}{3}\dfrac{U}{L^{\frac{2}{3}}y^{\frac{1}{3}}}$

⇨ $\tau = \mu \dfrac{2}{3}\dfrac{U}{L^{\frac{2}{3}}y^{\frac{1}{3}}}$

$\tau_{\frac{L}{8}} = \mu \dfrac{2}{3}\dfrac{U}{L^{\frac{2}{3}}\left(\dfrac{L}{8}\right)^{\frac{1}{3}}} = \dfrac{4\mu U}{3L}$

297 항력에 관한 일반적인 설명 중 틀린 것은?

① 난류는 항상 항력을 증가시킨다.
② 거친표면은 항력을 감소시킬 수 있다.
③ 항력은 압력과 마찰력에 의해서 발생한다.
④ 레이놀즈수가 아주 작은 유동에서 구의 항력은 유체의 점성계수에 비례한다.

풀이
①

298 비 점성, 비압축성 유체의 균일한 유동장에 유동

정답 295. ① 296. ② 297. ① 298. ①

기계유체역학

방향과 직각으로 정지된 원형실린더가 놓여있다고 할 때, 실린더에 작용하는 힘에 관하여 설명한 것으로 옳은 것은?

① 항력과 양력이 모두 영(0)이다.
② 항력은 영(0)이고 양력은 영(0)이 아니다.
③ 양력은 영(0)이고 항력은 영(0)이 아니다.
④ 항력과 양력 모두 영(0)이 아니다.

풀이
① 항력과 양력이 모두 영(0)이다.

299 지름 5 cm의 구가 공기중에서 매초 40 m의 속도로 날아갈 때 항력은 약 몇 N인가? (단, 공기의 밀도 1.23 kg/m³이고, 항력계수는 0.60이다.)

① 1.16   ② 3.22
③ 6.35   ④ 9.23

풀이
$$D = F_D = C_D A \frac{\rho V^2}{2}$$
$$= 0.6 \times \frac{\pi \times 0.05^2}{4} \times \frac{1.23 \times 40^2}{2} = 1.16 \, N$$

300 지름 20 cm인 구의 주위에 밀도가 1000 kg/m³, 점성계수는 $1.8 \times 10^{-3} \, Pa \cdot s$인 물이 2 m/s의 속도로 흐르고 있다. 항력계수가 0.2인 경우 구에 작용하는 항력은 약 몇 N인가?

① 12.6   ② 200
③ 0.2   ④ 25.12

풀이
$$D = F_D = C_D A \frac{\rho V^2}{2}$$
$$= 0.2 \times \frac{\pi}{4} \times 0.2^2 \times \frac{1000 \times 2^2}{2} \, N = 12.57 \, N$$

301 어떤 물체의 속도가 초기속도의 2배가 되었을 때 항력계수가 초기 항력계수의 $\frac{1}{2}$로 줄었다. 초기에 물체가 받는 저항력이 D라고 할 때 변화된 저항력은 얼마가 되는가?

① $\frac{1}{2}D$ ② $\sqrt{2}\,D$
③ $2D$ ④ $4D$

풀이
$$F_D = C_D A \frac{\rho V^2}{2} \Rightarrow D_1 = C_D A \frac{\rho V^2}{2} = D$$
문제의 의미에서
$$D_2 = \frac{C_D}{2} A \frac{\rho(2V)^2}{2} = C_D A \rho V^2 = 2D$$

302 지름 5 cm의 구가 공기 중에서 매초 40 m의 속도로 날아갈 때 항력은 약 몇 N인가? (단, 공기의 밀도는 1.23 kg/m³이고, 항력계수는 0.60이다.)

① 1.16   ② 3.22
③ 6.35   ④ 9.23

풀이
$$F_D = C_D A \frac{\rho V^2}{2}$$
$$= 0.6 \times \frac{\pi}{4} \times 0.05^2 \times \frac{1.23 \times 40^2}{2} = 1.159 \, N$$

303 익폭 10 m, 익현의 길이 1.8 m인 날개로 된 비행기가 112 m/s의 속도로 날고 있다. 익현의 받음각이 1°, 양력계수 0.326, 항력계수 0.0761일 때 비행에 필요한 동력은 약 몇 kW인가? (단, 공기밀도는 1.2173 kg/m³이다.)

① 1172   ② 1343
③ 1570   ④ 6730

풀이
$$D = F_D = C_D A \frac{\rho V^2}{2}$$

정답 299. ① 300. ① 301. ③ 302. ① 303. ①

$$= 0.0761 \times (10 \times 1.8) \times \frac{1.2173 \times 112^2}{2}$$
$$= 10458.3 \; N$$
$$H_{kW} = \frac{D \times V}{1000} = \frac{10458.3 \times 112}{1000}$$
$$= 1172 \; kW$$

304 무게가 1000 N인 물체를 지름 5 m인 낙하산에 매달아 낙하할 때 종속도는 몇 m/s가 되는가? (단, 낙하산의 항력계수는 0.8, 공기의 밀도는 1.2 kg/m³이다.)

① 5.3　　② 10.3
③ 18.3　　④ 32.2

풀이

$$F_D = C_D A \frac{\rho V^2}{2}$$
$$\Rightarrow 1000 = 0.8 \times \frac{\pi}{4} \times 5^2 \times \frac{1.2 \times V^2}{2}$$
$$\therefore V = 10.3 \; m/s$$

305 몸무게가 750 N인 조종사가 지름 5.5 m의 낙하산을 타고 비행기에서 탈출하였다. 항력계수가 1.0이고, 낙하산의 무게를 무시한다면 조종사의 최대 종속도는 약 몇 m/s가 되는가? (단, 공기의 밀도는 1.2 kg/m³이다.)

① 7.25　　② 8.00
③ 5.26　　④ 10.04

풀이

$$F_D - W = 0$$
$$D = F_D = C_D A \frac{\rho V^2}{2}$$
$$\Rightarrow W = C_D A \frac{\rho V^2}{2}$$
$$\Rightarrow V = \sqrt{\frac{2W}{C_D \rho A}}$$
$$= \sqrt{\frac{2 \times 750}{1 \times 1.2 \times \pi/4 \times 5.5^2}}$$
$$= 7.25 \; m/s$$

306 조종사가 2000 m의 상공을 일정속도로 낙하산으로 강하하고 있다. 조종사의 무게가 1000 N, 낙하산 지름이 7 m, 항력계수가 1.3일 때 낙하속도는 약 몇 m/s인가? (단, 공기밀도는 1 kg/m³이다.)

① 5.0　　② 6.3
③ 7.5　　④ 8.2

풀이

$$F_D = C_D A \frac{\rho V^2}{2}$$
$$\Rightarrow 1000 = 1.3 \times \frac{\pi}{4} \times 7^2 \times \frac{1 \times V^2}{2}$$
$$\therefore V = 6.323 \; m/s$$

307 골프공 표면의 딤플(dimple, 표면굴곡)이 항력에 미치는 영향에 대한 설명으로 잘못된 것은?

① 딤플은 경계층의 박리를 지연시킨다.
② 딤플이 층류경계층을 난류경계층으로 천이시키는 역할을 한다.
③ 딤플이 골프공의 전체적인 항력을 감소시킨다.
④ 딤플은 압력저항보다 점성저항을 줄이는 데 효과적이다.

풀이

골프공 표면의 딤플은 공기의 압력저항을 줄여서 멀리 날아갈 수 있도록 한다.

308 골프공(지름 $D = 4 \; cm$, 무게 $W = 0.4 N$)이 50 m/s의 속도로 날아가고 있을 때, 골프공이 받는 항력은 골프공 무게의 몇 배인가? (단, 골프공의 항력계수 $C_D = 0.24$이고, 공기의 밀도는 1.2 kg/m³이다.)

① 4.52 배　　② 1.7 배
③ 1.13 배　　④ 0.452 배

정답 304. ② 305. ① 306. ② 307. ④ 308. ③

기계유체역학

풀이

$$F_D = C_D A \frac{\rho V^2}{2}$$
$$= 0.24 \times \frac{\pi}{4} \times 0.04^2 \times \frac{1.2 \times 50^2}{2}$$
$$= 0.4521 \text{ N}$$
$$\therefore \frac{0.4521}{0.4} = 1.13 \text{ 배}$$

309 지름 D인 구가 V로 흐르는 유체 속에 놓여 있을 때 받는 항력이 F 이고, 이 때의 항력계수(drag coefficient)가 4이다. 속도가 2V일 때 받는 항력이 3F라면 이 때의 항력계수는 얼마인가?

① 3 ② 4.5
③ 8 ④ 12

풀이

$$D = F_D = C_D A \frac{\rho V^2}{2}$$
$$\Rightarrow \frac{C_{D_2}}{C_{D_1}} = \frac{F_2}{F_1}\left(\frac{V_1}{V_2}\right)^2$$
$$\therefore C_{D_2} = C_{D_1} \frac{F_2}{F_1}\left(\frac{V_1}{V_2}\right)^2 = 4 \times 3 \times \frac{1}{4} = 3$$

310 지름 2 mm인 구가 밀도 0.4 kg/m³, 동 점성계수 $1.0 \times 10^{-4} \, m^2/s$인 기체 속을 0.03 m/s로 운동한다고 하면 항력은 약 몇 N인가?

① 2.26×10^{-3} ② 3.52×10^{-7}
③ 4.54×10^{-8} ④ 5.86×10^{-7}

풀이

$$Re_x = \frac{\rho u_\infty x}{\mu} = \frac{u_\infty x}{\nu}$$
$$= \frac{0.03 \times 0.002}{1 \times 10^{-4}} = 0.6 < 1 \quad \Leftarrow Re < 1$$

Stoke's의 법칙으로부터 항력은
$$F_D = 3\pi\mu VD$$
$$= 3\pi \times 0.4 \times 1.0 \times 10^{-4} \times 0.03 \times 0.002$$
$$= 2.26 \times 10^{-8} = 2.26 \times 10^{-8} \text{ N}$$

311 구형물체 주위의 비압축성 점성유체의 흐름에서 유속이 대단히 느릴 때(레이놀즈수가 1보다 작을 경우) 구형물체에 작용하는 항력 D_r 은? (단, 구의 지름은 d, 유체의 점성계수를 μ, 유체의 평균속도를 V라 한다.)

① $D_r = 3\pi\mu dV$
② $D_r = 6\pi\mu dV$
③ $D_r = \frac{3\pi\mu dV}{g}$
④ $D_r = \frac{3\pi dV}{\mu g}$

풀이

Stoke's 의 법칙 : 항력
$$D_r = 3\pi\mu VD = 3\pi\mu dV \quad \Leftarrow Re < 1$$

312 주 날개의 평면도 면적이 21.6 m^2 이고 무게가 20 kN인 경비행기의 이륙속도는 약 몇 km/h이상이어야 하는가? (단, 공기의 밀도는 $1.2 kg/m^3$, 주 날개의 양력계수는 1.2이고, 항력은 무시한다.)

① 41 ② 91
③ 129 ④ 141

풀이

$$F_L = C_L A \frac{\rho V^2}{2}$$
$$\Rightarrow V = \sqrt{\frac{2F_L}{C_L A \rho}} = \sqrt{\frac{2 \times 20 \times 10^3}{1.2 \times 1.2 \times 21.6}}$$
$$= 35.86 \text{ m/s}$$
$$\therefore V = 35.86 \times 3600 \times 10^{-3} = 129.1 \text{ km/h}$$

313 그림과 같은 원통주위의 퍼텐셜 유동이 있다. 원통 표면상에서 상류유속과 동일한 유속이 나타

358 3역학

정답 309. ① 310. ① 311. ① 312. ③ 313. ②

나는 위치(θ)는?

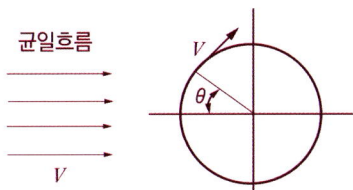

① 0° ② 30°
③ 45° ④ 90°

풀이

원주에 접하는 선속도
$V^2 = 4U_{free\,stream}^2 \sin^2\theta = 4U_\infty^2 \sin^2\theta$

문제의 의미에서
$U_\infty^2 = 4U_\infty^2 \sin^2\theta$

$\Rightarrow \sin^2\theta = \dfrac{1}{4} \quad \Rightarrow \sin\theta = \dfrac{1}{2}$

$\therefore \theta = 30°$

314 경계층의 박리(separation)가 일어나는 주원인은?

① 압력이 증기압 이하로 떨어지기 때문에
② 유동방향으로 밀도가 감소하기 때문에
③ 경계층 두께가 0으로 수렴하기 때문에
④ 유동과정에서 역 압력구배가 발생하기 때문에

풀이

박리(separation)현상은 역 압력구배가 발생하기 때문이다.

315 다음 중 경계층에서 유동박리 현상이 발생할 수 있는 조건은?

① 유체가 가속될 때
② 순 압력구배가 존재할 때
③ 역 압력구배가 존재할 때
④ 유체의 속도가 일정할 때

풀이

경계층에서의 유동박리현상은 역 압력구배가 존재할 때 발생. $\Rightarrow \dfrac{\partial p}{\partial x} < 0, \dfrac{\partial V}{\partial x} < 0$

316 경계층의 박리(separation)현상이 일어나기 시작하는 위치는?

① 하류방향으로 유속이 증가할 때
② 하류방향으로 압력이 감소할 때
③ 경계층 두께가 0으로 감소될 때
④ 하류방향의 압력기울기가 역으로 될 때

풀이

박리(separation)현상의 시작점은 역 압력구배(박리점)가 발생하는 위치이다.

317 정리해 있는 평판에 층류가 흐를 때 평판표면에서 박리(separation)가 일어나기 시작할 조건은? (단, p는 압력, u는 속도, ρ는 밀도를 나타낸다.)

① $u = 0$ ② $\dfrac{\partial u}{\partial y} = 0$

③ $\dfrac{\partial u}{\partial x} = 0$ ④ $\rho u \dfrac{\partial u}{\partial x} = \dfrac{\partial p}{\partial x}$

풀이

$\dfrac{\partial u}{\partial y} = 0$ Stagnation point

이 point 이후의 후류(wake flow)에서는 역 압력구배가 발생되므로 역류 경계층이 성장한다.

318 다음 후류(wake)에 관한 설명 중 옳은 것은?

① 표면마찰이 주원인이다.

② 압력이 높은 구역이다.
③ 박리점 후방에서 생긴다.
④ (dp/dx) < 0인 영역에서 일어난다.

풀이
후류(wake flow)는 박리점 후방에서 발생한다.

유체계측

319 다음 중 유량을 측정하기 위한 장치가 아닌 것은?
① 위어(weir)
② 오리피스(orifice)
③ 피에조미터(piezo meter)
④ 벤투리미터(venturi meter)

풀이
③ 피에조미터(piezo meter) : 정압측정 장치

320 다음 중 유체속도를 측정할 수 있는 장치로 볼 수 없는 것은?
① Pitot-static tube
② Laser Doppler Velocimetry
③ Hot Wire
④ Piezometer

풀이
④ Piezometer : 정압측정 장치

321 유체계측과 관련하여 크게 유체의 국소속도를 측정하는 것과 체적유량을 측정하는 것으로 구분할 때 다음 중 유체의 국소속도를 측정하는 계측기는?
① 벤투리미터   ② 얇은 판 오리피스
③ 열선 속도계   ④ 로터미터

풀이
③ 열선속도계   ① ② ④ 는 유량측정장치

322 다음 중 유동장에 입자가 포함되어 있어야 유속을 측정할 수 있는 것은?
① 열선속도계
② 정압피토관
③ 프로펠러 속도계
④ 레이저 도플러 속도계

풀이
④ 유동장 내에 추적 입자(tracer)가 포함되어 있다.

323 유속 3 m/s로 흐르는 물속에 흐름방향의 직각으로 피토관을 세웠을 때, 유속에 의해 올라가는 수주의 높이는 약 몇 m인가?

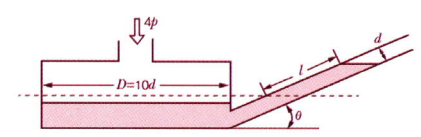

① 0.46   ② 0.92
③ 4.6   ④ 9.2

풀이
$v = \sqrt{2g \triangle h}$
$\Rightarrow \triangle h = \dfrac{v^2}{2g} = \dfrac{3^2}{2 \times 9.8} ≒ 0.46\ m$

324 관속에 흐르는 물의 유속을 측정하기 위하여 삽입한 피토정압관에 비중이 3인 액체를 사용하는 마노미터를 연결하여 측정한 결과 액주의 높이차이가 10 cm로 나타났다면 유속은 약 몇 m/s인가?
① 0.99   ② 1.40
③ 1.98   ④ 2.43

풀이

$$v = \sqrt{2g \triangle h}$$
$$\Rightarrow v = \sqrt{2g \triangle h \left(\frac{s_{비중3}}{s_0} - 1\right)}$$
$$= \sqrt{2 \times 9.8 \times 0.1 \times \left(\frac{3}{1} - 1\right)}$$
$$= 1.98 \ m/s$$

325 그림과 같이 비중 0.8인 기름이 흐르고 있는 개수로에 단순피토관을 설치하였다. △h = 20 mm, h = 30mm일 때 속도 V는 약 몇 m/s인가?

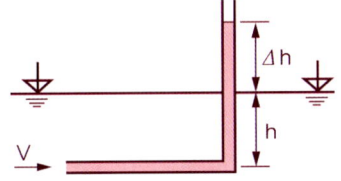

① 0.56 ② 0.63
③ 0.77 ④ 0.99

풀이

자유표면(수면)을 기준면으로 하면 △h는 속도수두이므로
$$v = \sqrt{2g \triangle h} = \sqrt{2 \times 9.8 \times 0.02}$$
$$= 0.63 \ m/s$$

326 유속 3 m/s로 흐르는 물속에 흐름방향의 직각으로 피토관을 세웠을 때, 유속에 의해 올라가는 수주의 높이는 약 몇 m인가?

① 0.46 ② 0.92
③ 4.6   ④ 9.2

풀이

$$v = \sqrt{2g \triangle h}$$
$$\Rightarrow \triangle h = \frac{v^2}{2g} = \frac{3^2}{2 \times 9.8} = 0.46 \ m$$

327 비중 0.8의 알콜이 든 U자관 압력계가 있다. 이 압력계의 한 끝은 피토관의 전압부에 다른 끝은 정압부에 연결하여 피토관으로 기류의 속도를 재려고 한다. U자관 읽음의 차가 78.8 mm, 대기압력 $1.0266 \times 10^5 \ Pa_{abs}$, 온도 21℃일 때 기류의 속도는? (단, 기체상수 R = 287 N·m/kg·K이다.)

① 38.8 m/s   ② 27.5 m/s
③ 43.5 m/s   ④ 31.8 m/s

풀이

$$pv = RT \Rightarrow \frac{p}{\rho} = RT$$
$$\Rightarrow \rho = \frac{p}{RT} = \frac{1.0266 \times 10^5}{287 \times (21 + 273.15)}$$
$$= 1.217 \ kg/m^3$$

비중이 다른 유체가 들어있는 경우의 피토관에 대한 유체속도는

$$v = \sqrt{2g \triangle h \left(\frac{\rho_0}{\rho} - 1\right)}$$
$$= \sqrt{2 \times 9.8 \times 0.0788 \left(\frac{0.8 \times 1000}{1.217} - 1\right)}$$
$$\fallingdotseq 31.8 \ m/s$$

328 물이 흐르는 관의 중심에 피토관을 삽입하여 압력을 측정하였다. 전압력은 20 mAq, 정압은 5 mAq 일 때 관 중심에서 물의 유속은 몇 약 m/s인가?

① 10.7 ② 17.2
③ 5.4   ④ 8.6

풀이

$$p_T = p + \frac{\rho V_1^2}{2}$$
$$\Rightarrow p_T - p$$
$$\Rightarrow h_T - h = (20 - 5) = \frac{V_1^2}{2g}$$
$$\Rightarrow V_1 = \sqrt{2g(h_T - h)}$$
$$= \sqrt{2 \times 9.8 \times (20 - 5)}$$
$$= 17.15 \ m/s$$

정답 325. ② 326. ① 327. ④ 328. ②

기계유체역학

329 흐르는 물의 유속을 측정하기 위해 피토정압관을 사용하고 있다. 압력측정 결과, 전압력수두가 15 m이고 정압수두가 7 m일 때, 이 위치에서의 유속은 무엇인가?

① 5.91 m/s   ② 9.75 m/s
③ 10.58 m/s   ④ 12.5 m/s

풀이

$p_{total} = p_{static} + \dfrac{\rho V^2}{2}$

$\Rightarrow V = \sqrt{\dfrac{2(p_{total} - p_{static})}{\rho}}$

$= \sqrt{\dfrac{2 \times 9800 \times (15-7)}{1000}}$

$= 12.52 \ m/s$

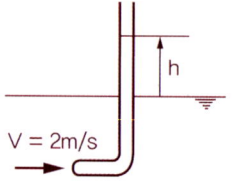

① 0.053 m   ② 0.102 m
③ 0.204 m   ④ 0.412 m

풀이

속도수두가 위치수두로 변화되므로 Bernoulli 식으로부터

$\dfrac{p}{\gamma} + \dfrac{V^2}{2g} + z = H \Rightarrow \dfrac{V_1^2}{2g} + z_1 = z_2$

$\Rightarrow h = \dfrac{V_1^2}{2g} = \dfrac{4}{2 \times 9.8} = 0.204 \ m$

330 그림과 같이 비중 0.85인 기름이 흐르고 있는 개수로에 피토관을 설치하였다. △h = 30 mm, h = 100 mm일 때 기름의 유속은 약 몇 m/s인가?

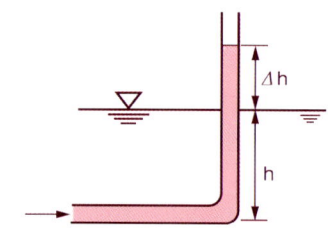

① 0.767   ② 0.976
③ 6.25   ④ 1.59

풀이

자유표면(수면)을 기준면으로 하면
△h는 속도수두이므로
$v = \sqrt{2g \triangle h} = \sqrt{2 \times 9.8 \times 0.03}$
$= 0.767 \ m/s$

331 2 m/s의 속도로 물이 흐를 때 피토관 수두높이 h는?

332 유량측정장치 중 관의 단면에 축소부분이 있어서 유체를 그 단면에서 가속시킴으로써 생기는 압력강하를 이용하여 측정하는 것이 있다. 다음 중 이러한 방식을 사용한 측정장치가 아닌 것은?

① 노즐   ② 오리피스
③ 로터미터 ④ 벤투리미터

풀이
③ 로터미터 : 용적식 유량계

333 다음 중 유량측정과 직접적인 관련이 없는 것은?

① 오리피스(Orifice)
② 벤투리(Venturi)
③ 부르돈관(Bourdon tube)
④ 노즐(Nozzle)

풀이
③ 부르돈 관은 대기압 측정장치

334 유량계수가 0.75이고, 목 지름이 0.5 m인 벤투리미터를 사용하여 안지름이 1 m인 송유관 내의

정답 329. ④ 330. ① 331. ③ 332. ③ 333. ③ 334. ③

유량을 측정하고 있다. 벤투리 입구와 목의 압력차가 수은주 80 mm이면 기름의 질량유량은 몇 kg/s인가? (단, 기름의 비중은 0.9, 수은의 비중은 13.6이다.)

① 158 ② 166
③ 666 ④ 739

풀이

$$V_c = \sqrt{\frac{2gh}{\left[1-\left(\frac{d_2}{d_1}\right)^4\right]}\left(\frac{\gamma_{Hg}}{\gamma_o}-1\right)}$$

$$= \sqrt{\frac{2gh}{\left[1-\left(\frac{d_2}{d_1}\right)^4\right]}\left(\frac{s_{Hg}}{s_o}-1\right)}$$

$$= \sqrt{\frac{2\times 9.8 \times 0.08}{[1-(0.5)^4]}\times\left(\frac{13.6}{0.9}-1\right)}$$

$$= 4.86 \ m/s$$

$$Q = CA_cV_c = 0.75 \times \frac{\pi(0.5)^2}{4}\times 4.86$$

$$\fallingdotseq 0.72 \ m^3/s$$

$$\dot{m} = \rho AV = \rho Q = \rho_w s Q$$
$$= 1000 \times 0.9 \times 0.72 = 648 \ kg/s$$

335 그림과 같은 반지름 R인 원추와 평판으로 구성된 점도측정기(cone and plate viscometer)를 사용하여 액체시료의 점성계수를 측정하는 장치가 있다. 위쪽의 원추는 아래쪽 원판과의 각도를 0.5° 미만으로 유지하고 일정한 각속도 ω 로 회전하고 있으며 갭 사이를 채운 유체의 점도는 위 평판을 정상적으로 돌리는데 필요한 토크를 측정하여 계산한다. 여기서 갭 사이의 속도분포가 반지름 방향 길이에 선형적일 때, 원추의 밑면에 작용하는 전단응력의 크기에 관한 설명으로 옳은 것은?

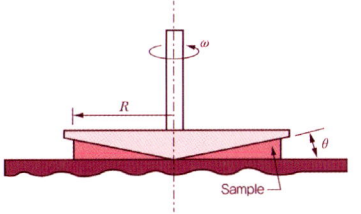

① 전단응력의 크기는 반지름방향 길이에 관계없이 일정하다.
② 전단응력의 크기는 반지름방향 길이에 비례하여 증가한다.
③ 전단응력의 크기는 반지름방향 길이의 제곱에 비례하여 증가한다.
④ 전단응력의 크기는 반지름방향 길이의 1/2승에 비례하여 증가한다.

풀이
① 전단응력의 크기는 반지름 방향 길이에 관계없이 일정하다.

정답 335. ①

기계3역학 재료역학·열역학·유체역학 필기

발 행 일	2021년 01월 11일 1판 1쇄 발행
저 자	이상만
발 행 처	메카피아
출 판 등 록	제2014-000036호(2010년 02월 01일)
주 소	서울 금천구 서부샛길 606(가산동 543-1), 대성디폴리스지식산업센터 제5층 제502호
전 화	1544-1605(대)
팩 스	02-861-9040/02-6008-9111
영 업 부	02-861-9044
이 메 일	mechapia@mechapia.com
표지 디자인	포인 기획
편집 디자인	다온 디자인
마 케 팅	이예진
I S B N	979-11-6248-112-7 13550
정 가	22,000원

Copyright© 2021 MECHAPIA Co. All rights reserved.

이 도서의 국립중앙도서관 출판시도서목록(CIP)은 서지정보유통지원시스템 홈페이지(http://seoji.nl.go.kr)와 국가자료공동목록시스템(http://www.nl.go.kr/kolisnet)에서 이용하실 수 있습니다.

· 이 책은 저작권법에 의해 보호를 받는 저작물로 무단 전재나 복제를 금지하며, 이 책 내용의 전부 또는 일부를 이용하려면 반드시 저작권자나 발행인의 서면동의를 받아야 합니다.
· 파본 및 낙장은 구입하신 서점에서 교환하여 드립니다.